Bibliografische Information Der Deutschen Bibliothek

Die Deutsche Bibliothek verzeichnet diese Publikation in der Deutschen Nationalbibliografie; detaillierte bibliografische Daten sind im Internet über <http://dnb.ddb.de> abrufbar

Rosenheimer Straße 145, D-81671 München
Telefon: (089) 45051-0
www.oldenbourg-verlag.de

Herstellung: Karl Heinz Pantke
Druck/Bindung: Offsetdruck Heinzelmann, München
Gedruckt auf säure- und chlorfreiem Papier

ISBN 3-486-63064-4

Gerhard Merkl

Trinkwasserbehälter

Planung, Bau, Betrieb, Schutz und Instandsetzung

Oldenbourg Industrieverlag München

Danksagung

Zur antiken Wasserspeicherung wurde auf Fakten in den Veröffentlichungen der Frontinus-Schriftenreihe (DVGW), GARBRECHT, LAMPRECHT (opus caementitium) und BAUR zurückgegriffen. Neben anderen Fachkollegen verbindet mich vor allem mit Herrn Baur eine jahrzehntelange Zusammenarbeit im damaligen DVGW-Fachausschuss heute Technisches Komitee »Wasserspeicherung« und über das Buch »Historische Wassertürme«. Die Fachwelt verdankt ihm eine Reihe von Veröffentlichungen zur Wasserversorgung, vor allem nach seiner Pensionierung auch zur antiken Wasserspeicherung aus Besichtigungen vor Ort, die uns Kenntnis von den Meisterleistungen der Vergangenheit bringt und manche neuzeitliche Behälterkonstruktion in ihrer Nachhaltigkeit relativiert.
Als Mitglied im DVGW-TK »Wasserspeicherung« und ausgewiesener Fachmann für Betontechnologie, Beschichtungen und Kunststoffe im Bauwesen, hat Professor M. Breitbach, FH Koblenz, in einem ad hoc Ausschuss den neuen Entwurf des DVGW-Merkblattes W 312 »Instandhaltung Trinkwasserbehälter« maßgeblich beeinflusst. Ich danke Herrn Professor Breitbach für das Kapitel 11 »Schutz und Instandsetzung von Wasserkammern«, das die immer komplexer werdenden Rahmenbedingungen von den Anforderungen an die Materialien und Ausführungsschritte bis zur DVGW-Zertifizierung von Fachunternehmen, der Qualitätssicherung, der Bauzustandsanalyse mit Feststellung der Schadensausprägungen vor der Instandsetzung und Ausführungshinweisen behandelt.
Die Grundzüge einer Ausschreibung und Vergabe unter Berücksichtigung des EG-Rechts und typische Fehler bei der Auftragsvergabe von Bauleistungen nach der VOB im Kapitel 12 habe ich Herrn Dipl.-Ing. R. Cohrs, Ingenieurgesellschaft Unger, Darmstadt, zu verdanken, der das Thema »Ausschreibung von Trinkwasserbehältern unter besonderer Berücksichtigung der Anforderungen an Oberflächensysteme« als Referent auf dem 28. Wassertechnischen Seminar an der TU München ausführlich behandelt hat.
Danken möchte ich allen Fachkollegen, die mir in Diskussionen und durch wertvolle Informationen u.a. zu meinem fachlichen Erfahrungsschatz verholfen haben, den ich gerne auf den Wassertechnischen Seminaren an der TU München und im Rahmen von DVGW-, ÖVGW- oder brbv Informationsveranstaltungen, in einschlägigen Veröffentlichungen und nicht zuletzt auch mit diesem Buch weitergegeben habe.

München, im Oktober 2004
Gerhard Merkl

Inhalt

Vorwort

Die in den letzten Jahrzehnten festgestellten, regional unterschiedlich verteilten Mängel und Schäden in Wasserkammern von Trinkwasserbehältern, vor allem bei den sog. Mineralischen Beschichtungen, aber auch bei Fliesenausfugungen oder Chlorkautschukbeschichtungen, haben zunehmend zum Einsatz alternativer Oberflächensysteme, wie Edelstahl- und Kunststoffauskleidungen geführt. Die Ursache der Korrosion an zementösen Beschichtungen infolge der Zugabe organischer Zusatzmittel bei den einschlägigen Herstellerprodukten und einer damit unbeabsichtigt verbundenen Erhöhung der Porosität und hydrolytischen Auslaugung, hat der DVGW in einem an die Technische Universität München vergebenen Forschungs- und Entwicklungsvorhaben untersuchen lassen, das mit den Namen Herb, Flemming und dem des Autors verbunden ist. Da es wenig Sinn macht ständig neue Produkte von Herstellern zu testen, hat der DVGW in einem Anschlussforschungsvorhaben das Forschungsinstitut der Zementindustrie zusammen mit der TU München beauftragt, Anforderungen an zementgebundene Baustoffe und die Bauausführung zu entwickeln, die auf der Grundlage der Untersuchungen von Grube und Boos, in einer DVGW-Wasserinformation festgeschrieben wurden. Insgesamt haben diese Maßnahmen zu einem Umdenken im Hinblick auf verstärkte Qualitätssicherung, Zertifizierung von Fachunternehmen und insbesondere Schutz und Instandsetzung von Trinkwasserbehältern geführt, was in diesem Buch besonders berücksichtigt wurde.
Mit Einführung der europäischen Norm DIN EN 1508 »Wasserversorgung, Anforderungen an Systeme und Bestandteile der Wasserspeicherung« werden im Zuge einer Harmonisierung auf den kleinsten gemeinsamen Nenner teilweise längst überholte, qualitativ negative Maßnahmen (z.B. Lüftungshüte auf Behälterdecke) zugelassen. Insofern ist es wichtig die technische Diskussion und Entwicklung seit den 70er Jahre im Trinkwasserbehälterbau zu kennen (die sich auch in der unterschiedlichen Entwicklung der DVGW-Arbeitsblätter W 311-1977/1988 und W 300-2004 dokumentiert), weil die Begründung für die technisch richtigen Lösungen aus der Vergangenheit oft nicht mehr nachvollziehbar ist. Der Autor, Privatdozent für Wasserversorgungstechnik an der Technischen Universität München und langjähriges Mitglied im DVGW-Technisches Komitee »Wasserspeicherung«, hat die DVGW-

Arbeitsblätter »Trinkwasserbehälter« maßgeblich mitgestaltet, und deshalb in diesem Buch besonderen Wert auf die betrieblichen Anforderungen zur Erhaltung der Wasserbeschaffenheit gelegt, wie z.B. Verwendung gesundheitlich unbedenklicher Baustoffe für die Wasserkammern, gleichmäßige Erneuerung des gespeicherten Wasservolumens, Vermeidung nachteiliger Veränderungen des gespeicherten Wassers durch Erwärmung, Abkühlung, Tauwasserbildung sowie zugeführte Luft und der Ausbildung von Zugängen und Lüftungseinrichtungen dergestalt, dass eine Verunreinigung des Wassers ausgeschlossen ist. Das Buch spiegelt den neuesten technischen Stand zu Planung, Bau, Betrieb, Schutz und Instandsetzung von Trinkwasserbehältern wider und soll damit für Bauherr, Planer, Bauunternehmung, Fachfirmen und Bauüberwachung ein Ratgeber und Helfer sein für das hohe Ziel einen Wasserbehälter ohne Mängel für das Lebensmittel Trinkwasserbehälter zu erstellen.

München, im Oktober 2004
Gerhard Merkl

1 Historische Entwicklung der Wasserspeicherung

1.1 Urzeitliche und antike Wasserspeicherung

Die Menschen frühester Entwicklungsstufen nutzten in ihrem Nomadendasein das Wasser, wie sie es natürlich in Quellen, Bächen, Flüssen, Seen antrafen. Ab dem 5. Jahrtausend vor Chr. mussten sich die in größeren Familienverbänden in Dörfern lebenden jungsteinzeitlichen Siedler als ackerbau- und viehzuchttreibende Menschen um Wasser bemühen, weil das natürliche Wasserdargebot anderen Gesetzmäßigkeiten unterlag als der Bedarf für Mensch und Vieh. Bekannt ist die Ausgrabung von 1929 in Köln-Lindenthal, wo die Bandkeramiker, so genannt nach den bänderartigen Verzierungen der gefundenen Tongefäße um 4.000 v.Chr. einen künstlichen Teich, d.h. eine Zisterne, angelegt hatten, dessen Einzugsgebiet in späteren Besiedlungsphasen durch einen 36 m langen Zulauf-Wassergraben vergrößert wurde.
Von den Hochkulturen im Euphrat-Tigris-Bereich (Mesopotamien) wird im Gilgamesch-Epos berichtet, dass der Sumererkönig Uru-ka-gie-a eine Stadt mit gepflasterten Straßen und Wasserleitungen baute (4000/3500 v.Chr.). Ausgegraben wurde 1969/75 mit Mitteln der Volkswagenstiftung am Oberlauf des Euphrat in Nordsyrien, südlich des Dorfes Habuba Kabira, eine befestigte Handelsstadt mit Wasserversorgungs- und Abwasserleitungen aus der Zeit um 3500 v.Chr. Im einzelnen fand man: (1) Rinnen mit Wänden und Abdeckung aus Kalksteinplatten, Sohle aus zwei- bis dreilagigem mit Häcksel gemagerten und festgestampften Flusslehm auf Rollkieselpacklage; (2) offene U-Rinnen, ca. 64 cm lange Tonformstücke; (3) geschlossene Muffenrohrleitungen aus gebrannten Tonformstücken. In den großen Flußlandschaften des Nil, Euphrat-Tigris, Indus und Hoang Ho war Wasser einfach verfügbar, während in den Hochebenen des Mittleren Ostens (z.B. Iran) das durch unterirdische Wassersammelgalerien gewonnene Wasser von grundwasserführenden Schichten an Berghängen mittels einer Vielzahl unterirdischer Freispiegelkanäle (Kanate, 3.000 v.Chr.) – mit ihren charakteristischen Lüftungsschächten in der Landschaft erkennbar – über große Entfernungen zum Ort des Bedarfs geführt wurden. Damit einher (3000/2500 v.Ch.) gehen die Entwicklung der Brunnenbautechnik, wie Ausgrabungen im Industal (Mohenjo Daro) zei-

gen, bzw. später der Bohrtechnik mit der Erfindung des Chinesischen Seilbohrens. Aus der Zeit um 3.000 v.Chr. stammen auch Wasserleitungsstollen in Assyrien. Die minoische Kultur hat im Zeitraum 2000/1500 v.Chr. trotz mehrerer seismischer Katastrophen auf Kreta Paläste entstehen lassen, deren bekanntester der Palast von Knossos ist, die von einer hohen Ver- und Entsorgungstechnik zeugen. Beschrieben (BAUR 1996) ist die Wasserversorgung der minoischen Villen von Tylissos/Kreta mit dem am besten erhaltenen *Fund einer kreisrunden Zisterne* mit einem Durchmesser von 5,4 m und einer Tiefe von 2,3 m. Aus einer Zulaufrinne, die aus der 0,65 m dicken Umfassungswand mit Kalk-Sand-Gemisch verputztem Bruchsteinmauerwerk etwa 50 cm herausragte, strömte das Wasser in die Zisterne. Die Sohle war intelligenterweise im Bereich der Aufschlagstelle des Wassers bei leerem Behälter mit einer Steinplatte verstärkt. Die Wasserentnahme konnte über eine Treppe bis zur Sohle ermöglicht werden. Als die Städte und auch der Bewässerungsbedarf immer größer wurden, musste oft für einen jahreszeitlichen Ausgleich des unter ariden oder halbariden Bedingungen stark schwankenden Wasserdargebots eine *großmaßstäbliche Wasserspeicherung* durch die Errichtung von Sperrenbauwerken quer über Flusstäler hinweg geschaffen werden. Ein herausragendes Beispiel dafür und zugleich eine Spitzenleistung der Technik ist Sadd-el-Kafara, die *älteste Großtalsperre der Welt,* 2550 v.Chr., in Ägypten (Bild 1.1.01). Berühmt sind auch die zwischen Bethlehem und Hebron gelegenen Teiche Salomons (965-926 v.Chr.), des Königs von Israel und Juda, die in Teilen heute noch existieren (Bild 1.1.02). Somit war eine echte *Speicherfunktion* gegeben.
Natürlich wurde in dieser Zeit auch der Bau von Brunnen, Kanälen, Stollen, Zisternen und die Beileitung von Wasser forciert, mit denen unterirdisches oder Niederschlagswasser gefasst werden konnte, vor allem in den trockenen Gebieten um das Mittelmeer und in Vorderasien. Berühmte Beispiele sind die Gichonquelle in Jerusalem, der Menuaskanal (800 v.Chr., 75 km) zur Stadt Van-Semiramis (Armenien), die Wasserleitung von Ninive (704/681 v.Chr., offene Kanäle), der Wasser-

Bild 1.1.01: *Älteste Großtalsperre der Welt, Sadd-el-Kafara, Ägypten, 2550 v.Chr. [GARBRECHT 1994]*

Bild 1.1.02:
Mittlerer Salomonischer Teich, 965/926 v.Chr.) [s. MERKL ET AL. 1985]

leitungsstollen (1 km) von Samos (Eupalinos, griech. Baumeister), oder ein *Weltwunder der Antike,* die Hellenistische Druckleitung von Pergamon, die als 3strängige Tonrohrleitung aus dem Madradag-Gebirge kommend, in ein kleines Absetzbecken mündete und von dort den Taleinschnitt in einer 3 km langen Bleileitung zur Burgfeste überwand, gelagert auf und in (durchbohrten) Widerlagern aus Trachytplatten, wobei sie bei der Überwindung des Taleinschnittes einem Druck von 19 bar im Maximum unterlag (197/159 v.Chr.). Die älteste bekannte römische Druckleitung (Bleirohre) von Alati bei Rom datiert von 100 v.Chr. Im römischen Reich umging man in der Regel dieses »Druckrisiko« und führte das Wasser in Freispiegelleitungen (Aquädukten) dem Verbrauchsort zu, was die Römer mit der subsumierten Erfahrung verschiedener Völker mit der ihnen eigenen konstruktiven Begabung zu einer Vollendung führten, die auch heute noch bewundernswert ist. Im alten Rom, das um die Zeitenwende mit 230 l/E d den heutigen Verbrauch einer mittleren Großstadt hatte, leistete man sich den Luxus ständig fließender Wasseranschlüsse, so dass im Zeitraum 311 v.Chr. – 52 n.Chr. allein 9 Stadtrömische Wasserfernleitungen mit Aquädukten (Appia, Anio, Vetus, Marcia (90 km), Tepula, Julia, Virgo, Alsietina, Claudia (15 km Aquäduktlängen), Anio Novus) gebaut wurden, wobei z.B. über die »Virgo« noch heute der Brunnen Fontana di Trevi mit 80.000 m³ täglich gespeist wird. Auch andere berühmte *Aquädukte* (Bild 1.1.03) im römischen Reich (Segovia (818 m Länge), Pergamon, Konstantinopel, Arles, Nimes (Pont du Gard, dreistöckiges Bauwerk mit 48 m Höhe), Tarragona, Hadrians-Aquädukt für Carthago, oder Eifel-Wasserleitung nach Köln) bestehen meistens aus dem Baustoff *opus caementitium,* dem »römischen Beton«. Diese Bautechnik für druckfeste Bauteile aus Mörtel und Steinen (vom bearbeiteten Steinquader bis hin zu Tonziegel) bestand darin, dass Steine hochkant oder Holzbretter und -balken (die Holzschalung wurde nach Erhärten des Bauteils – wie heute – entfernt) für die Schale einer Mauer versetzt und in der Mitte mit Bruch-

Bild 1.1.03: *Aquädukt Pont du Gard, dreistöckiges Bauwerk 48 m hoch, Nimes/ Frankreich, 19 v.Chr. [LAMPRECHT 1987]*

steinbrocken, die mit Mörtel vermischt sind, hinterfüllt wurden. Die Funktion des Bindemittels übernehmen der Kalk und häufig hydraulische Zusätze (die vorteilhafte Wirkung vulkanischer Asche, Ziegelmehl/zerstoßene Tonziegel als Puzzolane war bekannt). Über diese Bautechnik, die sich aus mehreren Wurzeln – griechische Grundideen – entwickelte, sowie über den Bau von Wasserleitungen, Zisternen und Behälter ist relativ viel bekannt, weil aus der römischen Antike zwei in lateinischer Sprache verfasste Schriften vor und nach der Zeitenwende erhalten geblieben sind, nämlich von Vitruv ein 10bändiges Werk (»De Architectura«) und von Frontinus (De Aquaeductu Urbis Romae«, rund 50 Druckseiten). Die römischen Aquädukte – als Wasserleitung betrachtet – dienten nicht nur dem selbstverständlichen Zweck eine Siedlung oder Stadt mit mehr Wasser zu versorgen, sondern dienten auch als Mittel zur Selbstdarstellung und zur Erhöhung des Prestige des Stifters, gerade im Übergang von der Republik zur Kaiserzeit. Mit dem Bau der Aqua Virgo (19 v. Chr.) ließ z.B. Agrippa auf eigene Kosten eine märchenhafte Fülle von einzelnen Wasserbauten errichten, zu denen 700 Wasserbecken, 500 Springbrunnen, 170 öffentliche Bäder und 130 Wasserbehälter gehörten, von denen viele noch reich verziert waren. An den Endpunkten der Aquädukte ergoss sich das Wasser nach dem Durchlauf von Absetzbecken in *kleinere Hochbehälter* (castellum, castella), deren Aufgabe vor allem in der Verteilung des Wassers auf verschiedene Verbraucherleitungen bestand (Bild 1.1.04). Diese »Wasserschlösser«, von deren lateinischen Namen »castella« wahrscheinlich die spätere französische Bezeichnung »chateau d'eau« für den Wasserturm abgeleitet wurde, sind als *Vorläufer der späteren Wasserhochbehälter* anzusehen, da sie neben der verteilenden auch schon eine druckerzeugende Funktion zu erfüllen hatten *(Druckhalte- und Verteilerfunktion)*.

Wenn es die topographischen Verhältnisse erlaubten und die Größe der Versorgungsgebiete verlangte, mündeten die Aquädukte in größere, gemauerte und *erdüberdeckte Behälter (Piscina) bzw. Wasserbehälter (castellum) oder Zisternen* (Bild 1.1.05). Nach heutiger Terminologie werden Behälter Zisternen genannt, die nur der Wasserspeicherung dienen, deshalb nur einen Wasserzulauf, aber keine Einrichtung zur Weiterleitung des Inhalts haben. Neben den Zisternen für den Privatbedarf, die sich in allen Teilen des Imperiums finden, verdienen die Großbauten dieser Art eine besondere Beachtung. Die heute noch erhaltene »Piscina Mirabilis« (1.Jahrh.v.Chr.) in Misenum bei Neapel speicherte das Wasser für die dort stationierte römische Flotte in einem 15 m tief in den Tuffboden eingegrabenen Speicherbecken mit 70x25 m^2 Fläche. 48 Pfeiler tragen die Decke und unterteilen das Bauwerk in 5 Längs- und 13 Querschiffe. Das mittlere Querschiff liegt 1,10 m tiefer und dient als Klär- und Ablaufbecken bei der Reinigung. Pfeiler und Decken bestehen aus opus caementitium; Wände und Pfeiler tragen einen wasserundurchlässigen Putz. Die »Piscina Mirabilis« (Bild 1.1.06) hat ein Fassungsver-

Bild 1.1.04 ▲
Verteilerturm (darauf befand sich ein bleierner Wasserbehälter), Pompeji, 1.Jhrdt n.Chr. [LAMPRECHT 1987]

Bild 1.1.05 ►
Zisterne am Theater von Delos, 2.Jhrdt v.Chr [s. MERKL et al. 1985]

Bild 1.1.06 ▼
»Piscina Mirabilis« (erdüberdeckter Behälter 12.600 m^3, 70x25 m), Neapel, 1.Jhrdt v.Chr. [LAMPRECHT]

mögen von 12.600 m³ und wird durch eine Wasserleitung von etwa 3 m Breite und 3,50 m Höhe gespeist. Von Vitruv werden interessanterweise zu den Konstruktionen aus römischen Beton genaue Angaben gemacht, die auch nach 2.000 Jahren heute noch ihre Beachtung verdienten: »Danach muss zuerst der Sand untersucht werden, damit er keine Mutterbodenanteile enthält (wie wahr auch in der heutigen Zeit, nachdem Mängel aufgrund organischer Einschlüsse im Beton oder zementösen Mörtelauskleidungen festgestellt werden). Die besten Sande knirschen, wenn man sie in der Hand reibt; erdhaltiger Sand wird keine Schärfe besitzen. Wenn keine Sandgruben vorhanden sind, muss der Sand aus Flüssen oder aus Kies gewonnen werde; es kommt auch Sand von der Meeresküste in Frage; ein Nachteil ist hier, dass durch Absonderung des Salzgehaltes der Verputz auf Mauern zerstört wird. Beim Bau von Zisternen sollen fünf Teile Sand auf zwei Teile fetten Kalk kommen. Weiterhin führt er aus …Werden zwei oder drei Zisternen hintereinander angelegt, so dass sie durch Durchsickern das Wasser auswechseln können, ist dies zum Genuss und für die Gesundheit zuträglicher und angenehmer«. Auch bei der antiken Wasserversorgung in Tunesien sind bei Karthago aus vorrömischer Zeit (Punische Zeit) von den Phöniziern zwei riesige Zisternen angelegt worden (30.000 m³, 18 Tonnengewölbe über ein Rechteck von 39x154,6 m angeordnet bzw. eine weitere mit 24 Ziegelsteingewölben, von denen heute 15 z.T. gut erhalten sind), in die nach dem Wiederaufbau des zerstörten Karthago durch die Römer Quellwasser über den neu erbauten Hadrians-Aquädukt beigeleitet wurde. Eine Vielzahl von Zisternen sind in und um Istanbul zu finden. Nachdem der römische Kaiser Konstantin d.Gr. um 330 n.Chr. seine Residenz nach Byzanz bzw. Konstantinopel verlegt hatte, entstand im antiken Byzanz ein großes Wassernetz. Beeindruckend ist die riesige, oben offene Fildami-Zisterne (»House of Elephants«) außerhalb Istanbuls aus dem 5. Jhdt. n.Chr. mit einer Grundfläche von 127x76 m

Bild 1.1.07: *Fildami-Zisterne (»House of Elephants«), 100.000 m³, 127x76x11 m, 5.Jhrdt n.Chr. [LAMPRECHT]*

Bild 1.1.08: *Haupt der Medusa in der Zisterne »Yerebatan Sarayi«, Istanbul [DE GRAAF]*

und 11 m hohen Mauern aus opus caementitium, fasste also etwa 100.000 m^3 (Bild 1.1.07). Die Außenmauer ist zur Erhöhung der Stabilität als bogenförmig ausgebildete Pfeilerwand ausgeführt in einer Bauweise als opus mixtum mit Putz, d.h. eine Kombinationsabfolge aus Natursteinblöcken mit Ziegelschichten (LAMPRECHT). Der schon von Kaiser Valens (364-378 n.Chr.) begonnene Bau großer, zunächst offener, dann bedeckter Wasserbehälter in Constantinopolis erreicht unter Justinian (527-565 n.Chr.) mit der Fertigstellung der »Cisterna Basilica« seinen Höhepunkt. Im osmanischen Reich erhielt sie den Namen »Yerebatan Sarayi«, was treffend »Versunkener Palast« bedeutet, wovon man sich heute nahe der bekannten Hagia Sophia Moschee liegend, bei einer Besichtigung überzeugen kann. Das Speichervolumen von 80.000 m^3 resultiert aus einer Grundfläche von 140x70 m^2 und der Höhe der 336 (!) Säulen bis zum Ansatz der Kapitelle von 8 m. Die meist korinthischen Kapitelle zeigen verschiedene Ausführungen. Das Fundament einer Säule im hinteren Bereich des Wasserbehälters wurde als »Haupt der Medusa« ausgeführt (Bild 1.1.08) und erweckt heute von Scheinwerfern angestrahlt einen geheimnisvollen Eindruck (BAUR 2001). Die steinernen Säulen tragen die verbindenden Bögen und die darüber gespannten Gewölbe, beides aus Ziegelmauerwerk hergestellt. Zugstangen aus Holz hatten die horizontalen Kräfte aufzunehmen (mittlerweile durch eiserne ersetzt). Die Scheitelhöhe der Gewölbe beträgt etwa 12 m. Die Außenwände aus Ziegelmauerwerk sind in den Ecken abgeschrägt, der auf den Innenflächen bis über die Wasserspiegelhöhe aufgetragene Putz ist noch gut erhalten. Außer der »Yerebatan Sarayi Zisterne« ist der Wasserbehälter »Binbidirek« (1001 Säulen), wenngleich er »nur« 224 Säulen in 16 Reihen enthält, als zweitgrößter gedeckter byzantinischer Wasserbehälter der Stadt mit einer Grundfläche von 64x56 m^2 und einem Fassungsvermögen von 43.000 m^3 erhalten. Die Konstruktionen zeigen den seit der römischen Zeit eingetretenen Wandel im Behälterbau auf. Während bei den römischen Wasserbehältern die Abdeckung (meist Tonnengewölbe) von stark gemauerten Pfeilern und Bogenreihen getragen wurden, ruhen die byzantinischen Kuppelgewölbe – wohl nach alexandrinischem Vorbild – auf schlanken Säulen. Sie gestatten einen weitgehend freien Einblick in das Behälterinnere und führen so zu der großartigen Raumwirkung (BAUR 1990/1991).

1.2 Mittelalterliche Vorläufer der Wassertürme

Mit dem Untergang des weströmischen Reiches geriet auch das Wissen um die Wasserversorgungsanlagen mit ihren Vorläufern der Wassertürme in Vergessenheit. Erst seit dem Mittelalter ist in Deutschland ein Fortgang in der Entwicklung der Wasserversorgung zu verzeichnen: Mittels der »Wasserkünste« wurde in größeren Städten Wasser in Behälter aus Holz, Kupfer, Stein auf Turmbauwerke (Stadttürme) gefördert, um damit den Druck auf Holz-Rohrleitungen zu stabilisieren und eine gleichmäßige Wasserverteilung zu erreichen *(Ausgleichs- und Druckhaltefunktion)*. Bemerkenswerte Vorläufer von Wassertürmen (mit »Brunnhaus«) sind beispielsweise in der Freien Reichsstadt Ulm (Jahr 1340), Hannover (1352), Bremen (1394), Augsburg (nach 1412), Lüneburg (1474), Halle (1474), Nürnberg (1483), Braunschweig (1525), München (um 1550), usw., errichtet worden (Bild 1.2.01). Von den Vorläufern der Wassertürme sind zum Beispiel die »Drei Wassertürme am Roten Tor in Augsburg« noch erhalten. Auf dem Lande wurde das Wasserrad als Antriebsquelle manchmal durch Pferde oder Ochsen ersetzt, wie das als technisches Denkmal restaurierte »Ochsentretscheiben-Pumpwerk mit Wasserturm« (1702/1729) zur Wasserversorgung des Schlosses Schillingsfürst in Mittelfranken zeigt.
Mit dem Beginn des technischen Zeitalters, der Industrialisierung, wurden die Voraussetzungen für die *bautechnische Entwicklung der Wassertürme* geschaffen, die sich in die zwei Hauptgruppen der Stahlbauweise und der Stahlbeton- bzw.

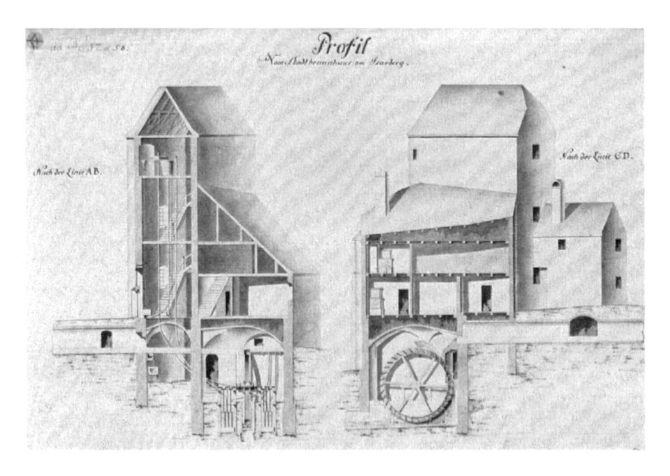

***Bild 1.2.01:** Brunnenhaus mit Wasserturm am Isarberg in München (um 1550) [s. MERKL et al.1985]*

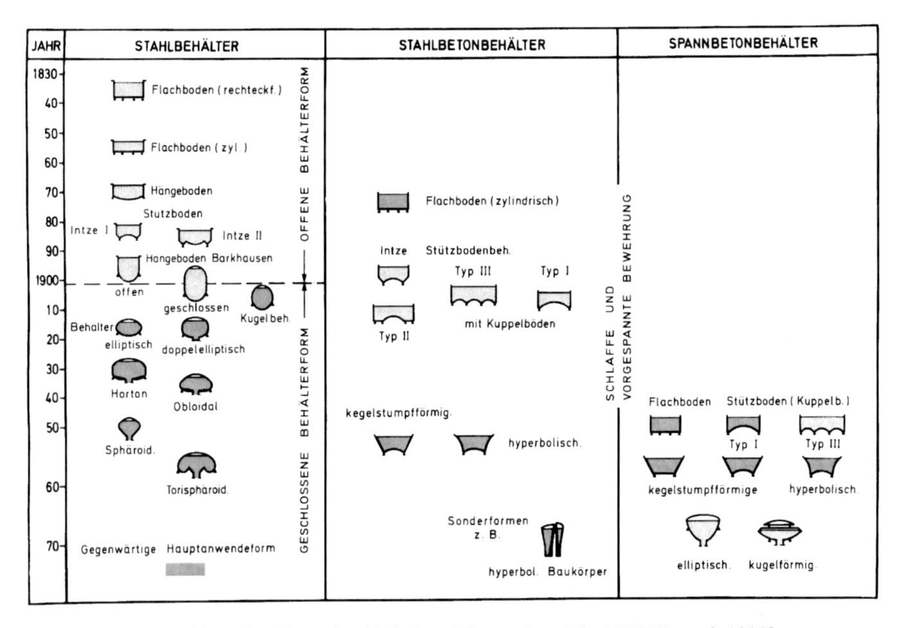

__Bild 1.2.02:__ Entwicklung der Wasserhochbehälter (Wassertürme) [s. MERKL et al. 1985].

Spannbetonbauweise unterteilen lässt und hierin wieder durch das Unterscheidungskriterium der Wasserbehälterausbildung. Die technische Entwicklung der Wasserhochbehälter hatte ihren Ausgangspunkt etwa ab dem Jahr 1830 mit dem damals erfolgreichen Aufschwung bei der Dampfeisenbahn und der öffentlichen Wasserversorgung. Trotz der gestalterischen Vielfalt können sie auf einzelne Bauformen zurückgeführt werden, die jeweils auf statischen und wirtschaftlichen Verbesserungen bei den Konstruktionen beruhen, die in der Literatur (WERTH 1971, MERKL 1979, MERKL et al. 1985) beschrieben sind und auf die sich die nachfolgenden Ausführungen stützen (Bild 1.2.02).

1.3 Wasserhochbehälter aus Eisen/Stahl (Wassertürme)

1.3.1 Flachbodenbehälter (rechteckig und zylindrisch)

Die eigentliche Entwicklung der Wasserhochbehälter begann mit der Anlage von Wasserstationen für die Eisenbahn. In Deutschland wurden seit 1835 vorwiegend rechteckige Wassertürme mit *Flachbodenbehälter aus Gusseisen* errichtet, die wegen Festigkeitsproblemen auf einem engmaschigen Balkenrost aufgelagert werden mussten, meist in Betriebsgebäuden, im Gegensatz zu der mehr freien Auf-

Bild 1.3.1.01:
Zylindrischer Wasserturm mit Gußeisernem Flachbodenbehälter, Hamburg 1853/55 durch den genialen englischen Ingenieur Lindley geplant, 2350 m³, 1910 abgebrochen

stellung des Behälters in England und Frankreich. In der öffentlichen Wasserversorgung entstand das erste neuzeitliche Wasserwerk 1848 in Hamburg-Rothenburgsort unter der Leitung des genialen englischen Ingenieurs Lindley, mit einem zum Pumpwerk gehörigen, 63 m hohen Druckturm, fälschlicherweise als Wasserturm bezeichnet und dem 1853/55 erbauten *Wasserhochbehälter in Hamburg am Berliner Tor mit einem zylindrischen Flachbodenbehälter von 2350 m³ Fassungsraum,* für den es bislang keine Vorbilder gab (Bild 1.3.1.01). Dieser erste »Wasserturm« mit einer echten Speicherfunktion wurde bereits 1910/11 abgebrochen, als in Hamburg zwischenzeitlich drei neue, höhere Wassertürme errichtet wurden. Als typische Vertreter der Wasserturmgeneration mit Flachbodenbehälter mögen der seit 1873 sich in Betrieb befindliche 1700 m³ fassende, 46 m hohe, rechteckige Wasserturm der Stadtwerke Bremen dienen, sowie der 1872 erbaute zylindrische Wasserturm (3638 m³, 34,5 m hoch) der Stadt Köln – heute ein Hotel – oder der 1876/77 erbaute, 39 m hohe Wasserturm Krefeld mit einem schmiedeeisernen 6,2 m hohen und 18,5 m im Durchmesser großen Reservoir (1600 m³) auf schmiedeeisernen Trägern.

1.3.2 Hängebodenbehälter

Der Nachteil der Flachbodenbehälter aus Eisen wurde in der Tatsache gesehen, dass der ebene Boden einen konstruktiv getrennten Trägerrost benötigte, um die auftretende Biegespannung aufnehmen zu können. Mit der Erfindung des Hängebodenbehälters (1854/55) durch den Franzosen J. Dupuit konnten Zylinderwand und Behälterboden als doppelt gekrümmte Schale freitragend gestaltet werden und mit dem Wegfall einer Unterstützung durch Innenmauern eine Materialersparnis von 25-50% beim Wasserturmbau erzielt werden. Die ganze Last wird durch einen

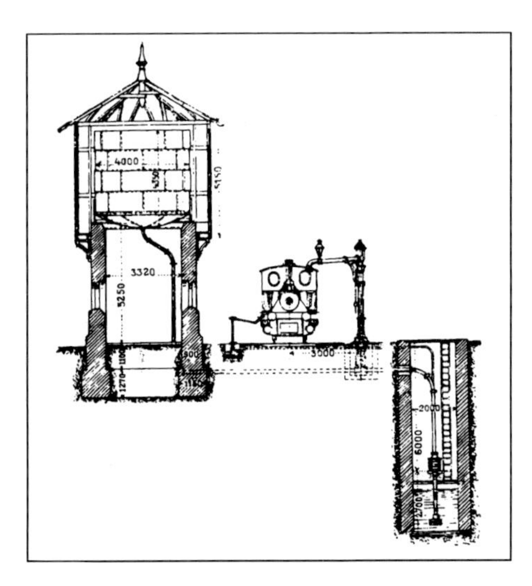

geschlossenen Auflagerring, der die waagrechten Komponenten des schrägen Bodenzugs bzw. die vertikalen Anteile aufnimmt, auf das Mauerwerk übertragen. Kleine Behälter tauchten bei den deutschen Eisenbahnen (Bild 1.3.2.01) vor 1870 auf, in der öffentlichen Wasserversorgung Deutschlands wurden erst 1874 und 1878 Planungen von dem Ingenieur Thiem für Wassertürme mit einem Hängebodenbehälter bekannt. Dieses neue Behältersystem wurde dann aber relativ rasch in (noch bestehende) Wassertürme eingebaut: z. B. 1881 in Berlin-Westend/Charlottenburg (1.000 m³), 1884 in Essen-Steelerberg (2.000 m³), 1886 Berlin-Steglitz (2.000 m³), 1887/1902 Worms (1200 m³), Mannheim-Friedrichsplatz (2.000 m³), 1893 Berlin-Rixdorf/Neukölln (2500 m³), 1894/95 Ludwigshafen/Gräfenau (1.000 m³), usw.

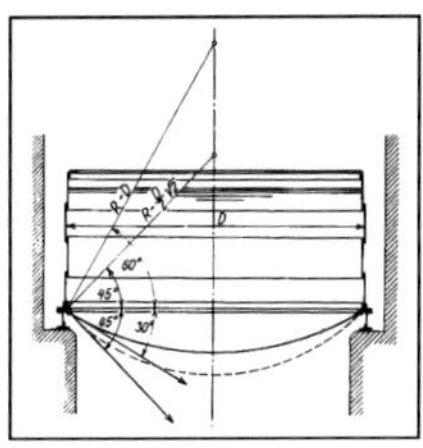

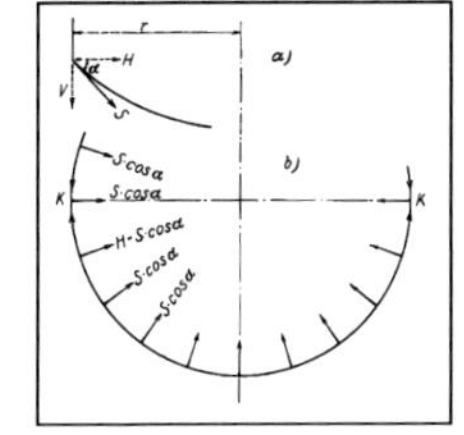

Bild 1.3.2.01 ▲▲
Wasserversorgungsanlage der Eisenbahn (Wasserturm mit Hängebodenbehälter)

Bild 1.3.2.02 ▲
Behälter mit hängendem Boden nach J. Dupuit und Kraftentwicklung am Eckring des Hängebodenbehälters

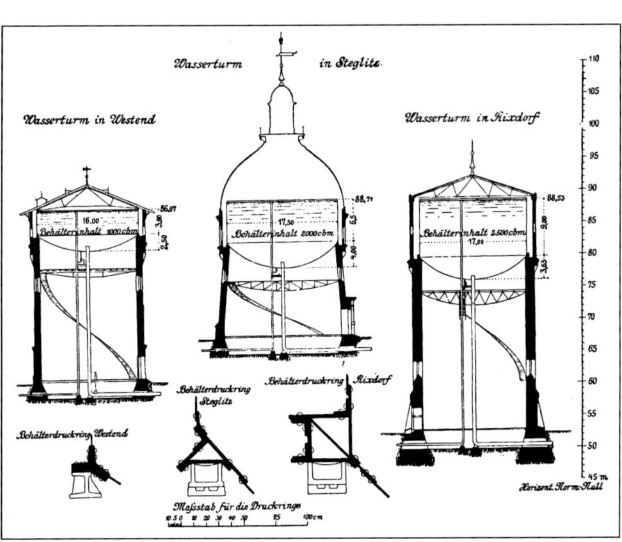

Bild 1.3.2.03 ►
Wassertürme Berlin mit Hängebodenbehälter (Westend, Steglitz, Rixdorf)

1.3.3 Stützbodenbehälter nach dem INTZE-Patent

Die Schwachstelle der Hängebodenbehälter bildete der Anschluss der Wand- mit den Bodenblechen an den Auflagerring, außerdem bestand bei wechselnder Behälterfüllung die Gefahr einer Beschädigung des Mauerwerks durch das »Arbeiten« des Auflagerringes. Von INTZE, Professor an der TH Aachen, wurde 1883/85 mit dem Stützbodenbehälter (Intze-I-Behälter) eine statisch günstigere Konstruktion entwickelt, die den Auflagerring in waagerechter Richtung spannungsfrei machte, wodurch das Wandern des Lagerringes sowie die damit verbundene Rissbildung im Mauerwerk stark eingeschränkt wurde. Aus der für die Intze-Behälter charakteristischen Einschnürung des Wasserturms am Behälter-Auflager ergab sich für den gemauerten Unterbau eine Materialersparnis von 20-25% gegenüber dem Turmschaft des Hängebodenbehälters. Den ersten Wasserturm nach dem Intze-Patent erhielt 1883 die Stadt Remscheid. Die in den folgenden Jahren erbauten Intze-Wassertürme mit ausladendem Behälterkopf und einem sich zum Behälter-Auflager hin verjüngenden Turmschaft waren in der Landschaft in ihrer typischen Konstruktion sofort identifizierbar (Bild 1.3.3.01/02). Bei der Eisenbahn gelangten diese Intze-Behälter so häufig zur Anwendung, dass sie von der patentnehmenden Firma Neumann in Eschweiler/Aachen in verschiedenen Größen von 15-1.000 m³ in Zusammenarbeit mit den Eisenbahnverwaltungen genormt wurden, was Arbeit in der Winterpause schaffte zu einer Zeit, als der Serienbau in der Technik noch so gut wie unbekannt war. Für große Nutzinhalte entwickelte Intze 1884 eine modifizierte Konstruktion, den Intze-Typ II. Ihre bautechnische Viel-

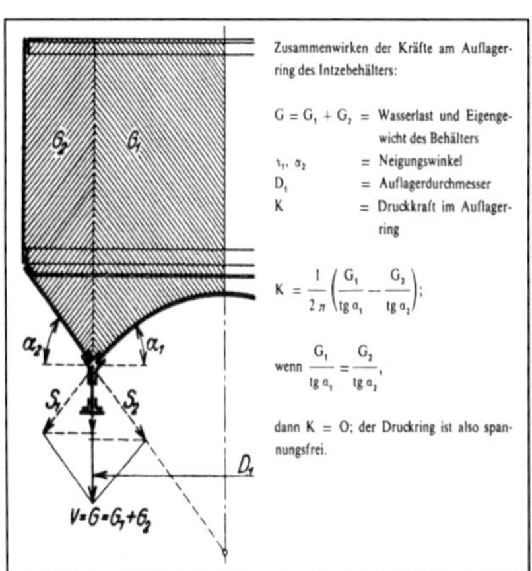

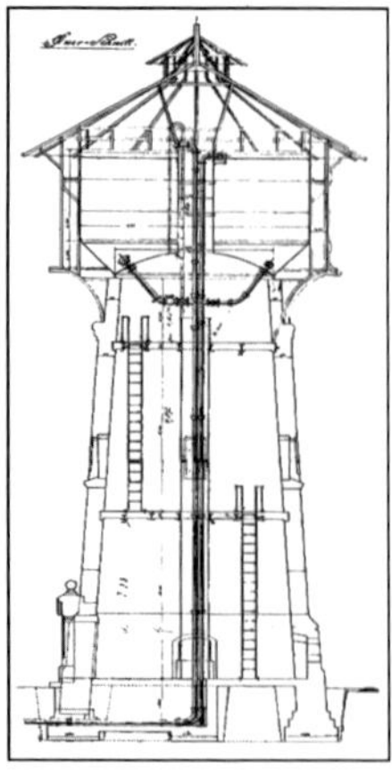

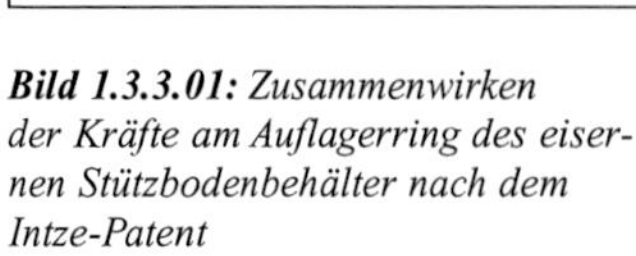

Bild 1.3.3.01: *Zusammenwirken der Kräfte am Auflagerring des eisernen Stützbodenbehälter nach dem Intze-Patent*

Bild 1.3.3.02: *Charakteristischer kleiner Wasserturm mit Intze-I-Behälter, WT Rain/Lech 100 m3, 1903 (Foto Sitek)*

seitigkeit bewiesen die Intze-Behälter in mehrfacher Hinsicht, z.B. beim Erhöhen von Wassertürmen, bei der Ausbildung der Intze-Behälter ohne Ummantelung als sichtbarer Behälter oder bei der Ausbildung als Schornsteinbehälter für Betriebswasserversorgungen (MERKL et al. 1985).

1.3.4 Halbkugelförmiger Hängebodenbehälter (offener BARKHAUSEN-Behälter)

Die Herstellung der Intze-Behälter war nicht ohne Schwierigkeiten, der Stützboden bestand aus zwei unterschiedlich gekrümmten Flächen, zur Erzielung einer Beulsteifigkeit mussten u.U. Versteifungsrippen angeordnet werden und der Lagerring bestand aus 7 Teilen, wobei mehrere Profile beim Kreisbiegen gewisse Mängel aufwiesen. BARKHAUSEN, Professor in Hannover, entwickelte 1898 einen halbkugelförmigen Hängebodenbehälter mit tangentialen Übergang zur Behälterwand, bei dem der Auflagerring entfiel unter Ausnutzung der Trägerwirkung der Behälterwand bzw. durch punktförmige Stützungen der Behälterwand über einzelne Stahlpfosten und deren Weiterleitung auf ein eisernes Standgerüst bzw. Mauerwerksunterbau. Als Wasserturm war der offene Barkhausen-Behälter auf einem eisernen Standgerüst wirtschaftlicher als der Intze-Behälter, weshalb diese einfache Bauweise gerne bei Industriewasserversorgungen und Kohlezechen (Bild 1.3.4.01) angewandt wurde, wohingegen auf einem Mauerwerksunterbau durch die Stützung wieder auf der Behälteraußenlinie der bekannte Nachteil gegeben war. Für die Wassertürme der Eisenbahn (Bild 1.3.4.02) war der offene Barkhausen-Behälter

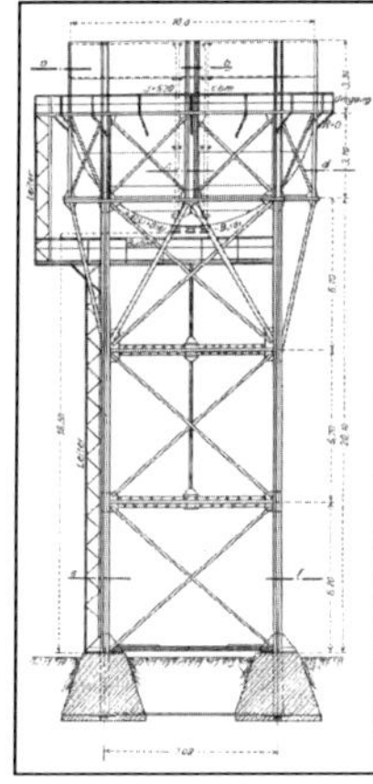

Bild 1.3.4.01:
Zeche Minister Stein offener Barkhausen-Behälter

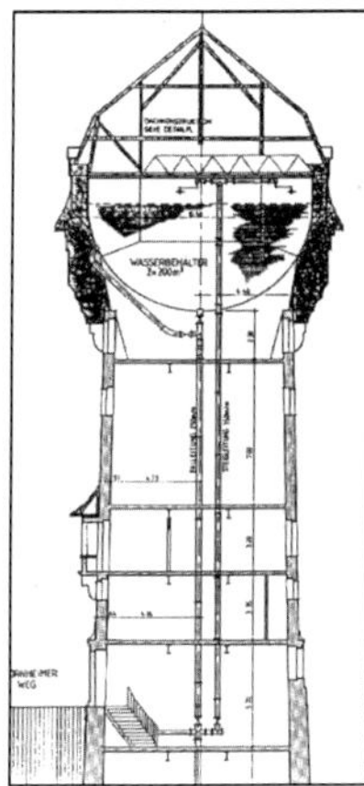

Bild 1.3.4.02: *Wasserturm Darmstadt Hbf, zweikammeriger offener Barkhausen-Behälter 400 m³, 1909*

im Gegensatz zur öffentlichen Wasserversorgung weit verbreitet, allerdings mit Dach und Mauerwerksunterbau als Betriebsgebäude (z. B. Darmstadt-Hbf., 1909, 2 x 200 m³ und Mainz-Bischofsheim, 1912, 160 m³).

1.3.5 Sonderkonstruktion Flachbodenbehälter mit zylindrischen Wandelementen

Nicht unerwähnt bleiben sollen Sonderkonstruktionen von Flachbodenbehältern mit zylindrischen Wandelementen, die dann nur auf Zug beansprucht wurden, für 2 Wassertürme in rechteckiger Gebäudeform mit 2.000 bzw. 3.000 m³ Inhalt für die früheren Wasserwerke Bochum-Weitmar und Bochum-Harpen. Veranlassung war der profane Grund, dass kreisförmige Unterbauten sich nur schlecht zu Wohn- oder Betriebszwecken nutzen ließen. Es war dies zwar ein interessanter Irrweg, bemerkenswert an der Konstruktion war aber die moderne Behälterauflagerung. In der Konstruktionsbeschreibung heißt es hierzu: »Eine etwa 3 cm starke Gussasphaltdecke, die auf der tragenden Eisenbetonunterlage ausgebreitet ist, sichert letztere vor dem Eindringen von Feuchtigkeit; die unteren Nietköpfe der Behälterbodenplatte können sich in diese Asphaltschicht hineinpressen und werden dadurch vom Druck des Behälters und der Wasserfüllung entlastet…« (Bild 1.3.5.01).

1.3.6 Geschlossener BARKHAUSEN-Behälter

Für den Barkhausen-Behälter lag der Gedanke nahe die Überdachung zusammen mit dem Behälter als geschlossenes Tragwerk auszubilden. Für den Barkhausen-Behälter bot sich entsprechend der Bodenausbildung eine Halbkugelausbildung geradezu an. Beispiele für den geschlossenen Barkhausen-Behälter sind der Was-

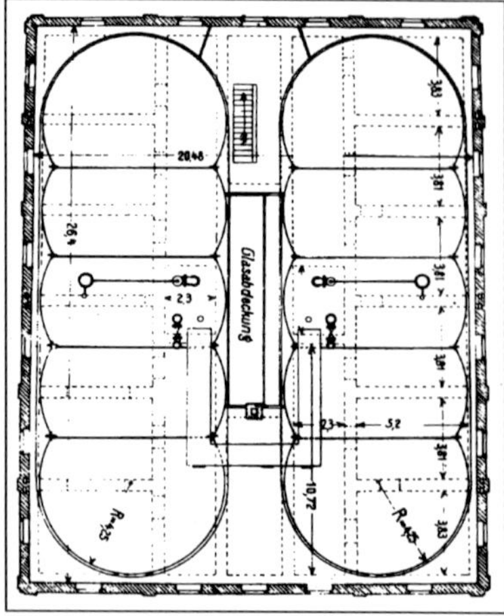

Bild 1.3.5.01: *Sonderform eines eisernen Flachbodenbehälters mit zylindrischen Wandelementen in Bochum/Grumme, 1903, 2x1500 m³*

__Bild 1.3.6.01:__ ▲ Geschlossener Barkhausenbehälter bei Dortmund-Grevel, 2000 m^3 [s. MERKL et al. 1985].

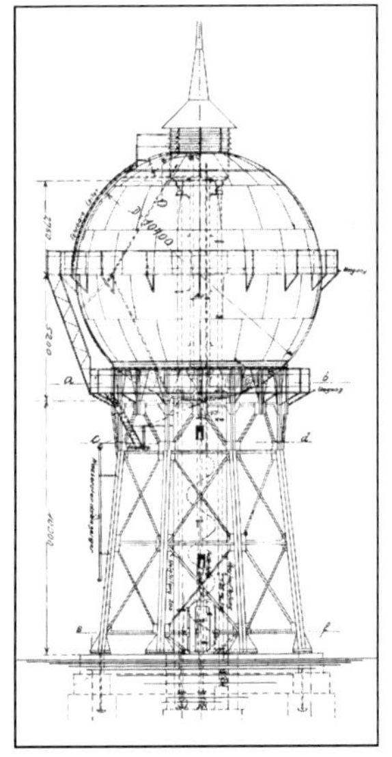

__Bild 1.3.7.01:__ ▲ Wasserturm Haltingen, Kugelbehälter auf Standgerüst (1913, 500 m^3)

serturm Dortmund-Grevel (1904) mit einem 2.000 m^3 großen Behälter (∅ 15 m) auf Stahl-Unterbau (Bild 1.3.6.01), der Eisenbahn-Wasserturm Mühlheim-Spielfeld (1901, 100 m^3) auf Mauerwerksunterbau oder der Wasserturm Nienburg/Weser (1912, 750 m^3) für die öffentliche Wasserversorgung.

1.3.7 Kugelbehälter der Bauart KLÖNNE

Wegen der außergewöhnlichen Wassertiefe bei großen geschlossenen Barkhausen-Behältern (Dortmund-Grevel 13 m) entwickelte die patentnehmende Firma Klönne in Dortmund für die Barkhausenbehälter den Kugelbehälter Bauart KLÖNNE, bei dem die Wassertiefen in einem noch vertretbaren Bereich liegen. Durch das Erfordernis doppelt gekrümmter Bleche war der Behälter beulsteifer, so dass vorteilhaft auf eine Aussteifung der Behälterwand verzichtet werden konnte. Bei den kleinen Eisenbahn-Wassertürmen bis 500 m^3 Fassungsvermögen wurden diese Kugelbehälter unmittelbar auf das eiserne Stahlgerüst gesetzt, wie die Wassertürme Berlin-Gleisdreieck (1907, 300 m^3) oder Haltingen/Weil am Rhein (1913, 500 m^3) zeigen (Bild 1.3.7.01). Eine Variante ist der »Kugelbehälter mit Stützboden (Intze-Boden)«, wie z. B. der Eisenbahn-Wasserturm Bebra mit Mauerwerksunterbau (s. MERKL et al. 1985) oder Kornwestheim/Stuttgart (1914, 1.000 m^3).

Bild 1.3.8.01:
Stahl-Wasserturmformen in den USA [s. WERTH 1971].

1.3.8 Ausblick bei Wassertürmen aus Stahl

Nach dem 1. Weltkrieg kam es mit der stärkeren Verbreitung der Eisenbetonbauweise (Stahlbetonbauweise) zu einem gewissen Stillstand im Stahl-Wasserturmbau in Deutschland. Bis 1935 wurden noch einige Wassertürme aus Stahl gebaut, z. B. Eisenbahn-Wassertürme Berlin-Tempelhof 1928, Kassel 1927 oder Straubing 1922 (900 m^3, 63 m hoch) und Recklinghausen-West II (1935, 5.000 m^3), nach dem 2. Weltkrieg praktisch nur einige Kugelbehälter oder sphäroidische Behälter für Industriewasserversorgungen, ganz im Gegensatz zu anderen Ländern, wie z.B. in den USA, wohin sich das Schwergewicht der Entwicklung verlagerte. Etwa um 1930 gelang es, die bisherige Verbindungsmethode des Nietens optimal durch das Schweißen zu ersetzen, wodurch sämtliche Überlappungen, Laschen und Nieten wegfielen, was eine bedeutende Materialersparnis brachte. Ein weiterer Vorteil der Schweißtechnik bestand darin, dass die in Folge des Anschlussproblems vernachlässigten Rohrprofile angewandt werden konnten – es führte dies jedoch in unserem Lande nicht mehr zu einer Renaissance im Stahl-Wasserbehälterbau, nichtzuletzt wegen der vielseitigen Anwendung von Stahlbeton, im Gegensatz zum Ausland wie die universellen Typen der Amerikanischen Stahl-Wassertürme (Bild 1.3.8.01) versinnbildlichen.

1.4. Wasserhochbehälter in Eisenbeton-/Stahlbetonbauweise

1.4.1 Flachbodenbehälter aus Eisenbeton

Die Entwicklung der Wasserhochbehälter in Eisenbeton-/Stahlbetonbauweise begann in Deutschland um die Jahrhundertwende. Einzelne weitsichtige deutsche Bauunternehmer (heute noch existierend Züblin/Stuttgart, Rank/München) reisten nach Paris, um bei dem Franzosen Monier und vor allem bei dem Belgier Hennebique Konzessionen zu erwerben (Bild 1.4.1.01). Letzerer hatte ein patentiertes Plattenbalkensystem in Verbindung mit Eisenbetonstützen, dessen Besonderheit in der Anordnung einer Schubbewehrung bei den Balken und Stützen bestand, dem Hennebique'schen Schubbügel aus Flacheisen später Rundeisen, der dem heutigen Schubbügel weitgehend entspricht. In Süddeutschland wurden von 1903-1914 zahlreiche kleine Wassertürme in Hennebiquescher Bauweise mit rechteckigen oder polygonalen, seltener kreisrunden Flachbodenbehältern in Eisenbeton gebaut. Diese Behälter wurden überwiegend 1kammerig mit einem Fassungsraum von 30-140 m³ auf Eisenbeton-Skelettkonstruktion mit ausgemauerter Fassade erstellt, wie in Putzbrunn (1903) und Edling (1926) usw. Beispiele für Industrie-Wassertürme sind Kirchseeon (1905, kgl. Imprägnieranstalt für Eisenbahnschwellen) und Ingolstadt (1915, Militärintendantur, später für Maschinenfabrik). Bei den nach 1910 erbauten größeren Behältern (200-400 m³) überwiegt eine 2-kammerige Ausbildung mit zentralem Durchstieg durch die Wasserkammern (Bild 1.4.1.02), wie z. B. bei den Wassertürmen Schweinfurt-Oberndorf (1911) und Erding (1914).
Vor dem 1. Weltkrieg sind meist *Wassertürme mit auskragenden Turmkopf* feststellbar, weil einerseits die Behälteraußenwand zur direkten Lastabtragung auf dem Turmschaft gelagert ist, andererseits zwischen Behälterwand und Turmaußenwand noch ein Umgang vorhanden ist. Ein Wandel ergab sich in den 20er

Bild 1.4.1.01 ▸
Zylindrischer Eisenbeton-Wasserturm 80 m³ ausgeführt 1897 von Eduard Züblin [s. MERKL et al.. 1985].

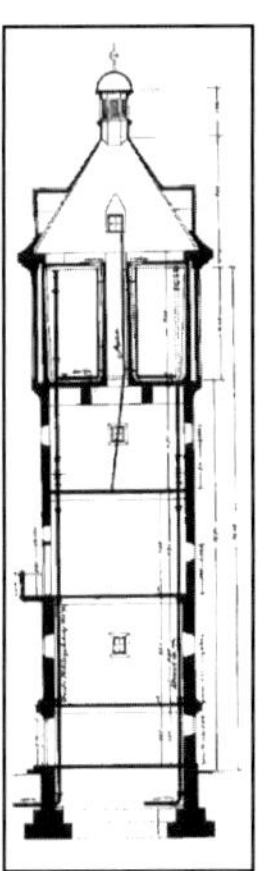

Bild 1.4.1.02 ▸▸
Wasserturm Erding 1914, Konstruktionsform mit zentralem Durchstieg durch die Wasserkammern des Stahlbeton-Flachbodenbehälters, Fassungsraum 216 m³ [s. MERKL et al. 1985].

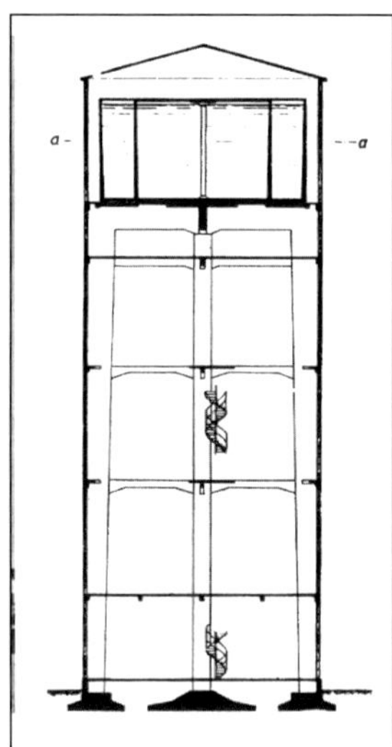

Bild 1.4.1.03: *Wasserturm Schifferstadt mit Komet Hale Bopp 19.4.1997, getrennte Ausbildung des Eisenbeton-Flachbodenbehälters von der Tragkonstruktion in ummantelter Eisenbeton Skelettbauweise, Farbdesign-Fassade Inhalt 1000 m³ [s. MERKL et al. 1985].*

und 30er Jahren, wo der Eisenbetonbehälter von der Turmschaftlinie zurückgesetzt auf einem Eisenbeton-Trägerrost gelagert wurde, wobei einige ingenieurtechnisch hochinteressante Stütz-Konstruktionen zu verzeichnen sind: bei dem achteckigen Wasserturm Mannheim-Seckenheim (1911) ist der kreisrunde Behälter (350 m³) durch 4 sich kreuzende Gurtbogen abgestützt, bei dem runden Wasserturm Haßloch (1929) stützen sich 2 konzentrische Wasserkammern über Zweigelenkrahmen auf Innenschaft und 12 Außenstützen ab, bei dem Wasserturm Schifferstadt (1931/32 – Farbdesign) auf 6 Portalrahmen, deren horizontaler oberer Riegel durch eine quadratische Mittelstütze gestützt wird (Bild 1.4.1.03). Ungewöhnlich ist auch die Anordnung von 2 runden Eisenbeton-Flachbodenbehältern in rechteckigen »Wohnwassertürmen« in ausgemauerter Eisenbeton-Skelettkonstruktion, wie z. B. in Wesermünde-Wulsdorf (1926, 1500 m³). Im allgemeinen wurden bei runden Wassertürmen mit *Flachbodenbehältern in Eisenbetonbauweise* die Fassade durch Außenstützen oder durch 8eckige Fassadenformen gegliedert, um ein schlotartiges Erscheinungsbild zu vermeiden. Zusammenfassend lässt sich feststellen, dass der Flachbodenbehälter im Gegensatz zum eisernen Behälter mit anderen Bauarten als gleichberechtigt anzusehen ist, bedingt durch die dem Eisenbeton eigentümliche Bauart, nämlich *Plattenbalkendecke und Eisenbeton-Skelettbauweise* (s. MERKL et al. 1985).

1.4.2 Stützbodenbehälter Bauart INTZE aus Eisenbeton

Die Entwicklung der Wassertürme in Eisenbetonbauweise erfolgte relativ rasch, da es naheliegend war, die Stahl-Behälterformen zu übernehmen. So wurde 1905

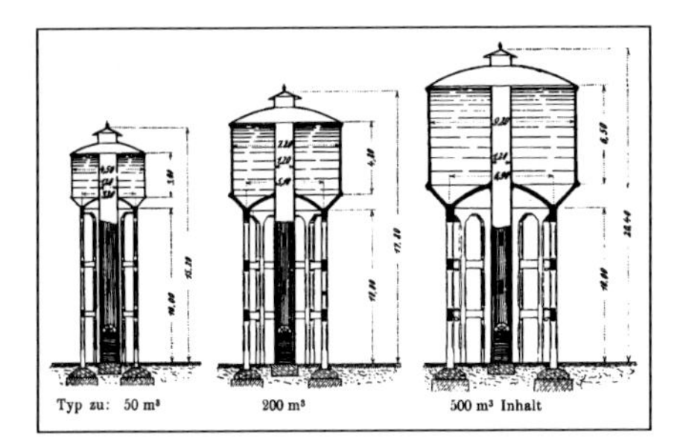

Bild 1.4.2.01: *▲ Genormte Eisenbeton-Intze-Behälter auf den Wasserstationen der italienischen Staatsbahnen [s. MERKL et al. 1985].*

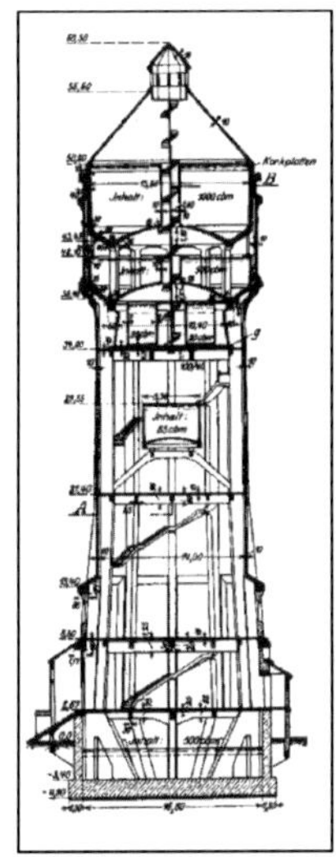

Bild 1.4.2.02: *►► Industrie-Wasserturm Eilenburg/Sachsen mit Intze-Stützbodenbehälter in Eisenbeton und fünf weiteren Behältern, 60,5m Höhe, 1915/16 [s. MERKL et al. 1985].*

beim Wasserturm Edingen der Stützbodenbehälter Bauart Intze in Eisenbeton erstellt. Ein Beispiel für die Intze-Bauart ist der Wasserturm Hockenheim (1909), dessen interessante Behälterstützung durch acht parabolisch gekrümmte Gewölbe erfolgt oder der mit einem Kegelstützboden 1912 errichtete Wasserturm Karlsruhe (700 m^3). Einen wesentlich größeren Anwendungsbereich fanden die Intze-Eisenbeton-Wassertürme im benachbarten Ausland, beispielsweise für die Wasserstationen auf den Bahnhöfen der italienischen Staatsbahnen, wo genormte Intze-Behälter verwendet wurden (Bild 1.4.2.01). Im wahrsten Sinne des Wortes herausragend ist der 1915/16 von den Ingenieuren der Fa. Dyckerhoff & Widmann AG, NL Dresden, für die Deutsche Celluloidfabrik in Eilenburg/Sachsen gebaute Wasserturm, nicht nur wegen seiner Höhe von 60,5 m sondern wegen der Eigenart der Konstruktion (s. MERKL et al. 1985), die insgesamt 6 (!) Behälter enthielt, nämlich einen Intze-Stützbodenbehälter in Eisenbeton mit 1.000 m^3, einen entsprechenden mit 500 m^3, dann zwei Flachbodenbehälter mit je 20 m^3, einen Eisenbeton-Kuppelbehälter mit 65 m^3 (s. Abschn. 1.4.3) und einen Tiefbehälter mit 500 m^3. Die vom Wasser benetzten Behälterflächen erhielten wasserdichten Zementputz ohne Zusätze und Anstriche (»wovon man heute nur mehr träumt«).

1.4.3 Stützbodenbehälter mit Kuppelboden

Die nach der Intze-Bauart ausgebildeten Wassertürme wurden, wegen der Ausladung des Turmkopfes, vielerorts als eine nicht befriedigende Lösung angesehen. Dies führte zur Ausbildung eines Stützbodenbehälters mit Kuppelboden, also eines freitragenden kuppelförmigen Stützbodens unter Verzicht auf den äußeren Stütz-

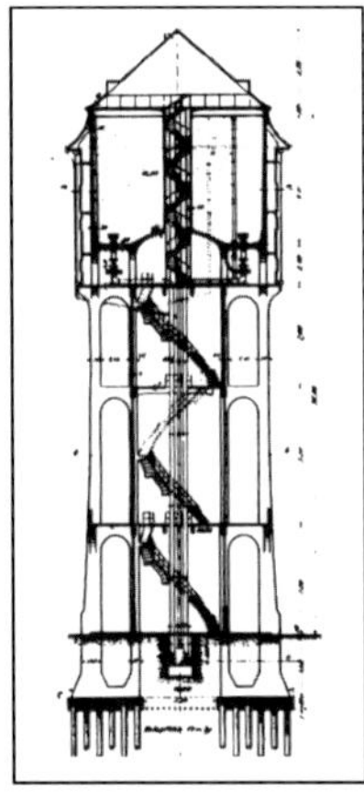

Bild 1.4.3.01:
Wasserturm Emden, zusammengesetzter Behälterboden, 1000 m³, 1911

kegel (ab 1907). Ein Beispiel hierfür ist der 1915/16 entstandene Wasserturm Hohenbudberg/Krefeld mit zwei 500 m³ fassenden Behältern auf runden Unterbauten, wodurch der Wasserturm sein charakteristisches Gepräge erhielt (heute Wohnturm). Für *freitragende Kuppelböden* wuchsen bei Behältergrößen von 1.000 m³ und mehr die Spannweiten auf über 11 m, was zu einer unwirtschaftlichen Bodenausbildung führte, zumal durch die große Bodenhöhe auch Behälterraum entfiel. Dieses Problem wurde z.B. bei dem 1911 erbauten, 1.000 m³ fassenden Wasserturm Emden von der auftragnehmenden Fa. Wayß & Freytag durch die *Anordnung zusammengesetzter Behälterböden* gelöst, z. B. durch Kombination eines äußeren, ringförmigen Flachbodens mit einem inneren Kuppelboden (Bild 1.4.3.01). Wegen einer quadratischen Turmgestaltung wurde bei dem Wasserturm Mutterstadt (1930/32) ein zusammengesetzter Behälterboden mit quadratischem äußerem Flachbodenbehälter und einem inneren Kreisbehälter mit Kuppelboden ausgeführt, eine sicherlich einmalige Kombination. Der Beginn neuzeitlicher Technologien beim Bau von Stahlbeton-Wassertürmen deutet sich bereit bei dem, ebenfalls mit einem zusammengesetzten Behälterboden ausgerüsteten Wasserturm Großniedesheim/Frankenthal (Pfalz) an.

1.4.4 Entwicklung zu neueren Stahlbeton- und Spannbeton-Wassertürmen

Das Aussehen der Stahlbeton-Wassertürme wurde etwa bis 1930 vorwiegend von den *Skelett-Konstruktionen* mit ihren Stützenreihen und den *aussteifenden Ring- und Radialbalken* oder Plattenbalkendecken bestimmt. Einen Wandel bewirkten die 1920/26 erfundenen Verfahren der *Gleitbauweise und Kletterschalung*. Die entsprechenden Wassertürme wiesen *zylindrische Formen* auf, die Unterkonstruktion bestand aus einem glatten zylindrischen Tragschaft oder aus Einzelstützen,

die um einen mittleren Schaft konzentrisch angeordnet waren. Der erste in Deutschland mit Gleitschalung erstellte Wasserturm wurde 1929 in Großniedesheim/Pfalz in zylindrischer Bauform ausgeführt (Bild 1.4.4.01).
Nach dem 2. Weltkrieg führte die Entwicklung zu neueren Stahlbeton- und Spannbeton-Wassertürmen mit Bauformen zylindrischer Tragschaft- und zylindrischer, kegelstumpfförmiger oder hyperbolischer Ausbildung des Behälters. Ein Beispiel ist der 1960/61 erbaute Wasserturm Flensburg-Mürwik, dessen Tragkonstruktion aus 18 Fertigteilstützen einem rotierenden Parabelschnitt um eine Vertikale entspricht. Der zugehörige kreisförmige Behälter wurde in Spannbeton erstellt. Neben der Gleitbauweise bewirkte der *Einsatz von Fertigteilen* eine besonders in Süddeutschland angewandte Bauweise eines zylindrischen Stahlbeton-Behälters mit vorgehängter, polygonaler Fertigteil-Fassade (Bild 1.4.4.02). Die Unterkonstruktion besteht aus kräftigen Einzelstützen, die um einen mittleren zylindrischen Tragschaft konzentrisch angeordnet sind. Beispiele hierfür sind die Wassertürme Sielstetten (erstellt 1969, 1.000 m³) und Stollnried (1977, 500 m³)

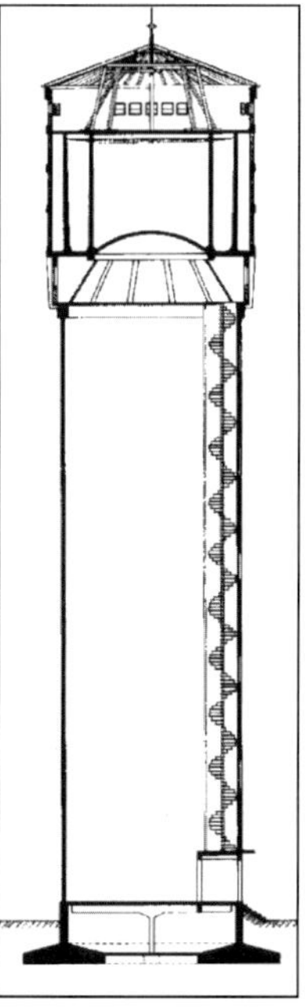

Bild 1.4.4.01 ◄◄
Wasserturm Großniedesheim, erster in Deutschland für eine kommunale Wasserversorgung mit Gleitschalung erstellter Eisenbeton-Wasserturm, Baujahr 1929, Inhalt 360 m³ [s. MERKL et al. 1985].

Bild 1.4.4.02 ►
Wasserturm Stollnried/Nb, in Gleit- und Fertigteilbauweise mit vorgehängter Fassade erstellt, 500 m³, 1977 [s. MERKL et al. 1985].

Bild 1.4.4.03:
Darstellung des Bauablaufes (ziehendes Heben) beim Behälter Buchlohe, 750 m³, 1973, [Dyckerhoff & Widmann AG]

(MERKL et al. 1985). Als weitere *moderne Bautechnologie für Wassertürme* ist das *ziehende oder drückende Heben* des vorgefertigten Behälters (Zieh-, Hubverfahren) zu nennen. Man versteht darunter die Herstellung des Turmschaftes in Gleitschalung oder Kletterschalung und das nachträgliche Herstellen des Behälters als Großfertigteil unten am Boden mit anschließendem Heben bzw. Hochziehen in die Endlage des Wasserturmes (Bild 1.4.4.03). Ein Beispiel für dieses *ziehende Heben* ist der Wasserturm Wuppertal-Lichtscheid (1500 m³, Bj. 1975) bzw. für das *drückende Heben* der Wasserturm Riyadh/Saudi Arabien (12350 m³, Bj. 1971), beide von der Bauunternehmung Dyckerhoff & Widmann AG, erbaut (s.a. Bild 8.01/02). In der Regel weisen diese Wassertürme eine rotationssymmetrische Grundform auf, die man mit Kelchform umschreiben kann, und zwar weil die Lasten aus der Behälterschale statisch günstig direkt in den Turmschaft eingeleitet werden. Als ergänzende Beispiele sind hier die Wassertürme Göppingen (1975), Leverkusen (4.000 m³, 1977) oder Wuppertal-Hatzfeld (2500 m³, 1984) zu nennen.
Viele alte Wassertürme sind außer Betrieb genommen worden, sind aber aus denkmalpflegerischen Gründen zu erhalten. Kleine Wassertürme (500-1.000 m³) sind praktisch nur einer einfachen privaten Wohnnutzung zuzuführen, während für große Wassertürme eine Nutzung als Büro-, Ausstellungsgebäude, Informationszentrum, Wetterwarte oder Hotel, bei allerdings immensen Investitionskosten (Abwasserentsorgung, Brandschutz, Fluchtwege), in Betracht kommt.
Wassertürme werden in Europa wegen des hohen Ausbaugrades der öffentlichen Wasserversorgung nur mehr selten gebaut. Es wird aber immer besondere Fälle geben, wo Wassertürme notwendig werden, so dass dem Bauingenieur eine anspruchsvolle, schwierige, aber auch sehr reizvolle Aufgabe erhalten bleibt.

1.5 Hochbehälter (Erdhochbehälter)

Nachdem von Seiten der Eisenbahn mit der Herstellung der ersten Flachbodenbehälter aus Eisen ein wesentlicher Beitrag zur Entwicklung des Wasserbehälterbaues geleistet worden war, setzte ungefähr 20 Jahre später eine *Entwicklung von Wasserhochbehältern in der öffentlichen Wasserversorgung* ein. Ausgelöst wurde dies durch neue, notwendig gewordene Wasserversorgungsanlagen infolge Brunneninfektion (Cholera und Typhusepidemien), Löschwasserversorgung (Feuersbrunst von 1842 in Hamburg), steigendem Wasserverbrauch (»Gründerjahre«), auch durch den explosiven Bevölkerungsanstieg, und der Notwendigkeit eines höheren Wasserdruckes für die Großstadthäuser, dem sog. »bürgerlichen Versorgungsdruck«. Zum Ausbau eines öffentlichen Wasserversorgungsnetzes bediente man sich vielfach englischen Know-hows und Kapitals, z.B. betrieb 1856 die »Berlin Waterworks Company« das erste Berliner Wasserwerk vor dem Stralauer Tor und auf dem Windmühlenberg, wo ein kreisförmiger Erdbehälter mit einem Fassungsvermögen von 3.000 m^3 errichtet worden war, also ein Hochbehälter der zum überwiegenden Teil unter Gelände eingebaut und mit Erde überdeckt ist. Die Bezeichnung Erdhochbehälter/Erdbehälter war bis in die Neuzeit ein stehender Begriff, wobei erst mit der Ausgabe 1988 des DVGW-Arbeitsblattes W 311 der Wasserbehälter in Hochlage als Hochbehälter definiert, mit der Unterscheidung zwischen Hochbehälter (»Erdhochbehälter«), Wassertürmen und Tiefbehälter die Arten der Behälter differenziert, bzw. der Begriff Erdbehälter endgültig nicht mehr verwendet wurden.

Die bautechnische Entwicklung der »Erdhochbehälter« vom 19. in das 20. Jhrdt. lässt sich exemplarisch am Beispiel der Münchener Wasserversorgung mit seinen 3 Großbehältern Deisenhofen, Kreuzpullach und Forstenrieder Park zeigen (Bild 1.5.01). Für die Entwicklung der ersten zentralen Münchener Wasserversorgung aus dem rd. 40 km entfernten Mangfallgebiet wurde 1881/1883 der *Hochbehälter Deisenhofen* auf einer 30 km langen Zuleitung bzw. 10 km vor dem Stadtzentrum erstellt. In seiner ersten Ausbaustufe mit zwei quadratischen Kammern (Grundfläche 83x83 m, Wasserstand 3 m) betrug der Gesamtinhalt 38.000 m^3, im Endausbau bis 1921 insgesamt 76.570 m^3. Die Bauweise, ähnlich wie z.B. bei dem Wiesbadener Behälter von 1882 (BAUR 1985), erinnert noch an römische Zisternenbauweisen, vergleichbar mit der dreischiffigen Zisterne Aptera/Kreta (BAUR 2001), nämlich Pfeiler (0,65x0,50 m) mit Gurtbögen (Gurtbogenreihen) und Tonnengewölbe aus Ziegelmauerwerk, Sohle (0,60 m) und Umfassungswände (1,10 m) aus unbewehrtem Beton (Stampfbeton), wasserbenetzte Flächen mit Zementputz (Bild 1.5.02). Die Erdüberdeckung beträgt im Mittel 1,30 m. Zur Be- und Entlüftung sind damals in den Gewölbescheiteln 138 Rohrstutzen angeordnet wor-

Bild 1.5.01: *Bautechnische Entwicklung der »Erdhochbehälter« im 19./20. Jhrdt., gezeigt am Beispiel der Hochbehälter Deisenhofen, Kreuzpullach, Forstenrieder Park der Wasserversorgung München* ►►

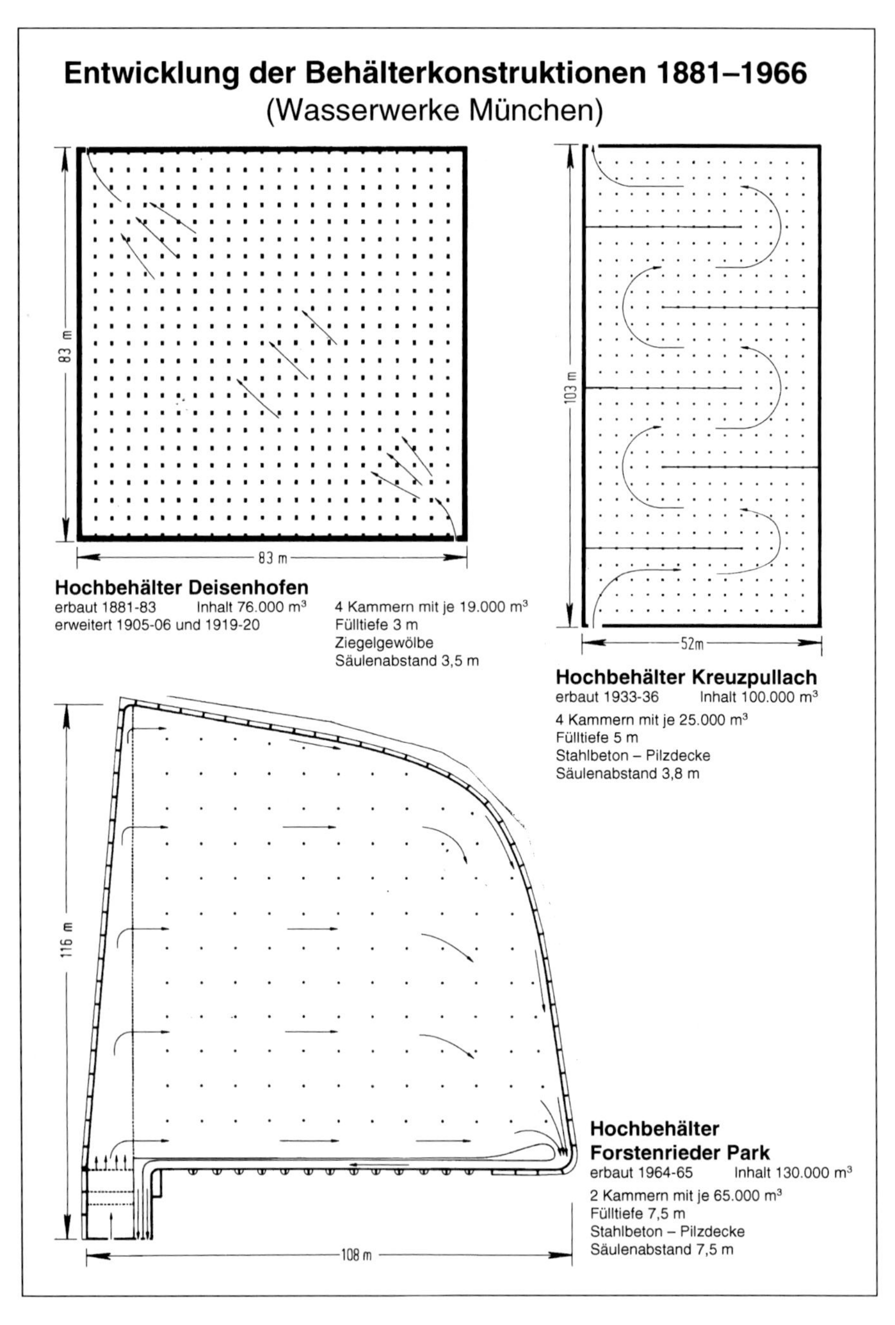

Entwicklung der Behälterkonstruktionen 1881–1966
(Wasserwerke München)
83 m
83 m
Hochbehälter Deisenhofen
erbaut 1881-83 Inhalt 76.000 m³
erweitert 1905-06 und 1919-20
4 Kammern mit je 19.000 m³
Fülltiefe 3 m
Ziegelgewölbe
Säulenabstand 3,5 m
103 m
52m
Hochbehälter Kreuzpullach
erbaut 1933-36 Inhalt 100.000 m³
4 Kammern mit je 25.000 m³
Fülltiefe 5 m
Stahlbeton – Pilzdecke
Säulenabstand 3,8 m
116 m
108 m
Hochbehälter Forstenrieder Park
erbaut 1964-65 Inhalt 130.000 m³
2 Kammern mit je 65.000 m³
Fülltiefe 7,5 m
Stahlbeton – Pilzdecke
Säulenabstand 7,5 m

Bild 1.5.02:
Hochbehälter Deisenhofen während des Baus 1882 ▸

und nach Fertigstellung im aktuellen Zustand [Stadtwerke München] ▾

den, die 1978 durch von außen unzugängliche Lüftungsöffnungen in den Stirnwänden der Kammern ersetzt wurden. Eine unterirdische Sammelleitung erfasst die einzelnen Öffnungen und besorgt den An- bzw. Abtransport der Luft über besonders abgesicherte Schächte.

Nach dem Ersten Weltkrieg war versorgungstechnisch der *Bau des Hochbehälters Kreuzpullach* geboten, bestehend aus vier Wasserkammern von je 25.000 m^3 Wasserinhalt, insgesamt also 100.000 m^3 Fassungsraum. Jede der Wasserkammern hat eine Länge von 103 m, eine Breite von 51,8 m und eine Höhe von durchschnittlich 6,50 m bei einer Fülltiefe von 5,00 m. Die technische Weiterentwicklung ermöglichte die *Loslösung von linienförmigen Auflagerungen durch Gurtbögen und Gewölbewirkungen hin zu punktuellen Lagerungen.* Die Behälterabdeckung bei dem Großbehälter Kreuzpullach als Pilzdecke (315 kg Zement/m^3) mit 1,40 m, im

Bild 1.5.03: *Hochbehälter Kreuzpullach mit Stahlbeton-Pilzkopfdecke, 1933-36, 100.000 m³, [Stadtwerke München]*

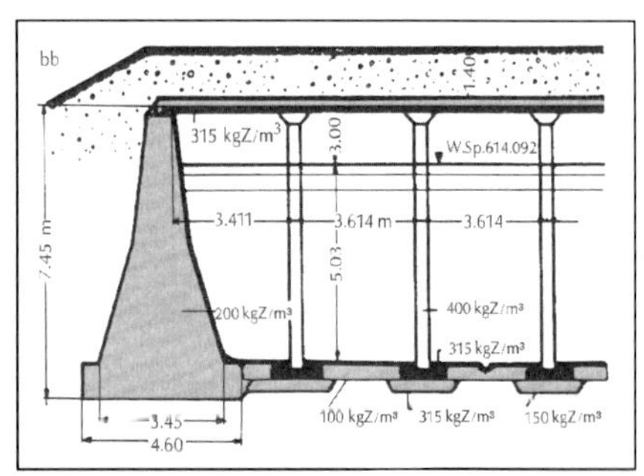

Eingangsbereich mit bis zu 4,50 m Erdüberschüttung, wird von 1664 Eisenbetonsäulen (400 kg Zement/m³) von quadratischem Querschnitt (0,36x0,36 m) mit 3,45 bzw. 3,61 m gegenseitigen Abstand getragen, deren pyramidenstumpfförmiger Kopf sich bei 32 cm Höhe auf 100/100 cm verbreitert (Bild 1.5.03). Zur Erzielung eines gleichmäßigen Wasserumlaufes in den Behälterkammern sind zueinander versetzte Leitwände angeordnet, die jedoch nicht als tragende Wände ausgebildet wurden. Die Dichtung der Pilzdecke gegen das Eindringen von Tagwasser geschieht durch einen im Gefälle angelegten Ausgleichbeton, eine darüber liegende wasserdichte Dämmung aus doppellagiger Bitumenpappe mit Wollfilzpappeinlage und einem darüber angeordneten 5 cm Schutzbeton, eine, für die damalige Zeit, angepasste Lösung. Die *Behälteraußenwände* sind als freistehende, von der Decke unabhängige *Schwergewichtsmauern* ausgebildet worden, um Formänderungen der Decke nicht auf die Umfassungsmauer und umgekehrt die durch die wechselnden Belastungen infolge Erddrucks und Wasserdrucks sich ergebenden Bewegungen der Seitenwände nicht auf die Decke und die Säulen zu übertragen. Die *Behältersohle* besteht aus zwischen den Säulenfundamenten und armierten Säulenfuß mindestens 30 cm dicken Stampfbeton und einer darüber durchlaufenden, 6 cm dicken kreuzweise bewehrten Platte, auf die ein 15 mm dikker Zementmörtelputz, ebenso für die inneren Wand- und Säulenflächen, aufgebracht wurde. Der Zementglattstrich der Behälterinnenflächen wurde zur Erzielung guter Beleuchtungswirkung im Bereich der Besichtigungsgänge weiß ausgeführt. Die *Be- und Entlüftung* der Behälterkammern erfolgte bis 1975 durch senkrecht über den Leitwänden angeordnete Betonhauben mit Steinzeugrohren und Kupfersiebverschlüssen. Aus Gründen der Sicherheit wurden die Belüftungshauben auf der Behälterdecke beseitigt. Nunmehr wird zur Belüftung die im Regelfall nicht benützte 700 m lange Überlauf- und Entleerungsleitung DN 2.000 als Ansaugleitung herangezogen. Zur Entlüftung dienen Schächte, die je Kammer

über den Zugangsbau angeordnet sind. Eine Höhendifferenz von 25 m sorgt für ausreichende Kaminwirkung.
Die überdurchschnittliche Verbrauchs- bzw. Bevölkerungszunahme in München *nach dem Zweiten Weltkrieg* führte in den Jahren 1964/66 zum Bau des modernen *Hochbehälters Forstenrieder Park* in *Spannbetonbauweise.* Der Speicherraum von 130.000 m³ wurde auf zwei Kammern zu je 65.000 m³ mit einer Grundfläche von je 8800 m² bei einer Fülltiefe von 7,50 m aufgeteilt. Aus Gründen des übergeordneten Schutzes wurden die beiden Kammern in einem Abstand von 200 m angeordnet. Zur Sicherung des Massenaustausches von Wasser und Luft wurde unter Zuhilfenahme von Modellversuchen für die strömungstechnische Gestaltung ein konvergierender Einlaufkanal mit seitlicher Schlitzwand und von 30 auf 48 cm zunehmenden Durchflussbreiten für eine Senkenströmung zum Auslauf hin konzipiert, was zu einer hyperbelförmige Behälterbegrenzung und damit zu einer besonderen Grundrissgestaltung führte. Erwähnt sei an dieser Stelle noch eine weitere moderne Vorreiterrolle, nämlich dass eine Belüftungs- und Entfeuchtungsanlage mit einer Förderleistung von 40.000 m³ eine *klimatisierte Bewetterung* ermöglicht. Bei der Konstruktion und Ausführung wurde im Hinblick auf die Wasserdichtheit ein fugenloses Bauwerk vorgesehen mit Rissesicherheit gegenüber äußeren Lasten wie Auflast, Erd- und Wasserdruck und den Schwind- und Temperaturbeanspruchungen, was mit der Anwendung von Spannbeton (kreuzweise, d.h. in zwei Richtungen vorgespannt) ermöglicht wurde bei Bauteilen die Biegezugspannungen unterworfen sind, wie Sohle, Wände und Decke. Spannbeton führt zu feingliedrigen Konstruktionen, so dass die Sohle und Decke als trägerlose Pilzdecke nur 25 cm und die 9 m hohen Umfassungswände nur 35 cm stark sind. Die fehlende Steifigkeit wird durch lotrechte Außenrippen, 40/100 cm, im Abstand von 5 m ersetzt. Die Stützen mit Kreisquerschnitt 0,50 m und Abstand 7,50 m wurden zur Beherrschung des Durchstanzproblems bei den Übergängen Decke und Sohle vom Lotrechten ins Waagerechte jeweils ausgerundet. Zur wirtschaftlichen Gestaltung des Bauwerks wurde die Erdüberschüttung auf 40 cm begrenzt und über der Betondecke auf einer Dampfsperre eine Dämmschicht aus imprägnierten Korkplatten von 6 cm Stärke in 2 Lagen aufgebracht und mit einer Feuchtigkeitsabdichtung und 5 cm armierten Schutzestrich abgedeckt, eine für die damalige Zeit fortschrittliche Lösung. Der Behälter, der in dieser Art noch einmal in Budapest nachgebaut wurde, sucht in seiner *Modernität und Nachhaltigkeit* für das Jahr 1964 in jeglicher Hinsicht – Form, Bauweise, strömungsmechanische Gestaltung, Massenaustausch Wasser und Luft, klimatisierte Be- und Entlüftung – auch heute noch seinesgleichen (Bild 1.5.04).
Seinesgleichen sucht auch der 1980/83 erstellte Erdhochbehälter (im wahrsten Sinne des Wortes) Gelsenkirchen/Scholven mit 36.000 m³ Nutzinhalt auf einem künstlichen Berg von rd. 60 m mit einer max. Überschüttung der Behälteranlage von 65 m, der Abraumhalde Scholven der Ruhrkohle AG, eine echte Bauingenieur – Herausforderung. Infolge des ungewöhnlichen Baugrundes und der hohen Auf-

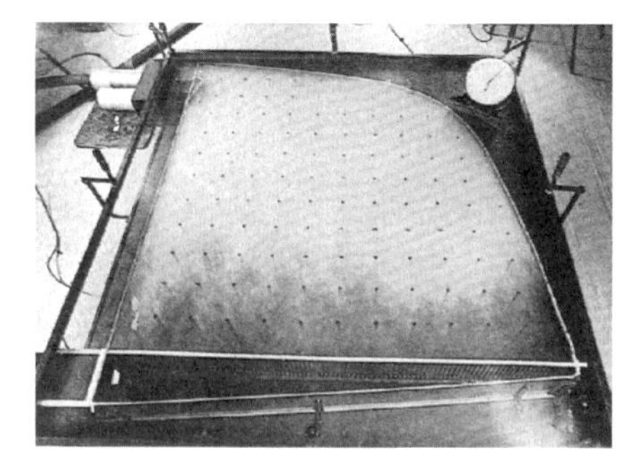

Bild 1.5.04: *Hochbehälter Forstenrieder Park in Spannbetonbauweise, 1964-65, 130.000 m³ [Stadtwerke München]*

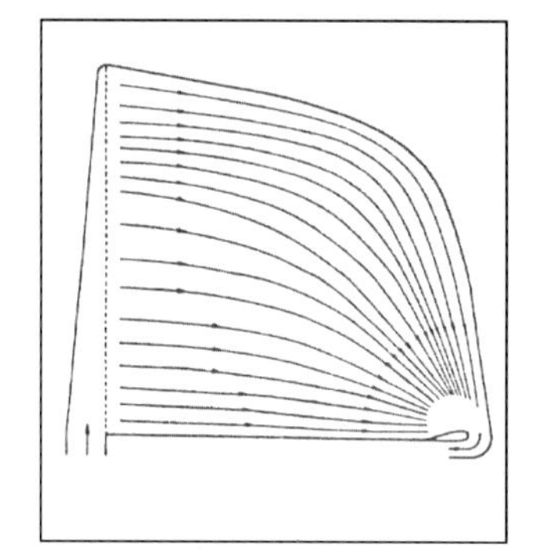

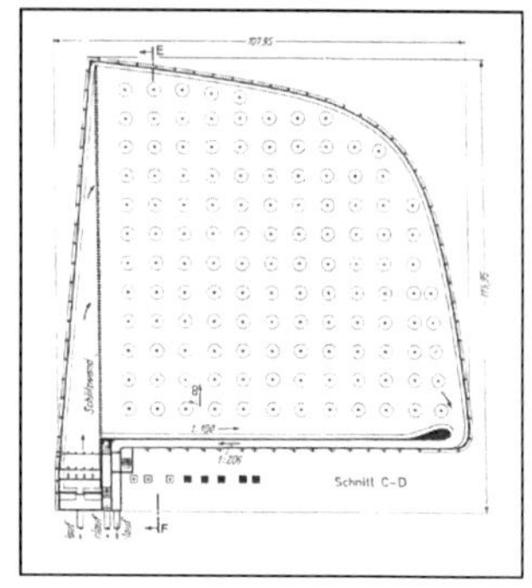

lasten musste mit mittleren Setzungen von 2 m gerechnet werden. Die kongenialen ingenieurtechnischen Überlegungen zu einer aufgegliederten Behälterkonstruktion aus 10 röhrenartigen Wasserkammern mit gedrungenem Kreisquerschnitt und einer zentral angeordneten Schieberkammer, wobei die Abmessungen der Gesamtanlage 140,5 m x 67 m betragen (Bild 1.5.05). Voraussetzung war eine einwandfreie Bettung im unteren und seitlichen Bereich der Behälterröhren. Um die Setzungen aufnehmen zu können sind die 10 Behälterröhren und die Schieberkammer in Einzelelemente von je 11 m bzw. 14 m Länge unterteilt und außerdem eine »setzungsfreie Matratze« durch 5.000 Rüttelpfähle von jeweils 10 m Länge im Rastermaß von 1,70 m erstellt. Die einzelnen Behälterröhren in Betongüte B35 haben bei einem lichten Durchmesser von ca. 10 m und eine Gesamtlänge von 66 m einen Nutzinhalt von 3.600 m³. Die Wanddicke beträgt 70 cm, die Enden der Röhren sind durch 80 cm dicke Betonwände abgeschlossen. Der seitliche Abstand der Behälterröhren zueinander beträgt 2,5 m, die Längsgefälle zwischen 1,5-2,5 %. Der Wasserdruck auf die Stirnwände wird über Sohlreibung in den Boden geleitet. Um eine Verschiebung des Endblockes zu verhindern, wurde dieser durch eine mit Nocken versehene Zerrplatte im Sohlbereich mit dem benachbarten Block verbunden. Die Schieberkammer im Zentrum der Behälteranlage hat eine Länge von 77 m und eine lichte Breite von 6 m. Von ihr können die

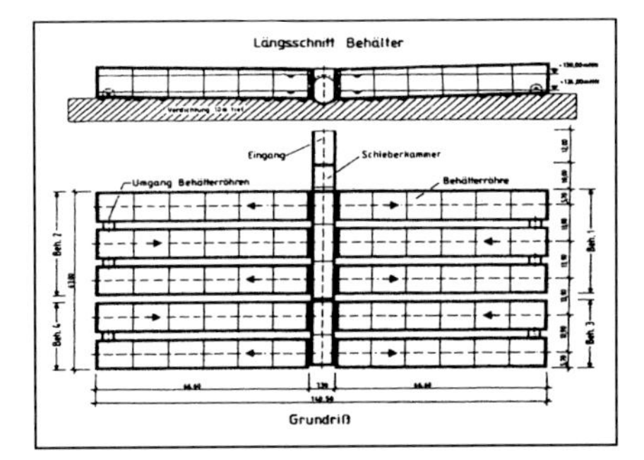

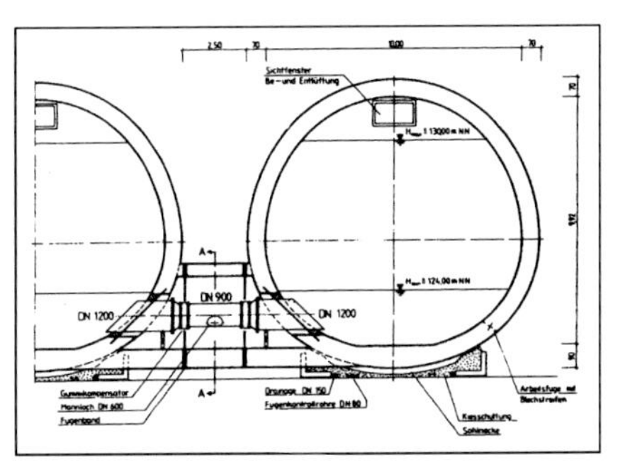

Bild 1.5.05:
Behälterkonstruktion Gelsenkirchen/Scholven aus 10 röhrenartigen Wasserkammern [Ebel]

Behälterröhren über Drucktüren begangen werden. Kontrollmöglichkeiten sind durch oberhalb des max. Wasserspiegels angeordnete Be- und Entlüftungsfenster gegeben, der Luftstrom infolge des zwangsweisen Atmens wird durch die Schieberkammer über gesicherte Lüftungsöffnungen ins Freie geführt. Die Fugenbänder zwischen den einzelnen Elementen bestehen aus Neopren und müssen noch horizontale und vertikale Bewegungen von 5 cm aufnehmen. Für die Zu und Ablaufleitungen sind Gummikompensatoren und Dehner eingebaut, zur Aufnahme der Krümmerkräfte jeweils Betonwiderlager mit 12 m tiefen Spundwänden. Infolge der Vergleichmäßigung des Duckniveaus konnten mit dieser außergewöhnlichen Behälterkonstruktion erhebliche Förderkosten eingespart werden, zudem erfolgte erstmals die erfolgreiche bauliche Nutzung einer Abraumhalde. Sozusagen eine gegenteilige Ausführung stellt der 1989/92 erbaute 25.000 m^3 *Kavernenbehälter* im Kapuzinerberg der Stadt Salzburg dar.
Trinkwasserbehälter können riesige Ingenieurbauwerke sein mit den ihnen eigenen Superlativen, wie z. B. der größte einkammerige, 1966/69 in Madrid erstellte, Behälter der Welt, mit 534.000 m^3 Nutzinhalt, Grundrißabmessungen 400x180 m, der 600.000 m^3 Behälter in Wien mit 4 Kammern je 150.000 m^3, bzw. 4x 120x135 m, Fülltiefe 10 m, der 340.000 m^3 Wasserbehälter in Durban/Südafrika mit einer schüsselförmigen Boden-Wand-Kombination und Hängedach oder ein Rundspei-

Bild 1.5.06:
Rundbehälter Mekka [Dyckerhoff & Widmann AG, München]

cher bei Mekka mit 335 m im Durchmesser, wobei auch der größte, 1979 erstellte Wasserturm der Welt, in Jeddah/Saudi Arabien mit 18.000 m³ Nutzinhalt, nicht vergessen werden soll.

Mit der Einführung der europäischen Norm DIN EN 1508 »Wasserversorgung – Anforderungen an Systeme und Bestandteile der Wasserspeicherung« im Jahre 1998 ist ein neues Zeitalter mit all den Licht- und Schattenseiten einer europäischen Normung für den Trinkwasserbehälter angebrochen. Es bleibt abzuwarten, ob die Norm DIN EN 1508 im Verein mit den ergänzenden nationalen technischen Regeln zur Wasserspeicherung einen Anstoß zur Weiterentwicklung bei Planung, Bau, Betrieb und Instandsetzung von Trinkwasserbehältern geben wird.

2 Zweck und Arten der Wasserspeicherung

2.1 Kriterien für die Anordnung von Wasserspeicher

Wasserspeicher dienen in erster Linie dem Ausgleich zwischen Wasserdargebot und Wasserbedarf (Mengenspeicher) beziehungsweise der Erzielung eines möglichst gleichmäßigen Versorgungsdruckes (Druckspeicher). Die Speicherung von Trinkwasser, die je nach Wassertypus nur für mehrere Tage (maximal 1-2 Wochen) ohne Aufbereitung vor Abgabe in das Rohrnetz möglich ist, erfolgt aus Qualitätsgründen in geschlossenen Behältern (Hochbehälter, Wasserturm, Tiefbehälter, Kavernen, Druckkessel), während die längerfristige Speicherung großer Mengen von Rohwasser (Grundwasser, Oberflächenwasser) für die Trinkwassergewinnung über Tage, Wochen, ein bis zwei Jahre, in Grundwasserspeichern beziehungsweise oberirdisch in offenen Becken, Teichen, Lagunen und Talsperren wirtschaftlich zweckmäßig ist. Die Versorgungsdrücke im Rohrnetz werden hierbei durch die (min./max.) Wasserspiegellage im (hochgelegenen) Wasserbehälter unter Berücksichtigung der Druckverluste bestimmt (Bild 2.1.01).

Neben dem Ausgleich zwischen Wasserzu- und Ablauf beziehungsweise von Verbrauchsschwankungen kommen den Wasserspeichern weitere Aufgaben zu, wie zum Beispiel Abdeckung von besonderen saisonalen Verbrauchsspitzen über einen den Tag überschreitenden Zeitraum (vorteilhaft für vor dem Behälter liegende Anlagenteile, die nicht für solche Verbrauchsspitzen ausgelegt werden müssen), Überbrückung des Wasserzulaufs zum Versorgungsnetz bei Betriebsstörungen in der Wassergewinnung oder Aufbereitung oder Wasserförderung (Rohrbruch), Vorlagebehälter für Pumpen und zum Ausgleich zwischen Vor- und Hauptförderung, Bereithalten einer Löschwassermenge (bei

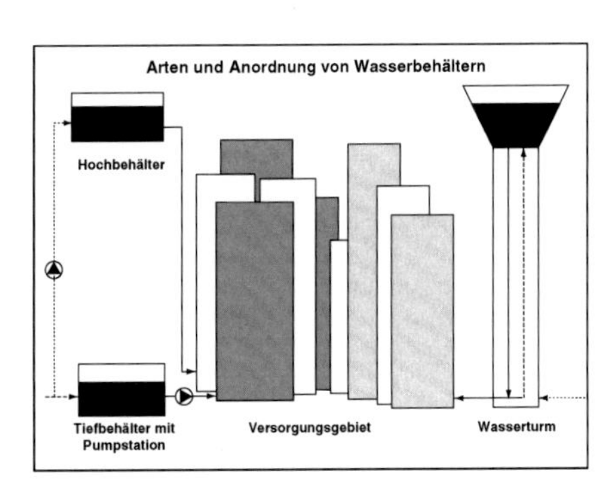

Bild 2.1.01: *Arten und Anordnung von Trinkwasserbehältern*

kleinen Gemeinden im Vergleich zum Trinkwasserbedarf oft maßgebende Bemessungsgröße), Druckregelung zwischen Freispiegel- und Druckleitung, Drucklinienanbindung bei Fernleitungen, Übergabebehälter zwischen Fernwasserversorgung und Ortsnetz (Druckstöße, Mischwasser), Druckzonengliederung in Versorgungsnetzen, gegebenenfalls Sedimentation mineralisierter Stoffe und Qualitätssicherung bei wechselnden Qualitätsschwankungen im Wasserzulauf.
Von den grundsätzlichen Möglichkeiten der Wasserspeicherung stellen Trinkwasserbehälter die wichtigste technische Form dar, weshalb sich die nachstehenden Ausführungen hierauf beziehen. Technische Regeln hierzu sind DIN EN 1508 (1998) und DVGW-Arbeitsblatt W 300 (2004).

2.2 Wesentliche Aufgaben für Trinkwasserbehälter

Wasserbehälter haben in der Regel die Aufgabe, das für die Wasserversorgung erforderliche Wasservolumen in einwandfreier Qualität zu speichern und damit den Unterschied (Fluktuation) zwischen Wasserzufluss und Wasserabgabe auszugleichen, Verbrauchsspitzen abzudecken, den im Rohrnetz erforderlichen Druck zu halten und einen Vorrat zur Überbrückung von Betriebsstörungen sowie zur Brandbekämpfung bereitzustellen. Wasserbehälter können auch zur Trennung der Rohrnetze (z.B. Druckzonen, Anlagen verschiedener Versorgungsunternehmen, Betriebswasserversorgungen) erforderlich werden. Zur Erfüllung all dieser Aufgaben ist ein geeigneter Standort von Bedeutung, wobei natürlich die Kapazität der Förderanlagen und der Nutzinhalt der Wasserspeicher einen maßgebenden Einfluss haben.

2.3 Lage und Funktion

Wasserbehälter werden nach ihrer topographischen und geographischen Lage zum Netz und ihrer Funktion unterschieden. Drei Anordnungen sind im Prinzip möglich (Tabelle 2.3.01), nämlich Durchlauf-, Zentral- und Gegenbehälter, wobei der Zentralbehälter, wie der Name schon sagt im Zentrum des Versorgungsgebietes, nur in den seltenen Fällen möglich ist, allenfalls als Wasserturm.
Nach der Betriebsweise sind zu unterscheiden (Bild 2.3.02):

▷ *Durchlaufbehälter (auch Durchgangsbehälter)*
Durchlaufbehälter liegen zwischen Wasserwerk und Versorgungsgebiet, die Einspeisung in das Versorgungsgebiet erfolgt daher nur von einer Seite. Das gesamte Wasser wird durch den Behälter geleitet (guter Austausch des Speicherinhalts).

▷ *Gegenbehälter (Endbehälter)*
Gegenbehälter liegen, vom Wasserwerk aus gesehen, hinter dem Versorgungsgebiet oder im Nebenschluss zur Zubringerleitung, bei Spitzenverbrauch ist daher

Zentralbehälter als Durchlauf- oder Gegenbehälter	Gegenbehälter	Durchlaufbehälter
Vorteile - Hohe Versorgungssicherheit durch enge Einbindung des Behälters in Versorgungsnetz und Netzspeisung aus Behälter und Pumpwerk - Geringe Druckverluste und Druckschwankungen im Versorgungsnetz durch kurze Fließwege - Kleine Rohrdurchmesser möglich	Vorteile - Versorgungssicherheit durch zweiseitige Speisung ins Netz - Geringe Druckverluste im Versorgungsnetz bei zweiseitigem Zufluß	Vorteile - Sehr gute Wassererneuerung im Behälter - Geringere Druckschwankungen als beim Gegenbehälter - Eindeutige Fließrichtungen - Annähernd gleichbleibende Förderhöhe - Versorgungsdruck unabhängig von der Förderhöhe
Nachteile - Langsame Wassererneuerung. Um überlange Verweilzeiten zu vermeiden, ist ein höherer steuerungstechnischer Aufwand erforderlich als beim Durchlaufbehälter. - Das System läßt sich in ebenem Gelände nur mit einem Wasserturm verwirklichen, der jedoch höhere Baukosten erfordert als ein Erdbehälter. - Wechselnde Fließrichtungen	Nachteile - Langsame Wassererneuerung (siehe Zentralbehälter). Um überlange Verweilzeiten zu vermeiden, ist ein höherer steuerungstechnischer Aufwand erforderlich als beim Durchlaufbehälter. - Stark wechselnde Drücke bei den verschiedenen Betriebsfällen - Wechselnde Fließrichtungen	Nachteile - Geringe Versorgungssicherheit bei nur einer Leitung ins Versorgungsgebiet - Lange Fließwege, dadurch größere Druckverluste bzw. größere Rohrdurchmesser im Vergleich zum Zentralbehälter
Diese Anordnung sollte gewählt werden, wenn aufgrund der geographischen Verhältnisse ein Wasserturm erforderlich ist.	Diese Anordnung kann sich aufgrund der geographischen Verhältnisse anbieten; sie ist jedoch nach Möglichkeit zu vermeiden.	Diese Anordnung ist aus technischer und wirtschaftlicher Sicht häufig die zweckmäßigste.

Tabelle 2.3.01 ▲
Zuordnung von Förderanlagen, Behältern, Versorgungsnetzen (DVGW)

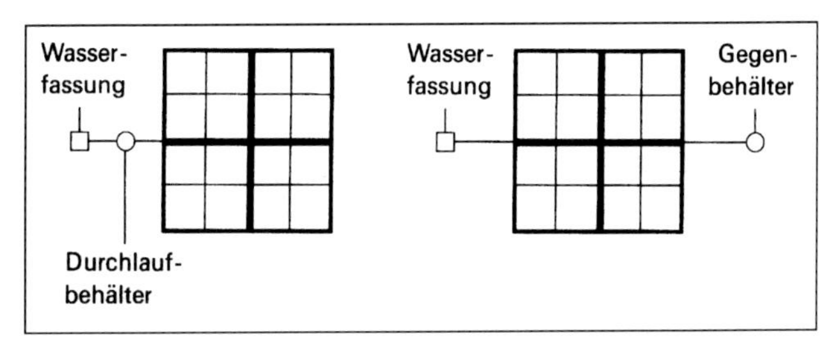

Bild 2.3.02 ►
Durchlauf- und Gegenbehälter

ein Zulauf zum Versorgungsgebiet von zwei Seiten möglich (geringe Druckverluste). Es wird nur das im Versorgungsgebiet während der Zulaufzeit nicht benötigte Wasser in den Behälter gefördert (langsame Erneuerung des Wasserinhaltes). Nach der Wasserspiegellage sind zu unterscheiden (Bild 2.3.03):

▷ *Wasserbehälter in Hochlage (Hochbehälter)*

Hochbehälter sind Wasserspeicher, deren Wasserspiegel höher als das Versor-

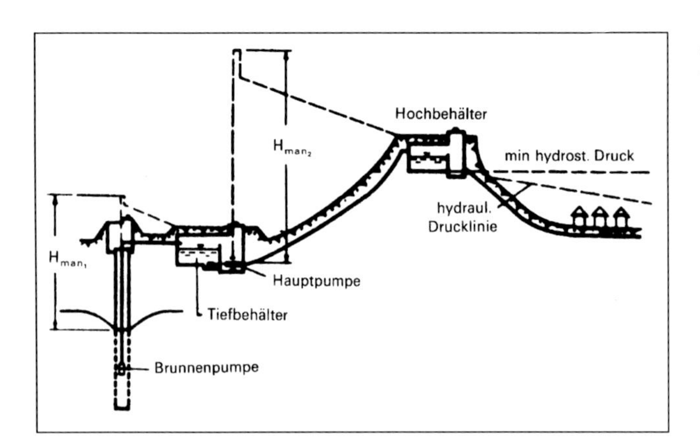

Bild 2.3.03: *Wasserbehälter in Hoch- und Tieflage*

gungsgebiet liegt, so dass das Wasser vom Behälter her dem Versorgungsgebiet mit natürlichem Gefälle zuläuft und dort mit entsprechendem Druck zur Verfügung steht. Sie sind daher auf einem nach Höhe und Lage geeigneten Gelände zu errichten. Hochbehälter können in Fließrichtung gesehen vor oder hinter dem Versorgungsgebiet liegen (Durchlauf- bzw. Gegenbehälter). Wasserbehälter in Hochlage (Hochbehälter) beziehungsweise Wassertürme bestimmen und begrenzen den Druck im zugehörigen Zubringer- beziehungsweise Fernleitungs- und Verteilersystem und erhöhen durch ihre Lage zum Netz die Versorgungssicherheit.

▷ *Wasserbehälter in Tieflage (Tiefbehälter)*
Tiefbehälter sind Wasserspeicher, deren Wasserspiegel so tief liegt, dass ein ausreichender Versorgungsdruck im dazugehörigen Rohrnetz nur durch Pumpen des Wassers erzeugt werden kann. Tiefbehälter liegen daher meistens als Saugbehälter vor Pumpanlagen. Wasserbehälter in Tieflage (Tiefbehälter) haben daher keinen Einfluss auf den Druck im Verteilungssystem und dienen zum Ausgleich von Zulauf (Gewinnung, Aufbereitung, Einspeisung) und Abgabe ins Netz.

2.4 Lösungsmöglichkeiten

Die eingangs genannten Aufgaben können durch den Bau eines Wasserbehälters in Hochlage, eines Wasserturms oder einer Druckerhöhungsanlage (DEA) mit Wasserbehälter in Tieflage erfüllt werden. Die auszuführende Lösung kann nur auf Grund eines Vergleichs dieser drei Varianten gefunden werden. Maßgebliche Gesichtspunkte sind: Versorgungssicherheit, Wirtschaftlichkeit bezüglich Bau, Betrieb und Unterhaltung, Einpassung in das vorhandene Wasserversorgungssystem auch unter planungsrechtlichen Aspekten, Durchsetzbarkeit (Kommunalpolitik, Bürgerwillen), Städtebau und Landschaft, Zukunftssicherheit und Umweltverträglichkeit. Beispielsweise können der Zustand des Baugrundes, die Möglichkeit der Zufahrt und der Wasserableitung sowie notwendige Ausnahmeregelungen im Rahmen des Baurechtes bei der Wahl des Standortes von Bedeutung sein. Beim Wirtschaftlichkeitsvergleich der einzelnen Varianten werden die festen und beweglichen Jahreskosten für Kapitaldienst, Wartung, Instandhaltung, Betrieb (Personal, Energie) ermittelt und gegenübergestellt. Dazu ist die Entwicklung des Wasserbedarfs und der Kosten für einen längeren Zeitraum in den Vergleich einzubeziehen. Die Wahl des Standortes ist, unter Beachtung vorbenannter Gesichtspunkte, deshalb so bedeutsam, weil Fehler oft auf Jahrzehnte hinaus nicht mehr korrigiert werden können.

▷ *Wasserbehälter in Hochlage (Hochbehälter)*
Im Falle günstiger topographischer Verhältnisse (natürlicher Hochpunkt) bietet sich der Bau eines Wasserbehälters als wirtschaftliche Form eines Hochbehälters an. Wenn hierfür geeignete Standorte vom Versorgungsschwerpunkt weit entfernt sind, werden für den Anschluss lange Rohrleitungen mit gegebenenfalls größeren Nennweiten erforderlich. Diese zusätzlichen Aufwendungen sind bei der Kostenermittlung zu berücksichtigen.
Vorteil: hohe Versorgungssicherheit (kontinuierliche, zuverlässige Verfügbarkeit) und wirtschaftliche Auslastung der Förderanlagen bei großem Nutzinhalt (kostengünstige Betriebsweise der Förderanlagen vorrangig zur Strom-Niedertarifzeit), angemessene Investitionskosten (500-200 €/m^3 Nutzinhalt), besonders wirtschaftliche Versorgung bei Ausnutzung eines vorhandenen Vordrucks, geringer Instandhaltungsaufwand, lange Nutzungsdauer (Nachhaltigkeit), einfache Erweiterungsmöglichkeit.
Nachteil: hohe Investitionen bei langen Verbindungsleitungen zum Rohrnetz.

▷ *Wasserturm*
Der Bau eines Wasserturms kommt in Frage, wenn in günstiger Lage zum Versorgungsgebiet die für einen Hochbehälter geeignete Geländehöhe nicht zur Verfügung steht, insbesondere wenn die erforderliche Höhenlage der Behältersohle nicht mehr als ca. 30 m über Gelände sein muss und ein Standort nahe beim Verbrauchsschwerpunkt gewählt werden kann. Die spezifischen Baukosten für Wassertürme liegen um das drei bis sechsfache über denen für Hochbehälter in Abhängigkeit von der Größe und Höhenlage der Wasserkammern über Gelände (Höhe des Turmschaftes), gewählte Baukonstruktion, Bauverfahren (Kap.8) und gestalterischen Anforderungen aus Gründen des Stadt- oder Landschaftsbildes. Wassertürme werden deshalb in ihrem Nutzinhalt so klein wie möglich gehalten (Kap.8.1).
Vorteil: hohe Versorgungssicherheit, besonders wirtschaftliche Versorgung bei Ausnutzung eines vorhandenen Vordrucks.
Nachteil: hohe Investitionen (1.000-2.000 €/m^3 Nutzinhalt), geringer Nutzinhalt, schwierige Erweiterung, größere laufende Energiekosten durch Teil-Betrieb in Hochtarifzeit.

▷ *Druckerhöhungsanlage mit Wasserbehälter in Tieflage (Tiefbehälter)*
Diese Lösung kommt zur Anwendung, wenn die Voraussetzungen für den Bau eines Hochbehälters oder eines Wasserturms nicht gegeben sind. Sie stellt nur dann eine Alternative dar, wenn ein entsprechender Speicherinhalt in einem Tiefbehälter (Saugbehälter) vorgehalten wird und Maßnahmen zur ausreichenden Sicherung der Energieversorgung (zum Beispiel Ersatzstromanlage) und Schaltanlagen bzw. Mess-, Steuer- und Regeleinrichtungen getroffen sind. Der zusätzliche Aufwand ist in die Herstellungskosten einzurechnen. Hier muss also die Betriebssicherheit über die Wirtschaftlichkeit und Sparsamkeit gestellt werden, weshalb nur bewährte Konstruktionen zu wählen sind.
Bei der Planung der maschinellen Einrichtung ist zu bedenken, dass bei Verwendung nicht drehzahlgeregelter Motoren größere dynamische Druckschwankungen auftreten können und der Wirkungsgrad der Anlage geringer sein kann. Die Wirtschaftlichkeit des Einsatzes von drehzahlgeregelten Pumpen wird von den Kenndaten der gewählten Pumpen und vom Verlauf der Anlagenkennlinie bestimmt. Nicht zum Vergleich können Druckbehälterpumpwerke (Windkessel- oder Hydrophoranlagen) herangezogen werden, wegen des zu kleinen Speicherinhalts, bzw. Pumpwerke mit verbrauchsabhängiger Direkteinspeisung in das Netz.
Vorteil: geringe Investitionen (ohne Saugbehälter), bei drehzahlgeregelten Motoren Anpassung an den jeweils erforderlichen Netzdruck.
Nachteil: verminderte Versorgungssicherheit bei Energieausfall, verminderte Ausnutzung unterschiedlicher Stromtarife, zusätzlicher Aufwand für Fachpersonal und Instandhaltung.

Einen Vergleich von Varianten hat HAUG 1987 auf dem 11. Wassertechnischen Seminar in München vorgestellt. Der Kostenvergleich kann hierbei vom betriebswirtschaftlichen, sollte aber bei Einsatz von öffentlichen Haushaltsmittel vom gesamtwirtschaftlichen Standpunkt aus nach den LAWA-Leitlinien durchgeführt werden. Während eine Aussage zur Wirtschaftlichkeit als monetäres Kriterium im Vergleich unmittelbar belegbar ist, können die Leistungsunterschiede der Varianten bei den Kriteriengruppen Versorgungssicherheit, Zukunftssicherheit und Umweltverträglichkeit nur graduell erfasst werden. Nur in seltenen Fällen ist der Versuch einer Monetarisierung dieser Gesichtspunkte möglich. Zur abschließenden Entscheidungsfindung (Gesamtbeurteilung) muss daher eine skalierte Bewertung sowie Gewichtung der nichtmonetären Kriterien erfolgen. Hierzu wird von Haug ein Punktesystem in tabellarischer Form vorgeschlagen (Tabelle 2.4.01, 2.4.02), wobei nur ausschließlich entweder nach Vorteilen oder Nachteilen der Lösungsvarianten gewichtet und bewertet werden kann. Der unterschiedliche Stellenwert der einzelnen Bewertungskriterien wird durch entsprechende Gewichtsfaktoren ausgedrückt. Die Platzierung der Varianten hinsichtlich der einzelnen Kriterien sollte innerhalb einer einheitlichen Punkteskala erfolgen und richtet sich nach den jeweiligen Zielerfüllungsgraden, wobei natürlich ein gewisser Ermessensspielraum

CHARAKTERISTISCHE VOR- UND NACHTEILE nur generell, nicht für den Einzelfall gültig		Speicherung in Hochlage mit		Druckerhöhungsanlage mit		Bemerkungen zur Bewertung
		Hochbehälter	Wasserturm	Druckbehälter	Drehzahlregelung	
• Zuverlässigkeit, Verfügbarkeit		++	++	o [1]	o [1]	[1] mit Ersatzstromanlage
• Ausgleich Zulauf / Verbrauch		++	+ [2]	-	--	[2] Wasserturm i.d.R.
• Löschwasservorrat		++	+ [2]	--	--	kleiner als
• Störfallvorrat		++	(+) [2]	--	--	Hochbehälter
• Kontinuierlicher Ruhedruck		++	++	o [3]	-- [3]	[3] ohne Förderbetrieb
• Verbrauchsabhängige Druckschwankungen		+ [4]	++	--	++	[4] längere Zuleitung
• Energiekosten		++ [5]	(+) [5]	--	o	[5] bei Niedertarif-Ausnutzung
• Unterhaltungsaufwand		+	+	-	-	
• Personalaufwand		+	+	o	-	
• Baukosten	Rohrleitungen	o [4]	+	- [6]	- [6]	[6] größere DN
	Förderanlagen	o	+	-	--	
• Lebensdauer	Förderanlagen	o	o	-	+	
• Baukosten	Speicherraum	o	--	+	+	
• Erweiterungsfähigkeit		o	--	+	++	
• Gestaltungsfreiheit		o	--	++	++	
• Standortunabhängigkeit		--	-	+	+	
• Energieeinsparung		-- [4]	-	+	++	

Bewertung: ++ sehr gut + gut o zufriedenstellend - weniger günstig -- ungünstig

Tabelle 2.4.01 ▲ *Lösungsmöglichkeiten, charakteristische Vor- und Nachteile (nach Haug, 11. Wassertechnisches Seminar München 1987)*

VORTEILE Bewertungs-Punkte 0 bis 10 Gewichtungs-Faktoren nichtmonetär 1 bis 5 monetär 1 bis 10	Gewichtung	1a Bewertung	1a Punkte	1b Bewertung	1b Punkte	2 Bewertung	2 Punkte	3a Bewertung	3a Punkte	3b Bewertung	3b Punkte
NICHTMONETÄRE KRITERIEN											
– VERSORGUNGSSICHERHEIT											
• zuverlässige Verfügbarkeit	5	10	50	9	45	8	40	6	30	4	20
• gute Druckverhältnisse	2	6	12	6	12	10	20	8	16	8	16
• Brandschutz	5	10	50	10	50	10	50	5	25	5	25
– ZUKUNFTSSICHERHEIT											
• Erweiterungsfähigkeit	3	5	15	5	15	0	0	10	30	10	30
• Anpassungsfähigkeit	1	4	4	4	4	7	7	10	10	10	10
– UMWELTVERTRÄGLICHKEIT											
• sparsamer Energieverbrauch	5	1	5	4	20	7	35	10	50	10	50
• geringer Landverbrauch	2	1	2	1	2	5	10	10	20	10	20
• Schonung des Stadt bzw. Landschaftsbildes	5	8	40	8	40	0	0	10	50	10	50
SUMME NICHTMONETÄR			178		188		162		231		221

Die kostengünstigste Variante 3b ist nach den nichtmonetären Kriterien nicht die vorteilhafteste Variante. Zur Gesamtbeurteilung ist daher noch eine Bewertung und Gewichtung der Wirtschaftlichkeit erforderlich.

	Gewichtung	1a Bewertung	1a Punkte	1b Bewertung	1b Punkte	2 Bewertung	2 Punkte	3a Bewertung	3a Punkte	3b Bewertung	3b Punkte
MONETÄRES KRITERIUM – WIRTSCHAFTLICHKEIT	10	1	10	8	80	8	80	3	30	10	100
SUMME GESAMT-PUNKTE			188		268		242		261		321

Nach Gesamtpunktzahl ist Variante 3b am vorteilhaftesten und wird zur Ausführung empfohlen.

Tabelle 2.4.02 ► *Beispiel Wasserversorgung S-Stadt, Vorschlag zur Bewertung der Lösungsvarianten (nichtmonetäre und monetäre Bewertungskriterien) nach Haug 1987*

bleibt. Die erreichte Gesamtpunktzahl kann schließlich eine ausgewogene Vergleichsgröße darstellen (Tabelle 2.4.02). Falls die kostengünstigste Lösung auch hinsichtlich der nichtmonetären Kriterien als vorteilhafteste, oder zumindest äquivalente Lösung gelten kann, steht die abschließende Entscheidung unmittelbar fest. Andernfalls muss versucht werden, den Stellenwert der Wirtschaftlichkeit gegenüber den nichtmonetären Kriterien festzulegen (Gewichtsfaktor) und damit die Kostenunterschiede in die einheitliche Bewertung und Gewichtung nach Punkten mit einzubeziehen. Wenn auch ein solcher Entscheidungsprozess ein gewisses Maß an Willkür (Ermessensspielraum) nachgesagt werden kann, so stellt er doch ein zugleich praktikables und nachprüfbar kombiniertes Bewertungsverfahren zur Bestimmung der Vorteilhaftigkeit nach monetären und nichtmonetären Entscheidungskriterien dar.

3 Funktionelle Anforderungen an Wasserbehälter

3.1 Versorgungstechnische Anforderungen

Hochbehälter sollen in der Nähe des Versorgungsschwerpunktes sowie der Zubringer- und Hauptleitungen liegen (geringere Leitungslängen und Rohrquerschnitte). Dies gilt auch für Gruppen- und Fernwasserversorgungsanlagen. Tiefbehälter werden in der Regel bei Gewinnungs-, Aufbereitungs- oder Förderanlagen angeordnet. Sie sollen einen ausreichenden Druck im Versorgungsnetz stabilisieren, ausreichende Wasservolumina bereitstellen, die Wasserqualität sicherstellen und dem technischen Regelwerk entsprechen.

3.2 Bautechnische Anforderungen

Wasserbehälter sind auf ausreichend tragfähigem und möglichst gleichartigen Untergrund zu errichten. Das Bauwerk muss standsicher, die Wasserkammern müssen dicht sein bzw. dauerhaft gebrauchsfähig sein. Blitzschutzeinrichtungen sind für Wassertürme vorzusehen und für alle anderen Trinkwasserbehälter in Erwägung zu ziehen. Bauart und Baustoffe sind so zu wählen, dass bei geringen Unterhaltungskosten eine lange Lebensdauer erreicht wird. Eine spätere Erweiterung des Wasserbehälters sollte möglich sein.
Gemäß europäischer Norm EN 1508 müssen für die Bauteile der Wasserkammern und für die von dem gespeicherten Wasser benetzten Oberflächen Materialien verwendet werden, die entsprechende Prüfungsanforderungen erfüllen und die verhindern, dass das gespeicherte Wasser den EU-Richtlinien oder EFTA-Vorschriften nicht entsprechen kann. Beton und Zementmörtel erfüllen im allgemeinen diese Auflagen, besondere Sorgfalt muss jedoch auf den Einsatz von Zusatzmitteln verwendet werden. Um eine spätere Reinigung zu erleichtern und Bakterienwachstum zu vermeiden, müssen die Innenflächen so glatt und porenfrei wie möglich sein. Das kann durch hochwertige Betonherstellung oder durch die Anwendung von geeigneten Beschichtungen oder Auskleidungen erreicht werden.
Eine wichtige konstruktive Anforderung an Trinkwasserbehälter ist naturgemäß

die Wasserdichtheit. In der europäischen Norm EN 1508 heißt es hierzu: Wasserbehälter müssen so geplant werden, dass sie wasserdicht sind. Dies kann mit folgenden Konstruktionsverfahren erreicht werden, die entweder einzeln oder in verschiedenen Kombinationen angewendet werden können (Tabelle 3.2.01).

Tabelle 3.2.01: *Konstruktionsverfahren zur Wasserdichtheit von Wasserbehältern gemäß EN 1508*

- ▷ *Bauwerke, die aufgrund ihrer Konstruktion und des verwendeten Materials wasserdicht sind.* Typisch für diese Bauweisen sind Behälter aus Stahl- oder Spannbeton. Zusätzlich kann die Wasserundurchlässigkeit des Betons durch Zugabe von Zusätzen oder durch eine nachträgliche Oberflächenvergütung verbessert werden.
- ▷ *Bauwerke, die aufgrund ihrer Konstruktion und des verwendeten Materials wasserdicht sind und* mit einer Beschichtung oder einem Anstrich versehen werden.
- ▷ *Bauwerke,* die nicht durch ihre Tragkonstruktion sondern *aufgrund einer zusätzlichen Innenbeschichtung oder -auskleidung wasserdicht sind.* Die Auskleidung kann mit oder ohne Verbund zur Tragkonstruktion ausgeführt werden.

3.3 Betriebliche Anforderungen Erhaltung der Wasserbeschaffenheit

Wasserbehälter müssen so gestaltet und ausgeführt sein, dass die Bedeutung und der Wert des Lebensmittels »Wasser« hervorgehoben wird. Verunreinigungen oder sonstige nachteilige Veränderungen der Wasserbeschaffenheit in bakteriologischer und chemisch-physikalischer Hinsicht müssen vermieden werden.
Die Erhaltung der Wasserbeschaffenheit verlangt die *Verwendung gesundheitlich unbedenklicher Baustoffe* für das Tragwerk der Wasserkammern und die vom Trinkwasser benetzten Flächen. Diese Baustoffe, Bauhilfsstoffe (zum Beispiel Fugenmaterial, Anstriche, Beschichtungen, Trennmittel) müssen den Kunststoff-Trinkwasser-Empfehlungen (KTW-Empfehlungen) des Bundesgesundheitsamtes entsprechen. Außerdem muss ihre Eignung in hygienischer und mikrobieller Hinsicht nachgewiesen sein (siehe DVGW-Arbeitsblätter W 347, W 270).
Beton, Zementputz und Zementestrich erfüllen in der Regel diese Forderung, sofern sie zugelassene Zusatzmittel enthalten. Zusatzmittel müssen auch betontechnologisch zugelassen sein. Ihre Verwendung darf keinen schädigenden Einfluss auf die Trinkwassergüte haben.
Die *Zugänge und Lüftungseinrichtungen* sind so auszubilden, dass eine Verunreinigung des Wassers ausgeschlossen ist. Das gespeicherte Wasser (konstante Wassertemperatur) darf durch Erwärmung, Abkühlung, Tauwasserbildung sowie zugeführte Luft keine nachteilige Veränderung erfahren. Eine entsprechende Wärmedämmung, besonders bei der Behälterdecke außen, ist vorzusehen. Dem Austausch der Luft kommt in den Wasserkammern, neben der technischen Notwendigkeit, aus hygienischen Gründen eine besondere Bedeutung zu. Die Luftführung sollte deshalb zur besseren Überwachung und Kontrolle über das Bedienungshaus erfol-

gen. Eine Tauwasserbildung wird umso mehr vermieden, je mehr die einströmende Luft der Wassertemperatur angeglichen wird (s.a. Kap.6.8). Der dauernde Einfall von Tageslicht in die Wasserkammern ist wegen einer möglichen Algen-/Biofilmbildung zu vermeiden.
Bei Festlegung von Speicherinhalt und Form der Wasserkammern sowie Anordnung von Zulauf und Entnahme muss eine *gleichmäßige Erneuerung des gespeicherten Wasservolumens* berücksichtigt sein. Von Sonderfällen (sehr große Behälter) abgesehen, wird eine ausreichende Umwälzung und Durchmischung durch einen optimalen Energieeintrag (v > 1 m/s) über einen entsprechend auszubildenden Einlauf erreicht, wie z.B. durch eine mittels Richtstrahl unter Wasser erzeugte Strömung. Bei Einleitung über den Wasserspiegel in kleinen Wasserkammern ist die Beeinträchtigung der Wasserbeschaffenheit durch Kalkausfällung infolge Belüftung auf der Wasseroberfläche zu bedenken. Kurze Verweilzeiten des Wassers im Behälter sind günstiger als lange.

3.4 Betriebliche Anforderungen Erfüllung der Betriebsaufgaben

Trinkwasserbehälter müssen gut erreichbar und in allen Teilen leicht zugänglich sein und außerdem während ihrer ganzen Betriebszeit systematisch überwacht, inspiziert, unterhalten und gereinigt werden. Das Personal, das mit diesen Aufgaben beschäftigt ist, muss den Anforderungen an *Hygiene und Arbeitssicherheit* gemäß DIN EN 1508 (Belehrung, Ausrüstung, Sicherheitsvorkehrungen, Betriebshandbuch) gerecht werden. Überwachung und für den Betrieb notwendige Messungen müssen ohne besondere Vorbereitung und ohne Verschmutzung des Wassers durchgeführt werden können. Eine ständige oder zeitweilige Stromversorgung der Speicheranlage ist deshalb zu berücksichtigen, ebenso die Tatsache bei elektrischen, mess-, steuer- und regeltechnischen Einrichtungen, dass Wasserbehälter im Sinne von VDE-Vorschriften zur Gruppe »Feuchte und nasse Räume« gehören. Die *Radonexposition* des eigenen Personals und das der Fremdfirmen muss so gering wie möglich gehalten werden, in der Strahlenschutzverordnung aufgeführte Grenzwerte dürfen nicht überschritten werden. *Messwerte der Radonkonzentration* müssen Fremdfirmen vor Vertragsabschluss für eine Abschätzung der zu erwartenden Radonexposition für ihr Personal zur Verfügung gestellt werden. Die Versorgung ist auch während der Reinigungs- und Instandhaltungsarbeiten (auch unter Berücksichtigung einer Radonexposition) sicherzustellen. Der Speicherinhalt sollte deshalb auf mehrere Wasserkammern verteilt werden.
Die Wasserkammern müssen entleert werden können. Durch etwaigen Aufstau beziehungsweise durch überlaufendes Wasser dürfen keine Schäden am Bauwerk und an den Betriebseinrichtungen entstehen. Daher ist jede Wasserkammer mit einem (gemeinsamen) Überlauf auszurüsten, der in der Lage ist, bei vollem Behäl-

ter das zulaufende Wasser schadlos abzuführen (indirekte Anforderungen an Vorflutmaßnahmen). Der Wasserstand jeder Wasserkammer soll durch geeignete Geräte gemessen, angezeigt und möglichst übertragen werden. Die Entnahme von Wasserproben muss mindestens aus Zulauf- und Entnahmeleitungen möglich sein. Die Oberfläche des gespeicherten Wassers soll vollständig und leicht überschaubar sein (indirekte Anforderung an Podest und Mittelgang in der Wasserkammer). *Bei gefüllter Wasserkammer* sind Sichtkontrollen auf Schwimmschichten, Trübung und Farbe des Wassers, Ablagerungen auf der Sohle oder Beläge an den Wänden vorzunehmen. *Bei entleerter Wasserkammer* (jährlicher Turnus empfohlen) sind nach der Reinigung eine *Kontrolle des baulichen Teils* (Risse, poröse Stellen Absandungen, Ausblühungen, farbliche Veränderungen, Undichtheiten auch an der Decke, usw.), *der Betriebseinrichtungen* (Korrosion Zuläufe, Entnahme, Entleerung, Überläufe, Schwimmer, Be- und Entlüftung, Geländer, Treppen, Leitern, Türen, Fenster, Rohr- und Kabeldurchführungen) und *der hygienischen Bedingungen* (Belag, Biofilm, Fugen, Ablagerungen) vorzunehmen. Alle Kontrollen, ggf. unter Hinzuziehung von Fachleuten, und ihre Ergebnisse sind sorgfältig zu dokumentieren (Behältertagebuch, eventuell mit Auswirkungen auf Betriebshandbuch verbunden).
Türen, Zu- und Durchgänge, Decken usw. sind so zu bemessen, dass Geräte und Material zur Reinigung und Instandhaltung und alle Einbauteile unter Berücksichtigung der Unfallverhütungsvorschriften transportiert werden können (indirekte Anforderung an Treppen, Leitern, Drucktüren). Die Rohrleitungen und Einbauteile sind so übersichtlich anzuordnen, dass auch bei betrieblichen Instandsetzungsmaßnahmen ausreichend Arbeitsraum verbleibt.
Übertriebene Sparsamkeit ist aus Gründen der *Nachhaltigkeit bei Trinkwasserbehältern* (lange Abschreibungszeiträume) fehl am Platze, da bei zukünftigen Ergänzungen, Erweiterungen betrieblicher Natur (Schaltschränke, Sicherheitstechnik, Halbtechnische Versuchsanlagen, Lagerung Rückstellproben, Kontrollmöglichkeiten Be- und Entlüftung, Betriebshandbuch und Behältertagebuch, Aufenthaltsmöglichkeit Wassermeister usw.) speziell im Bedienungshaus vorsorglich ausreichend Platz vorzuhalten ist.

3.5 Sicherheitstechnische Anforderungen

Die für den sicheren Betrieb erforderlichen *Daten* sollen erfasst, registriert und möglichst zu einem ständig besetzten Arbeitsplatz übertragen werden. Das Bauwerk ist so auszubilden, dass unbefugte Eingriffe weitgehend ausgeschlossen sind *(Zugangssicherungen)*. Eine Umzäunung der Speicheranlage ist unverzichtbar, auch wenn sie manchmal als störend in der Landschaft empfunden werden kann. Ein Eindringen soll durch geeignete Geräte frühzeitig erkannt und ferngemeldet werden (*Objektschutz* s.a. Abschnitt 7.4) .

Bei Trinkwasserbehältern muss der Sicherheit auch hinsichtlich Terrorakten, Vandalismus und anderen gesetzwidrigen Handlungen besondere Beachtung geschenkt werden. Es müssen Maßnahmen ergriffen werden, um Eindringliche aufzuspüren, aufzuhalten und abzuweisen (DIN EN 1508). Vereinbarungen mit den Medien über Versuche von Erpressungen an Wasserversorgungsunternehmen nicht zu berichten, sind herbeizuführen, da ansonsten auf eine Zeitungsmeldung nach älteren Statistiken acht Nachfolgetäter folgen.

3.6 Gestalterische Anforderungen

Durch entsprechende Wahl von Bauformen, Proportionen, Materialien, Fassaden und Außenanlagen sind die Bauwerke landschaftsgerecht zu gestalten beziehungsweise dem Stadtbild anzupassen. Dies gilt in besonderem Maße für Wassertürme. Die Anlehnung der Behälteranlage an Talhänge, Terassenkanten, Höhenrücken bzw. Waldbestände und Gehölzgruppen erleichtert die Einbindung. Ausgerundete Böschungen mit einer Neigung von 1:3 und flacher ermöglichen ein landschaftsgerechtes Einbinden der Anlage und die maschinelle Pflege der Böschungen. Schnellwachsende und tiefwurzelnde Gehölze sind zu vermeiden, damit ihre Wurzeln nicht die Behälterdecken-Abdichtung beschädigen oder in Fugen und Rissen der Behälterdecke einwachsen. Außerdem können sie mit wachsender Bewuchsdichte und –höhe zu statischen Problemen führen. Das *Bepflanzungskonzept* muss die betrieblichen Anforderungen nach Übersichtlichkeit und Überwachungsmöglichkeit des Geländes berücksichtigen. Es ist zu beachten, dass innerhalb der Anlage neben den für Routinearbeiten erforderlichen Arbeitsmitteln auch Verkehrswege und Abstellflächen für größere Fahrzeuge wie Tieflader und Mobilkran erforderlich sein können.

3.7 Wirtschaftliche Anforderungen

Auf wirtschaftliche Konstruktion und Ausführung unter dem Aspekt einer Nachhaltigkeit ist zu achten. Der Nutzinhalt der Wasserkammern ist unter realistischer Berücksichtigung zukünftiger Bedarfsentwicklung zu bemessen. Beim Wirtschaftlichkeitsvergleich einzelner Varianten für einen längeren Zeitraum soll die Summe der Jahreskosten aus Bau und Betrieb einem Minimum entsprechen.

4 Hydraulische Bemessung von Wasserbehältern

Nachfolgend werden Grundsätze für die Bemessung von Wasserbehältern der örtlichen Wasserverteilung und der Fernwasserversorgung angegeben.
Der Inhalt von Wasserbehältern, die für Anlagen der Gewinnung, Aufbereitung beziehungsweise Förderung benötigt werden, richtet sich nach den jeweiligen Betriebsverhältnissen.

4.1 Speicherzeiträume

Die Bewirtschaftung von Wasserbehältern kann für den Ausgleich über einen Tag oder über längere Zeiträume erfolgen. Der Tagesausgleich ist der Regelfall. Er wird insbesondere bei Hochbehältern mit zugeordnetem Versorgungsgebiet angewandt und entspricht weitgehend den Bedürfnissen an Versorgungssicherheit.

4.2 Nutzinhalt

Der Inhalt von Wasserbehältern sollte es ermöglichen, den Unterschied zwischen Wasserzufluss und Wasserabgabe *(fluktuierendes Wasservolumen)* auszugleichen, einen Vorrat zur Überbrückung von Betriebsstörungen sowie zur Brandbekämpfung bereitzustellen und Verbrauchsspitzen abzudecken.
Der Tagesausgleich ist der Regelfall. Für die Ermittlung des dazu erforderlichen Behälterinhalts (Bild 4.2.01;

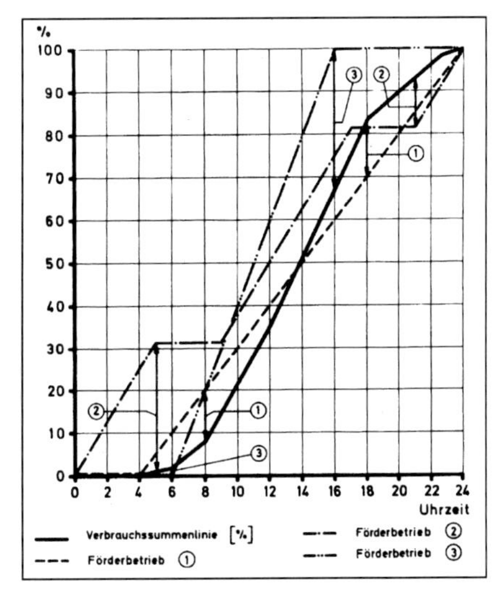

Bild 4.2.01: *Graphische Ermittlung des fluktuierenden Wasservolumens*

Tabelle 4.2.01: Rechnerische Ermittlung des fluktuierenden Wasservolumens

Ganglinie des häuslichen Wasserverbrauches

Gegeben:
- häuslicher Wasserverbrauch $Q_d^E = 6000\ m^3$
- Wasserbedarf Industrie $Q_d^J = 2000\ m^3$ (8.00–18.00 h)
- Leistung der Brunnenanlage $Q_h = 400\ m^3/h$
- Pumpzeit 4.00–24.00 h

gesucht:
- fluktuierendes Wasservolumen
- erforderlicher Hochbehälterinhalt

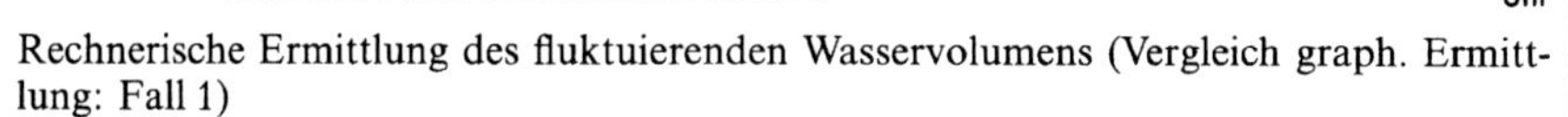
Rechnerische Ermittlung des fluktuierenden Wasservolumens (Vergleich graph. Ermittlung: Fall 1)

Zeit	Häuslicher Bedarf	Industrie Bedarf	Stundenverbr. insges. = q_v	Verbrauchs-summe	Stunden-zufluß q_z	$q_z - q_v$	$\Sigma(q_z - q_v)$
0– 1	–	–	–	–	–	–	–
1– 2	–	–	–	–	–	–	–
2– 3	–	–	–	–	–	–	–
3– 4	–	–	–	–	–	–	–
4– 5	60	–	60	60	400	+ 340	+ 340
5– 6	60	–	60	120	400	+ 340	+ 680
6– 7	240	–	240	360	400	+ 160	+ 840
7– 8	240	–	240	600	400	+ 160	**+ 1000**
8– 9	360	200	560	1160	400	– 160	+ 840
9–10	360	200	560	1720	400	– 160	+ 680
10–11	360	200	560	2280	400	– 160	+ 520
11–12	360	200	560	2840	400	– 160	+ 360
12–13	420	200	620	3460	400	– 220	+ 140
13–14	420	200	620	4080	400	– 220	– 80
14–15	420	200	620	4700	400	– 220	– 300
15–16	420	200	620	5320	400	– 220	– 520
16–17	480	200	680	6000	400	– 280	– 800
17–18	480	200	680	6680	400	– 280	**– 1080**
18–19	300	–	300	6980	400	+ 100	– 980
19–20	300	–	300	7280	400	+ 100	– 880
20–21	300	–	300	7580	400	+ 100	– 780
21–22	300	–	300	7880	400	+ 100	– 680
22–23	60	–	60	7940	400	+ 340	– 340
23–24	60	–	60	8000	400	+ 340	± 0

Ergebnis:
- fluktuierendes Wasservolumen: $Q_{flukt} = 1000 + 1080 = 2080\ m^3$ (26 % von max Q_d)
- erforderl. Hochbehälterinhalt: $I_{mind} = 0{,}5 \max Q_d = 4000\ m^3$
- empfohlener Inhalt: $I_{opt} = \max Q_d = 8000\ m^3$

Tabelle 4.2.02: Richtwerte für das erforderliche Tagesausgleichsvolumen

Größe der Anlagen	Höchster Tagesbedarf $Q_{d\,max}$ in m^3	Tagesausgleichsvolumen in % von $Q_{d\,max}$
klein / mittel / groß	bis 2000 / bis 50000 / > 50000	28 / 27 / 26–20

Tabelle 4.2.01) werden die Daten für den Wasserzufluss und die Wasserabgabe an Höchstverbrauchstagen (jeweils stündlich) benötigt. Viele, vor allem die größeren Wasserversorgungsunternehmen, verfügen über solche Angaben. Auch sind dort in der Regel Prognosen über den voraussichtlichen Wasserbedarf an zukünftigen Höchstbedarfstagen, die der Bemessung zugrunde zulegen sind, vorhanden beziehungsweise können aus den Verbrauchsdaten entwickelt werden. Die vorhandenen und veröffentlichten Unterlagen reichen aus, um auch den Wasserversorgungsunternehmen, die nicht über eigene Daten verfügen, zuverlässige Richtwerte für das erforderliche Tagesausgleichsvolumen an die Hand geben zu können (Tabelle 4.2.02).

Aus wirtschaftlichen oder betrieblichen Gründen kann es zweckmäßig sein, zusätzlichen Speicherraum zur Abdeckung kurzfristiger, zum Beispiel jahreszeitlich bedingter Tagesverbrauchsspitzen (m^3/d) bereitzustellen. Der Ausgleich erfolgt dann über einen den Tag überschreitenden Zeitraum. Der Vorteil kann zum Beispiel darin liegen, dass vor dem Behälter liegende Anlagenteile nicht für solche Verbrauchsspitzen ausgelegt werden müssen oder bei Fremdbezug Kapazitätserweiterungen später vorgenommen werden können. Voraussetzung für eine Langzeit-Speicherung in Wasserbehältern ist, dass sich die Beschaffenheit des gespeicherten Trinkwassers im vorgesehenen Zeitraum nicht ändert.

Aus Vorstehendem wird ersichtlich. dass in jedem Fall die spezifischen Eigenheiten des Versorgungsgebiets und der Versorgungsanlagen zu untersuchen und zu berücksichtigen sind. Aus diesem Grunde enthält auch das DVGW-Arbeitsblatt W 300 zur Bestimmung des Nutzinhaltes keine konkrete Zahlenangabe, sondern gibt nur einen relativ großen Bereich (30-80%), bei kleinen Anlagen 100% (Richtwerte) des höchsten zukünftigen Tagesbedarfs des zugeordneten Versorgungsgebietes an.

Der *Nutzinhalt* entspricht dem für die Wasserversorgung (ohne Löschwasservorrat) zur Verfügung stehenden Behältervolumen (siehe Bild 4.2.02). Es ist nicht zweckmäßig den Nutzinhalt für einen Zeitraum von mehr als etwa 20 Jahren zu bemessen. Vorteilhafter ist es, ihn erst im Bedarfsfall durch eine weitere Wasserkam-

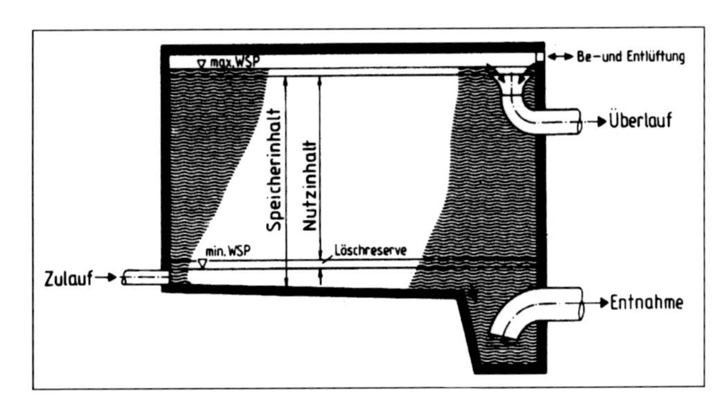

Bild 4.2.02: *Nutzinhalt*

mer zu vergrößern. Dies ist bereits bei den Planungen für die erste Baustufe zu berücksichtigen.
Wegen der Unsicherheiten bei der Ermittlung des zukünftigen Wasserbedarfs und aus Gründen der Rationalisierung empfiehlt es sich, insbesondere bei kleinen und mittelgroßen Wasserversorgungsanlagen, den errechneten Nutzinhalt aufzurunden.
Ohne nähere Nachweise kann von folgenden Richtwerten ausgegangen werden:

▷ Kleine und mittelgroße Wasserversorgungsanlagen mit einem zukünftigen höchsten Tagesbedarf bis etwa 4.000 m³.

Bei einem höchsten Tagesbedarf bis etwa 2.000 m³ sollte der Nutzinhalt dem höchsten Tagesbedarf des zugeordneten Versorgungsgebietes entsprechen. Für Anlagen mit einem höchsten Tagesbedarf von mehr als etwa 2.000 m³ können bei der Ermittlung des Nutzinhaltes Abminderungen vorgenommen werden, die das Gesamtsystem berücksichtigen.

▷ Große Wasserversorgungsanlagen mit einem zukünftigen höchsten Tagesbedarf von mehr als etwa 4.000 m³.

Die Anforderungen des Abschnittes 4.2 sind im allgemeinen erfüllt, wenn (je nach Auslegung der Wasserförderungsanlage) der Nutzinhalt insgesamt etwa 30 bis 80 % des höchsten Tagesbedarfs des zugeordneten Versorgungsgebietes beträgt.

▷ Fernwasserversorgungen

Im System von Fern- und Gruppenwasserversorgungen werden zentrale und örtliche Hochbehälter unterschieden. Der Gesamtnutzinhalt aller Behälter soll für den zukünftigen höchsten Tagesbedarf bemessen werden. Bei der Bemessung von zentralen Behältern sind die Fluktuation und die Sicherheitsbedürfnisse des gesamten Systems zu berücksichtigen.

▷ Löschwasservorrat

Für die Bereitstellung von Löschwasser dienen offene Wasserläufe, Teiche, Brunnen, Löschwasserbehälter und die öffentliche Trinkwasserversorgung. Wenn Löschwasser von der öffentlichen Trinkwasserversorgung bereitgestellt werden muss, ist der Speicherinhalt des Wasserbehälters entsprechend zu vergrößern. Als Zuschläge werden folgende Richtwerte empfohlen (siehe DVGW-Arbeitsblatt W 405):

Dorf- und Wohngebiete	100 bis 200 m³
Kerngebiete, Gewerbe- und Industriegebiete	200 bis 400 m³

In Versorgungsgebieten mit einem höchsten Tagesbedarf von mehr als etwa 2.000 m³ ist ein Löschwasserzuschlag nicht erforderlich.
Bei Kleinsiedlungen und Wochenendhausgebieten kann der Löschwasserbedarf

aus hygienischen Gründen in der Regel nicht aus dem Trinkwasserbehälter gedeckt werden. Hierzu müssen Wasserläufe, Teiche, Löschwasserbrunnen und Löschwasserbehälter herangezogen werden.

▷ Größe des Fassungsraumes bei Wassertürmen (siehe Kap. 8)

4.3 Lage des Wasserspiegels · Wassertiefe

Der niedrigste Betriebswasserstand wird bestimmt durch die Forderung, dass unter Berücksichtigung der hydraulischen Randbedingungen (Ruhedruck, Betriebsdruck, Druckverluste im Rohrnetz) sowie der örtliche topographischen Verhältnisse der erforderliche *Mindestdruck am ungünstigsten Punkt* des Versorgungsgebietes sichergestellt ist. Dies ist nach DVGW-Merkblatt W 403/1988 erreicht, wenn vor dem Wasserzähler folgende Mindestüberdrücke (Bild 4.3.01) nicht unterschritten werden:

▷ für Gebäude mit 1 EG: 2,0 bar
▷ für Gebäude mit 1 EG und 1 OG: 2,5 bar

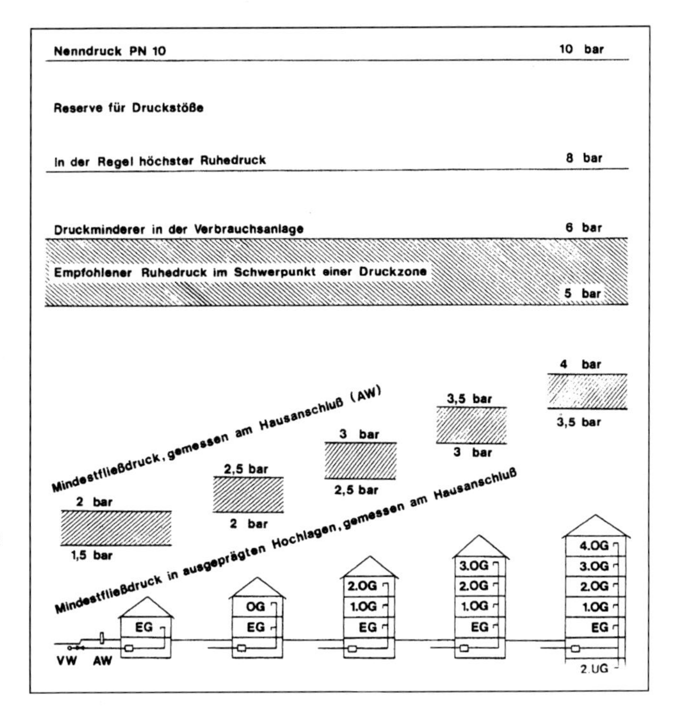

Bild 4.3.01: *Empfohlene Druckverhältnisse für neue Wasserversorgungsnetze in Abhängigkeit von der Geschosszahl der zu versorgenden Gebäude*

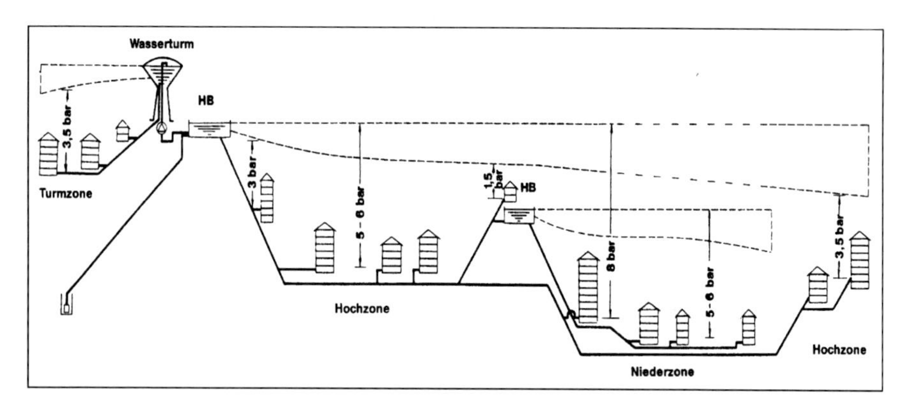

Bild 4.3.02: Beispiel für drei Druckzonen (Turm-, Hoch- und Niederzone)

▷ für Gebäude mit 1 EG und 2 OG: 3,0 bar
▷ für Gebäude mit 1 EG und 3 OG: 3,5 bar
▷ für Gebäude mit 1 EG und 4 OG: 4,0 bar
▷ für Gebäude mit 1 EG und 5 OG: 4,5 bar

Versorgungsnetze mit größeren Höhenunterschieden sind in Druckzonen unterteilt (Bild 4.3.02).
Für die *Wahl der Wassertiefe* und damit des höchsten Betriebswasserstandes sind der ermittelte Nutzinhalt, die zulässigen Druckschwankungen, die gewählte Bauform, der vorhandene Baugrund, die Topographie, die landschaftsgerechte Einbindung des Behälters sowie die Baukosten maßgebend.
Als Anhalt werden folgende Werte angegeben:

Nutzinhalt	***Wassertiefe***
bis 500 m³	von 2,5 bis 3,5 m
über 500 m³ bis 2.000 m³	von 3,0 bis 5,0 m
über 2.000 m³ bis 5.000 m³	von 4,5 bis 6,0 m
über 5.000 m³	von 5,0 bis 8,0 m

In Sonderfällen außergewöhnlich großer Behälter von mehreren hunderttausend m³ Nutzinhalt sind 10 m Wassertiefe und mehr ausgeführt worden, was aber bedeutet dass die statischen Verhältnisse bei der Boden-Wand-Kombination entsprechend gelöst werden müssen, da sonst die Wände (zu) große Biegemomente erhalten, die mit einer quadratischen Funktion der Wassertiefe einer Bemessung »davonlaufen« würden.
In der *Regel* ist eine *Wassertiefe von 5 m* eine optimale Wahl.

4.4 Wasseraustausch des gespeicherten Wasservolumens (Wasserneuerung)

Die Bemühungen der Wasserversorgungsunternehmen in der Wassergewinnung und Aufbereitung zur Bereitstellung eines einwandfreien Trinkwassers müssen durch geeignete Maßnahmen beim Bau und Betrieb der Anlagen zum Trinkwassertransport, zur Speicherung und Verteilung ergänzt werden. Diese Maßnahmen sollen sicherstellen, dass qualitätsmindernde Einflüsse auf das Trinkwasser soweit wie möglich vermieden werden, wozu insbesondere die betrieblichen Anforderungen nach Abschnitt 3.3 zu erfüllen sind.
Die Sicherung der Wasserqualität in modernen Trinkwasserbehältern ist – obwohl auf eine über 100-jährige Erfahrung zurückgeblickt werden kann – auch noch ein Thema im Jahr 2004 und danach, wie aufgrund von Mängeln und Schäden festzustellen ist.
Zentraler, ja fast philosophischer Ausgangspunkt aller Untersuchungen ist die *Erhaltung der Wassergüte,* die a priori wasseranalytisch gesehen nach den gesetzlichen Regelungen in Ordnung sein muss. Im Trinkwasserbehälter steht die freie Trinkwasseroberfläche mit der Umgebung in Berührung, Verunreinigungen durch verschmutzte Luft, Blütenstaub, Pflanzen-, Schädlingsbekämpfungsmittel (Weinbau), Insekten usw. sind zu vermeiden. Von ALEXANDER 1970, THOFERN und BOTZENHART 1974 u.a. wurden die damit verbundenen Beeinträchtigungen, wie verkeimte Luft, Schwimmschicht, Wandbesiedelung, Bakterieneintrag durch hochverkeimtes Tauwasser beschrieben (s.a. MERKL 1983-87). Wenn trotz der festgestellten sehr hohen Keimzahlen in der Schwimmschicht, an der Wand im Bereich der Spiegelschwankungen und im Tauwasser nicht zwangsläufig hohe Keimzahlen im Abfluss (Entnahme) auftreten müssen, sollte dies nicht dazu verführen, auf die nachfolgend aufgezeigten Maßnahmen zur Sicherung der Wasserqualität zu verzichten.
Zunächst lag der Schwerpunkt in der historischen Entwicklung bei der Gestaltung der Wasserkammer und deren Zu- und Abläufe mit dem Ziel, durch strömungstechnische Maßnahmen einen möglichst vollständigen *Wasseraustausch* sicherzustellen.
Bereits in den 50erJahren wurden beim Bau des 600.000 m^3-Großbehälters Wien-Neusiedl dem Problem der gleichmäßigen Durchströmung, der Vermeidung vertikaler Temperaturschichtungen und der Be- und Entlüftung (s.a. Abschnitt 6.8.2) für die 4x150.000 m^3 großen Wasserkammern besondere Sorgfalt gewidmet, die mit den Namen Steinwender und Geilhofer, als den damaligen »Chefingenieuren der Wiener Wasserwerke« verbunden sind (STEINWENDER 1955, DOSCH 1966). Es wurden zwei verschiedene Systeme angewendet. In der Kammer A bewirkt eine von Steinwender erdachte riesige, vom zuströmenden Wasser gespeiste Wasserstrahlpumpe einen beschleunigten Kreislauf und eine Wirbelbildung, durch welchen die oberen, allenthalben wärmeren Schichten mit dem ankommenden Frisch-

wasser vermischt werden. Demgegenüber ist nach dem Konzept von Geilhofer in den Kammern B,C,D die Ablauföffnung durch eine Mischkammer von der eigentlichen Behälterkammer getrennt; ein steuerbares System von Düsen mit unterschiedlichem Querschnitt, durch die das Wassser in die Mischkammer einströmen muss, bewirkt, dass einerseits die oberen, wärmeren Wasserschichten im freien Fall in die Mischkammer stürzen und sich dabei mit den tiefer unten eintretenden und kühleren Schichten vermischen, und andererseits, dass im Bedarfsfall gewisse Schichten in vermehrtem Maß abgezogen und auf diese Weise thermische Schichten hintangehalten oder beseitigt werden können.

LOHR, Werkleiter der Wasserwerke München, hat aus diesen Gründen Anfang der 60er Jahre eine besondere strömungstechnische Konzeption für den Großbehälter München-Forstenrieder Park (2x65.000 m^3) entwickelt und diese durch Modellversuche mittels Rauch an der TU München-Weihenstephan untersuchen lassen (Bild 4.4.01), die in ähnlicher Weise von GRUBER et al. 1974 für den Budapester Großbehälter nachvollzogen wurden; REITINGER (1964 ff), TU Wien, hat über Strömungsvorgänge in Modellbehältern mittels Temperatur- und Färbeuntersuchungen berichtet und sich – aus heutiger Sicht wegweisend – für eine *Durchmischungsströmung* statt einer Verdrängungsströmung bei Rechteck- und Kreisbehältern ausgesprochen.

Die eigentlich prägende Veröffentlichung zur Erhaltung der Wassergüte in Wasserbehältern – aus heutiger Sicht vielleicht zu unrecht – kam 1970 von LANGER (WaBoLu Berlin). Anhand von Modelluntersuchungen verwies er auf Walzenausbildungen (Bild 4.4.02) bzw. Stagnationszonen. LANGER lehnte die Durchmischungsströmung ab und propagierte eine *Verdrängerströmung (Parallelströmung),* durch die das eingespeiste Wasser gleichmäßig der Entnahme zugeführt würde (Bild 4.4.03). Dies hatte technische Auswirkungen zur Folge, weil nämlich entsprechende Ausführungsvorschläge im DVGW-Arbeitsblatt W 311 »Planung und

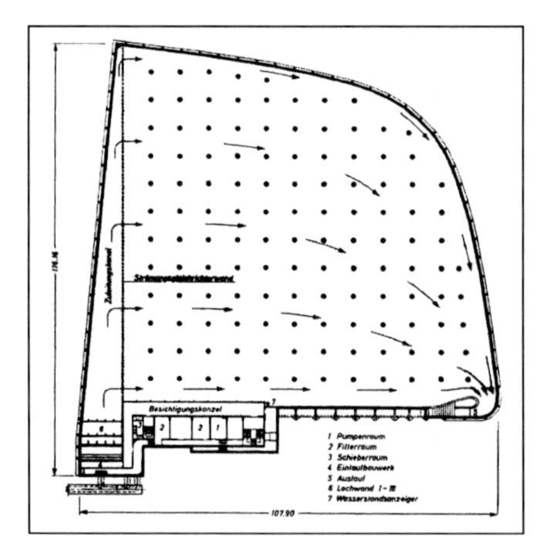

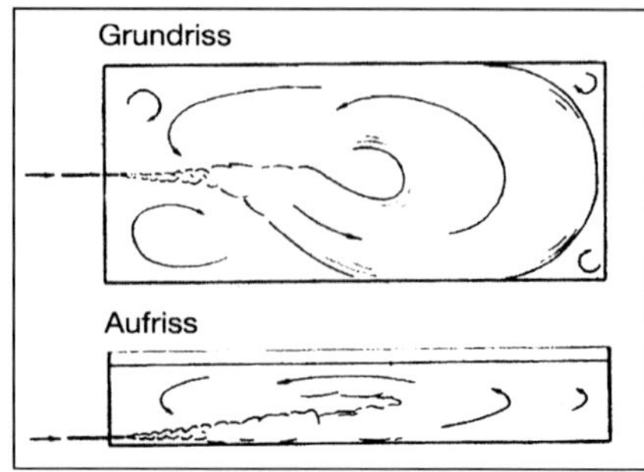

Bild 4.4.01: *Strömungstechnische Konzeption für den Trinkwasserbehälter München Forstenrieder Park und Strahlausbreitung in einem Rechteckbehälter nach REITINGER*

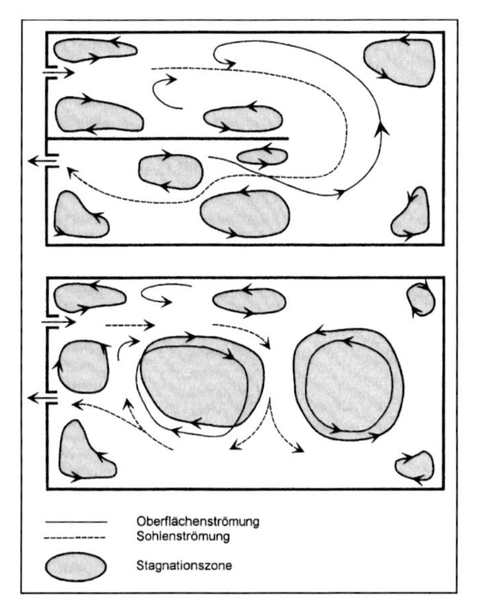

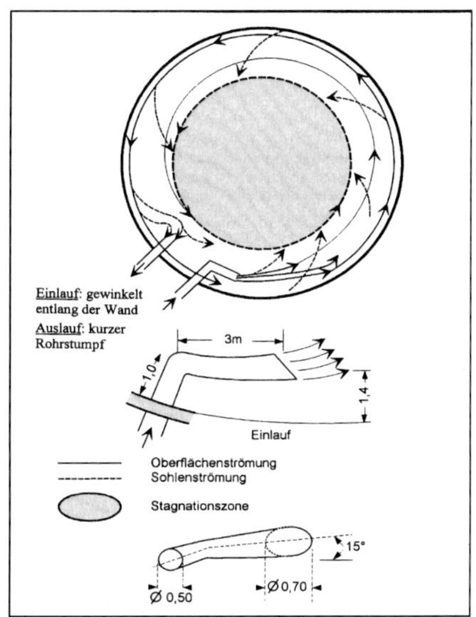

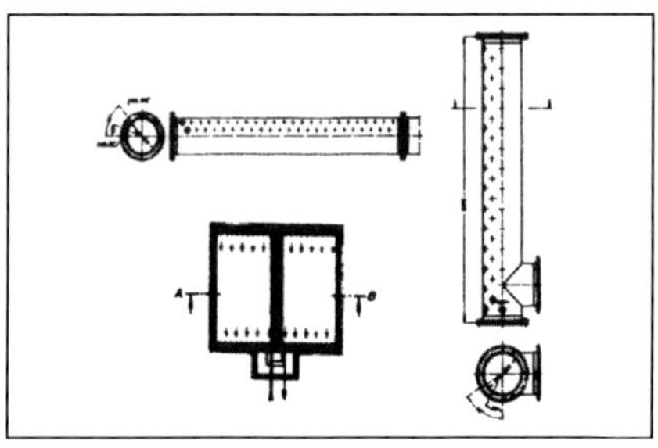

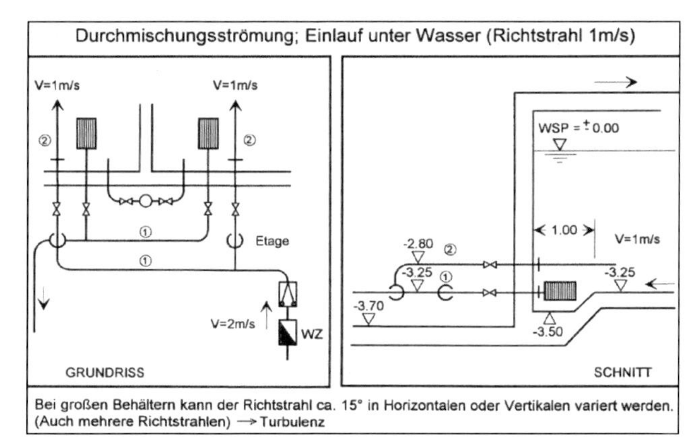

***Bild 4.4.02* ◄ *oben* ►** *Strömungsvorgänge in Trinkwasserbehältern nach Langer*

***Bild 4.4.03* ◄ *mitte* ► *und* ▼** *Verdränger-/Paralellströmung (W311-1977) und Durchmischungsströmung (W311-1988)*

Bau von Wasserbehältern« vom Jahr 1976 verankert wurden. Für die konstruktive Ausbildung der gelochten Zulauf- und Entnahmerohre wurden Vorschläge am Lehrstuhl für Hydraulik und Gewässerkunde der TU München als Auftragsarbeit entwickelt (DVGW 1981). Die Herstellung dieser Rohre war zum einen relativ aufwendig und damit teuer, da die Austrittsöffnungen (D = 0,15 · NW) entsprechend hergestellt werden mussten. Bei der Verdrängerströmung kann u.U. als Folge dieser laminaren Strömungsverhältnisse eine unzureichende Beteiligung der Wasseroberfläche am Wasseraustausch (energiearme Parallelströmung) und eine sich ausbildende, unerwünschte Schwimmschicht (»Kahmhaut«) an der Wasseroberfläche festgestellt werden, die als komplexe Folge auch von ph-Wert-Änderungen durch herabtropfendes Tauwasser in den temperaturgeschichteten Wasserkörper zu Kalkauskristallisationen führt (s.a. (MERKL 1983-87)), außerdem Temperaturunterschiede zwischen zuströmenden Wasser und Behälterinhalt zu Dichteunterschieden bzw. unerwünschten Schichtungen führen.
Einige große Wasserversorgungsunternehmen fühlten sich an den Pranger gestellt, da es den Anschein hatte, dass ihre Behälter nicht dem Stand der Technik entsprächen. SCHUBERT & MAIER (1976) führten deshalb Untersuchungen in Großbehältern der Bodenseewasserversorgung durch (HB Rohr, Wasserkammer 18.000 m^3). Die interessante Versuchstechnik bestand in der Zugabe von Natriumnitratlösung bzw. der Änderung des Nitratgehaltes um rund 1 mg/l und der Vermessung des Behälters an 30 relevanten Stellen. Für die Dimensionierung eines Zulaufstrahles, der eine ausreichende Vermischung bewirken soll, wurden die Austrittsgeschwindigkeiten des eingeleiteten Tauchstrahles variiert. Das wesentliche Merkmal von Tauchstrahlen im Hinblick auf Wasseraustausch und Vermischung ist der »Schleppeffekt« des Strahls, der beachtliche Anteile der umgebenden Flüssigkeit turbulent mit dem Zufluss vermischt (SCHUBERT/DVGW 1983). Es konnte dabei auch festgestellt werden, dass unterhalb einer gewissen Größe der Geschwindigkeit (Versuchswert 0,43 m/s) keine ausreichende Vermischung eintritt, es kommt zu Stagnationszonen in der Wasserkammer und bei Durchlaufbehältern auch zu Kurzschlussströmungen. SCHUBERT (1978) und später BAUR/EISENBART (DVGW-1981) stellten fest, dass es unter normalen Betriebsbedingungen keinen Hinweis auf die Stagnation des Wassers gibt und allein mit der kinetischen Energie des zufließenden Wassers sich eine nahezu ideale Mischung erreichen lässt. Danach kann z.B. der Zulauf durch ein gerades Rohr im Sohlbereich (Bild 4.4.03) geschehen, das in den freien Raum der Wasserkammer gerichtet ist und dessen Durchmesser für eine *Austrittsgeschwindigkeit von etwas 1 m/s* zu bemessen ist, womit in der Regel eine *ausreichende Durchmischung* des zufließenden Wassers mit dem in der Wasserkammer befindlichen Wasser einschließlich der Wasseroberfläche erzielt wird. Bei großen Behältern kann der Richtstrahl ca. 15° in der Vertikalen oder in der Horizontalen variiert werden. Im Jahr 1988 wurde deshalb das damalige DVGW-Arbeitsblatt W 311 für diese einfachere und kostengünstigere Ausführung entsprechend modifiziert.

Hervorgehoben werden sollen an dieser Stelle die großen ingeniösen Überlegungen zur Sicherung der Wasserqualität bei dem Großbehälter München-Forstenrieder Park bis hin zur Klimatisierung und bei dem Wiener Großbehälter, bei dem für die Wasserkammern 4x150.000 m^3 zwei unterschiedliche Denk- und Lösungsansätze ausgeführt wurden. Dass *Verweilzeit und Durchmischung* nicht nur ein Problem bei Großbehältern sein können, sondern auch im ländlichen Bereich bei Kleinstbehältern, wird beispielhaft sofort deutlich aus der Zahlenrelation eines Löschwasservorrates von 50 m^3 und eines Tagesverbrauchs von nur 2 m^3.
Die *Bewirtschaftung von Wasserbehältern* hat den Ausgleich der Schwankungen zwischen Zulauf und Entnahme in einem festzulegenden Zeitraum (Stunde, Tag, Woche) zur Aufgabe. Nach dessen Ablauf muss die Ausgangswasserspiegellage wieder erreicht werden. In der Regel werden sie für den Tagesausgleich bewirtschaftet. In speziellen Fällen kann eine größere Bewirtschaftungsdauer vorteilhaft sein. Die Forderung, dass sich die Wasserbeschaffenheit während des Bewirtschaftungszeitraums nicht verschlechtern darf, setzt allerdings Grenzen für diesen. *Standzeiten* von 5-7 Tagen verursachen in Behältern mit auf Zementbasis hergestellten Innenflächen der Wasserkammern keine Beeinträchtigung der Wasserbeschaffenheit. Dagegen wurde der wachstumsfördernde Einfluss eines Chlorkautschukanstrichs und eines Reinigungsmittels nachgewiesen (BAUR/EISENBART 1988).

5 Behältergrundrisse und Anordnung im Gelände

5.1 Grundriss

Wirtschaftliche, hydraulische und hygienische Gesichtspunkte können die Wahl der Grundrissform bestimmen. Außerdem müssen die Gegebenheiten des zur Verfügung stehenden Grundstückes berücksichtigt werden.
Übliche Grundrisse sind das Rechteck oder der Kreis. Besondere und aufwendige Grundrissformen mit Einbauten zur Strömungsführung sind nicht erforderlich, wenn durch andere Maßnahmen eine ausreichende Durchmischung erzielt wird.
Die *Rechteckform* (siehe Bild 5.1.01) ist bautechnisch einfach. Sie wird vor allem bei Behältern bis zu einem Speicherinhalt von etwa 5.000 m^3 gewählt. In den Bildern sind Erweiterungsmöglichkeiten dargestellt.
Für größere Behälter (bis 10.000 m^3) hat die statisch günstige *Kreisform* wirtschaftliche Vorteile. Dabei bietet sich die Anordnung von konzentrischen Kammern oder die Brillenform (Bild 5.1.01) an. Die Brillenform kann zur Kleeblattform erweitert werden. Das gleichmäßige Vieleck kann bautechnische und wirtschaftliche Vorteile gegenüber der Kreisform bieten (Bild 5.1.01).
Bei Sondergrößen von mehreren 10.000-100.000 m^3 Inhalt kommt die Rechteckform wieder zum tragen (Wien 4 x 150.000 m^3, Madrid 1 x 534.000m^3, ca. 400 m x 180 m, t = 7,70 m); aus verschiedenen Gründen sind auch andere Grundrissformen bei Großbehältern ausgeführt worden (München-Forstenrieder Park 2 x 65.000 m^3, Düsseldorf Hardt V, 60.000 m^3).
In kleinerer Zahl sind auch *Sonderformen* wie Spiralleitwandbehälter, Rohrbehälter (Faserzement-Großrohre) oder Fertigteilbehälter (s.a. Kap. 9) im Rahmen von Sondervorschlägen ausgeführt worden (s. MERKL 1989).

5.2 Anordnung im Gelände, Massenausgleich

Wirtschaftliche, gestalterische oder auch sicherheitstechnische Gesichtspunkte beeinflussen die Entscheidung, *einen Behälter erdüberdeckt, angeschüttet oder freistehend* auszuführen (siehe Bild 5.2.01). Hiervon ist die Gestaltung des Bedie-

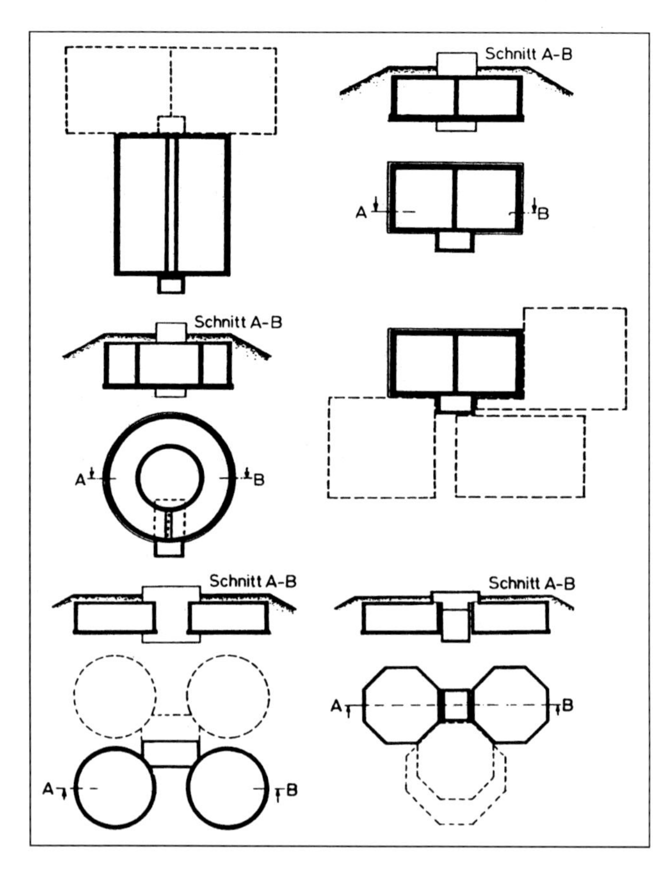

◄ ***Bild 5.1.01***
Behältergrundrisse und Erweiterungsmöglichkeiten

Bild 5.2.01 ▼
Anordnung von Wasserbehältern im Gelände

Bild 5.2.02 ►►
Massenausgleich zwischen Erdaushub und Erdanschüttung bei Wasserbehältern (nach EBEL 1978)

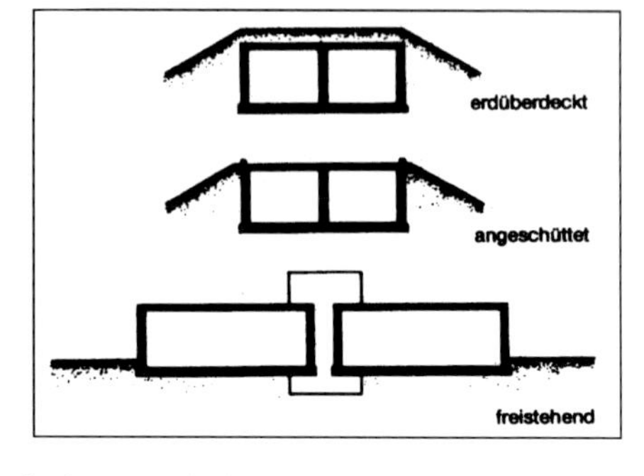

nungshauses und seines Zugangs abhängig. Der Zugang zu den Wasserkammern kann entweder in Höhe des maximalen Wasserspiegels, in Sohlenhöhe oder dazwischen angeordnet werden.
Bei geneigtem Gelände ist zu untersuchen ob das Bedienungshaus zweckmäßiger an der Talseite oder seitlich am Hang angeordnet wird.
Aus wirtschaftlichen Gründen ist bei *erdüberdeckten oder angeschütteten Wasserbehältern* ein Massenausgleich zwischen Aushub und Verfüllung anzustreben. Dies kann rechnerisch gemäß Bild 5.2.02 untersucht werden (EBEL 1978). Je nach Wassertiefe in den Kammern wird dabei der höchste Wasserspiegel zwischen

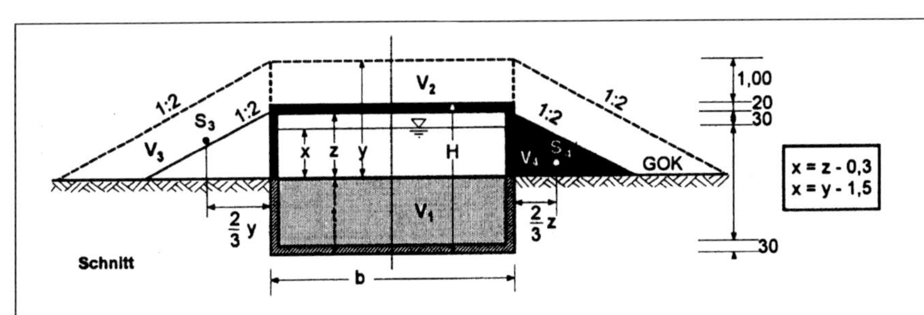

Grundriß Rechteckbehälter

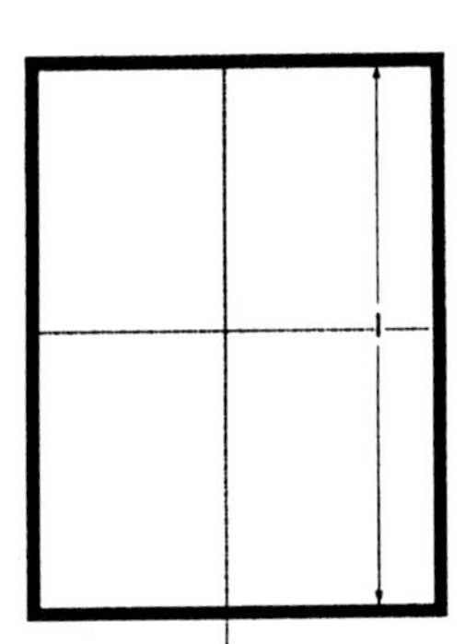

$V_1 = b \cdot l \cdot t$

$V_2 = b \cdot l \cdot 1{,}0$

$V_3 = y^2 \cdot U_1 = 2\,y^2 \cdot \left(b + l + \frac{4}{3}\,y\right)$

$V_4 = z^2 \cdot U_2 = 2\,z^2 \cdot \left(b + l + \frac{4}{3}\,z\right)$

$U_1 = 2 \cdot (b + l + \frac{4}{3}\,y) \qquad U_2 = 2 \cdot (b + l + \frac{4}{3}\,z)$

Rechteckbehälter angeschüttet: $V_1 = V_4$

$$\frac{8}{3b \cdot l}\,z^3 + \left(\frac{2}{l} + \frac{2}{b}\right) z^2 + z + 0{,}2 - H = 0$$

Rechteckbehälter überschüttet: $V_1 = V_2 + V_3$

$$\frac{8}{3b \cdot l}\,y^3 + \left(\frac{2}{l} + \frac{2}{b}\right) y^2 + 1 - H - 1{,}0 + y = 0$$

Grundriß Kreisbehälter

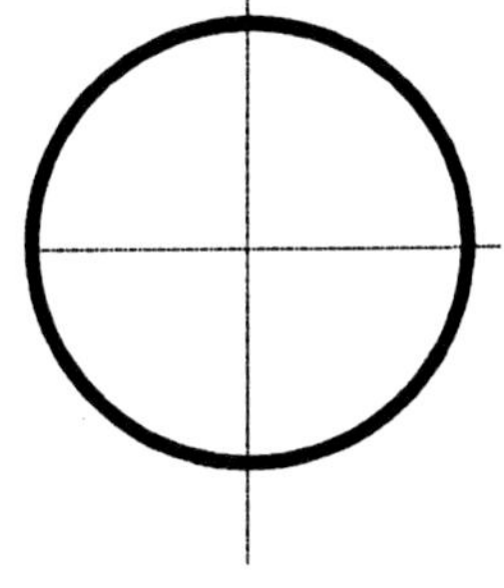

$V_1 = \pi \cdot \left(\frac{b}{2}\right)^2 \cdot t$

$V_2 = \pi \cdot \left(\frac{b}{2}\right)^2 \cdot 1{,}0$

$V_3 = y^2 \cdot U_3 = y^2 \cdot \pi \cdot \left(b + \frac{4}{3}\,y\right)$

$V_4 = z^2 \cdot U_4 = z^2 \cdot \pi \cdot \left(b + \frac{4}{3}\,z\right)$

$U_3 = \pi \cdot (b + \frac{4}{3}\,y) \qquad U_4 = \pi \cdot (b + \frac{4}{3}\,z)$

Kreisbehälter angeschüttet: $V_1 = V_4$

$$\frac{16}{3b^2}\,z^3 + \frac{b}{4}\,z^2 - H + z + 0{,}2 = 0$$

Kreisbehälter überschüttet: $V_1 = V_2 + V_3$

$$\frac{16}{3b^2}\,y^3 + \frac{b}{4}\,y^2 + 1 - H - 1{,}0 + y = 0$$

Beispiele für Massenausgleich zwischen Erdaushub und Erdanschüttung

Gegeben: Behälter 500 m^3 Inhalt; b = 6 m, l = 20 m, H = 4,8 m

Aus Berechnungsformeln für Rechteck und Kreisbehälter bei festgelegter Konstruktion gemäß Abbildung folgt für den Abstand x und t:

	angeschüttet		überschüttet	
	x	t	x	t
Rechteckbehälter	**1,92**	**2,38**	**0,79**	**3,51**
Kreisbehälter	**2,04**	**2,26**	**0,91**	**3,39**

0,5 und 1,5 m über dem ursprünglichen Gelände bei einem erdüberdeckten Wasserbehälter liegen.
Angeschüttete oder *freistehende* Behälter werden gewählt, wenn eine Erdüberdeckung aus wirtschaftlichen oder technischen Gründen nicht sinnvoll ist, wie z. B. bei felsigem Untergrund (hohe Aushubkosten, mangelhafter Massenausgleich), nicht ausreichender Geländehöhe bzw. zu hohem Grundwasserstand (Auftrieb).

6 Planungshinweise und Ausführung von Wasserbehältern

6.1 Bauweisen, Gründung

Die drei prinzipiellen *Konstruktionsverfahren zur Wasserdichtheit von Wasserbehältern* gemäß DIN EN 1508 sind in Tabelle 3.2.01 aufgeführt. In der Regel sollen dies Bauwerke sein, die aufgrund ihrer Konstruktion und des verwendeten Materials wasserdicht sind. Typisch für diese Bauweisen sind Behälter aus Stahl- oder Spannbeton. Die Betonfestigkeitsklassen entsprachen in den 80 und 90er Jahren des letzten Jahrhunderts dem B 25 (BII-Beton) alter Norm DIN 1045 entsprechend C 25/30 neuer Norm bzw. darunter mit relativ hohen Wasserzementwerten (0,55-0,60), weshalb im Hinblick auf Wasserdichtheit und mangelnder Ausführungsqualität oft Beschichtungen in den Wasserkammern ausgeführt wurden, während heutzutage wegen der verschärften Anforderung an den Wasserzementfaktor unter 0,50 automatisch B 35 bzw. C 30/37 erreicht wird. Fertigteil- bzw. entsprechende Spannbetonbehälter haben in der Regel die hohe Betongüte B 45 bzw. C 35/45 oder höher.

Beim Bau von *Wasserbehältern in Ortbetonbauweise* werden Sohlplatten, Wände und Decken in der Regel in Betonierabschnitte (Arbeitsfugen) unterteilt. Bei kleineren Stahlbeton-Behältern können Wände und Decken jeweils auch in einem Zuge betoniert werden. Eine Herstellung der Wände in Gleitschalung wird nur bei hohen Behältern bzw. bei Wassertürmen wirtschaftlich sein. Aus statischen Gründen kann bei großen Behältern eine Vorspannung erforderlich werden. Dabei kommen Spannverfahren mit und ohne Verbund, bei kreisförmigen Behältergrundrissen auch Wickelverfahren zur Anwendung.

Bei der *Verwendung von Fertigteilen im Wasserbehälterbau* ist im allgemeinen zu unterscheiden zwischen einem typisierten Bauverfahren und einer individuellen Bauweise, welche die Vorgaben einer Ortbeton-Ausschreibung umsetzt. Es kann für den Auftraggeber wirtschaftlich sein, auf vorgegebene Systembauweisen zurückzugreifen (s. Kap. 9), wobei neben Stahlbeton- und Spannbeton-Fertigteilbauweisen für größere Speicherinhalte bis 10.000 m³, auch Metallische und Kunststoff-Behälterkonstruktionen für kleinere Volumina von einigen 100 bis maximal 3.000 m³ in Frage kommen.

Die Wechselwirkung zwischen Bauwerk, Baugrund und Grundwasser muss möglichst wirklichkeitsgetreu ermittelt werden, insbesondere bei ungleichmäßigem, setzungsempfindlichem Boden. *Baugrunderkundungen* sind deshalb für alle Behälterbauten notwendig. Aus den Ergebnissen dieser Erkundungen ist ein geeignetes statisches System zu entwickeln, das bei größter Wirtschaftlichkeit dauerhafte Dichtheit und Standsicherheit des Behälters gewährleistet. Sind die *Gründungsverhältnisse* (statische Berücksichtigung zweckmäßig mittels Steifezifferverfahren) ohne Besonderheiten relativ günstig (Grob-, Feinkies), kann auf der Baugrubensohle eine 10 cm starke Sauberkeitsschicht, B 15 (C12/15), folgen. Auf dieser Sauberkeitsschicht wird vor Einbringen der Bewehrung und des Sohlenbetons aus konstruktiven Gründen meist eine doppellagige Kunststofffolie verlegt. Eine Verzahnung des Betons mit dem Unterbau kann eine derartige PE-Folie im Gegensatz zu einer bituminösen Schicht mit ihren viskosen Verformungsmöglichkeiten nicht grundsätzlich verhindern, so dass eine Folie als Gleitschicht statisch nicht in Rechnung gestellt werden darf (Berücksichtigung von Zwangschnittgrößen). Ergänzend wird auf zu beachtende Punkte hingewiesen, wie Sohlentwässerung, unterschiedlichste Bettungsziffern bzw. Baugrund oder Füllstandshöhen, Einwirkung kohlensäurehaltiger oder huminsaurer Wässer auf die Konstruktion aussen (!).

6.2 Tragwerksplanung, Statische Bearbeitung

6.2.1 Vorbemerkungen zur statischen Bearbeitung von Trinkwasserbehältern

In den letzten Jahrzehnten wurden bei vielen Stahlbeton-Wasserbehältern bei der Wasserprobefüllung Undichtheiten festgestellt, die Verpressungsmaßnahmen erforderlich machten. Diese für viele überraschende Tatsache hat ihre Begründung nicht allein in ausführungstechnischen und bauaufsichtlichen Mängeln, sondern weist in vielen Fällen auf ungenügende konstruktive und statische Bearbeitung des Behälterentwurfs hin. Im Unterschied zum allgemeinen Hochbau ist für die Funktionstüchtigkeit von Trinkwasserbehältern neben der Standsicherheit und Dauerhaftigkeit zusätzlich die Dichtheit der Wasserkammern eine wesentliche Voraussetzung. Bei der statischen Bearbeitung sind deshalb neben den Lastschnittgrößen infolge Eigengewicht, Wasser- und Erddruck, Verkehrslast besonders die Zwangschnittgrößen (und Eigenspannungen) infolge Hydratationsvorgängen, Kriechen, Schwinden, äußeren Temperaturänderungen zu beachten, weil sie wesentlichen Einfluss auf die Dauerhaftigkeit und Dichtheit der Wasserkammern haben und somit bei den Bemessungsschnittgrößen zu berücksichtigen sind. Von manchen Statikern und Prüfingenieuren wurde aber nur die Standsicherheit nachgewiesen und geprüft und die rechnerische Erfassung der Zwangbeanspruchung nicht beachtet bzw. als nicht relevant eingeschätzt, sondern allenfalls versucht, durch Anord-

nung von Fugen oder einer »Temperatur- oder Schwindbewehrung« das Problem konstruktiv zu lösen. In früheren Zeiten kam man der Forderung nach Wasserdichtheit im Zuge der statischen Bemessung dadurch nach, dass man über reduzierte Stahlspannungen (was zu mehr Bewehrung führt) die sogenannten Zugspannungsrisse weitgehend ausschließen wollte. Meist wurde zusätzlich ein handwerklich hervorragender Zementputz auf der Innenseite der Wasserkammern ausgeführt, der sogar bei Wasserbehältern in Stampfbeton die Dichtheit gewährleistet; insofern waren die Trinkwasserbehälter gut konstruiert. Im Zuge der Einführung von DIN 1045-1972 wurde die Bemessung von Bauteilen aus Stahlbeton grundsätzlich neu geregelt. Besondere Vorschriften für Wasserbehälter waren, wie auch heutzutage, in DIN 1045, mit Ausnahme eines sogenannten (irreführenden) Vergleichsspannungsnachweises, jedoch nicht enthalten; dies hat zu sehr unterschiedlich statisch-konstruktiven Bearbeitungen bezüglich Zwangbeanspruchung und Dichtheit geführt, was nicht ohne negativen Einfluss auf das Bauergebnis, insbesondere beim praktischen Dichtheitsnachweis im Zuge der Wasserprobefüllung, geblieben ist. Andererseits konnte es nicht Konstruktionsmethode sein, die Dichtheit von Stahlbetonbehältern über eine maschinelle Aufbringung von Putz (der nicht immer die Qualität des früheren händischen Zementputzes hat) bzw. über Innenbeschichtungssysteme (oftmals Ausführungsmängel) gewährleisten zu wollen. Die Ausführung von Fugen war und ist für viele Baufachleute fälschlicherweise die komplette Lösung des Zwangproblems; sie verleitet deshalb dazu, über die trotzdem mögliche Zwangbeanspruchung des Bauwerks das eigene Nachdenken einzustellen. Fugen mit dauerelastischen Dichtungsmaterialien als »planmäßige Risse« sind im Grunde genommen stets konstruktive, im Trinkwasserbereich hygienische Schwachstellen.
Bei einer fugenlosen Bauweise sind die kritischen Stellen am »Stoß« von Betonierabschnitten zu erwarten, vergleichbar mit den üblichen Arbeitsfugen und deren Risiko. Diese Stellen sind aber mit dem Stand der Technik im Zuge einer monolithischen Bauweise wasserundurchlässig auszuführen; den Aufwand mit den Fugen/Fugenblechen/Fugenbändern kann man sich daher sparen, es sei denn Fugen sind aus anderen Gründen unerlässlich (z.B. in Bergsenkungsgebieten). Fugen bleiben auch über die Lebensdauer eines Behälters immer Problemstellen, nicht zuletzt bei Instandsetzungsarbeiten.
Diese allgemeinen Probleme haben auf der Suche nach einer besseren Lösung bzw. klaren Alternative zu dieser Verfahrensweise zu nachstehenden Empfehlungen geführt, die auch in den DVGW-Arbeitsblättern W 311-1988 und W 300-2004 festgeschrieben worden sind:

▷ Wasserundurchlässigkeit des Behälters ohne zusätzliche Oberflächenbehandlung,
▷ Fugenlose Bauweise unter der Voraussetzung einer »sauberen« Berücksichtigung der Zwangbeanspruchung am Behälterbauwerk bzw. eines richtigen statischen Systems,

▷ Rechnerischer Nachweis auf Dichtheit bei der statischen Bemessung nach neueren Erkenntnissen (Abschn. 6.2.5).

6.2.2 Einwirkungen, Lastannahmen

Die Tragwerksplanung umfasst maßgebende Fragen der Konstruktion, der Baustoffauswahl und der Bauausführung. Solange der Eurocode zur Statik nicht eingeführt ist, gelten die nationalen Normen, wie z.B. DIN 1045. Grundsätzlich gilt nach DIN EN 1508, dass der Wasserbehälter während seiner geplanten Lebensdauer seine Gebrauchstauglichkeit behält. Dies zieht die Durchführung von Berechnungen für Grenzzustände der Tragfähigkeit und der Gebrauchstauglichkeit nach sich. Insbesondere bei Behältern in Wasserwerken, können deren Verformungen und Durchbiegungen einen Einfluss auf Maschinen und Installationen haben oder zur Beschädigung von Beschichtungen führen bzw. Schwingungen zu Schäden am Wasserbehälter oder dessen Bauteilen oder zu Betriebsstörungen führen. Gemäß dieser Norm sind dauernde, sich ändernde und außergewöhnliche *Einwirkungen* zu berücksichtigen. Hierzu gehören neben dem Eigengewicht des Bauwerks, möglicherweise das Gewicht von Pumpen und Rohrinstallationen, Einwirkungen durch Wartungsarbeiten, Vorspannung, Erddruck, Grundwasser bei geringstem und höchstem Wasserstand, jegliche Verschiebung (Baugrund), Schwinden, Kriechen, Wasserdruck, Schneelast, Windkräfte, Belastung aus der näheren Umgebung des Bauwerks oder bestimmten Bauzuständen, Temperaturschwankungen im Innen- und Außenbereich des Wasserbehälters, wobei sowohl die klimatischen als auch jahreszeitlich und betrieblich bedingten Temperaturänderungen des gespeicherten Wassers in Ansatz zu bringen sind bzw. der Temperaturgradient der Bauteile, die unterschiedlichen Klimaverhältnissen ausgesetzt sind. Sonstige variable oder außergewöhnliche Einwirkungen sind vom Planer festzulegen. Belastungen aus bestimmten Bauzuständen, z.B. Erdanschüttung bzw. Erdüberschüttung oder Dichtheitsprüfung ohne Erdüberschüttung, unterschiedliche Füllzustände (voll, leer) bei mehreren Wasserkammern und Verkehrslasten, Erdbeben, sind jeweils in der Konstruktion zu berücksichtigen.
Ein gewisses Optimierungsproblem besteht in der konstruktiven Durchbildung von Wasserbehälterdecken bzw. deren zugehörigen *Lastannahmen.* Die *ständigen Lasten* setzen sich zusammen aus dem Eigengewicht der Rohdecke mit Unterputz und dem Eigengewicht des Deckenaufbaus mit oder ohne künstliche Wärmedämmung (s. Abschnitt 6.3.1). Die künstlichen Dämmstoffe gestatten bezüglich der Wärmedämmung wesentlich reduzierte Erdüberschüttungshöhen, was auf die statische Belastung der Decke erhebliche Auswirkungen hat. Vergleicht man der Einfachheit halber Erdbehälter mit 1 m Bodenschicht und mit nur 50 cm Überschüttung plus Wärmdämmung, so ergibt dies bei einer pauschal gewählten Rohdichte für erdfeuchte Überdeckung von 20 kN/m^3 eine Lastdifferenz von 10 kN/m^2. Es sind dies also erhebliche Lastunterschiede, die in der statischen Berechnung im

Endfeld- und Stützmoment mit ca. 4-5 kNm/m pro 10 cm Vegetationsschicht zu veranschlagen sind, womit sich die Frage der Mindest-Erdüberdeckung stellt. Da es personalmäßig schwieriger wird Rasenflächen zu mähen, sind flachwurzelnde, nichtzupflegende Gewächse vorzuziehen (s. Abschnitte 6.3.1, 6.8, 6.10). Die Dicke der Decke und damit das Deckeneigengewicht hängt direkt von der sehr wesentlichen Auflast ab; sie hängt aber auch ab von der statischen Ausnutzung der Baustoffgüte und den Mindestanforderungen zur Sicherheit gegen Durchstanzen der Flachdecke im Stützenbereich. Hier kann die sog. Kopfbolzen-Dübelleiste zur Verhinderung des Durchstanzens von hochbelasteten Flachdecken, die Deckenstärke in den Grenzen von 30-40 cm halten, bei einer Betonüberdeckung von rd. 5 cm. Der *Ansatz der Verkehrslast* für Wasserbehälter ist in keiner DIN-Norm direkt geregelt; er muss daher entsprechend den örtlichen Gegebenheiten festgelegt werden. Es ist ein prinzipieller Unterschied, ob ein Behälter halbfreistehend aus dem Erdreich herausschaut (Hochbau), ob z.B. die Behälterdecke von Fahrzeugen befahren wird oder ob er eingezäunt bzw. zugänglich ist. Für den Aufenthalt von Personen auf dem Behälterdach ist eine Verkehrslast von p = 2,0 kN/m^2 anzusetzen, sofern die Schneelast nicht höher ist. Als Mindestansatz für die Verkehrslast ist in jedem Fall die Schnee- und Eislast vorzusehen. Je nach Schneelastzone und Geländehöhe (200-1.000 m.ü.NN) reichen die Werte von 0,75-5,5 kN/m^2. Bei Bauwerksstandorten über 1.000 m.ü.NN sind die Werte durch die zuständige Baubehörde im Einvernehmen mit dem Zentralamt des Deutschen Wetterdienstes festzulegen. Eine weitere Eingrenzung ist die zu klärende Verkehrslast von Nutz- und Baufahrzeugen wie Dumper, Radlader, Lkw (Aufbringen der Erdüberschüttung, Planiergeräte). Bei einem üblichen Verkehrslastansatz von p = 5,0 kN/m^2 ist der rechnerische Schwingbeiwert, Arbeitsablauf, Überschüttungsvorgang und die Gerätetypen im Einzelfall für das jeweilige Bauwerk festzulegen, also z.B. Fahrstreifen über den Stützen, keine Erdblocklasten, ggf. lastverteilende Bohlenlagen; die Erdaufschüttung ist so aufzubringen, dass keine feldweise wechselnde Belastung auftritt. Höhere Verkehrslastansätze und damit schwereres Planiergerät auf der Rohdecke sollte man aus Wirtschaftlichkeitsgründen nur in Sonderfällen in Betracht ziehen. Bei der statischen Bearbeitung und konstruktiven Durchbildung von schlaffbewehrten Wasserbehälterdecken (Flachdecken, punktförmig gestützte Platten) gilt es die Verbindung der Decke mit den Behälterwänden zu untersuchen (MERKL 1983), wobei dies im Prinzip gelenkig oder monolithisch (eingespannt) erfolgen kann. Interessanterweise gibt es auch eine Art Montage-Zwischenlösung: Beim Düsseldorfer 60.000 m^3 Behälter Haardt V wurde als Lösung im Bauzustand eine verschiebliche Decke durch Konsolen auf Wänden gewählt (keine Zwangspannungen) und die biegesteife Verbindung mit den Wänden erst im Endzustand vorgesehen, wenn die Deckenoberfläche durch die Dachabdichtung und Wärmedämmung geschützt ist und größere Längenänderungen infolge Temperatur, Schwinden und Kriechen nicht mehr auftreten. Aus den vorstehenden Ausführungen wird ersichtlich, dass die Behälterdurchbildung ein Optimierungsproblem ist. Es ist daher empfehlenswert, dem beratenden Ingenieur beim Ing.-Honorar einen nach der Honorarordnung möglichen Spielraum zu lassen und nicht auf (unzulässige) Rabatte zu drängen. Nur so ist es ihm möglich, Alternativen auf ihre Wirtschaftlichkeit zu untersuchen. Eine »falsche Sparsamkeit« kann hier letztendlich wesentlich mehr Geld kosten.

6.2.3 Grundsätzliche Nachweise in der Tragwerksplanung

Standsicherheit
Die Nachweise sind im allgemeinen in den Normen für den Stahlbeton- und Spannbetonbau geregelt (z.B. DIN 1045).

Gebrauchsfähigkeit
Zur Sicherung der *Dauerhaftigkeit* aller Bauteile ist im wesentlichen die *Rissbreite* durch geeignete Wahl von Bewehrungsgehalt, Stahlspannung und Stabdurchmesser in dem Maß zu beschränken, wie es der Verwendungszweck und die örtlichen Verhältnisse erfordern. (Nachweise z.B. nach DIN 1045). Für die Nachweise zur Sicherung der *Wasserdichtheit* (BOMHARD 1983) werden im DVGW-Arbeitsblatt W 311-1988 bzw. W 300-2004 zusätzliche Angaben (s.a. Kap. 6.2.5) gemacht.

6.2.4 Schnittgrößen aus Last und Zwang

Schnittgrößen aus Last
Bei der statischen Bearbeitung von Wasserbehältern sind die o.a. Einwirkungen aus Eigengewicht, Wasserfüllung, Erdüberschüttung oder -anschüttung, Verkehr, Wind, Schnee, gegebenenfalls Grundwasser, Erdbeben usw. zu berücksichtigen. Die zugehörigen *Lastannahmen* sind in DIN-Normen (z.B. DIN 1055 Teil I bis VI) geregelt. Zusätzlich sind Bau- und Betriebszustände zu untersuchen, wie z.B. Bauzustände bei Erdanschüttung beziehungsweise Erdüberschüttung, Dichtheitsprüfung ohne Erdanschüttung, unterschiedliche Füllzustände bei mehreren Wasserkammern. Zukünftige Behältererweiterungen sind zu berücksichtigen.

Schnittgrößen aus Zwang
Ein Trinkwasserbehälter unterliegt immer irgendwelchen Zwangbeanspruchungen, auch als erdüberschütteter Behälter im täglichen Betrieb. Der Extremfall würde eintreten, wenn also ein im Sommer fertiggestellter, noch freistehender Behälter unter hochsommerlicher Sonneneinstrahlung im Zuge der Wasserdichtheitsprüfung mit kaltem Wasser gefüllt wird, was durch geeignete Maßnahmen vermieden werden sollte. Aus diesem Beispiel wird die Spannweite von Zwangbeanspruchungen die den Lastbeanspruchungen (Standsicherheit) zu überlagern sind, deutlich. Eine genaue Erfassung von Zwangbeanspruchungen infolge Hydratationsvorgängen, Schwinden, Kriechen, Temperaturänderungen und dergleichen ist bauprak-

tisch kaum möglich, weil auf den Bauablauf und die zeitlichen Veränderungen eingegangen werden müsste. Es sind daher entsprechende Überlegungen über die generelle (pauschale) Erfassung von Zwang im Wasserbehälter anzustellen. Von BOMHARD 1983 sind daher als Näherung pauschale Temperaturdifferenzen als operative Rechengrößen vorgeschlagen worden, d.h. Hilfsmittel für den Statiker, welche die o.a. Einflüsse abdecken:

Erfassen der Zwangbeanspruchung

Neben den Lastbeanspruchungen treten, abhängig von örtlichen Verhältnissen und Bauablauf, Zwangbeanspruchungen infolge Temperaturänderungen, Hydratationsvorgängen, Schwinden und Kriechen auf, die wesentlichen Einfluss auf die Bemessungsschnittgrößen haben. Bewegungsfugen, selbst in kurzen Abständen, rechtfertigen keine Vernachlässigung der oben angegebenen Einflüsse, weshalb diese Fugen grundsätzlich vermieden werden sollten (durchlaufende Bewehrung, »fugenlose Bauweise«).

Wenn im Einzelfall eine genaue Erfassung dieser Einflüsse nicht erfolgt, kann als Näherung unter Zugrundelegung von Zustand I (ungerissener Zustand) mit Temperaturdifferenzen als operative Rechengrößen gearbeitet werden. Andere Zwangbeanspruchungen, zum Beispiel aus Baugrundbewegungen usw. sind gesondert nachzuweisen.

Temperaturdifferenzen als operative Rechengrößen

Zu berücksichtigen sind

- ▷ Temperaturänderungen ΔT_M der Bauteilmittelfläche und
- ▷ Temperaturgradienten ΔT_G linear über die Bauteildicke in nachstehender Größe:
- ▷ Freistehender Behälter (ohne Verkleidung)
  $\Delta T_M =$ + 15 K (Sommer) $\Delta T_G =$ + 30 K (Sommer)
  – 15 K (Winter) – 30 K (Winter)
- ▷ Erdüberschütteter und/oder wärmegedämmter Behälter
  Als Mindestwerte sind anzusetzen:
  $\Delta T_M =$ + 5 K (Sommer) $\Delta T_G =$ + 10 K (Sommer)
  – 5 K (Winter) – 10 K (Winter)

Damit ist der Einfluss der Betriebszustände abgedeckt.

- ▷ Wasserprobefüllung (Dichtheitsprüfung am nicht überschütteten Behälter)
  Die Werte für freistehende Behälter gelten generell auch für den Lastfall Dichtheitsprüfung bei erdüberschüttetem Behälter, wenn diese am »nackten« Behälter durchgeführt und der Behälter erst nach Bestehen der Prüfung überschüttet wird. Sofern durch bauliche beziehungsweise betriebliche Maßnahmen sichergestellt werden kann, dass bei der Dichtheitsprobe geringere Temperaturdifferenzen auftreten, können im Einvernehmen mit dem Versorgungsunternehmen günstigere Annahmen für die operativen Rechengrößen getroffen werden.

Statisches System
Die Zwangsschnittgrößen müssen – wie die Lastschnittgrößen – unter Berücksichtigung der Schalen beziehungsweise Scheibenwirkung und der Interaktion des Behälters mit dem Baugrund ermittelt werden. Nachweise an einem Rahmensystem genügen in der Regel nicht, weil dabei die Schubsteifigkeit unberücksichtigt bleibt. Es ist die Steifigkeit des räumlichen Systems zu erfassen. Nicht unerwähnt soll bleiben, dass eine Längenänderung, insbesondere die globale Verkürzung des Behälters infolge unterschiedlicher Aufstell- und Wassertemperatur, ebenfalls zu berücksichtigen ist, z.B. durch den Ansatz einer abgeschätzten operativen Rechengröße von $\Delta T = -7K$ (Minus-Vorzeichen formal wegen Verkürzung). Anzumerken ist hierzu auch, dass eine Verzahnung zwischen Bodenplatte und Baugrund trotz sogenannter Gleitfolien Zugspannungen aktiviert werden (Zwang-Normalkraft). Reicht das horizontale Verformungsvermögen des mit dem Behälter verbunden Baugrundes nicht aus, den Zwang klein zu halten, so ist eine wirklich funktionstüchtige Gleitschicht, eine bituminöse Schicht mit ihrem viskosen Fließverhalten, notwendig.

Steifigkeit
Zu beachten ist von Tragwerksplanern und Prüfern als Auftragnehmer des meist nicht fachkundigen Bauherrn/Behörde, dass z.B. bei Rechteckbehältern die Schubsteifigkeit der »Behälterkiste« zu berücksichtigen ist (Zwangschnittgrößen an Übergangstellen Wandscheibe/Bodenplatte, Wandscheibe/Deckenplatte), wobei die üblichen Nachweise an einem Rahmensystem nicht genügen (biegeweiches System), was oft übersehen wird.
Wenn nicht für den ungerissenen Zustand (Zustand I) mit operativen Rechengrößen gerechnet wird, kann ein genauerer Nachweis für den gerissenen Zustand (Zustand II) geführt werden. Dabei sind die Beanspruchungen aus Zwang zu überlagern. Erfolgt der Nachweis für den gerissenen Zustand, muss eine Mindestbewehrung zur Beschränkung der Rissbreiten auf die Werte des Abschnittes 6.2.5 vorgesehen werden. Es ist zu prüfen, ob Überfestigkeiten des Betons zu berücksichtigen sind.

6.2.5 Statisch-Rechnerischer Nachweis der Dichtheit

Eine Wasserdurchlässigkeit von Behältern kann allgemein baustoffbedingte (Porosität des Betons, Fehlstellen) und konstruktionsbedingte Ursachen (Risse, undichte Fugen und Durchdringungen) haben. Bei sorgfältiger Bauausführung können Fehlstellen ebenso wie porositätsbedingte Durchlässigkeiten durch einen wasserundurchlässigen Beton (s. Abschn. 6.4.1.1) außen vor gelassen werden, so dass die Frage der Biegerisse und Trennrisse in einer Betrachtung lokaler und globaler Dichtheit bzw. einem integralen Dichtheitskriterium (BOMHARD 1983) auf der Suche nach Erfüllungskriterien die Hauptrolle spielen.

Die Dichtheitsanforderungen an Flüssigkeitsbehälter sind prinzipiell von beiden Seiten her zu definieren, insofern kann auch das Eindringen von Grundwasser in eine leere Wasserkammer zu betrachten sein, da hieraus eine Beeinträchtigung der Trinkwasserqualität resultieren kann. Für die Ermittlung der Last- und Zwangschnittgrößen sind am Tragwerk nicht nur der spätere Endzustand, sondern auch Montage- und Betriebszustände in ungünstigster Stellung (z.B. Wasserprobefüllung, oder im Betrieb eine Wasserkammer leer) zu beachten. Bei der Bemessung kann i.a. nicht vorhergesagt werden, welche Lastfallkombinationen an ungünstigsten sind, weil erst die Überlagerung aus Biegung und Längskraft mit den entsprechenden Zwangschnittgrößen die Stahlquerschnitte bzw. maßgebenden Stahleinlagen liefert, so dass eine tabellarische Auswertung aller Lastfallkombinationen für die verschiedenen Bauwerksabschnitte (längs, quer) nicht zu umgehen ist. Es sind dann die in den Normen für Stahlbeton vorgesehenen statischen Nachweise bezüglich Bruchzustand, Dauerhaftigkeit und Dichtheit zu führen, wobei der Nachweis auf Dichtheit in DIN 1045 nicht zweckmäßig geregelt ist, so dass nachfolgende Erkenntnisse herangezogen werden müssen.
Die Dichtheit ist für die Kombination von Last und Zwang nachzuweisen. Die *Dichtheitsanforderungen* lassen sich erfüllen durch Beschränken der Betonzugspannungen, Einhalten einer Mindestdruckzonendicke, Beschränken der Rissbreiten. Bei vollständiger Berücksichtigung der Zwang- und Eigenspannungen wird ohne Vorspannung die Zugfestigkeit des Betons überschritten. Folglich ist die Beschränkung der Betonzugspannungen kein geeignetes Kriterium für den Nachweis der Dichtheit. Die Bemessungsregeln werden daher auf das *Einhalten der Mindestdruckzonendicke x und das Beschränken der Rissbreiten w* abgestellt (Bild 6.2.5.01). Erfüllt der Behälter die Bedingung einer noch festzuschreibenden Mindestdruckzonendicke, so ist der Nachweis der Dichtheit erbracht; lässt sich in einzelnen Schnitten die Mindestdruckzonendicke rechnerisch nicht einhalten, so muss die Bewehrung so bemessen werden, dass die effektiven Rissbreiten einen bestimmten Grenzwert nicht überschreiten.
Der *rechnerische Nachweis* der Dichtheit gilt als erbracht, wenn die geforderte Druckzonendicke oder die Rissbreitenbeschränkung eingehalten ist:

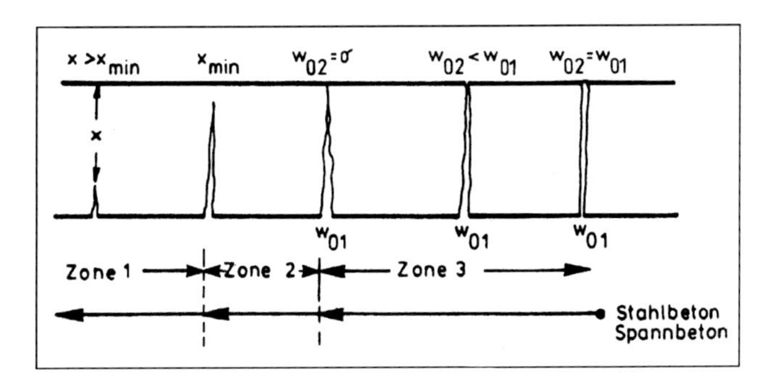

Bild 6.2.5.01:
Druckzonendicke und Rissbilder

Druckzonendicke: $x > x_{min} = 5{,}0$ cm.
Rissbreite: Bei $x < x_{min}$ muss die Bewehrung so bemessen werden, dass die 95 %-Fraktile der Rissbreite $w_{01} > w_{02}$ = (siehe Bild 6.2.5.01) an der Bauteiloberfläche den Wert $w_{01;95\%} = 0{,}15$ (0,2) mm beziehungsweise bei Wässern ohne Selbstheilung von Rissen $w_{01;95\%} = 0{,}1$ mm nicht überschreitet (zur Selbstheilung von Rissen s.a. Abschn. 6.9 Dichtheitsprüfung).
Wenn trotz richtiger Bemessung bei der *Dichtheitsprüfung* (Abschn. 6.9) einzelne, noch zulässige Risse das Dichtheitsergebnis beeinflussen und diese Risse nicht durch Selbstheilung dicht werden, dann sind Dichtungsmaßnahmen nötig. Wenn grundsätzlich auf wirtschaftliche Weise keine dieser Forderungen mit Stahlbeton erfüllt werden kann, besteht die Möglichkeit der Vorspannung. Aus Gründen der Sicherung der erforderlichen Tragfähigkeit können Behälter ab einem gewissen Fassungsvermögen, gekoppelt mit entsprechend hohen Wandzugkräften, wirtschaftlich nur in Spannbetonbauweise ausgeführt werden. Durch die richtige Wahl der Vorspannung kann diese zum wichtigsten Element der Dichtheit werden, indem in dichtheitsrelevanten Bereichen ungerissene oder nur biegegerissene Zustände gewährleistet werden. Auch unterhalb der sonst üblichen Grenzen kann das Risiko der Wasserdurchlässigkeit durch eine teilweise Vorspannung ohne Verbund wirksam und wirtschaftlich herabgesetzt werden.

6.3 Konstruktionselemente

Wasserkammern bestehen aus Sohlplatten, Wänden, Decken und erforderlichenfalls Stützen. Die jeweils in Frage kommenden statischen Systeme richten sich in der Hauptsache nach der Form und Größe des Behälters sowie nach den erforderlichen Gründungsmaßnahmen.

6.3.1 Decken

Stand der Technik ist die *Flachdecke,* das heißt die Deckenplatte, die durch Säulen ohne Pilzkopf bzw. ohne Unterzugkonstruktionen gestützt wird. Die Kuppel auf kreisförmigen Behältergrundriss ist ein Sonderfall. Vermieden werden hierdurch die im Zuge früherer Entwicklungen üblichen Pilzkopfdecken sowie Plattenbalken- und Rippendecken (Kassettendecken), die im Hinblick auf eine unbehinderte Luftzirkulation Stör- und Stagnationszonen sind, die immer als mögliche Verkeimungsstellen (Biofilmbildung) zu bewerten sind.
Die Decken der Wasserkammern sind deshalb möglichst als Flachdecken mit ebener Untersicht und Steigung von mindestens 0,5% (1:200 oder mehr) in Richtung zur Entlüftung herzustellen, damit der Luftaustausch (Luftzirkulation) erleichtert wird. Zum Ableiten des Tagwassers sollte die Deckenoberfläche ein *Gefälle* von etwa 2 % (1:50) aufweisen. Herstellungstechnisch ist es sinnvoll, Unter- und Ober-

seite das gleiche Gefälle zu geben. Je nach Anordnung der Mittelwände und Bedienungsgänge bei mehrkammerigen Behältern oder Fertigteilbehältern kann dies auch zur Ausbildung entsprechender Quergefälle führen. Größere Deckengefälle können auch vorgegeben sein, wenn bei Rechteckbehältern ein Kontrollgang über der Mittelwand vorgesehen wird, der Kopffreiheit erfordert. Durch die größere Steigung zur Entlüftung hin sind unter Umständen auch lüftungstechnische Vorteile möglich. Statisch bedeutsam ist bei dieser Behälterkonstruktion, dass die Mittelwand wegen des Kontrollganges nicht als Deckenauflager dient, was zu statischen Systemänderungen bei Deckenfuge (Raumfuge) und Stützenraster führen kann. Zur statischen Bearbeitung und konstruktiven Durchführung von schlaffbewehrten Wasserbehälterdecken wird auf die Literatur verwiesen (MERKL 1983 in DVGW-Schriftenreihe Wasser Nr. 33).
Bei größeren Behältern und bei Behältern mit Erdauflast werden Stützen zur Lastabtragung notwendig bzw. angeordnet. Die Decken werden auch hier in der Regel als Flachdecken (ohne Stützenkopfverstärkung) ausgeführt. In diesem Fall bestimmt die *Dicke der Flachdecke* von 30 bis 40 cm den Querschnitt der Stützen. Die Schubspannung ist gemäß DIN 1045 nachzuweisen bzw. einzuhalten, weshalb Durchstanzbewehrungen, Kopfbolzen-Dübelleisten, u.U. erforderlich werden können.
Bei kleineren Behältern ohne Stützen und Behältern ohne Erdüberdeckung kann die Decke auch die Form einer Schale erhalten, zum Beispiel eine Kugelsegmentschale bei kreisförmigem Behältergrundriss. Der Gewölbeschub erfordert zur Vermeidung von Rissen in den Wänden der Wasserkammern u.U. einen vorgespannten Zugring.
Decke/Dach des Wasserbehälters müssen gemäß DIN EN 1508 wasserdicht sein, allerdings ist das Prüfverfahren nicht so anspruchsvoll wie für Wände und Sohle. Der Planer darf festlegen, ob *die Prüfung des »Daches« durch kontinuierliche Beregnung oder Flutung* vorgenommen wird. Zur praktischen Ausführung (Umsetzung ab 1999) gemäß Ziffer 8.3.3 DIN EN 1508 fehlen hierzu entsprechende Erfahrungen, wobei die »Prüfung der Dachunterseiten hinsichtlich Undichtheiten«, wegen des geringeren Prüf-Wasserdruckes auf die Decke als in den Wasserkammern auf Sohle und Wände, zu bestehen sein sollte, aber auch keine allzu große Sicherheit bietet. In der Vergangenheit wurde dem Problem auf andere Weise über eine Feuchtigkeitsabdichtung Rechnung getragen im Verbund mit dem Wärmeschutz des Bauwerks (MERKL DVGW 1983):
Wasserbehälter wurden und werden in unserem Lande überwiegend als »Erdbehälter« gebaut, wohl aus Gründen einer gewissen althergebrachten Tradition, der besseren Einbindung dieser meist großflächigen Ingenieurbauwerke in die Landschaft, und aus dem Gedanken eines Wärme- und Qualitätsschutzes für Wasser und Bauwerk. Gegenüber freistehenden Hochbehältern, sozusagen Hochbauobjekten, wie sie z.B. in den USA vielfach gebaut werden, weisen Erdbehälter gewisse planerische Unterschiede, insbesondere bei der Behälterdecke auf. Nach

dem heutigen Stand der Bautechnik wäre die Ausführung eines Behälters einschließlich Behälterdecke in »Sperrbeton« (wasserundurchlässigem Beton) ohne zusätzliche Isolierungs- und Dämmungsmaßnahmen denkbar, wurde jedoch und wird wahrscheinlich vom Planer so nicht projektiert und zwar aus einer gewissen Sicherheitsphilosophie heraus: Bei den Wasserkammern wurde/wird die Dichtheit von Sohle und Wände gemäß DVGW-Regelwerk W311/W300 geprüft (Abschnitt 6.10), undichte Stellen werden nachgebessert; bei der Behälterdecke aber gab es bislang keine direkte Prüfung bzw. die neue o.a. DIN EN 1508-Regelung dürfte in ihrer Konsequenz wenig Fortschritt bringen. Andererseits hat die Wasserkammerdecke aber die Aufgabe jahrzehntelang das Trinkwasser vor unerwünschtem Eindringen von Fremdwasser und anderen Einflüssen zu bewahren. Bei einem undichten Behälter würde das Wasser von innen nach außen laufen (Wasserverlust), bei einer undichten Decke würde sich das oberirdische Wasser von außen über Kapillarrisse entlang der oberen Bewehrung einen Weg nach innen suchen und zu einer Trinkwasserbeeinträchtigung führen (Bild 6.3.1.01). Zur Wiederherstellung einer Dichtheit müsste dann die Erdaufschüttung über der Decke entfernt und nach Rissen gesucht werden. Auf der Behälterdecke wird daher grundsätzlich eine *Feuchtigkeitsabdichtung* aufgebracht. Bei fachgerechter Ausführung (MERKL GWW 1983) erfordert sie einen gewissen Aufwand für den Isolieraufbau mit Abdichtungs-, Gleit-, Schutz- und Dränschicht Die Kosten hierfür sind aber – im Verhältnis zu den Gesamt-Behälterbaukosten – gering. Die Erdüberdeckung schützt einerseits die Behälterdecke vor größeren Temperaturschwankungen und andererseits das im Behälter gespeicherte Wasser im Sommer vor zu starker Erwärmung sowie im Winter vor unzulässiger Abkühlung und setzt die Bildung von Tauwasser in geringem Maße herab. In der Vergangenheit wurde deshalb eine Erdüberschüttung von 1 m und mehr ausgeführt, die aber wegen ihres enormen Gewichtes eine Gewölbe-Deckenausbildung bzw. Stützenabstände unter 3 m zur Lastabtragung erforderlich machten. Mit der Entwicklung künstlicher Wärmedämmstoffe und Berechnungsverfahren für einen Temperaturverlauf durch die Behälterdecke konnten durch Untersuchungen (MERKL DVGW 1983) bauphysikalische Auswirkungen und infolge reduzierter Erdüberschüttungen statische Entlastungs-

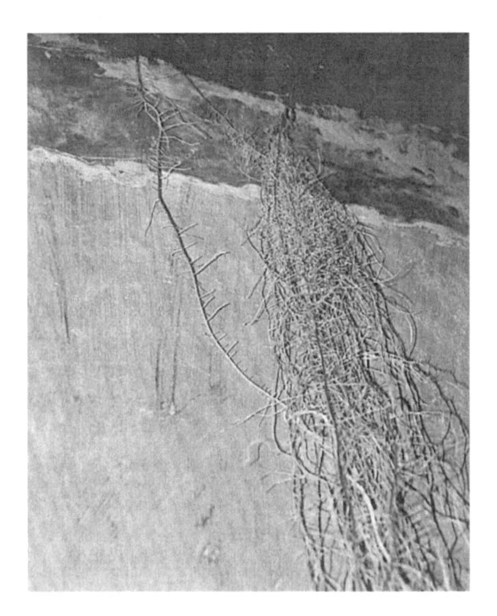

***Bild 6.3.1.01:** Wurzeleinwachsung durch Wasserkammerdecke (Quelle Pfahler)*

Tabelle 6.3.01: Wasserbehälter-Deckenaufbau mit Wärmedämmung, Abdichtung und Erdüberdeckung (modifiziert nach MERKL DVGW 1983 ohne Liste bauphysikalische Parameter)

Schicht	Nr.	Bezeichnung	Ausführung
Tragelement	1	Massivdecke	Stahlbeton wu, d=30-40 cm
	1a	Unterputz	Spritzbewurf 1,5 cm
Wärmedämmung	2	Bituminöser Voranstrich	z.B. Kaltbitumen, ca. 0,3 kg/m³
	3	Dampfsperre (Dampfbremse) bzw. untere Ausgleichs-/ Trennschicht	Bitumen-Schweißbahn lose verlegt (0,4/0,5 cm), bei Schaumglas i.d.R. nicht notwendig
	4	Wärmedämmschicht	z.B. Schaumglas d=10 cm;
	4a	Trennlage zugleich obere Dampfdruckausgleichsschicht	bei Hartschaumplatten Trennlage (Glasvlies) erforderlich
Feuchtigkeits-abdichtung	5	Dichtungsbahnen wurzelfest nach Herstellervorschrift	3 (2)-lagig, z.B. Bitumen-/(Polymer-bitumen) Schweißbahnen (s.a. Bild 6.8.02)
	5a	Deckaufstrich	Bitumenaufstrich mit Wurzelgiftzusatz
	6	Trenn-/Gleitschicht	z.B. PE-Folie 2x0,2 mm
	7	Schutzschicht	z.B. Schutzestrich bewehrt d=5 cm
Bodenschichten (Überdeckung)	8	Dränschicht	z.B. Filter-Kies 16/32, d=10 cm oder Dränplatten aus Polystyrol (veringerte Stat. Belastung)
	9	Filterschicht	z.B. Glasgittergewebe (Vlies), d=1 cm
	10	Begrünung und Vegetationsschicht	Erdaufschüttung d=20-50 cm

wirkungen beschrieben werden, die in der Konsequenz zu einem im Abschnitt 6.8.1 dargestellten modernen *Decken-Regelaufbau* im alten/neuen DVGW-Arbeitsblatt W 311/W 300 *mit Wärmedämmung, Feuchtigkeitsabdichtung und verminderter Erdüberdeckung* (Tabelle 6.3.01) führten. In der Tragwerksplanung muss der Überschüttungsvorgang und die hierfür erforderlichen Baugeräte festgelegt werden (MERKL DVGW 1983).
Der von MERKL 1983 für das DVGW-Regelwerk dargelegte Behälterdecken-Regelaufbau mit Tragelement, Wärmedämmung, Feuchtigkeitsabdichtung und Bodenschichten besteht im einzelnen aus folgenden Schichten von innen nach außen: Stahlbetondecke (mit Unterputz), Voranstrich, untere Ausgleichs- und Trennschicht, Dampfsperrschicht (Dampfbremse), Wärmedämmschicht, obere Dampfdruckausgleichsschicht, Feuchtigkeitsabdichtung, Deckaufstrich mit Wurzelgiftzusatz, Trenn-/Gleitschicht, Schutzschicht, Dränschicht, Filterschicht, Vegetationsschicht ist in seinem bauphysikalischen Aufbau aufwendig – aber »nachhaltig«, obwohl das Wort damals noch kein stehender Begriff war – und somit gesamtwirtschaftlich unverzichtbar. Je nach örtlichen Erfordernissen können auch gewisse Einzelschichten in Abhängigkeit von Materialwahl und Qualitätsanspruch entfallen oder von anderen mitübernommen werden. Die Einzelschichten haben folgende Funktionen:

▷ *Voranstrich*
Binden von Staub, Verminderung des Eindringens von Niederschlägen während der Bauzeit, bessere Haftfähigkeit der Klebemittel; Voranstrichmittel (z.B. Kaltbitumen ca. 0,3 kg/m^3) muss völlig durchgetrocknet sein, bevor weitere Schichten aufgebracht werden. Kosten ca. 1,50-2,00 €/m^2.

▷ *Untere Ausgleichs- und Trennschicht*
Überbrückung von Dehnungen, Spannungen und Rissen in der Deckenkonstruktion, Verteilung und Ausgleich von Wasserdampf durch Ausbildung einer zusammenhängenden Luftschicht zwischen Unterkonstruktion und Dampfsperrschicht (z.B. Lochglasvlies-Bitumendachbahn, lose verlegt; Glasvlies-Bitumendachbahn V 13 nach DIN 52143 oder Bahnen mit unterseitiger grober Bestreuung, punkt- oder streifenweise geklebt). *Bei Wärmedämmung mit Schaumglas-Kompaktaufbau entfallen Trenn- bzw. Ausgleichsschicht* wegen direkter Verlegung in heißflüssiger Bitumenmasse. Lose verlegte Bitumen-Schweißbahnen können zugleich die Bedingung einer Trennschicht und Dampfsperre erfüllen.

▷ *Dampfsperrschicht (Dampfbremse)*
Verminderung des Eindringens von Wasserdampf (Bau- und Nutzungsfeuchte) in die Wärmedämmschicht (nasse Dämmschichten sind wirkungslos); Dampfsperre entsprechend der Temperaturdifferenz zwischen Innen- und Außenluft und dem Feuchtigkeitsanfall durch die zu erwartende Nutzung; in der Regel Bitumen-Schweißbahn mit Glasvlies, Polyesterfaservlies oder Glasgewebe lose verlegt (nur Nähte und Stöße verschweißt). *Eine Dampfsperre kann bei Schaumglas als Wärmedämmung entfallen.*

▷ *Wärmedämmschicht*
Abwehr von Hitze und Kälte; Stärke soll graphisch oder rechnerisch nachgewiesen werden (s. Abschnitt 6.8.1, Faustzahl d = 10 cm); beschränkte Materialauswahl hinsichtlich Feuchtigkeitsaufnahme, Wärme und (Druck-)Festigkeit; dementsprechend kommen für »Erdbehälter« meist Schaumglas (CG) nach DIN EN13167 (z.B. Handelsname Foamglas) oder extrudierte Polystyrol-Hartschaumplatten (XPS) nach DIN EN13164 (z.B. Handelsname Styrodur) zur Anwendung, wobei auf die erwähnten Verlegungsunterschiede hingewiesen wird. Unterschiede in der Wärmeleitfähigkeit werden oftmals infolge gewisser praktischer Erwägungen hintangestellt. Kosten 43-50 €/m^2 für 10 cm, wird Dämmung an Wasserkammerwänden herunter gezogen, dann Gesamtsumme 75-88 €/m^2 + ca. 8 €/lfm für Stahlblechwinkel als Auflage an Behälterwand.

▷ *Obere Dampfdruckausgleichsschicht bzw. Ausgleichs-/Trennschicht*
Örtlich entstehender Dampfüberdruck soll hier unter der Feuchtigkeitsabdichtung ausgleichen; je nach ihren hygroskopischen Verhalten nehmen die Wärmedämm-

platten bei der Lagerung und beim Transport Feuchtigkeit auf; ein oder zwei % Feuchtigkeitsspeicherung in der Wärmedämmung spielen wärmetechnisch keine Rolle, können aber schon erhebliche Blasenbildung in der Abdichtungshaut hervorrufen; eine echte Abdiffundierung von Wasserdampf mag theoretisch strittig sein, die »Dampfdruckausgleichsschicht« wirkt jedoch als örtliche Entspannungsschicht und sollte daher als ein gewisses Sicherheitsventil praktisch unangefochten bleiben. Oftmals ist keine eigene Schicht erforderlich; sie kann vielmehr durch fleckenweises oder unterbrochen streifenweises Aufkleben der 1. Lage der Abdichtung gebildet werden (z.B. Lochglasvlies-Bitumenbahnen). Bei Schaumglas entfällt diese Schicht, es folgt auf die Wärmedämmung sofort die Abdichtung. Bei Hartschaumplatten ist diese Ausgleichsschicht wegen möglicher Verschiebungen erforderlich. Als Trennschicht hierzu geeignet ist auch eine Polyesterfaservlies-Einlage.

▷ *Abdichtung*
Mindestens zweilagig, besser dreilagig bituminöse Abdichtungstoffe, z.B. 3-lagig mit *Bitumenbahnen* V13+G200DD+V13 oder höherwertig zweilagig mit Schweißbahnen G200S4+PV200S5 bzw. *höherwertigere Polymerbitumen-Schweißbahnen* PYE-G200S4+PYE-PV200S5, da der Preisunterschied nur mehr geringfügig ist. Kosten ca. 18-22 €/m^2 für 2 Lagen.

▷ *Deckaufstrich mit Wurzelgiftzusatz*
Als Oberflächenschutz der oberen Lage der Abdichtung dient ein Heißbitumen-Deckaufstrich, der wurzelfest sein und bleiben muss (Bauwerksabdichtung wurzelfest nach Herstellervorschrift).

▷ *Trenn-/Gleitschicht*
Zur Vermeidung von Rissegefahr usw. muss die Feuchtigkeitsabdichtung durch eine Gleitschicht vom weiteren Oberflächenaufbau getrennt werden (z.B. nicht verrottbare PE-Folie 2 x 0,2 mm).

▷ *Schutzschicht*
Dient zum jahrzehntelangen Schutz der Feuchtigkeitsabdichtung gegen mechanische Beschädigung (z.B. bewehrter Schutzestrich d = 5 cm, der erst eine echte Wurzelfestigkeit ergibt, oder Schutz-Bimsdielen). Kosten Schutzestrich incl. PE-Folie 12-14 €/m^2.

▷ *Dränschicht*
Dient der Ableitung des in die Vegetationsschicht eingedrungenen Wassers (z.B. 10 cm grobkörniger Kies 16/32 mm oder sog. Dränplatten aus Polystyrol-Hartschaum EPS zur Verringerung der statischen Belastung); Anschluß an die Wand- und Sohldränung

▷ *Filterschicht*
Um Eindringen der Humus- in die Dränschicht zu verhindern (z.B. Filter-Vlies 150 g/m^2 bzw. perforierte und verrottungsfeste Kunststoff- oder Glasfasermatte).

▷ *Humus und Vegetationsschicht*
15-20 cm für Rasen, 20-30 cm für Blütenstauden, über 40-50 cm für Sträucher (und Bäume; s.a. Abschnitt 6.11).

Ein Behälterdeckenaufbau mit Schaumglas als künstliche Wärmedämmung ist in den DVGW-Arbeitsblättern W 311 bzw. W 300 (nach MERKL) gemäß Bild 6.8.1.03 dargestellt.

6.3.2 Wände

Bei eckigem Behältergrundriss werden die Wände als einachsig oder zweiachsig gespannte Platten auf Wasserdruck, Erddruck, Verkehrslast, Montage-, Bau- und Betriebslastfälle berechnet. Zusätzlich zu den Plattenmomenten müssen die Wände auch Scheibenkräfte (z.B. aus Wasserdruck und aus Zwang) aufnehmen; Erdbebenkräfte (Sonderfall) können Zusatzkräfte durch Wasserschwall hervorrufen. Hat der Behälter einen kreisförmigen Grundriss, werden die Wände – abhängig vom Verhältnis Behälterdurchmesser zu Wandhöhe – in der Regel als Zylinderschale berechnet. Im Bereich des Bedienungshauses ist beim Ansatz der Kräfte auf die Zylinderschale der Wegfall von Erddruck und ein möglicher Temperaturunterschied zwischen Bedienungshaus und Wasserkammer zu berücksichtigen. Der Anschluss der Wand an die Decke erfolgt biegesteif, gelenkig oder verschieblich. Die Sohlplatte wird mit der Wand in der Regel biegesteif verbunden. Inwieweit eine Wärmedämmung an der Außenwand im Hinblick auf die Konstruktion und eine mögliche Temperaturbeeinflussung des gespeicherten Wassers in Abhängigkeit von der Behältergröße und Aufenthaltszeit erforderlich ist, muss im Einzelfall untersucht werden.

6.3.3 Sohlplatten

Im allgemeinen haben sich Sohlplatten als Gründungselement und Teil der monolithischen Konstruktion bewährt. Der Nachweis wird in der Regel als elastisch gebettete Platte geführt. Die Lasten aus der Behälterdecke können aber auch über Streifenfundamente unter den Wänden und über Einzelfundamente unter den Stützen direkt in den Baugrund eingeleitet werden. Die Bodenplatte trägt dann als darüber liegende durchlaufende Platte nur die Last aus der Wasserfüllung in den Baugrund ab. Die Sohlplatte soll ein Gefälle von 1 bis 2 %, zur Entleerungseinrichtung hin erhalten, ihre Dicke richtet sich ggf. nach der Auftriebssicherheit. Die Herstellung als Vakuumbeton und das Glätten mit dem Rotationsflügelglätter ha-

ben sich bewährt. Die Vakuumbehandlung ist, zusätzlich zur normalen dynamischen Verdichtung des Betons mit Rüttlern, eine statische Verdichtung bei gleichzeitiger Reduzierung des Wasserzementwertes. Das nicht im Hydratationsprozess des Zementes gebundene Wasser läuft der Vakuum-Pumpe zu, gleichzeitig werden die Zuschlagstoffe dichter gelagert, so dass eine hochfeste Oberfläche mit Verringerung der Schwindneigung und verbessertem Wasserundurchlässigkeitsverhalten entsteht. Durch maschinelles Abscheiben und Glätten ist eine »tapezierfähige« Sichtbetonfläche herstellbar, die den Wünschen des Wasserwerkbetriebes nach leichter Reinigung optimal entgegenkommt. Eine sorgfältige Nachbehandlung des Vakuumbetons ist wie beim Normalbeton, z.B. durch Abdecken mit PE-Folie, durchzuführen, um betonschädigende Einflüsse von Wind und Sonne auszuschließen. Die Kosten des Vakuum-Verfahrens und Glättens sind im übrigen geringer als die des wegen der glatten Oberfläche früher üblichen Estrichs; selbst wenn kein Estrich ausgeführt wird, ist die Vakuumierung der Bodenplatte eine wirtschaftlich vertretbare für Trinkwasserbehälter zu empfehlende Technologie.
Zwischen Baugrund und Sohlplatte empfiehlt sich insbesondere bei bindigen Böden der Einbau einer filterfesten Drainageschicht. Auf das Planum beziehungsweise die Entwässerungsschicht ist eine mindestens 5 (10) Zentimeter dicke Sauberkeitsschicht aus Beton aufzubringen.

6.3.4 Stützen

Die Stützen werden meist als Pendelstützen berechnet. Konstruktiv erfolgt der Anschluss an Sohlplatte und Decke monolithisch. Die Anzahl der erforderlichen Stützen ergibt sich aus der Wahl des statischen Systems für die Behälterkonstruktion. Bei Behältern mit Erdüberdeckung von max. 1 m hat sich ein Stützenraster von etwa 5 bis 6 m als wirtschaftlich erwiesen; ansonsten bei sehr großen Wasserkammern auch von etwa 7-8 m, wobei hier dem Durchstanzproblem bei Sohle, Stützen, Decke, eine besondere statische Berücksichtigung zukommt. Die Stützen können bei »schlanken« Deckenstärken von 30 bis 40 cm Dicke einen kreisförmigen Querschnitt mit bis zu 50 cm Durchmesser wegen des Durchstanzproblems aufweisen oder entsprechend bei rechteckigem Querschnitt.

6.3.5 Fugen

Bewegungsfugen, nur an unerlässlichen Stellen angeordnet, sind dann sinnvoll, wenn große Verschiebungen durch äußere Einflüsse erwartet werden oder die einzelnen Behälterbauteile nicht fest miteinander oder mit anderen Bauwerksteilen verbunden werden können. Sorgfältige Konstruktion und Ausführung der Bewegungsfugen sind Voraussetzung für einwandfreie Funktion und Dauerhaftigkeit. Bei den hierzu erforderlichen Fugenbändern können Undichtheiten durch Verarbeitungsmängel, falsche Form und ungeeignete Werkstoffe auftreten. Angemerkt

werden soll, dass die frühere Entwurfspraxis von Bewegungsfugen in regelmäßigen Abständen in den Wasserkammer-Wänden in den meisten Fällen sinnlos sind, weil Risse über die gesamte Wandhöhe gar nicht zu erwarten sind und Anrisse hierdurch nicht vermieden werden können (IVANYI, BUSCHMEYER 2000).
Werden *Fugen* aus konstruktiven oder arbeitstechnischen Gründen notwendig, so haben die hierbei eingesetzten Stoffe die KTW-Empfehlungen zu erfüllen; sie müssen in mikrobiologischer Hinsicht einwandfrei sein bzw. den Anforderungen des DVGW-Arbeitsblattes W 270 entsprechen. Eine Forderung, die vielfach auch nicht durch Prüfzeugnisse belegt werden kann. In der Praxis haben sich Behälter – auch mit großen Abmessungen – ohne Bewegungsfugen bewährt (Merkl 1986, 1988, 1989). *Fugenlose Behälter* haben unter anderen folgende Vorteile: gute Voraussetzungen für Dichtheit, geringer Aufwand für Instandhaltung, erhöhte Lebensdauer und damit geringe Gesamtkosten über die Nutzungszeit, keine Probleme mit dem Fugenmaterial in hygienischer Hinsicht.
Arbeitsfugen, die auf das Korngerüst freigestrahlt ausgeführt und vor dem Betonieren gesäubert und vorgenässt werden, sind aus Gründen des Arbeitsablaufes immer wieder erforderlich. Ihre planmäßige Anordnung schafft überschaubare Betonierabschnitte. Arbeitsfugen in Bodenplatten sind – mit Ausnahme von Anschlussbereichen zu tiefliegenden Rinnen oder solchen, die besondere Maßnahmen zur Vermeidung von Rissbildungen dienen (»Hydratationsgassen«) – im allgemeinen entbehrlich, weil die ansetzbaren Betonierleistungen im Rahmen der modernen Betonherstellung und -verarbeitung diese nicht erforderlich machen (IVANYI, BUSCHMEYER 2000).
Fugenbleche haben sich in der Praxis bewährt, sind aber nicht unbedingt notwendig (Bewehrung durchlaufend, »fugenlose Bauweise«). Arbeitsfugen sind bei sachgerechter Ausbildung und sorgfältiger Ausführung auch ohne Fugenband oder Fugenblech dicht.

6.4 Baustoffe

Wasserbehälter werden in der Bundesrepublik Deutschland fast ausschließlich aus wasserundurchlässigem Beton (schlaff bewehrt beziehungsweise vorgespannt) erstellt. Grundlage für die Bauausführung von Stahlbetonbehältern ist DIN 1045-1 bis 4 sowie DIN EN 206-1. Eine Fremdüberwachung ist vorzuschreiben, über eine Dokumentation ist die ordnungsgemäße Bauausführung nachzuweisen.

6.4.1 Beton

6.4.1.1 Betontechnologische Grundlagen

Stahlbeton besteht im allgemeinen aus den Ausgangsstoffen Bindemittel (Zement), Betonzuschlag, Betonzusatzmittel, Betonzusatzstoffen, Zugabewasser und Beton-

stahl. Als hydraulisches Bindemittel für Beton kommen genormte Zemente mit hoher Druckfestigkeit in Frage. Bei der Wahl der Zementart ist die Beschaffenheit des zu speichernden Wassers und gegebenenfalls anstehenden Grundwassers zu berücksichtigen. Es ist oft vorteilhaft, Zementsorten mit niedriger Hydratationswärme zu verwenden. Grundlage für die Bauausführung von Stahlbetonbehältern ist DIN 1045-1 bis 4 sowie DIN EN 206-1.
Beton im allgemeinen gilt als *wasserundurchlässig*, wenn die Wassereindringtiefe nach DIN EN 12390-8 ≤ 30 mm (früher nach DIN 1048 kleiner als 5 cm) ist. Sie ist umso geringer, je geringer der Wasserzementwert (w/z-Wert ≤ 0,50) und je älter der Beton ist. Bei schnell erhärtendem Zement ist sie bei jungem Beton geringer als bei langsam erhärtendem Zement. Der Einfluss des Zements verringert sich bei fortschreitendem Betonalter. Über die Forderung von DIN 1045 hinaus, sollten bei der praktischen Bauausführung w/z-Werte von höchstens 0,50 (besser kleiner als 0,50) angestrebt werden, wenngleich Betone mit w/z ≤ 0,55 bei guter Verarbeitung auf der Baustelle bereits »wasserundurchlässig« sein sollten.
Vollständig verdichtete Betone mit $(w/z)_{eq}$ ≤ 0,50 und Wassereindringtiefe ≤ 30 mm erfüllen die Anforderung für einen Wasserbehälter aus wasserundurchlässigem Beton und werden stets Druckfestigkeiten entsprechend der Festigkeitsklasse C30/37 (bisher B35) aufweisen. Aus verarbeitungstechnischen Gründen sollte die Konsistenz des Betons nicht steifer als F3 (bisher KR) mit einem Ausbreitmaß a = 42-48 cm sein. Ein Mehlkorngehalt (Korn ≤ 0,125 mm), d.h. Zement und Zusatzstoff, von 360-380 kg/m³ sollte nicht unterschritten werden.

6.4.1.2 Bindemittel (Zement)

Als hydraulisches Bindemittel für Beton kommen genormte *Zemente mit hoher Druckfestigkeit* gemäß DIN EN 197-1 oder DIN 1164 oder entsprechend bauaufsichtlich zugelassene in Frage. Nach DIN 1164 muss sie nach 28 Tagen mindestens 25 N/mm² betragen. Bei der Wahl der Zementart ist die Beschaffenheit des zu speichernden Wassers und gegebenenfalls anstehenden Grundwassers zu berücksichtigen. Es ist vorteilhaft, Zemente mit der Festigkeitsklasse 32,5 zu verwenden und ggf. bei dicken Bauteilen d > 40 cm mit niedriger Hydratationswärme (NW), da sich die Hydratationswärme von z.B. Portland- oder Hochofenzemente doch bedeutsam unterscheiden. Zu hinterfragen sind auch Eisenoxyde im Zement um Gelbverfärbungen in Zementmörtelprodukten auszuschließen.

6.4.1.3 Betonzuschlag (Gesteinskörnungen)

Der Betonzuschlag ist ein Gemenge von ungebrochenen oder gebrochenen Körnern aus mineralischen Stoffen (kein kalkhaltiger Zuschlag), deren Kornrohdichte bei natürlichen Zuschlägen 2,6-2,7 kg/dm³ betragen soll. Bei diesen Werten kann davon ausgegangen werden, dass keine äußerlich erkennbaren Einschlüsse von organischen oder wasserlöslichen Bestandteilen vorhanden sind (was dies aber nicht ausschließt). Dies muss künftig mehr hinterfragt werden. Es wurden bereits

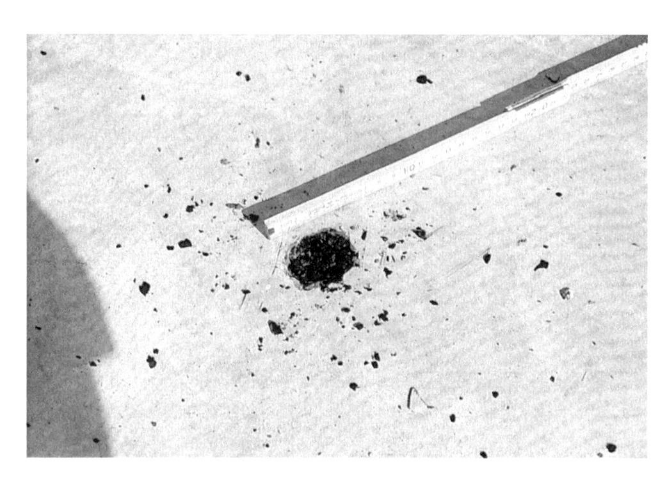

Bild 6.4.1.3.01: *Altholzeinschlüsse in der Sohle eines neu erstellten Trinkwasserbehälters (Quelle Sicklinger)*

mehrfach an der Sohle von Wasserkammern Holzeinschlüsse festgestellt, die im Betonkies aus eiszeitlichen Ablagerungen vorhanden sind, aber erst beim Betoniervorgang aufschwimmen, später an der Oberfläche in Erscheinung treten (Bild 6.4.1.3.01) und u. U. schwerwiegende Sanierungsmaßnahmen (neue Sohle betonieren) nach sich ziehen.
Die Anforderungen an Gesteinskörnungen, betreffend Kornform, Festigkeit, Widerstand gegen Frost und Gehalt an schädlichen Bestandteilen (regional unterschiedlich!), sind in DIN 4226-1 festgelegt. Für Zertifizierung und Fremdüberwachung gelten DIN 4226-1 und DIN 4226-2 noch bis 2004-6. Für die Herstellung trinkwasserberührter Bauteile ist ein Beton zu verwenden, dessen Gesteinskörnungen praktisch frei von organischen Bestandteilen (z.B. Holzeinschlüsse) und anderen minderfesten Bestandteilen mit geringer Rohdichte sind, weil diese Bestandteile beim Betonieren aufschwimmen und zu einer mangelhaften Oberfläche führen können. Zweckmäßig sind Kornzusammensetzungen gemäß den Sieblinien A/B 16 oder A/B 32 nach DIN 1045-2, Anhang L.

6.4.1.4 Betonzusatzmittel, Betonzusatzstoffe

Zu Betonzusatzmitteln nach DIN EN 934-2, welche sowohl die Frischbetoneigenschaften als auch die des erhärteten Betons durch chemisch/physikalische Wirkungen beeinflussen, und *Betonzusatzstoffen* (Traß/Puzzolane, Silicastaub, Steinkohlenflugasche, Gesteinsmehle, Polyacrylate usw.), welche Konsistenz, Verarbeitbarkeit des Frischbetons und Festigkeit, Dichtheit und Farbe des erhärteten Betons beeinflussen, ist anzumerken, dass der Einsatz zu beschränken ist (< 50 g/kg Zement) und sie auch bauaufsichtlich zugelassen sein müssen (Zulassungsrichtlinien Fassung Dez. 1996). *Betonzusatzmittel,* wie z.B. Betonverflüssiger (BV), Fließmittel (FM), Luftporenbildner (LP), Dichtungsmittel (DM), Verzögerer (VZ), Beschleuniger (BE), Einpresshilfen (EH), Stabilisierer (ST), Chromatreduzierer

(CR), Recyclinghilfen für Waschwasser (RH), werden in geringen Mengen zugegeben im Gegensatz zu Betonzusatzstoffen. Beispielsweise besteht die Möglichkeit zur Regelung der Konsistenz und der Verarbeitungszeit verflüssigende Zusatzmittel (BV+FM) und verzögernde Zusatzmittel (VZ) einzusetzen. Die Verwendung von Zusatzmitteln ist nur aufgrund von Erstprüfungen (bisher Eignungsprüfung) erlaubt; sie müssen die bautechnischen Anforderungen nach DIN 1045-2 und für die Trinkwasserbehälter die hygienischen Anforderungen nach DVGW-Arbeitsblatt W 347/W 270 erfüllen (Abfragen!). Beschleuniger sind z.B. wegen auslaugbarer Salze nicht unbedingt für den Trinkwasserbereich geeignet.
Betonzusatzstoffe sind die o.a. fein aufgeteilten mineralischen Feststoffe oder Kunststoffdispersionen, wobei der am häufigsten verwendete Zusatzstoff die Steinkohlenflugasche gemäß DIN EN 450 ist. Sie dient der Ergänzung des Mehlkorngehaltes und erhöht den Anteil an Calciumsilikathydraten in den Reaktionsprodukten des Zementsteins. Natürlich müssen auch Betonzusatzstoffe die bautechnischen Anforderungen nach DIN 1045-2 und für die Trinkwasserbehälter die hygienischen Anforderungen nach DVGW-Arbeitsblatt W 347/W 270 erfüllen.

6.4.1.5 Zugabewasser

Als Zugabewasser ist grundsätzlich Wasser in Trinkwasserqualität zu verwenden. Steht dieses nicht zur Verfügung, so ist für ein verwendetes Grund- oder Oberflächen-, Regen oder Restwasser die Eignung nachzuweisen (s. DIN 1045-2, DIN EN 206-1 und DAfStb-Richtlinie »Herstellung von Beton unter Verwendung von Restwasser, Restbeton und Restmörtel«).

6.4.2 Andere Baustoffe und Einbauteile

Wenn Putz, Anstriche, Beschichtungen (s.a. Bild 6.4.2.01) oder Fliesen aufgebracht werden sollen, so müssen sämtliche verwendeten Stoffe den KTW-Empfehlungen entsprechen und den mikrobiologischen Anforderungen des DVGW-Arbeitsblattes W 270 genügen. Nähere Hinweise, die bei der Bauausführung besonders zu beachten sind, enthält Kap. 6.6+11 und das DVGW-Arbeitsblatt W 300. Über

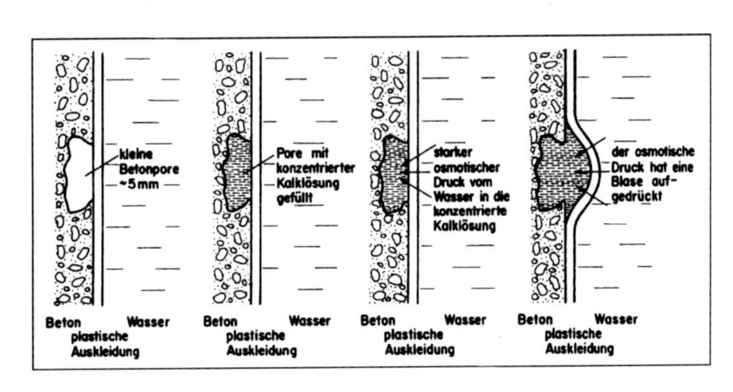

Bild 6.4.2.01:
Osmotische Zerstörung eines Unterwasser-Anstriches auf Beton

die Praxis der Innenwandausführung von Wasserkammern ist bereits von MERKL 1998 und 1999 berichtet worden.
Bei der Wahl von Kunststoffen ist die mit zunehmendem Alter und Beanspruchung abnehmende Festigkeit und Elastizität zu beachten. Werden Fugen aus konstruktiven oder arbeitstechnischen Gründen notwendig, so haben die hierbei eingesetzten Stoffe die KTW-Empfehlungen zu erfüllen; sie müssen in mikrobiologischer Hinsicht einwandfrei sein. Auch für Trennmittel (Schalungsöle) sind diese Forderungen zu stellen. Fugenbänder zur Abdichtung von Bewegungsfugen sollen genormt sein und zwar Elastomer-Fugenbänder gemäß DIN 7865, T 1+2 oder PVC- Fugenbänder gemäß DIN 18541 T 1+2. Die Bemessung und Verarbeitung muss gemäß E DIN 18197 erfolgen. Fugenbleche zur Abdichtung von Arbeitsfugen mit durchlaufender Bewehrung sollen bevorzugt aus schwarzem, unbeschichtetem Stahlblech (Bandstahl) gemäß DIN EN 10051 bestehen, mindestens 1,5 mm und 300 mm breit sein.
Sämtliche *Stahlformstücke* und sonstige Einbauteile in den Wasserkammern können auch aus Edelstahl nach DIN 17440, Werkstoff-Nr. 1.4571 beziehungsweise 1.4581 hergestellt sein. Korrosionsschutzmaßnahmen erübrigen sich dann im Regelfall bei sachgerechter Verarbeitung (Werkzeug für Edelstahl, keine »schwarzen« Schrauben usw.). Der Verbund mit dem Beton ist auch bei Edelstahl gesichert. *Wasserberührte Einbauteile* (z.B. Formstücke, Leitern, Geländer, Entnahmeeinrichtungen) sollen *aus nicht rostendem Stahl* DIN 17440 bzw. DIN EN 10088, Werkstoff-Nr. 1.4571, hergestellt sein. Erforderlichenfalls sind höherwertige Stähle einzusetzen.
Die mit Sammelbegriffen wie *»nichtrostende Stähle, Edelstahl Rostfrei, INOX-Stähle«* bezeichnete Familie von Werkstoffen umfasst infolge unterschiedlicher Legierungszusätze über 100 verschiedene Sorten für unterschiedlichste korrosive Bedingungen. Die Bezeichnung »nichtrostend oder Rostfrei« ist eigentlich »expressis verbis« nicht zutreffend, da ihre Korrosionsbeständigkeit gegen die *Korrosionsarten* wie Abtragende Flächenkorrosion, Lochkorrosion, Spaltkorrosion, Spannungsrisskorrosion, Schwingungsrisskorrosion, Interkristalline Korrosion (örtliche Chromverarmung beim Schweißen in der Nähe der Schweißnaht/Wärmeeinflusszone in der Umgebung der ausgeschiedenen Chromcarbide), Kontaktkorrosion, vorrangig abhängig ist von der Legierungszusammensetzung des Stahls, daneben von seiner Oberfläche und vom Gefügezustand. Ihr gemeinsames Merkmal besteht in einem Kohlenstoffgehalt von höchstens 1,2 % und einem Chromgehalt von mindestens 10,2 % (martensitische oder ferritische Stahlgruppe). Die nichtrostenden Stähle werden nach ihrer chemischen Zusammensetzung (Hauptlegierungsbestandteile) in vier Gruppen eingeteilt, die sich auf den Gefügezustand beziehen:

▷ ferritisch (Cr)
▷ martensitisch (Cr, C oder Ni)
▷ austenitisch (Cr, Ni, Mo)

▷ austenitisch-ferritisch (Cr, Ni, Mo, höhere Chrom- und niedrigere Ni-Gehalte als bei den austenitischen Stählen); wegen ihrer zwei Gefügebestandteile häufig als Duplex-Stähle bezeichnet.

Die einzelnen Stahlsorten sind durch *Werkstoffnummern,* z.B. 1.4571, gekennzeichnet. Die erste Ziffer 1 steht für Stahl, die nächsten zwei Ziffern (40-49) sind *Schlüsselnummern für Nichtrostende Stähle* je nach Legierung, weitere Ziffern sind nur Zählnummern nach zeitlicher Abfolge:

▷ 1.40...: Cr-Stähle mit < 2,5% Ni, ohne Mo, Nb oder Ti
▷ 1.41...: mit Mo, ohne Nb oder Ti
▷ 1.43...: Cr-Stähle mit > 2,5% Ni, ohne Mo, Nb oder Ti
▷ 1.44...: mit Mo, ohne Nb oder Ti
▷ 1.45...: Cr, CrNi- oder CrNiMo-Stähle mit Sonderzusätzen (Cu, Nb, Ti,...)

Für die Wasserversorgung kommen *austenitische Edelstähle* (worunter die Handelsbezeichnungen V2A, V4A, Nirosta, fallen) in Frage, die neben Chromgehalten um 18 % zusätzlich noch Nickelgehalte von mindestens 8 % enthalten. Beispiele hierfür sind die austenitischen Standardstähle 1.4301X5CrNi18-10 oder 1.4401 X5CrNiMo17-12-2; für dünne Blechstärken von einigen mm (z.B. Edelstahlauskleidung) ohne Gefahr einer interkristallinen Korrosion; bei stärkeren Blechstärken dann 1.4306X2CrNi19-11 oder 1.4404X2CrNiMo17-12-2. Als weitere Hauptlegierungsbestandteile kommen Molybdän, Mangan, Silicium, Wolfram, Kobalt, Titan, Niob in Frage. Bereits geringe Mo-Gehalte (V4A-Stähle, z.B. 1.4571X6CrNiMo17-12-2) verbessern die Beständigkeit der nichtrostenden Stähle gegenüber Lochkorrosion erheblich. Aufgrund des Legierungsmittelgehaltes bildet sich an der Oberfläche eine sogenannte *Passivschicht.* Selbst wenn die *Edelstahloberfläche* beschädigt wird, bildet sich diese nur wenige Atomlagen dicke, transparente Schicht unter dem Einfluss von Sauerstoff aus Luft oder Wasser selbständig neu. Die Passivschicht ist ein Grund dafür, dass Edelstahl Rostfrei keinen zusätzlichen Korrosionsschutz benötigt und auch nach Jahrzehnten so gut wie neu sein kann. Neben der Korrosionsbeständigkeit spielt die Festigkeit und Schweißbarkeit eine Rolle, so dass die Bandbreite der verwendeten Werkstoffe eingeschränkt wird, wobei anzumerken ist, dass z.B. die deutschsprachigen oder amerikanischen Bezeichnungen unterschiedlich sind. Zu nennen sind die Werkstoff-Nr. nach EN 10088 (normengerecht ausweisen!):

▷ 1.4301X5CrNi18-10 (umgangssprachlich V2A, (amerikanische Bezeichnung 304)
▷ 1.4404X2CrNiMo17-12-2 (amerikanische Bezeichnung 316L)
▷ 1.4571X6CrNiMo17-12-2 (umgangssprachlich V4A, amerikanische Bezeichnung 316Ti)

In den USA und Asien wird gerne der Duplex-Stahl 1.4462X2CrNiMoN22-5-3 für Wasser- und Grundwassertanks von 1.000-5.000 m³ verwendet, wobei diese Tanks »gewöhnungsbedürftige« Abmessungen haben, z.B. ein 5.000 m³ Tank mit 18 m Durchmesser und 19,65 m Höhe (Kosten 529.000 €), der 1.000 m³ Tank mit 10 m Durchmesser und 12,73 m Höhe (184.000 €) (IWA 2004).

Im allgemeinen werden oft *stahlgruppenbezogene Anwendungshinweise* gegeben mit *Widerstandsklassen gegen Korrosionsbelastungen* von I/gering bis IV/stark wobei III/mittel für unzugängliche Konstruktionen mit mäßiger Chlorid- und Schwefeldioxydbelastung gilt, in die z.B. der Stahl 1.4571 fällt, der geeignet ist für Trinkwässer bei Raumtemperatur mit Chloridgehalten bis zu 400 mg/l. Davon abgesehen, dass in der Vergangenheit z.B. aus der Weser Oberflächenwasser aufbereitet werden musste mit Chloridgehalten von über 900 mg/l, das aus DDR-Kalisalz- oder sonstigen Einleitungen stammte, ist dies nicht unbedingt das Problem, sondern in einzelnen Trinkwasserbehältern mit einerseits hochgechlorten Wässern und andererseits ungünstigen Belüftungs- und Konstruktionsverhältnissen (Abstand Decke von max. Wasserspiegel nur 30 cm) entsteht durch das ausgasende Chlor eine »Salzsäure-Atmosphäre«, der manche Blechkante (Fenster usw.) nicht gewachsen ist, weshalb Rostbildungen an speziellen Stellen auftreten. Die Schlussfolgerung heißt, dass für jeden Einzelfall bauseits vorweg bereits sorgfältige Überlegungen für den Einsatz bestimmter Stahlsorten anzustellen sind. Der titanstabilisierte Werkstoff 1.4571 kam in der Vergangenheit deshalb zu seiner weiten Verbreitung, weil die interkristalline Korrosion beim Abkühlen nach dem Schweißen vermieden wird. Durch die Bildung der Titankarbide bleibt das Chrom ungebunden und kann somit voll für die Bildung der passiven Schutzschicht verwendet werden. Die Titankarbide haben aber die unangenehme Eigenschaft sich in Schlierenform auszuscheiden, was zu optischen Schattierungen in der Oberfläche führt, vergleichbar mit Holzmaserungen, womit auch die Schleif- und Polierbarkeit des Materials beeinträchtigt wird, bis in Extremfällen zum Aufbrechen der Oberfläche oberhalb der Titanschlieren, weshalb die Stahlgüte 1.4404 X2CrNiMo 17-12-2 verstärkt ins Gespräch kommt wegen ihrem niedrigen Kohlenstoffgehalt < 0,03 %.

Edelstahl-Rostfrei-Oberflächen im Bauwesen sind nach EN 10088/3 auszuweisen, da es auch innerhalb derselben Bezeichnung sichtbare Unterschiede geben kann. z.B. können 2-B-Oberflächen von Hersteller zu Hersteller und sogar von Produktcharge zu Produktcharge variieren, weshalb der Austausch von verbindlichen Mustern zwischen Auftraggeber und Auftragnehmer oder die Verwendung von Blechen, die vom selben Coil stammen, vereinbart werden sollten.

Die *Korrosionsbeständigkeit von Edelstahl Rostfrei* kann beeinträchtigt werden durch den Einfluss von Fremdeisenpartikeln in Form von Flugrost oder Stäuben aus Schneide, Schleif- und Schweißarbeiten an Teilen aus unlegierten Stahl, weshalb dies räumlich getrennt geschehen muss. Ferner sind jeweils *separate Werkzeugsätze* zu verwenden. Bei Lagerung und Transport muss darauf geachtet werden, dass Edelstahl Rostfrei nicht ungeschützt mit Transportmitteln und

Hebezeugen aus Stahl in Berührung kommt, z.B. mit Gabelstaplern oder Stahlketten.
Für *Schweißverbindungen* ist zu beachten, dass die Schweißzusatzwerkstoffe in der Regel höher legiert sein müssen als der Grundwerkstoff. Schweißen führt im Bereich der Schweißnaht zu Anlauffarben. Im Bereich dieser Verfärbungen ist die volle Korrosionsbeständigkeit des Grundwerkstoffes nicht gewährleistet. Sie sind daher chemisch (d.h. durch Beizen) oder mechanisch durch Schleifen (am verbreitetsten Korn 180 oder 240) oder Polieren zu entfernen, um wieder eine metallisch blanke Oberfläche zu schaffen. Für die *Befestigung von Bauteilen aus Edelstahl Rostfrei* sind ausschließlich Befestigungsmittel zu verwenden, die ebenfalls aus Edelstahl Rostfrei bestehen, was in der Vergangenheit nicht selbstverständlich war. Ausbeulungen können bei großflächigen Paneelen vorkommen, insbesondere austenitische Stähle haben eine geringere Wärmeleitfähigkeit und eine stärkere Wärmeausdehnung als andere (metallische) Baustoffe. Bei der *Erschmelzung von Edelstahl* ist besondere Sorgfalt notwendig, um Verschmutzungen und damit Gefügeveränderungen zu vermeiden. Im allgemeinen wird von nahezu kohlenstofffreiem Eisen ausgegangen, dem im Elektroofen die verschieden genau dosierten Legierungsbestandteile zugegeben werden.

6.5 Bauausführung – Ortbetonbauweise

6.5.1 Anforderungsprofil an Innenflächen von Wasserkammern

Oberflächensysteme müssen so ausgeführt sein, dass die Bedeutung und der Wert des Lebensmittels »Wasser« hervorgehoben wird. Gemäß DIN EN 1508 müssen (europäisch umständlich formuliert) für die von dem gespeicherten Wasser benetzten Oberflächen Materialien verwendet werden, die entsprechende Prüfungsanforderungen erfüllen und die verhindern, dass das gespeicherte Wasser den EU-Richtlinien nicht entsprechen kann. Um eine spätere Reinigung zu erleichtern und Bakterienwachstum zu vermeiden, müssen die Innenflächen so glatt und porenfrei wie möglich sein. Das kann durch hochwertige Betonherstellung oder durch Anwendung von geeigneten Beschichtungen oder Auskleidungen erreicht werden. Im DVGW-Arbeitsblatt W 300 sind deshalb folgende Anforderungen niedergeschrieben:

- ▷ Wasserundurchlässiger und möglichst porenfreier Beton bedarf keiner weiteren Maßnahme der Oberflächenbehandlung oder Innenauskleidung. Diese Ausführung sollte deshalb bevorzugt angewendet werden.
- ▷ Wenn Putz, Anstriche, Beschichtungen oder Fliesen aufgebracht werden sollen, so müssen sämliche verwendeten Stoffe den KTW-Empfehlungen entsprechen und den mikrobiologischen Anforderungen des DVGW-Arbeitsblattes W 270 genügen. Für zementgebundene Baustoffe ist das DVGW-Arbeitsblatt W 347 zu beachten.

Neben diesen genannten gesundheitlichen, hygienischen, baulichen Aspekten sind auch die wirtschaftlichen einer einfachen und leichten Reinigung der Wasserkammer im laufenden Betrieb und das visuelle Erscheinungsbild zu beachten. Bei zementösen Oberflächen soll aber zur Verhinderung eines »Kapputtreinigen« der optische und visuelle Aspekt in den Hintergrund treten gegenüber einer Dauerhaftigkeit und der physiologischen Unbedenklichkeit über eine möglichst lange Betriebsdauer. Vor Ausschreibung der Bauarbeiten muss daher entschieden werden, ob und ggf. wie die Betonflächen in der Wasserkammer behandelt werden sollen. Aufgrund dieses Anforderungsprofiles für die Innenflächen von Wasserkammern stellen Fertigteilbehälter mit ihrem hohen Fertigungsqualitätsniveau eine interessante Alternative zu Ortbetonbehältern dar (Abschn. 9.2.5).
Trinkwasserbehälter werden in Deutschland seit mehr als hundert Jahren weitgehend aus Beton gebaut, anfangs in Stampfbetonbauweise mit Zementputz, später aus Stahlbeton. Den Innenflächen der Wasserkammern galt dabei schon immer eine besondere Beachtung, im Hinblick auf Wasserundurchlässigkeit, glatte, reinigungsfreundliche Oberflächen sowie ästhetischem Erscheinungsbild. Aus diesen Gründen wurden sie gerne mit Innenauskleidungen versehen, anfangs mit Zementputz, Bitumen, danach mit Spritzmörtel, Chlorkautschukbeschichtungen, Fliesen, und in neuester Zeit mit Edelstahl- oder Kunststoffauskleidungen.
Für die Reinigung der Innenflächen von Wasserkammern ist es besonders wichtig, dass sie glatt und möglichst porenfrei sind. Raue Oberflächen, Kiesnester und Poren ermöglichen das An- und Ablagern von Stoffen, die das Keimwachstum fördern können. Wasserundurchlässiger und möglichst porenfreier Beton bedarf keiner weiteren Maßnahme der Oberflächenbehandlung oder Innenauskleidung. Die Ausführung einer porenarmen Stahlbetonoberfläche sollte deshalb angestrebt werden.

6.5.2 Schalung und Trennmittel (Schalungsöle)

Bei der *Verarbeitung des Stahlbetons* kommt der verwendeten *Schalung,* dem Einsatz von *Trennmitteln* und dem *Betoneinbau* eine besondere Bedeutung zu. *Schalungen* müssen nicht nur formbeständig, dicht und standsicher sein, sondern sie sind so auszuwählen, dass sämtliche Innenflächen der Wasserkammern glatt und möglichst porenfrei werden. Letzteres gilt natürlich nicht bei Wänden von Wasserkammern, die verputzt oder beschichtet werden sollen. Die spezielle Anforderung eines porenarmen Betons beim Wasserbehälterbau werden von vielen Bauunternehmungen unterschätzt. An der Trennfläche Schalung / Beton kann bei nicht sachgerechtem Betoneinbau eingeschlossene Luft zu einer sog. Lunker- oder Kiesnest-Bildung an der Wandfläche führen. Durch *spezielle Schalungssysteme* versucht man dem Problem beizukommen. Produktnamen wie AGEPAN, MAGNOPLAN, BETOPLAN, ZEMDRAIN dokumentieren die Entwicklung von der glatten *Holzschalung,* wenn man einmal von *Stahlschalungen* absieht, weg zu *Scha-*

lungsbahnen (z.B. ZEMDRAIN, s. Abschnitt 6.5.3). AGEPAN ist z.B. eine hochverdichtete, fünfschichtige Holzwerkstoffplatte für den Schalungsbau, die saugfähig ist, so dass die Betonflächen praktisch porenfrei werden sollen. Der Schalungsdruck richtet sich vor allem nach der Konsistenz des Betons und der Steiggeschwindigkeit (s. DIN 18218). Moderne Betonierverfahren führen oft zum vollen Flüssigkeitsdruck. Die Abmessungen der heute üblichen *Großflächenschalungen – Rahmenschalungen oder Rundschalungstafeln* – richten sich meist nach den Maßen der Transportfahrzeuge, Breiten von 2,40 und Höhen bis 3,30 m sind üblich. Schalungsanker (Mauerstärken), meist aus Faserbeton mit DVGW-Prüfzeugnis W 347/W 270, dienen zur Sicherung der Wanddicke bei Betonwänden unter Verwendung von wiedergewinnbaren Spannankern. Zugehörige Verschlusskonen in Kombination mit Faserbeton-Stöpseln (Bild 6.5.2.01) werden nach Betonwanderstellung mit zugelassenem Zweikomponentenkleber wandbündig eingeklebt. Das Ausschalen von Wandelementen erfolgt oft von einem Tag auf den anderen, wobei die Begründungen der Baupraktiker vom sonst schwierigen Herausziehen der Spannanker bis zum Beschleunigen des Schalungs-Taktes bzw. der Ersparnis weiterer Schalungsgarnituren, auch Platz- und Lagerprobleme, reicht. In jedem Fall muss dies mit der Nachbehandlung (s. Abschnitt 6.5.7) abgestimmt werden. Nach dem Ausschalen muss die Anschluss-Arbeitsfuge für den nächsten Betonierabschnitt (Freilegen des Korngerüstes »mittels Kompressor«) hergestellt werden.

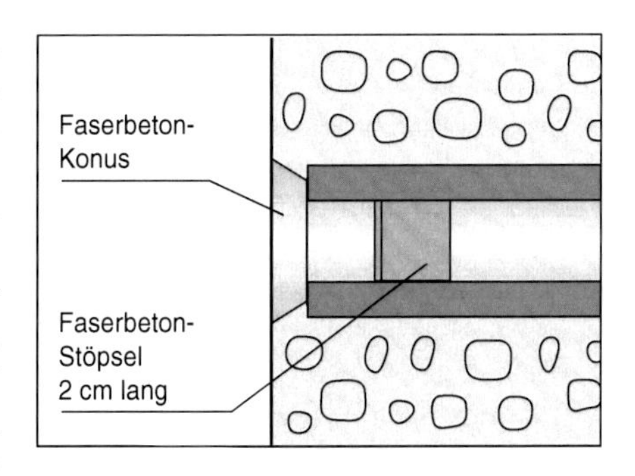

Bild 6.5.2.01: *Verschluss der Schalungsdurchankerung mit Faserbeton-Stöpsel und-Konus*

Die Herstellung von Betonflächen im Innern von Trinkwasserbehältern sollte vorzugsweise mit Schalungen erfolgen, die ohne den Einsatz von Trennmitteln auskommen. Müssen trotzdem Trennmittel (z.B. mineralische Weißöle) verwendet werden, dürfen sie auf glatten Schaltafeln nur äußerst dünn aufgetragen werden.

Trennmittel (Schalungsöle) müssten in Deutschland den KTW-Empfehlungen des ehemaligen Bundesgesundheitsamtes und dem DVGW-Arbeitsblatt W 270/W 347 entsprechen. Oft können hierfür aber keine Prüfzeugnisse beigebracht werden. Manchmal wird sogar mit mikrobiologisch abbaubaren (!) Trennmitteln (und Prüfzeugnis!) geworben, was natürlich bedeutet, dass bei diesen Mitteln eine mikrobielle Besiedelung in der Wasserkammer auftreten wird. Von der Verwendung biologisch abbaubarer Trennmittel sollte deshalb abgesehen werden. Trennmittel behindern auch die Hydratation des Zements an der Berührungsfläche mit der Schalung, was zum Abmehlen der Betonoberfläche durch unvollständige Hydratation führen kann.

6.5.3 Porenarme Stahlbetonoberfläche mit Schalungsbahnen

Bei Bauwerken aus Beton stellt die Betonoberfläche eine Schwachstelle dar. Häufige Ursache hierfür ist eine zu geringe Qualität des Randbetons, weshalb z.B. Lunker oder Wachstum von Mikroorganismen auf karbonatisiertem, offenporigen Beton auftreten können. Ursachen hierfür sind unterschiedliche Gründe. Die Schalung ist meist wasserundurchlässig, weshalb die eingeschlossene Luft und das überschüssige Wasser, das beim Verdichten zur Schalung strebt, an der Berührungsfläche zwischen Schalung und Beton angesammelt wird. Lunker, Mikrorisse und eine porenhaltige Betonoberfläche sind eine sichtbare Folge. Bei der Verdichtung, die für einen guten Beton wichtig ist, wird das überschüssige Wasser durch die Rüttelenergie in die Randzone transportiert, die dann zwangsläufig durch den hohen w/z-Wert einen Beton mit schlechterer Qualität enthält, was für alle Betonmischungen gilt. Die Lebensdauer von Betonkonstruktionen hängt im hohen Maße von den Eigenschaften der Betonrandzone ab, weil diese die erste »Verteidigungslinie« bildet. Aus diesen Gründen kam es zur Entwicklung von Schalungsbahnen, um die o.a. Mängel zu vermeiden.
Die ZEMDRAIN® Schalungsbahn (Warenzeichen von Marktführer DuPont), die es in den Materialtypen Zemdrain®MD oder Classic gibt, ist ein Drain-Vlies aus feinen Polypropylen (PP)-Fasern mit beidseits unterschiedlicher Oberfläche und kontrollierter Durchlässigkeit. Aufgebracht auf die Schalung, filtert Zemdrain bevorzugt durch die Schwingungen des Rüttlers beim Betonieren überschüssiges Anmachwasser aus der Betonoberfläche (Bild 6.5.3.01). Auf der strukturierten Seite zur Schalung hin wird Luft und überschüssiges Wasser gesammelt und abgeleitet, während zur Beton-Seite hin mit feineren Fasern, die Zementpartikel an der Oberfläche des Betons festgehalten werden und für eine dichte Außenschicht sorgen. Die Schalungsbahnen werden am Fußpunkt unter der aufgesetzten Schalung nach außen geführt, so dass Überschusswasser schadlos abgeleitet werden kann. ZEMDRAIN® leitet nur Wasser durch Schwerkraft ab, da kein Vakuumeffekt besteht. Durch die Drainage kommt es zu einer Verdichtung von Betonfeinstteilen an der Betonoberfläche bei gleichzeitiger Reduzierung des Wasserzementfaktors im Betonrandbereich auf etwa w/z = 0,4. Im ZEMDRAIN® gespeichertes Anmachwasser wird in den ersten Stunden der Betonerhärtung an die Betonoberfläche zurückgegeben und bewirkt so eine bereits im Erstarrungsbeginn einsetzende »Nachbehandlung« des Betons (schnellere, vollständigere Hydratation des Zements). Das Ergebnis soll ein glatter, lunkerfreier Beton (verringerter Porosität) mit hoher Oberflächenhärte und Widerstandsfähigkeit sein. Zemdrain®MD ist etwa 1,7 mm dick mit schalungsseitig speziellem Entwässerungsgitter kaschiert, ein zweimaliger Einsatz ist bei allgemeinen Bauwerken üblich, wohingegen Zemdrain®Classic etwa 0,7 mm dick und für den einmaligen Einsatz empfehlenswert ist. Bei den hohen Qualitätsanforderungen in Trinkwasserbereich sollte aber auch bei Zemdrain®MD nur ein einmaliger Gebrauch in Wasserkammern empfohlen und ausge-

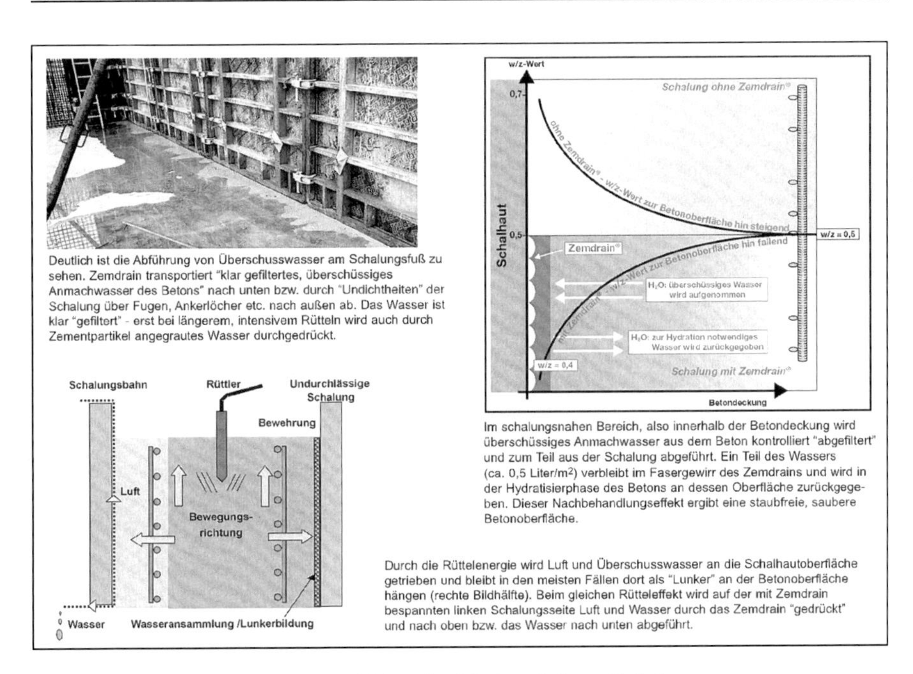

Bild 6.5.3.01: *Funktionsweise wasserabführender Schalungsbahnen für hohe Ansprüche beim Randbeton*

schrieben werden. Aufgrund anderer Vorzüge von Zemdrain®MD ist die Wirtschaftlichkeit zwischen beiden Materialtypen als gleichwertig anzusehen. Wird unter Verwendung von Zemdrain betoniert, weist der Beton im allgemeinen eine dunklere Farbe auf als üblich, bedingt durch die kontinuierliche Wasserabführung von Zemdrain.

Zemdrain erfordert kein Betontrennmittel. Ältere Schalungen mit noch ölgetränkten Fugen oder Schalhaut sind für Wasserkammern ungeeignet und würden bei manchen Trennmitteln zur Lockerung des bereits aufgespannten Zemdrain und zu Faltenabdrücken auf der Betonoberfläche führen. Die Schalungsflächen müssen glatt, sauber und frei von Trennmitteln und Ölrückständen sein (Ausschreibung!). Sollten sich noch Trennmittelrückstände von der vorherigen Baustelle oder vom Schalungslieferanten auf der Schalungsoberfläche befinden, sind diese zu entfernen. Da nicht auf jeder Baustelle eine Dampfsstrahler zur Verfügung steht, empfiehlt es sich, die Schalungsoberfläche mit Zement zu bestreuen, kurz einwirken zu lassen und mit einem feinen Besen abzukehren. Falls nur geringwertiges Schalungsholz verwendet werden kann, sollte die Oberfläche versiegelt werden, um das Eindringen von Wasser oder die Extraktion von Holzzucker oder Gerbstoffe aus der Schalung zu verhindern. Beim Belegen und Befestigen von Zemdrain auf

Schalungen ist eine straffe Fixierung unter Spannung zu beachten, umso einer Faltenbildung durch den beim Betonieren hochsteigenden Beton entgegenzuwirken. Wegen einer gewissen thermischen Ausdehnung des Materials, wenn die Frühmorgen- und Nachmittag-Temperaturunterschiede mehr als 10°C betragen (z.B. im Sommer), sollte in warmer Tageszeit (Nachmittag) bespannt und in kalter (am nächsten Frühmorgen) betoniert werden, bzw. zwischen Spannen und Betonieren sollte eine möglichst kurze Zeitspanne liegen, da sich sonst das aufgespannte Material mit der Zeit entspannt und dies zu einer Faltenabbildung im Beton und damit zu einem optischen Schönheitsfehler führen kann. Es sind dies Empfehlungen, die bei der ausführenden Baufirma durchgesetzt werden müssen, um diese »Ärgernisse« zu vermeiden. Die Belegung einer Holzschalung wird mit einer Tackerfixierung begonnen und mit einer speziellen großen »Spannzange« nach oben oder unten fortgesetzt, bzw. bei großen Schalelementen in der Mitte begonnen und mit der großen Spannzange jeweils nach oben und unten abgespannt. Nach dem Belegen der Schalung sollte diese unmittelbar gestellt und montiert werden. Dabei ist besonders auf die Abdichtung von Schalungsfugen und Anschlussfugen gegenüber der Bodenplatte und vorhergehenden Betoniertakten zu achten bzw. mit speziellen Vorlegebändern auszuführen. Als Abstandshalter

Mit einer 2,5 m breiten Spannzange wird Zemdrain über die Schalung gespannt und dann unter Vorspannung in der Schalungsflanke festgetackert. Dadurch zeichnen sich auch keine Tackerklammern auf der Betonoberfläche mehr ab.

Zweiter eingeschalter Betoniertakt eines Trinkwasserbehälters mit einem zur Bespannung vorbereiteten Schalelement sowie einer ebenfalls bespannten Stützenschalung.

Fertig bespannte Schalelemente zum Versetzen auf der Baustelle

Das absolut reißfeste Zemdrain erlaubt auch Armierungsarbeiten an der bespannten Schalung.

empfehlen sich Flächenabstandshalter, die Löcher für die Schalungsanker sollen erst angebracht werden, wenn die Schalungsbahn endgültig auf der Schalung befestigt ist. Wenn die technischen Anwendungsrichtlinien beachtet werden, ist das gewünschte Ergebnis einer porenarmen Stahlbetonoberfläche zu erzielen (Bild 6.5.3.02). Für das Bespannen einer Stahlschalung oder bei der Verwendung von Betonsorten mit Terramentzementen oder mit einem hohen Silicaanteil ist Rücksprache mit dem Hersteller erforderlich. Die Schalungsbahnen sind ökologisch unbedenklich und können nach einmaligen Gebrauch unter Beachtung behördlicher Vorschriften mit dem Haus- und Gewerbemüll entsorgt werden. Anzumerken ist, dass im Wettbewerb oft andere Schalungsbahnen mitsamt Schalung preisgünstiger angeboten werden, wobei möglicherweise eine andere (sichtbare) Tackerfixierung notwendig wird, was im Einzelfall kritisch zu untersuchen ist.

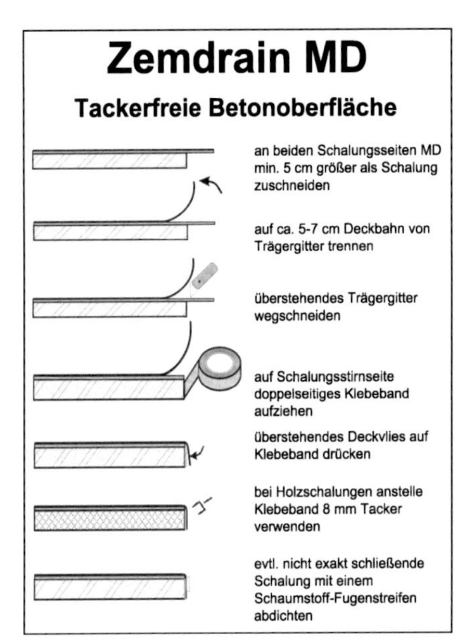

6.5.4 Verlegung der Bewehrung

Der vorgesehene *Betonstahl* hat DIN 488 bzw. der Europäischen Vornorm ENV 10080 zu entsprechen. Für die An-

◂◂ Bild 6.5.3.02: ▴ ▸
Zemdrain – Praktische Anwendung auf der Schalung/Tackerfreie Betonoberfläche; Mängel (Faltenbildung) bei Schalungsbahn

wendung von schlaffer Bewehrung, z.B. schweißgeeigneter, gerippter Stabstahl BSt 500 S (IV S) und Betonstahlmatten BSt 500 M (IV M), und Spannstahl, z.B. St 1570/1770, gelten die Anforderungen gemäß DIN 1045. In der Regel besteht die richtige Behälterbewehrung aus Stabstahl auf die Bauteildicke abgestimmt. Durchmesser ≥ 20 mm sollten dementsprechend aus Gründen der Rissbreitenbeschränkung nur bei dicken Bodenplatten vorgesehen werden. Vollstöße der Bewehrung sollten nur in nichtrissegefährdeten Bereichen ausgebildet werden. Betonstahlmatten sollten nach Möglichkeit nicht eingesetzt werden, wegen der Zweiebenenstöße, die risseauslösend wirken können. Entsprechend gilt dies für die Kombination von Matten und Stabstahlzulagen, weil sie zu unnötiger mehrlagiger Bewehrung führen.
Bei der *Verarbeitung von Betonstahl* ist ein Bewehrungsgeflecht herzustellen, das seine Lage beim Einbringen des Betons nicht verändern kann, damit die Betondeckung erhalten bleibt. Obenliegende Bewehrung ist nur durch Rundeisenböcke in ihrer Lage zu halten. Für untere und seitliche Bewehrung muss die Betondeckung durch stabile Abstandhalter auf Zementbasis gesichert werden. Bei anderen Abstandhaltern (PVC) besteht die Gefahr, dass sie keinen Verbund mit dem Beton eingehen, sich bis auf die Schalung durchdrücken und eine Umläufigkeit hervorgerufen wird, oder sich an der Deckenunterseite ein punktförmiges »Rost-Raster« abzeichnet (s.a. MERKL 1998). Bei der *Wahl der Abstandshalter* gilt es, wie aufgezeigt, also besonders bei »unverputzten und unbeschichteten Trinkwasserbehälterdecken« verschiedene Kriterien, wie sichere Bewehrungsführung, Einhaltung der Betonüberdeckung, punktförmige Korrosionsmöglichkeiten, Kunststoffeinsatz, Untersicht-Optik, abzuwägen und nicht den Pauschalsatz »nach Wahl des Bauunternehmers« zu verwenden. Für das Einbringen und Verarbeiten des Frischbetons bei dichten Bewehrungsnetzen muss entwurfsmäßig für Betonier- und Rüttelgassen bereits im Bewehrungsplan gesorgt werden.
Spannstahl soll erst kurz vor dem Einbau auf die Baustelle gebracht werden, damit er weitgehend gegen schädigende Einflüsse geschützt ist.
Die *Betondeckung der Bewehrung* wird durch Abstandshalter geeigneter Größe und Anzahl gewährleistet und muss mindestens 4-5 cm (s.a. DIN 1045) betragen (auch an der Behälterdecke). Dicke und Dichtheit der Betondeckung haben entscheidenden Einfluss auf die Bewehrungskorrosion.
Fugenlose Behälter (keine Dehn- oder Schwindfugen) mit schlanken Bauteildicken haben bei der notwendigen Berücksichtigung der Zwangbeanspruchung am Prismenfaltwerk oder der Schale einen höheren spezifischen Bewehrungsanteil, nämlich 150-170 kg BSt 500 (IVS) pro m^3 Beton, als Behälter bei denen mit dem Alibi der Fuge fälschlicherweise nur Lastspannungen gerechnet wurden. Indirekt resultiert dies natürlich auch aus den heutzutage größeren Betondeckungen der Bewehrung gegenüber früher und den mehr schlanken Bauteilen (nur ≥ 30 cm, Zwangbeanspruchung von Bauteildicke abhängig), womit die statische Nutzhöhe beschränkt ist.

6.5.5 Herstellung und Transport von Beton

Vorab muss nachgewiesen werden, dass der für die Wasserkammer vorgesehene Beton oder Mörtel die trinkwasserhygienischen Anforderungen gemäß DVGW-Arbeitsblatt W 347 und die technischen entsprechend Abschnitt 6.4 erfüllt. Vorgespräche mit den Transportbeton-Werken empfehlen sich dringend! Die technischen Anforderungen an den Beton müssen in Ausschreibungen und Bestellungen eindeutig festgelegt werden, beispielsweise zur *Betonrezeptur für Trinkwasserbehälter:*

- ▷ Normalbeton gemäß DIN 1045-2;
- ▷ Festigkeitsklasse (mindestens C 30/37)
- ▷ Zementart u. -festigkeitsklasse, z.B. CEM I 32,5; CEM II/B-S 32,5; CEM III/B 32,5;
- ▷ Gesteinskörnung, keine Holzeinschlüsse, keine quellfähige minderfeste Kornanteile;
- ▷ Sieblinie A/B 16 oder A/B 32 je nach Bauteilabmessung und Dichte der Bewehrung;
- ▷ Zusatzstoffe, z.B. Flugasche;
- ▷ Wasserzementwert $(w/z)_{eq} \leq 0{,}50$;
- ▷ Konsistenz, z.B. nicht steifer als F3, Ausbreitmaß a = 42-48 cm;
- ▷ Pumpfähigkeit, z.B. ja;
- ▷ Verarbeitbarkeitszeit nach Ankunft auf der Baustelle, z.B. 2 h;
- ▷ Anlieferung in Fahrzeugen, z.B. bis 6 m^3 oder bis 10 m^3;
- ▷ Angabe von Anlieferungsort, Datum, Zeitpunkt, Betonmenge, Betonierleistung m^3/h.

Die Betonzusammensetzungen müssen in den Bauunterlagen mit Betonsorten-Nr. vorliegen (s.a. Abschnitt 6.5.8 Qualitätssicherung). Die Betonrezeptur ist unter Beachtung der durch das gewählte Bauverfahren (z.B. bei Wassertürmen mit Gleit- und Kletterschalung) bedingten Ausschalfristen und der jahreszeitlich zu erwartenden Witterungsverhältnisse im Sinne der entwurfsmäßig definierten Anforderungen zu wählen. Betonzusatzmittel sind nicht geeignet Fehler der Rezeptur oder der Baustelle auszugleichen.
Ungünstige Witterungsverhältnisse (heißer Sommer, Schnee-Frost-Tauwechsel) können Vorbereitungen für das Betonieren zunichte machen. Zur Vermeidung von Folgeschäden ist es selbst bei großen Terminzwängen besser den Betoniertermin zu verschieben im Sinne einer (gesamt-)kostenbewussten Ausführung, statt »flankierende Scheinmaßnahmen« zu ergreifen. Zur Einhaltung getroffener Temperaturmaßnahmen (vgl. a. Abschn. 6.2.3 Schnittgrößen, Temperaturdifferenzen) bzw. der Frischbeton-Einbautemperatur < 30 °C kann im Sommer das Abkühlen des Betonzuschlags (Gesteinskörnungen) und des Zugabewassers bzw. Vorkühlung des Frischbetons, umgekehrt im Winter das Vorwärmen notwendig werden.

6.5.6 Abnahme, Einbau, Verarbeitung des Betons

In der Regel ist werkgemischter Beton in Mischfahrzeugen auf der Baustelle mit der planmäßigen Konsistenz anzuliefern, wobei die Vorbedingungen bei den Transportfahrzeugen und entfernten Transportwegen (zeitlich überlang) geprüft werden sollten. Keinesfalls darf eine Konsistenzkorrektur durch Wasserzugabe erfolgen, weil dadurch die Festigkeit und vor allem der Hydrolysewiderstand des Betons (Auslaugung infolge pH-Wert-Gradient) beeinträchtigt werden können. Eine Zugabe von Fließmittel auf der Baustelle zur Konsistenzeinstellung kann der Lieferer entsprechend der DIN 1045-2 und -3 vornehmen. Die *Abnahme des Transportbetons* umfasst mindestes

▷ die Lieferscheinkontrolle (Empfänger, Betonsorte usw.)
▷ die Konsistenzkontrolle (zuerst durch Messung, bei weiteren Lieferungen auch durch Augenschein).

Die *Förderung des Betons* kann mittels Betonpumpe (Zusatzkosten Pumpfahrzeug) oder Betonkübel und Kran (bauseits vorhanden) erfolgen. Bei den hohen Wänden eines Wasserbehälters hat es sich bewährt, bei Pumpförderung an den Schlauch des Auslegers ein Rohr mit rundem oder rechteckigem Querschnitt anzuschließen bzw. Kübel mit anhängenden Gummischlauch (Hosenrohr), um den Beton innerhalb der Schalung möglichst geführt einbringen zu können. Der Beton darf beim Einbringen nicht mehr als 1 m frei fallen; zur Vermeidung von Schüttkegeln sollte der Beton durch kurze Abstände der Einfüllstutzen gleichmäßig verteilt und in möglichst gleich dicker Schicht von rd. 50 cm mit waagerechter Oberfläche geschüttet werden. Erforderlichenfalls ist eine *Anschlussmischung mit geringerer Korngröße* (Vorlaufmischung als Feinkornbeton) bis rd. 30 cm über Sohle einzubauen, wobei dies oft unerwünscht ist, weil wegen der geringen Betonmengen das Transportfahrzeug »fast leer« ist. Andererseits können die Anschlüsse Wand/Sohle nach dem Betonieren mehr oder minder aussanden, was weniger durch Entmischen der Körnung im freien Fall erfolgt als durch Weglaufen der Zementschlämpe am Schalungsaufstand (trockenes Korngerüst bleibt stehen), was dann ein Nachbessern am Wandfuß notwendig machen würde.
Kontinuierlich mit der Förderung sollte die *Verdichtung* durch Innenrüttler (möglichst keine Aussenrüttler/Schalungsrüttler) mit erfahrenem Personal erfolgen. Eine vollständige Verdichtung des Betons im Bauteil ist unbedingt erforderlich. Praktisch vollständig verdichteter Frischbeton ist erreicht, wenn der Beton sich nicht mehr setzt, die Oberfläche geschlossen ist und beim Verdichten nur noch vereinzelt Luftblasen austreten. Der Einbau muss innerhalb der mit der Betonsorte bestellten Verarbeitungszeit (mindestens 2 Stunden) abgeschlossen sein. Im übrigen wird auf DIN 1045-3 verwiesen.
Beim *Betoneinbau* ist in diesem Zusammenhang zu beachten, dass der Frischbeton je nach Konsistenz und Zuschlaggemisch mehr oder weniger Hohlräume enthält,

weshalb die angestrebte Wasserundurchlässigkeit durch entsprechende Verdichtung erreicht werden muss. Hierzu werden Innen- und Außenrüttler bzw. die Vakuumierung eingesetzt. Rüttler dürfen nicht zu nahe an Schalung und Bewehrung herangebracht werden, da sonst der Verbund zwischen abgebundenem Beton und Bewehrung gestört wird. Das Ausschalen der oft 6-8 m hohen Wandelemente (Betonierabschnitte von 8-10 m Breite) und der (Rund-) Säulen kann je nach Maßgabe der DIN 1045 u.U. von einem Tag auf den anderen erfolgen, um die Gerüst-Schalung für den weiteren Gebrauch vorzubereiten, allerdings nur mit anschließender sofortiger Nachbehandlung durch Wärmedämm-Matten.

6.5.7 Nachbehandlung des Stahlbetons

Wird der junge Beton nach Erstarrungsbeginn nicht durch ausreichende Nachbehandlungsmaßnahmen gegen Austrocknung geschützt, so erleidet er eine Volumenminderung, die als plastisches Schwinden bezeichnet wird und die zu Trennrissen im jungen Beton führen kann. Je nach Austrocknungsbedingungen können diese Schwindverformungen bis zu ca. 3 mm/m anwachsen. Sie sind umso größer je höher der Zementgehalt und der Wasserzementwert. Ihre Größe hängt auch von der Zusammensetzung des Mehlkorns sowie von Art und Menge von Betonzusatzmitteln ab.
Die *Nachbehandlung des Stahlbetons* hat den Zweck, ausreichend Wasser und Wärme im Beton zu erhalten bis er genügende Eigenfestigkeit durch weitgehende Erhärtung des Zements besitzt und risserzeugende Spannungen aufgrund vorzeitiger Austrocknung und/oder zu großen Temperaturunterschieden möglichst zu vermeiden. Dazu dienen wasserrückhaltende Maßnahmen sowie der Schutz vor zu schneller Abkühlung bei tiefen Umgebungstemperaturen oder zu starker Sonneneinstrahlung, z.B. durch Abdecken mit wärmedämmenden Matten bzw. mit feuchtem Gewebe und Folien. Mangelhafte oder gänzlich unterbliebene Nachbehandlung ist oftmals Ursache für Betonschäden wie Rissbildung, Absanden der Oberfläche oder geringere Festigkeit. Solange der Beton in der Schalung steht, ist er in der Regel gegen Austrocknung hinreichend geschützt. Bei Stahlschalungen muss zusätzlich dafür gesorgt werden, dass keine unzulässig hohe Temperaturänderung des Schalbleches und damit des Betons eintritt. Nach dem Entschalen ist ein rasches Austrocknen und ein zu rascher Wärmeverlust des Betons (vor allem im Winter) durch Abhängen mit Planen und Folien bis zum Alter von drei Wochen zu verhindern (MERKL 1986, 1988). Auch im neuen DVGW-Arbeitsblatt W 300 wird darauf hingewiesen, dass wegen der hohen Anforderungen an die Betonoberflächen der Wasserkammern die Nachbehandlungszeiten der DIN 1045-3 zu verdreifachen sind und demnach je nach Betonzusammensetzung rd. 1 bis 2 Wochen betragen. Bei Werksfertigung (Betonfertigteile) können die Nachbehandlungszeiten u.U. reduziert werden. In der *Ablaufplanung der einzelnen Betoniervorgänge* in den Wasserkammern ist dies ggf. zu berücksichtigen. Die Oberflächen sollen

nicht direkt berieselt/abgespritzt werden, weil durch den raschen Entzug der Abbindewärme Temperaturspannungen und nachfolgend Risse auftreten. Chemische Nachbehandlungsmittel dürfen in Wasserkammern nicht verwendet werden.
Eine Nachbehandlung des Betons mittels Wärmedämmmatte und Folie sollte allgemein in der Ausschreibung als Leistung erscheinen, da sonst die Gefahr besteht, dass sie als lästige, kostentreibende Maßnahmen von der Baufirma hintangestellt wird. Sie stellt aber für die Risseverminderung und Wasserundurchlässigkeit des Betons eine entscheidende Nachbehandlungsmaßnahme dar, die der Baufirma und dem Bauherrn künftige mögliche Ärgernisse vermeiden hilft. Die Folien und Wärmedämmmatten sind durch den rauen Baustellenbetrieb nach Abschluss der Baustelle kaum mehr verwertbar; selbst wenn die Investitionskosten nur einige wenige TSD € im Verhältnis zu den Gesamtrohbaukosten betragen, sollte die Baufirma dies nicht in andere Positionen miteinkalkulieren müssen, sondern in einer gesonderten Position vergütet bekommen.

6.5.8 Qualitätssicherung bei porenarmen Stahlbetonoberflächen

Die besondere Bedeutung von Trinkwasserbehältern macht es gemäß DVGW-Arbeitsblatt W 300 erforderlich, dass die ordnungsgemäße Bauausführung nachgewiesen wird und nachvollzogen werden kann (Dokumentation – siehe auch DIN 1045-3). Für die Bauausführung der Betonbauteile sind folgende Maßnahmen zu berücksichtigen, die sich im wesentlichen aus DIN 1045 ergeben:

- Zusammenarbeit mit qualifizierten Fachplanern und Bauunternehmen;
- Bezug des Betons aus zertifizierten Betonproduktionen (TB-Werken) gemäß DIN 1045;
- Einholung und Aufbewahrung der Nachweise für die hygienische Unbedenklichkeit und die technische Eignung aller Baustoffe;
- Aufzeichnungen über die Abnahme der Bewehrung und aller Einbauteile wie z.B. Abstandhalter, Fugenbleche, Fugenbänder, Rohrdurchführungen;
- Aufbewahrung der Betonsortenverzeichnisse mit den Betonzusammensetzungen;
- Aufzeichnungen der Betonierdaten (Bauteil, Betonsorte, Betonmenge, Witterung, Betonierdauer, Lieferschein-Nummern, Nachbehandlung, Schalung, Trennmittel, Probenahme und hergestellte Probekörper, Prüfergebnisse);
- Die Fremdüberwachung gemäß DIN 1045-3, Überwachungsklasse 2 ist vorzuschreiben.

Anzumerken ist, dass den an sich üblichen Sorgfaltspflichten auf der Baustelle bei der fugenlosen Sichtbetonbauweise von Trinkwasserbehältern ein besonderer Überwachungsschwerpunkt (Qualitätssicherung) zukommt. Beispielsweise würden die im Zuge der Bewehrungsarbeiten anfallenden Abfallreste an Rödeldrähten

bei feuchter Witterung bzw. Regenwetter und längerem Liegen zu Rostansätzen auf der Deckenschalung führen, die sich nach dem Ausschalen an der betonierten Deckenunterseite abzeichnen. Derartige Probleme einer »Qualitätssicherung« treten verstärkt auf, wenn Bewehrungsarbeiten an wechselnde Subunternehmer vergeben werden. Eine eigenverantwortliche Bewehrungsabnahme durch die Bauunternehmung, welche die Gewährleistung zu übernehmen hat, kann im Regelfall ausreichend sein, in komplizierten Fällen empfiehlt sich aber doch die verantwortliche Abnahme durch Dritte (Prüfingenieur).
Risse werden bei sorgfältiger fugenloser Bauweise durch eine normale Inaugenscheinnahme nicht festzustellen sein (nur durch Risslupe), allenfalls auf der Decken-Oberfläche, wo wegen eines vorgesehenen Deckenaufbaus möglicherweise unterschwellig die Sorgfaltspflichten großzügiger gesehen werden, womit zumindest Diskussionen mit der Bauaufsicht vorprogrammiert sind. Es ist dringend zu empfehlen, auch die gewissenhafte Bauleitung seitens eines Fach-Ingenieurbüros in Anspruch zu nehmen, damit der Qualitätssicherung beim Bau von Trinkwasserbehältern ausgehend vom Ausschreibungsverfahren, der bauvorbereitenden Qualitätssicherung von der Ausführungsplanung über Qualitätsplan, Betonnachbehandlung, Betonqualität, Problemen bei der Bauausführung, Qualitätskontrollen, Mängelabwicklung und der Dokumentation ausreichend Rechnung getragen wird.
Zu der eventuellen Notwendigkeit von Temperaturmessungen an Betonbauteilen sei erwähnt, dass Geräte zur berührungslosen Temperaturmessung mittels Infrarotstrahlung angeboten werden, die unmittelbar auf wechselnde Temperaturen reagieren. Im rauen Baustellenbetrieb hat sich aber gezeigt, dass die Geräte nachkalibriert werden müssen, wenn sie z.B. aus beheizten Baucontainern bei kühler Witterung ins Freie kommen. Gerade im Sommer, wenn ein Trinkwasserbehälter zur Wasserdichtheitsprüfung freistehend der Sonneneinstrahlung ausgesetzt ist, können kurzzeitig Außentemperaturen auf die Wasserkammerwände von 55 °C auftreten, während die Innentemperatur im Schatten unter Lufttemperatur liegen kann. In diesem Fall müssten Abschattungsmaßnahmen (Wärmezufuhr von außen mäßigen) vorgesehen werden, keinesfalls sollte die Wasserprobefüllung am freistehenden Behälter unter derartigen Temperaturbeanspruchungen vorgenommen werden. Die Erfahrung lehrt auch heutzutage noch, dass dies zu durchgehenden Trennrissen, Wasserleckagen und nachfolgenden Problemen mit Verpressungen führt.

6.6 Angewandte Oberflächensysteme in Wasserkammern

6.6.1 Zementputze

Ein wasserundurchlässiger Zementputz (Mörtelgruppe P IIIb DIN 18550) oder Spritzmörtel (DIN 18551) besteht aus mehreren Lagen von zusammen 15 bis 20 mm Dicke, wobei der Wasserzementwert ≤ 0,50 betragen muss. Die letzte Lage

wird mit feinkörnigem Zementmörtel (Zementschlämme) geglättet. Zementputz war um 1900 jahrzehntelang die klassische Ausführungsweise, um Wasserbehälter dicht zu bekommen. Die handwerkliche Tradition ging aber aus technisch-wirtschaftlichen Gründen nach dem Zweiten Weltkrieg allmählich verloren mit dem Einsatz von Spritzverfahren bei mineralischen Beschichtungen, so dass es kaum noch Firmen mit erfahrenen Mitarbeitern gibt, die diese händische Ausführungsart praktizieren. Zum Verständnis sei erwähnt, dass diese traditionell porenarme, dichte Oberfläche aus einem 3-lagigen Putz entsteht, wobei jede Lage nach einem bestimmten Zeitabschnitt (wenn die vorhergehende »auf den Punkt angezogen hat«) erst bzw. genau aufgebracht werden muss, was gerade in einer rasanten »Rendite und flexibel orientierten Zeit« bedeuten würde, dass u. U. die letzte Lage Sonntags um 4 Uhr früh begonnen werden müsste; außerdem ist bei derartigen lohnintensiven Arbeiten in der heutigen Zeit die Auftragslage für Zementputze in Wasserkammern und die Wettbewerbssituation für die Beschäftigung einer Facharbeiter-Kolonne über Jahre hinweg für ein Unternehmen zu schwierig.
Der Zementputz haftet nur auf einem rauen Untergrund. Ist dieser zu glatt, so ist er aufzurauen, lose Teile und Staub, gering feste Bereiche, sind zu entfernen (z.B. durch Sandstrahlen). Der Putzuntergrund ist rechtzeitig und ausgiebig zu nässen. Trockener Beton entzieht dem Putz soviel Wasser, dass er an der Berührungsfläche keine ausreichende Festigkeit erreicht, hohl liegt und früher oder später abfällt. Durch Beklopfen des abgebundenen Putzes ist sein Haften zu überprüfen.
Spezialputze auf Zementbasis für besondere Anwendungsfälle enthalten in der Regel Kunststoffanteile, wobei die Frage nach Prüfzeugnissen (KTW, DVGW W 270) zu stellen ist, bzw. die Eignung und Dauerhaftigkeit für den Einzelfall zu prüfen ist.

6.6.2 Zementgebundene Spritzmörtel – neue Anforderungen

6.6.2.1 Zementgebundene Beschichtungen

Mineralische Anstriche / Beschichtungen wurden in den Jahrzehnten nach dem Zweiten Weltkrieg vielfach – zumindest regional – nicht zuletzt auch wegen des reinen Begriffs »mineralisch«, ausgeführt, wobei es einen allgemeinen Konsens zwischen Planer, Behörde und Baupraxis gab, dass dies zweckmäßig wäre – einerseits wegen der geforderten Wasserdichtheit der Wasserkammern, andererseits wegen der oft mangelhaften Bauausführung (Kiesnester im Beton) und der optischen Beeinträchtigung. Auf Anstriche (z.B. Dyx) wird hier nicht eingegangen, da es kein eigentliches Oberflächensystem ist.
Mineralische Beschichtungen (auch als »Dichtungsschlämme« bezeichnet und mit Handelsnamen wie Vandex, Epasit, Sika usw. verbunden) wurden auf der Grundlage von Erfahrungen mit Zementmörtelauskleidungen, die aus Zement, Sand und Wasser zusammengesetzt waren, entwickelt. Diese Komponenten sind zwar auch heute noch die Hauptbestandteile der mineralischen Beschichtungen, die Trockenmörtel wurden aber modifiziert, um damit den Forderungen nach geringe-

Bild 6.6.2.01: *Typisches Schadensbild bei mineralischen Innenbeschichtungen (Spiralleitwandbehälter und Sohle Rechteckbehälter)*

ren Kosten und ansprechendem Äußeren gerecht zu werden. Die Mörtelsysteme sind farbig lieferbar, meist weiß oder grau. Das ansprechende Erscheinungsbild weißer Beschichtungen wurde durch den Einsatz von Weißzement und Zugabe von weißen Pigmenten erreicht, außerdem wurden durch den Einsatz von organischen (!) Zusatzmitteln (organische Stabilisatoren, z.B. Methylcellulose) die Materialien spritz- und haftfähig gemacht, so dass sie in dünnen Schichten von wenigen Millimetern (insgesamt nur 3 mm) aufgetragen werden konnten, was die Menge an Rohmaterial, den Arbeitsaufwand und damit die Kosten verringerte. Leider sind in diesem Zusammenhang auch seit Anfang der 80er Jahre Schadensfälle an mineralischen Innenbeschichtungen von Wasserkammern in Deutschland und auch in der Schweiz zu verzeichnen. Die *charakteristischen Schäden bei den Beschichtungen* – fleckenförmige Braunfärbung mit trichterförmigen Materialaufweichung/-abtrag, Absandungen, oder perlkettenförmige gelbbraune Streifen mit entsprechender Materialaufweichung im ständig wassergefüllten Bereich sowohl bei weißen als auch bei grauen Beschichtungen – wurden schon mehrfach beschrieben (Bild 6.6.2.01) und der Wissensstand der bisherigen vom DVGW geförderten Ursachenforschung (1995-2002) zusammenfassend dargelegt (s. Lit. MERKL, HERB, BOOS, GRUBE, DVGW). Die ersten sichtbaren Veränderungen können in der Regel nach ein bis zwei Jahren auftreten. Das zementgebundene Beschichtungsmaterial weicht an diesen Stellen auf, verliert seine Alkalität von pH 12,5-13 und seine Festigkeit sinkt von 25 bis 40 N/mm^2 auf unter 5 N/mm^2. Durch eine turnusgemäße, herkömmliche Reinigung der Wasserkammern mit Hochdruckwasserstrahl wird das Material allmählich abgetragen, so dass der darunterliegende Beton zum Vorschein kommt.

Die beobachteten *Schäden bei mineralischen Beschichtungen* werden aufgrund einer beschleunigten Auslaugung verursacht, die eine Zerstörung des Zementsteins zur Folge hat. Hieraus resultiert auch die mikrobielle Besiedlung der Schadstellen, da bei den Lösevorgängen auch organische Zusatzmittel bioverfügbar werden, die

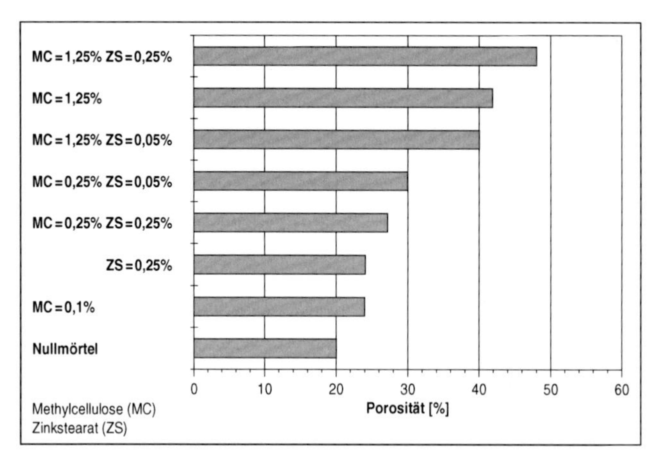

Bild 6.6.2.02: *Porosität von Zementmörtel nach Zugabe organischer Zusatzmittel (nach Herb)*

bei einem intakten Material fest in dem Zementgefüge eingeschlossen sind. Der Einsatz von sauren Reinigungsmitteln führt zu einer Beschleunigung der Materialzerstörung, da zementgebundene Materialien grundsätzlich säurelabil sind. Saure Reinigungsmittel sollten deshalb nur in unvermeidlichen Ausnahmefällen lokal begrenzt und in möglichst geringer Konzentration verwendet werden. Als Ursache der fleckenförmigen Aufweichung kommen sie jedoch nicht in Frage, da einige Behälter nachweislich nie sauer gereinigt wurden. Erwiesen ist der nachteilige Einfluss bestimmter organischer Zusatzmittel zwecks Verbesserung der Verarbeitungsqualität, wie z.B. Methylcellulose und Zinkstearat, auf die Dauerhaftigkeit der Materialien und der Möglichkeit einer mikrobiellen Besiedlung. Die Zusatzmittel ermöglichen einen höheren äquivalenten Wasser-Zement-Wert (w/z-Wert) und damit eine leichter Materialverarbeitung. Methylzellulose bzw. ein zu hoher w/z-Faktor (über 0,5) erhöhen aber die Porosität (Bild 6.6.2.02). Eine wesentlich höhere Porosität als bei Beton muss bei mineralischen Beschichtungen nicht zwangsläufig der Fall sein, wenn eine entsprechend konsequente Verarbeitung betrieben wird. In die Diskussion (Schweiz) über die Schadensursachen wurden auch elektrolytische Prozesse (Ionenwanderungen) gebracht, die durch elektrische Felder im Wasserbehälter je nach Potentialgefälle in gewissen Grenzen verstärkt werden (WITTMANN UND GERDES 1996). In der Schadensauslösung spielen elektrische Ströme eher eine untergeordnete Rolle, zumal es auch Konstellationen gibt, bei denen Korrosionsschäden praktisch unbekannt sind. Der aus der Schweiz (andere Schutzerdung) möglicherweise ins Gespräch gebrachte »kathodische Korrosionsschutz für Wasserbehälter« bedarf deshalb einer kritischen Überprüfung. Aufgrund dieser Arbeitshypothesen haben einzelne Materialhersteller mineralische Innenbeschichtungen mit einem kompakteren Gefüge entwickelt, was durch die Verwendung von Mikrosilika ermöglicht werden kann. Die Untersuchungen in Trinkwasserbehältern belegen eindeutig, dass die Korrosionsanfälligkeit mit der

Materialdicke korreliert. Kleine Unregelmäßigkeiten während der Verarbeitung führen deshalb bei dünnen Beschichtungen schnell zu einer Zerstörung über die gesamte Schichtdicke von nur 3 mm, weshalb ein Umstieg auf größere Schichtdicken empfohlen wird.
In erster Linie waren/sind diese Mörtelprodukte gekennzeichnet durch ein sehr hohes Gesamtporenvolumen (z.B. 35-40 Vol.-%), damit einem niedrigen Hydrolysewiderstand und bei 3 mm Schichtstärke einer kurzen Lebensdauer bis hin zu Schadensfällen innerhalb der Gewährleistungszeit. Aus den erarbeiteten Erkenntnissen hat der DVGW deshalb in einer Wasserinformation die in nachfolgender Tafel 6.6.2.01 verkürzt wiedergegebenen technischen Anforderungen abgeleitet. Die *Empfehlung* geht hin zu »Dickschicht-Spritzmörtel« von rd. d = 15 ± 5 mm, mit 2 bis 4 mm Größtkorn, wohingegen »Dünnschichtmörtel« (Preisgründe) mit Größtkorn ≤ 1 mm mit mindestens 5 mm Schichtstärke auszuführen sind. Bereits bei der Ausschreibung der Instandsetzung von Wasserkammern sind von jedem Bieter genaue Angaben über die getestete Leistungsfähigkeit (»Porosität«) der im Angebot vorgesehenen Hersteller-Produkte vorzulegen. Den Herstellern wird dringend angeraten ihre Vorprodukte Sand und Zement auf kritische Inhaltsstoffe zu hinterfragen (Altholzeinschlüsse im Sand, hoher Eisenoxidgehalt im Zement we-

Tafel 6.6.2.01: *Anforderungen an Zementmörtelauskleidungen in Trinkwasserbehältern (DVGW)*

Anforderungen an den zementgebundenen Baustoff und die Bauausführung
▷ Hygienische Anforderungen (DVGW-Arbeitsblatt W 347 und bei organischen Zusätzen auch DVGW-Arbeitsblatt W 270) ▷ Äquivalenter Wasserzementwert $(w/z)_{eq} \leq 0{,}50$ ▷ Bestimmung Rohdichte und Frischmörtel-Luftporengehalt PL < 5 Vol.-% (bzw. < 8 Vol.-%) ▷ Gesamtporenvolumen nach Wasserlagerung $P_{28d} \leq 12$ Vol.-% bzw. $P_{90d} \leq 10$ Vol.-% (Prüfverfahren Quecksilberdruckporosimetrie) ▷ Richtwert Prismendruckfestigkeit $\beta_{D28d} \geq 45$ N/mm² ▷ Die Herstellung der Prüfmörtel und Probekörper muss mit den Geräten und Verarbeitungsverfahren erfolgen, die auch für den Einsatz auf der Baustelle verwendet werden. ▷ Abreißfestigkeit des Untergrunds*) Einzelwerte ≥ 1,0 N/mm² (Richtwerte) Mittelwerte ≥ 1,5 N/mm² *) Für Untergründe, die den Anforderungen z. B. an die Abreißfestigkeit nicht genügen, sind bauwerksbezogen gesonderte Überlegungen im Instandsetzungskonzept anzustellen.
Anforderungen an die Bauausführung (können z. B. entsprechend der DAfStb Richtlinie für Schutz und Instandsetzung von Betonbauteilen ergänzt werden).
▷ Die Erfüllung der o.g. Baustoffanforderungen muss für die angebotene Kombination mit dem Angebot nachgewiesen werden ▷ Für Spritzmörtel mit 2 bis 4 mm Größtkorn sind Schichtdicken von rd. d = 15 ± 5 mm zweckmäßig ▷ Aufzeichnungen über die hergestellten und verwendeten Baustoffe (Lieferwerk, Lieferschein, Chargennummer, Lagerung, technische Merkblätter) und Bauteilzuordnung (Planzeichnung); Entnahme und Aufbewahrung von Rückstellproben; Eigen- und Fremdüberwachung ▷ Prüfung und Nachweise während der Ausführung bzw. danach (Bohrkern) ▷ Prüfverfahren: s.a. Wasserinformation DVGW Energie Wasser Praxis 53 (2002), Nr. 3, S.32-35.

gen Gelbfärbung von Spritzflächen). Produkte, welche diese Vorgaben nicht erfüllen, sind vom Einsatz auszuscheiden. Die Verarbeitung des ausgewählten Materials kann über Bohrkerne *(Fremdüberwachung)* abgeprüft werden. Eine Hinterlegung der verwendeten Chargen zur späteren Beweissicherung ist ebenso Voraussetzung. Wie aus der *wissenschaftlichen Begleitung* ausgeführter Großprojekte (getestete Produkte Kerasal-Microsilica-Spritzmörtel und Aquazem, Porositätsuntersuchung bei VDZ) bekannt, können diese *Anforderungen zur Qualitätssicherung* mit diesen Materialien eingehalten werden von zertifizierten Fachfirmen mit langjähriger Erfahrung und entsprechend nach DVGW-W 316 qualifiziertem Personal, die auch mit dem »Papierkrieg« einer *Dokumentation* und der *Eigenüberwachung* vertraut sind.
Voraussetzung für zementgebundene Beschichtungen sind ganz allgemein ein *Instandsetzungsplan* (s. Kap. 11) bzw. Vorarbeiten wie Abstrahlen des Untergrundes, damit dieser frei von alten Beschichtungen und Anstrichen ist, und *Voruntersuchungen* wie Karbonatisierungstiefe des Betons, Überdeckung der Bewehrung, Haftzugfestigkeit > 1,5 N/mm^2 an der Rohbetonoberfläche, Druckfestigkeit Beton bzw. Betongüte, Dichtheit bzw. Undichtigkeiten der Wasserkammer, Rissbildung, Prüfung auf Bewuchs/Biofilme und der Arbeits- und Dehnfugen, die möglicherweise verschlossen werden sollten. Es ist dies oftmals ein Problem, weil für diese Aufgabe zwar zertifizierte Verarbeitungsfirmen diese Erfahrung haben, es aber noch zu wenig unabhängige, erfahrene Sachverständige bzw. Ingenieurbüros oder sachkundige Versorgungsunternehmen gibt, die auch für eine tägliche Bauleitungstätigkeit zur Verfügung stehen.

6.6.2.2 Zementmörtelauskleidungen (Spritzmörtel)

Zur begrifflichen Definition sei erinnert, dass *Spritzbeton* ein Beton nach DIN 18551 ist, der in einer geschlossenen überdruckfesten Schlauch- oder Rohrleitung zur Einbaustelle gefördert und dort durch Spritzen aufgetragen und dabei verdichtet wird. *Spritzmörtel* ist Zementmörtel mit Betonzuschlag bis höchstens 5 mm, der wie Spritzbeton hergestellt wird.
Entsprechend DIN 18551 und ZTV-SIB gibt es zur Herstellung von Zementmörtelauskleidungen zwei *maschinelle Fördermöglichkeiten* um das Material zur Einbaustelle zu transportieren, nämlich *Dünnstrom- und Dichtstromförderung,* und 2 (3) unterschiedliche Verfahren um die Verarbeitung durchzuführen, nämlich *Trockenspritz- und Nassspritzverfahren* mit einer zusätzlichen Variante, dem *Nass-Dünnstromverfahren* (Kerasal). Bei der Dünnstromförderung wird das Bereitstellungsgemisch aus der Spritzmaschine mittels Luft im Schlauch zur Spritzdüse/Einbaustelle geblasen *(pneumatische Förderung)* und erst dann Wasser zugegeben, während bei der Dichtstromförderung das Bereitstellungsgemisch nach dem Anmischen mit Wasser zur Einbaustelle mittels Spritzmaschine (Schnecken-, Kolben-, oder Schlauchquetschpumpe) gepumpt *(Pumpförderung)* wird.

In der Regel ist das Trockenspritzverfahren mit dem Dünnstromverfahren und das Nassspritz- mit dem Dichtstromverfahren kombiniert, während bei dem Kerasal-Verfahren infolge aufwändiger Maschinentechnik eine Verfahrenskombination Nass-Dünnstromverfahren herbeigeführt wird.
Beim *Trockenspritzverfahren* – Dünnstromförderung – wird das werksgemischte Betontrockengemisch in Säcken oder per Silo über eine Spritzmaschine im Dünnstrom mit Druckluft zur Spritzdüse gefördert, wo das Zugabewasser beigemengt wird (Spritzdruck 2,5-4 bar, Luftmenge ca. 5-6 m^3/min). Das Anmachwasser wird vom Düsenführer nach Erfahrung so dosiert, dass das Material nach dem Aufprall am Untergrund leicht mattfeucht glänzt. Die ausführende Fachfirma hat im Vergleich mit den anderen Verfahren u.U. mit dem Nachteil eines höheren Rückpralls und damit Materialverlustes und einer größeren Staubentwicklung zu rechnen, gegebenenfalls aber den Vorteil einer hohen Verdichtung, größerer Auftragsstärken mit hoher Qualität bei niedrigerem aber nicht kontrolliertem w/z-Wert, langer Förderweiten (je nach Standort der Maschine bis 400 m), geringer Stopferanfälligkeit, einfacher Handhabung und geringer Reinigungsaufwand der Maschinenausrüstung.
Beim *Nassspritzverfahren* – Dichtstromförderung – wird in der Regel Mörtel mit der vom Hersteller vorgegebenen Wassermenge (Wasseruhr) mit Hilfe eines Zwangmischers angemischt, danach in die Spritzmaschine umgefüllt und über einen Förderschlauch im Dichtstrom mit Schnecken-, Kolben-, oder Schlauchquetschpumpe zur Spritzdüse gefördert (geringe Förderweite max. 100 m). An der Spritzdüse können verschiedene Zusätze wie Beschleuniger, Verzögerer, PCC-Dispersionen dem Material zugeführt werden. Mit Luft wird der Materialstrom nach Verlassen der Düse aufgerissen, auf den Untergrund gespritzt (Spritzdruck 2-6 bar, Luftmenge ca. 2 m^3/min). Führt man Beschichtungsarbeiten in Trinkwasserbehältern durch, so ist das Nassspritzverfahren nicht immer unproblematisch. Es wird durch die nasse Mischung viel Feuchtigkeit in die Wasserkammer befördert. Dadurch können Haftungsprobleme durch Übersättigung des Untergrundes mit Wasser entstehen. Die Luftfeuchtigkeit sollte deshalb so »gering wie möglich sein«. Die ausführende Fachfirma hat im Vergleich zum Trockenspritzverfahren mit dem Nachteil, hoher Reinigungsaufwand der Maschinenausrüstung, Verstopfungsanfälligkeit, hoher und teuerer Verschleiß an Maschine zu rechnen, mit Vorteilen einer gleichbleibenden Qualität und w/z-Wertes, geringer Rückprall und geringe Staubentwicklung.
Trotz im Detail unterschiedlich bewerteter technischer Verfahren zur Herstellung einer Oberflächenqualität kann summarisch ausgesagt werden, dass die Ausführungsqualität zementgebundener Spritzmörtel gemäß DVGW-Anforderungen letztendlich durch das Können des Düsenführers mit seiner Mannschaft bestimmt bzw. eingehalten wird.
In den letzten Jahren sind Mörtelsysteme entstanden – bedingt durch die Schadensfälle – die frei von organischen Zusätzen unter Verwendung von Microsilica

(s.a. 6.6.2.3) hergestellt werden. Die Verarbeitung der 2-3 lagigen Mörtelsysteme mit Schichtstärken von insgesamt um die 13 mm, geschieht durch Nass- oder Trockenspritztechnik mit abschließender Handverarbeitung zu einer glatten Oberfläche, in besonderen Fällen (meist an Decken, Oberflächenvergrößerung, rasches Abtropfen des Tauwassers) auch spritzrau ausführbar. Zu den Schichtdicken ist festzuhalten, dass sie mindestens das Dreifache des Größtkorndurchmessers betragen müssen. Die Mörtelsysteme sind farbig lieferbar, meist weiß oder grau. Alle Ausgangsstoffe (Zement, Gesteinskörnung, Wasser, Zusatzstoffe, Zusatzmittel) müssen neben den Anforderungen der DIN 1045 die des DVGW-Arbeitsblattes W 347 erfüllen, falls geringe organische Zusätze enthalten sind, auch des Arbeitsblattes W 270. Der erforderliche Hydrolysewiderstand zementgebundener Putze und Beschichtungen ist nachweisbar, indem die Anforderungen gemäß Tafel 6.6.2.01 (Wasserzementwert, Porosität usw.) im Rahmen einer Erstprüfung des Materials eingehalten werden. Für jedes Produkt hat der Hersteller »Angaben zur Ausführung« unter Berücksichtigung der Verhältnisse in Wasserkammern aufzustellen. Sie müssen alle für die Ausführung erforderlichen Angaben im Sinne eines Verwendbarkeitsnachweises enthalten (z.B. Ausbreitmaß, Prismendruckfestigkeit, E-Modul, Festigkeitsentwicklung), was bislang nur teilweise von den Herstellern erbracht worden ist. Zu dem Richtwert für die Prismendruckfestigkeit von $\beta_{D\ 28d} \geq 45\ N/mm^2$ ist ergänzend anzumerken, dass er für die Wände der Wasserkammern in Spritzmörtelausführung erreichbar und einhaltbar ist, jedoch nicht unbedingt bei der Sohle in Estrichausführung bzw. Hohlkehle, so dass hier Zementestrichnormen heranzuziehen sind (Druckfestigkeit 20/30 N/mm^2). Zur Dauerhaftigkeit der Hohlkehle ist zu sagen, dass dies nicht so sehr eine Frage der Druckfestigkeit, sondern der Verdichtung und eines niedrigen Wasserzementwertes ist, weil dann die Porosität niedrig ist und eine hydrolytische Auslaugung des Zementmörtels minimiert wird.

6.6.2.3 Kerasal-Microsilica-Spritzmörtel nach dem Nass-Dünnstromverfahren

Das seit einem Jahrzehnt auf dem Markt befindliche KERASAL-Microsilica-Spritzmörtelverfahren bietet eine technische Lösung, Beton nachträglich an seiner Oberfläche durch einen rein mineralischen, anorganischen, hydraulisch abbindenden Fein-Spritzmörtel gemäß DIN 18551 zu vergüten. Ein durch Microsilica vergüteter Mörtel wird einlagig in Schichtstärken von 15 mm (Regelschichtdicke) bis zu 40 mm (zur Hohlraumüberbrückung) je nach Untergrund aufgespritzt und geglättet, so dass eine dichte, homogene Oberfläche entsteht, die eine bis zu 1,5-fach größere Druckfestigkeit als der Untergrundbeton aufweist. Die betongraue Oberfläche hat in Einzelfällen gewisse Farbunterschiede und Wolken, bedingt durch Zement und Verarbeitung, was jedoch im allgemeinen Betrieb des Trinkwasserbehälters zu tolerieren ist. Mittlerweile ist das Produkt auch farbig erhältlich, z.B. blau. Microsilica fallen bei der Herstellung von Silicium als Siliciumdioxid-Feinstpartikel an,

welche die Zementsteinmatrix festigkeitssteigernd verändern und die Werkstoffeigenschaften des Zements in Richtung keramisches Material (Puzzolane) verschieben, die Kohäsionskräfte des Frischbetons erhöhen und damit den Rückprall stark reduzieren. Microsilica-Partikel haben zum größten Teil einen Korndurchmesser von ca. 0,1 µm, d. h. der Durchmesser ist so klein, dass er die Hohlräume zwischen den einzelnen Zementpartikeln zu einer hochdichten Packung auszufüllen vermag. Mit dieser so zur Verfügung gestellten Feinheit von Microsilica wird die Porosität des Betons somit stark verringert, was zu einer Erhöhung der Dichte und Festigkeit des Betons führt. Die Zugabemenge von Silicastaub ist begrenzt, da sich sonst die Gefahr des Frühschwindens des Mörtels bzw. auch der Wasseranspruch erhöht, die Alkalität der Porenlösung sich reduziert oder Alkali-Silikat-Treiben eintritt. Bei der Verwendung von Microsilica kommt es außerdem darauf an, welche Form eingesetzt wird: Kompaktiert, also locker rieselig gut dosierbar oder unkompaktiert, wie etwa aus dem Big-Bag, klumpig schwer aufschließbar, schlecht zu verteilen, weshalb herstellerseitig die Mischanlage mit Wirblern bestückt sein muss, damit das Material absolut aufgeschlossen wird, um im Baustoff eine gleichmäßige Verteilung zu bekommen.
Diese Art der Microsilica-Technik ist untrennbar mit diesem speziellen maschinellen Anwendungsverfahren (automatische Dosierung der Wasserbeigabe nach Rezeptur, Mörtel in 25 kg Säcken mehrfach mahlen, usw.) verbunden (Bild 6.6.2.03). Zum Verspritzen der steifplastischen, klebrigen Mörtel und Betone wurde das Nass-Spritzverfahren mit Förderung des Materialgemisches im Dünnstrom (Förderweite bis 500 m) entwickelt, welches beide o.a. Spritzverfahren kombiniert. Mit der Förderluft wird der Materialstrom auf den Untergrund gespritzt (Spritzdruck 7-8 bar, Luftmenge ca. 10 m^3/min) und dabei verdichtet. An der Spritzdüse können keine Veränderungen oder Zugaben zum Mörtel durchgeführt werden. Die Vorteile

Bild 6.6.2.03: *Wasserkammerbeschichtung mittels Microsilica-Spritzmörtel (Kerasal-Verfahren)*

liegen in einer gleichbleibenden Qualität, einer hohen Verdichtung, größeren Auftragsstärken mit hoher Qualität bei niedrigem gleichbleibendem w/z-Wert, langen Förderweiten (bis 500 m), geringer Stopferanfälligkeit. Nachteile sind der hohe Rückprall, dadurch hoher Materialverbrauch und hoher Reinigungsaufwand und die aufwendige, kostenintensive Maschinentechnik.
Der rein mineralische, anorganische Spritzmörtel erfüllt die KTW-Empfehlungen und den Nachweis nach DVGW-Arbeitsblättern W 270/W 347 und entspricht den Anforderungen nach DVGW-Arbeitsblatt W 300. Grundsätzlich gibt es bei der Anwendung zwei Ausführungsmöglichkeiten, nämlich eine dünnschichtige, glatte Oberflächenbeschichtung (ca. 1,5-2 cm) bei Neubau oder Sanierung sowie die statisch-konstruktive Bauwerksertüchtigung durch Erstellen einer bewehrten Vorsatzschale in der statisch erforderlichen Schichtdicke im Spritzverfahren zur Überbrückung von Rissen und Abdichtung von undichten Behältern.

6.6.3 Fliesen

Zur Erleichterung der Reinigung oder aus optischen Gründen können Fliesen an Wänden und Böden der Wasserkammern auf Wunsch des WVU in Frage kommen, jedoch nicht zur Erzielung einer Wasserdichtheit. Hierzu sind dichtgesinterte keramische Fliesen und Platten mit material-technologischen Güteeigenschaften nach DIN EN 176 (Trockengepresste Fliesen mit niedriger Wasseraufnahme < 3 %) oder DIN EN 121 (Stranggepresste Fliesen) einzusetzen. Bei der Verlegung eines Fliesenbelages ist je nach Untergrund eine Vorbehandlung erforderlich, um eine plane, aufgeraute Fläche zu erhalten. Bei der Auswahl einer Fliesenart sind die Forderungen der Unfallverhütungsvorschriften bezüglich rutschhemmender Eigenschaft zu beachten. Alle Fliesenbeläge an Flächen im Trinkwasserbereich sind ohne jegliche Hohlräume in vollem Mörtelbett zu verlegen, um eine spätere «Wasserunterwanderung« und damit Bildung von Verkeimungsherden (Bild 6.6.3.01) bzw.

***Bild 6.6.3.01**: Makrokolonien/Aufwuchs in Fugen einer gefliesten Wasserkammer (Schoenen 1997)*

Fliesen-Abplatzungen durch hydraulische Druckunterschiede bei Wasserspiegelschwankungen zu vermeiden. Im Regelfall wird aber anstelle eines Mörtelbettes auch eine Dünnbettverlegung mit Klebemörtel (im Einvernehmen mit dem Auftraggeber) zugelassen. Hierfür sind nur hydraulisch erhärtende Dünnbettmörtel zu verwenden. Die verwendeten Kleber und Fugenmörtel müssen selbstverständlich der KTW-Empfehlung und DVGW-Arbeitsblättern W 270 und W 347 entsprechen. Während der Ausführung der Fliesenarbeiten ist natürlich auch ein eventuell zu hoher Tauwasseranfall, in Behälterkammern und -vorraum (Einsatz von Trocknungsgeräten), zu berücksichtigen. Mit der Ausführung betraut werden, sollten grundsätzlich nur Fachfirmen mit Referenzen für Trinkwasserbehälter, die mit den Betriebsbedingungen in Wasserkammern wie Feuchtigkeit, sowie wechselnder Wasserstand / wechselnde statische Belastung und den damit verbunden Konsequenzen vertraut sind. Die einwandfreie Ausführung der Fliesenarbeiten kann wahlweise geprüft werden durch Stichproben der hohlraumfreien Mörtelbettung während der Ausführung oder Haftzugfestigkeitsuntersuchungen nach 28 Tagen mit geeichtem Prüfgerät (Mindestwert 0,5 N/mm^2).

6.6.4 Glasauskleidung

Glasauskleidungssysteme für Sanierung von Wasserkammern wurden erstmals in den Jahren 1994/95 und in der Folge weitere Referenzobjekte mit wechselndem Erfolg (Bild 6.6.4.01) ausgeführt, zum Teil wegen ungünstiger Voraussetzungen und nicht fachgerechter Einschätzung der Verhältnisse in Wasserkammern durch Verarbeiter und Auftraggeber. Eine kritische Würdigung hierzu ist bei MERKL (1998, 1999) und HERB (1998) nachzulesen.
Das Glasauskleidungssystem besteht aus den Komponenten *Glas, Polytransmitter, Fugendichtstoff.* Üblicherweise wird sog. Floatglas (Spiegelglas gemäß DIN 1249, Teile 3, 10 und 11) in der Dicke 8 mm eingesetzt. Bei besonders hohen statischen und/oder mechanischen Belastungen wird ein Scheibensicherheitsglas (ESG gemäß DIN 1249, Teil 12), verwendet. Der kraftschlüssige Verbund zwischen Glas in Formaten von 0,25 m^2 bis 10 m^2 lieferbar und dem Betonbauteil wird mit Hilfe eines werkseitig auf die Glasscheibe aufgebrachten Polytransmitters realisiert. Beim Polytransmitter handelt es sich um eine Art kunststoffmodifizierten, zweikomponentigen Baukleber. Die Pulverkomponente besteht zu 50 % aus Quarzsand (Sieblinie 0,2-0,7 mm) und zu 50 % aus Portlandzement. Die flüssige Komponente ist eine wässrige Dispersion eines Polyacrylsäurederivates, wobei der Kunststoffanteil 56-59 Gewichtsprozent beträgt. Diese Komponenten werden im Verhältnis zwei Teile Pulver zu einem Teil Dispersion gemischt. Der Polytransmitter hat die Funktion eines elastischen Bindegliedes zwischen der starren Glasplatte und dem »KTW-Baukleber«. Die Fugenversiegelung ist eine streichfähige Beschichtung zum Versiegeln der Fugenoberflächen zwischen den Glasstößen (lösemittelfreie Versiegelung auf Polyacrylat-Basis). Das Glasauskleidungssystem zur Instandsetzung von

Bild 6.6.4.01: *Sanierung einer Wasserkammer mittels Glasauskleidung und Biofilmbildung auf Fugen*

Trinkwasserbehältern wird nach folgendem Arbeitsablauf appliziert: Entfernen vorhandener Beschichtungen durch Hochdruckwasserstrahlen, Betoninstandsetzung nach einschlägigen Vorschriften, Herstellen der notwendigen Planität nach DIN 18202 mittels eines speziell entwickelten Mörtels, vollflächiges Auftragen des Polytransmitters auf die Gläser und danach gleichmäßiges Andrücken der Scheiben an die Wandungen, Fixierung der Glasscheiben durch Montagestifte, Ausbilden der Fugen als Hohlkehle mit Polytransmitter und Versiegeln der Fugenoberfläche durch mehrfachen Pinselauftrag mit dem Fugenversiegelungsmaterial (nicht bewährt). Die Fugenausbildung wurde mittlerweile modifiziert (MERKL 1998, 1999). Inwieweit bei dieser Ausführungsart (Bild 6.6.4.02) eine Biofilmbildung in den Fugen vermieden werden kann, müsste die Überprüfung in den nächsten Jahren zeigen. Die Kosten für Glasauskleidungssysteme werden heutzutage bei rd. 100 €/m² geschätzt. Wegen verschiedener Probleme (Biofilmbildung auf Fugen, Sprünge in Glasplatten vermutlich durch Statische Probleme bei Wasserkammer)

Bild 6.6.4.02: Sanierung einer Wasserkammer mittels Glasauskleidung (von der Forst)

ist z.Zt. eine weitere Anwendung nicht mehr zu verzeichnen, weshalb hier nicht näher darauf eingegangen und auf die o.a. Literatur verwiesen wird.

6.6.5 Kunststoffvergütete Mörtel, Kunstharz- und Chlorkautschukbeschichtungen

Bei aggressiven bzw. calcitlösenden Roh- und Betriebswässern sind zementgebundene Beschichtungen eigentlich nicht geeignet, weshalb in der Vergangenheit kunststoffvergütete Mörtelsysteme, auch PCC genannt, zur Ausführung gelangten. Auch hier sind vereinzelt Schadensfälle zu verzeichnen. Nachdem heutzutage Alternativen wie Edelstahl- oder Kunststoffauskleidungen für derartige Problemfälle zur Verfügung stehen, werden die Anwendungen im Trinkwasserbereich auslaufen, so dass hier nicht mehr näher darauf eingegangen wird. Sinngemäß gilt dies für die wenigen »Chlorkautschukfans bei den WVU's«, die gute Erfahrungen gemacht haben. Dagegen sprechen, der hohe Lösungsmittelgehalt, Blasenbildungen bzw. Ablösungen, dass das alte »gute« Mittel wegen des hohen Lösemittelgehaltes in der Produktion nicht mehr hergestellt werden darf, und die ausführenden Firmen mit erfahrenem Personal für eine sachgerechte Verarbeitung in den feuchten Wasserkammern mangels Aufträgen immer weniger werden. Analog ist es bei den wenigen Fällen einer Behälterauskleidung mit lösemittelfreien Heißbeschichtungssystemen bis 1 mm Trockenschichtstärke, wo bei nicht fachgerechter Ausführung eine Blasenbildung bevorzugt im Bodenbereich auftritt (Literatur s.a. LEIBER 2001).

6.6.6 Kunststoffauskleidungen

Mängel und Schäden bei Innenflächen von Wasserkammern ließen neben bereits bekannten, neuartige Auskleidungssysteme aufkommen und warfen die Frage nach einer geeigneten Instandsetzung auf: Bereits Mitte der 70er Jahre wurde der Einsatz von PVC-Folien als Dichtungselement in Trinkwasserbehältern im In- und Ausland, z.B. bei Trinkwasserbehältern in Siegen und Le Mans, bekannt (Lit. s. bei MERKL 1995). Sie haben sich damals aus verschiedenen Gründen, wie z.B. Weichmacherverarmung, Verfärbung (vgl. auch THOFERN, SCHOENEN 1983) nicht in größerem Maße durchgesetzt: Für Sanierung und Neubau von Trinkwasserbehältern sind ebenfalls schon vor einem Vierteljahrhundert »Foliengedichtete Erdhochbehälter« bekannt geworden, vom Markt verschwunden, und neuerdings in modifizierter Weise (MERKL 2001/2002) durch einige Ausführungen wieder ins Gespräch gekommen. Es handelt sich hierbei nicht um Trinkwasserbehälter-Konstruktionen im eigentlichen Sinne, sondern um eine Auskleidung der Betonkonstruktion mittels miteinander verschweißter Folien oder PEHD-Platten, im Sinne einer »Korrosionsschutzmaßnahme« bei Behälter-Instandsetzungsmaßnahmen oder Neubau von Rohwasser- bzw. Trinkwasserbehältern, angeordnet nach (nicht optimal funktionierenden) Entsäuerungsanlagen, wo durch leicht aggressive Wässer eine Absandungsgefahr bei der Betonoberfläche zu befürchten ist.

6.6.6.1 Trinkwasserbehälterauskleidung mit PE-HD Profilplatten (BKU II)

PE-HD Profilplatten sind seit 1999 sowohl bei der Instandsetzung (Auskleidung) als auch beim Neubau (verlorene Schalung) von Trinkwasserbehältern bzw. Rohwasserbehältern eingesetzt worden (Bild 6.6.6.1.01). Der Werkstoff PE-HD ist seit Jahren bei Trinkwasser-Rohrleitungssystemen bekannt und bewährt. Für den eingesetzten Werkstoff PE-HD Finathene 3802, Farbe blau, liegt das Prüfzeugnis des DVGW-Technologiezentrums Wasser (TZW) Karlsruhe vor. Die Auskleidungsplatte ist eine homogene, in einem Arbeitsgang als endlos in Farbe blau mit einer Breite von 1 m extrudierte »Stegplatte« in 4 (5) mm Wandstärke und einer max. Länge von 5 m (bedingt durch die stationäre Plattenstumpfschweißmaschine und transportierbarer, »händelbarer« Breite). Die (mediumberührende) Vorderseite der Plat-

Bild 6.6.6.1.01: *Neubau Trinkwasserbehälter mit PE-HD-Profilplatten (BKU II)*

te wird mit einer glatte Oberfläche produziert, die Rückseite hat in einem Abstand von ca. 30 mm speziell profilierte Längsstege (= Verankerungsstege) mit einer Steghöhe von ca. 12 mm. Die Länge der Platte ist im Behälter bei einer Wandbelegung das vertikale Maß (die Längsstege auf der Rückseite der Auskleidungsplatte verlaufen immer von oben nach unten). Die Breite der vorkonfektionierten Platte entsteht aus der horizontalen Abmessung. Ist die Bauhöhe des Trinkwasserbehälters größer als die max. Länge der Platten (5 m), so werden, wenn erforderlich, mehrere Lagen an der Wand übereinander belegt und dann mit mechanisch an Boden und Sohle montierten Profilen verschweißt nach den DVS-Richtlinien. Die Platten werden im Nut-Feder-System vormontiert, womit gewährleistet ist, dass die vormontierten aber noch nicht verschweißten Platten sich einer durch Temperatureinflüsse bedingten Ausdehnung (Längenänderung) oder anderen baustellenbedingten Umständen spannungsfrei anpassen können (Bild 6.6.6.1.02). Beschädigungen der Auskleidungen während der Bauzeit oder nach Inbetriebnahme können einfach repariert werden. Kleinere Beschädigungen können direkt mit dem Extruder verschweißt werden, bei größeren Beschädigungen wird die beschädigte Stelle herausgeschnitten und ein Passstück (Flicken) eingesetzt und verschweißt. Die Dichtheitsprüfung der Wasserkammer bzw. der Schweißnähte wird in der Regel als Unterdruckprüfung (Vakuumglocke) mittels Schaummittel durchgeführt, kann aber auch mittels Funkenschlagmethode bei entsprechend hoher Feuchtigkeit hinter der Auskleidung ausgeführt werden (bessere Lösung z.B. in Ecken).

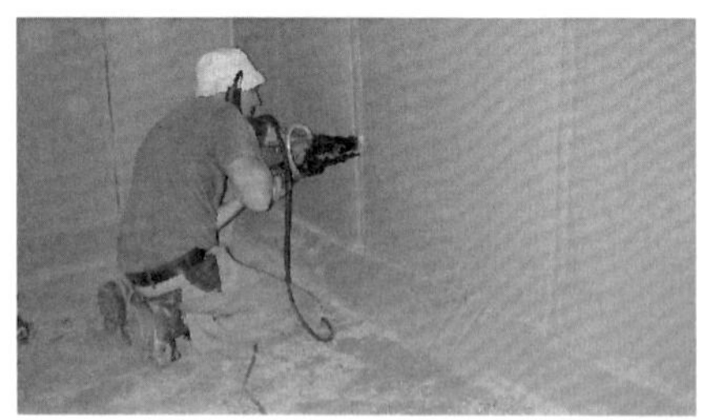

Bild 6.6.6.1.02: *Wasserkammerauskleidung mit PE-HD-Profilplatten (BKU II)*

Die Lebensdauer der reinigungsfreundlichen PE-HD-Platten ist wie bei Rohrleitungen mit 30-50 Jahren und länger und damit etwa gleich zu setzen wie bei Beton. Beim Neubau eines Behälters spielen Konfliktpunkte wie Rissbreitenbeschränkung, Nachbehandlung der Stahlbetonoberfläche ebenso wie im Instandsetzungsfalle Rissbreiten so gut wie keine Rolle. Von außen undichte Behälter sind nach einer Sanierung wieder vollwertige Trinkwasserspeicher, weil geringfügig eindringendes Grund- oder Oberflächenwasser durch die Drainageeigenschaften der Stegplatte kontrolliert und überwachbar abgeleitet werden können.

6.6.6.2 Trinkwasserbehälterauskleidung mit polyolefinen Dichtungsbahnen

Vor rund 25 Jahren wurden auch bereits Trinkwasserbehälter-Dichtungsbahnen meist auf PVC-Basis hergestellt und vertrieben. Auf der Basis von Polyethylen (PE) werden seit 1996/97 polyolefine Dichtungsbahnen, z.B. DLW (Deutsche Linoleum

Werke) delitop TIG, hergestellt, die keine Weichmacher benötigen. Die Flexibilität der Dichtungsbahnen erreicht man durch sogenannte Co-Polymere, die, im Gegensatz zu den früheren Weichmachern im PVC, nicht flüchtig und unproblematisch sind, weshalb KTW- und DVGW W 270-Prüfzeugnisse vorliegen. Die polyolefinen Dichtungsbahnen sind 2 mm dick, ein eingearbeitetes Glasvlies nimmt Zugspannungen auf und sorgt zugleich für Dimensionsstabilität. Durch die hohe chemische Resistenz führt »aggressives Wasser« zu keinem Funktionsverlust bzw. Verkürzung der Lebensdauer (10 Jahre Gewährleistung), so dass auch mit stark sauren oder alkalischen Reinigungsmitteln gereinigt und ein zugelassenes Desinfektionsmittel verwendet werden kann. Mechanische Beschädigungen (Undichtheit) können bei Kunststoffauskleidungen einfach durch thermisches Verschweißen repariert werden. Der Einsatzbereich dieser Art von Behälter-Auskleidung ist für die Abdichtung gegen von innen drückendes Wasser vorgesehen bei Neubau oder Instandsetzung älterer bzw. undichter Trinkwasserbehälter (Bild 6.6.6.2.01).
Der Untergrund sollte möglichst glatt sein, schadhafte Stellen sind auszubessern. An Anschlüssen, wie z.B. Einläufe, Abläufe etc., muss die Dichtungsbahn angeflanscht werden (Fest-/Losflanschverbindung). Etwa 30 cm oberhalb des Wasser-

Bild 6.6.6.2.01: *Wasserkammerauskleidung mit Polyolefinen Dichtungsbahnen (von der Forst)*

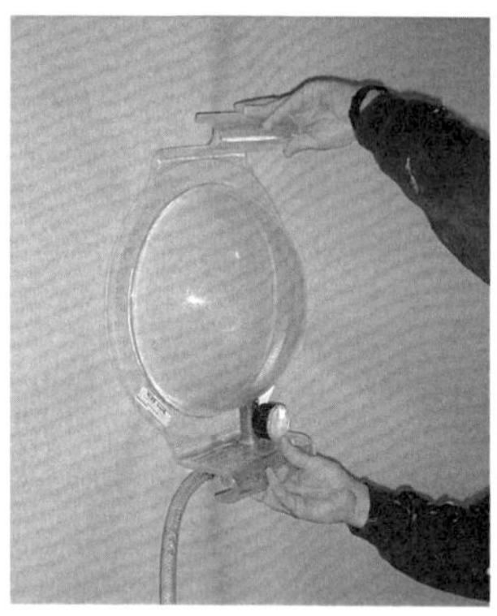

Bild 6.6.6.2.02: *Nahtprüfung der Polyolefinen Dichtungsbahnen (von der Forst)*

spiegels wird ein feuerverzinktes, PE-kaschiertes Verbundblech zur Führung der Wandbahnen angebracht. An den Seitenwänden und am Boden wird ein Schutzvlies auf der Basis von Polypropylen verlegt. Anschließend werden die Wandbahnen vertikal verlegt, in dem diese an dem Verbundblech fixiert werden. Die einzelnen Dichtungsbahnen überlappen sich um ca. 10 cm. Alle 50 cm erfolgt eine Zwischenfixierung der unteren Dichtungsbahnen im Nahtbereich. Die Wandbahnen werden im thermischen Verfahren bei ca. 400 °C homogen miteinander verschweißt, danach die Bodenbahnen mit den Wandbahnen. Die Nahtprüfung erfolgt mit einer Prüfnadel, die mit Druck an der Naht entlang geführt wird. Dabei werden Kapillaren entdeckt und können nachgebessert werden. Eine weitere maschinelle Möglichkeit die Naht zu prüfen (Bild 6.6.6.2.02), ist ein Vakuum-Prüfgerät (»Saugglocke«). Mechanische Beschädigungen (Undichtheit) können bei Kunststoffauskleidungen einfach durch thermisches Verschweißen repariert werden. Für die Instandsetzung von Trinkwasserbehältern, die keine gravierende Betonkorrosion aufweisen, kann dies ebenfalls eine Möglichkeit sein für eine dauerhafte Wasserkammerauskleidung.

6.6.7 Edelstahlauskleidung von Wasserkammern

Im Jahre 1985/86 wurden erstmals die beiden Behälterkammern eines undichten, rechteckigen, 10.000 m³ fassenden Leitwandbehälters aus Stahlbeton mit einer mittig quer zur Längsrichtung verlaufenden Bewegungsfuge durch eine Auskleidung mit Edelstahlblechen saniert. In den folgenden Jahren sind immer wieder Trinkwasserbehälter – auch Behälterneubauten – mit Edelstahl ausgekleidet worden (MERKL 1998), ab 1998 sogar zahlreich (Bild 6.6.7.01).
Der eingesetzte Werkstoff für diese Auskleidungen ist rostfreier Edelstahl (s.a. Abschnitt 6.4.2) mit der Werkstoff Nummer 1.4571 oder 1.4404, jeweils als V4A be-

Bild 6.6.7.01: *Erstmalige Sanierung (Remscheid) und Neubau (Ingolstadt) von Behältern mit Edelstahlauskleidung*

kannt. Die Bezeichnung »nichtrostend oder Rostfrei« ist eigentlich »expressis verbis« nicht zutreffend, da die Korrosionsbeständigkeit gegen die *Korrosionsarten* wie Abtragende Flächenkorrosion, Lochkorrosion, Spaltkorrosion, Spannungsrisskorrosion, Schwingungsrisskorrosion, Interkristalline Korrosion (örtliche Chromverarmung beim Schweißen in der Nähe der Schweißnaht/Wärmeeinflusszone in der Umgebung der ausgeschiedenen Chromcarbide), Kontaktkorrosion, vorrangig abhängig ist von der Legierungszusammensetzung des Stahls, daneben von seiner Oberfläche und vom Gefügezustand. Der titanstabilisierte Werkstoff 1.4571 X6CrNiMoTi17-12-2 kam in der Vergangenheit deshalb zu seiner weiten Verbreitung, weil die interkristalline Korrosion beim Abkühlen nach dem Schweißen vermieden wird. Durch die Bildung der Titankarbide bleibt das Chrom ungebunden und kann somit voll für die Bildung der passiven Schutzschicht verwendet werden. Die Titankarbide haben aber die unangenehme Eigenschaft sich in Schlierenform auszuscheiden, was zu optischen Schattierungen in der Oberfläche führt, vergleichbar mit Holzmaserungen, womit auch die Schleif- und Polierbarkeit des Materials beeinträchtigt wird bis in Extremfällen zum Aufbrechen der Oberfläche oberhalb der Titanschlieren, weshalb die Stahlgüte 1.4404 X2CrNiMo17-12-2 verstärkt ins Gespräch kommt wegen ihrem niedrigen Kohlenstoffgehalt < 0,03 %. *Edelstahl-Rostfrei-Oberflächen im Bauwesen* sind nach EN 10088/3 auszuweisen, da es auch innerhalb derselben Bezeichnung sichtbare Unterschiede geben kann, z.B. können 2-B-Oberflächen von Hersteller zu Hersteller und sogar von Produktcharge zu Produktcharge variieren, weshalb der Austausch von verbindlichen Mustern zwischen Auftraggeber und Auftragnehmer oder die Verwendung von Blechen, die vom selben Coil stammen, vereinbart werden sollten. Die *Korrosionsbeständigkeit von Edelstahl Rostfrei* kann beeinträchtigt werden durch den Einfluss von Fremdeisenpartikeln in Form von Flugrost oder Stäuben aus Schneide-, Schleif- und Schweißarbeiten an Teilen aus unlegierten Stahl, weshalb dies räum-

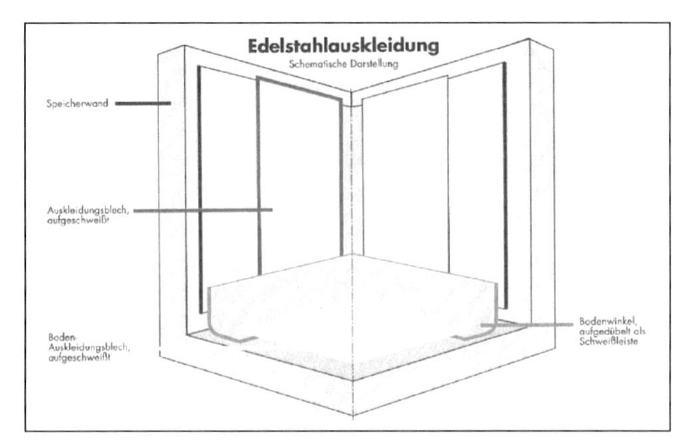

Bild 6.6.7.02: *Schematische Darstellung einer Edelstahlauskleidung und Edelstahlauskleidung in einem Spiralleitwandbehälter*

lich getrennt geschehen muss. Ferner sind jeweils *separate Werkzeugsätze* zu verwenden. Bei Lagerung und Transport muss darauf geachtet werden, dass Edelstahl Rostfrei nicht ungeschützt mit Transportmitteln und Hebezeugen aus Stahl in Berührung kommt, z.B. mit Gabelstaplern oder Stahlketten.
Fachgerechte Verarbeitung erfordert geeignetes Werkzeug und qualifiziertes Montagepersonal. Die Edelstahlauskleidung besteht aus 1,5 mm starkem Blech und einer maximalen Blechlänge von 7,0 m mit ≤ 1,5 m Breite. Die Oberflächenbeschaffenheit der Bleche nach DIN EN 10088-2 ist 2B, wobei die Werkstoffbelegung nach DIN EN 10204-3.1B erfolgt. Die Edelstahlbleche können direkt ohne Vorbehandlung des Untergrundes montiert werden (Bild 6.6.7.02). Somit entfällt, z.B. bei epoxidharzbeschichteten Wasserkammern, das mühsame Entfernen und die Entsorgung der Beschichtung. Freiliegende Eisen müssen bauseits vor Montage konserviert werden. Die Edelstahlbleche werden in der Schindelbauweise der handelsüblichen Blechbreiten über spezielle Spreizdübel an der Betonwand fixiert

und jeweils überlappend mittels WIG-Schweißverfahren (Wolfram-Inert-Gas) ohne Zusatz verschweißt. Die nichtbetonseitigen Anlauffarben, die beim Schweißen entstehen, werden durch Bürsten entfernt. Ein Passivieren der Schweißnahtbereiche ist nicht erforderlich, da sich innerhalb weniger Tage eine Passivschicht durch Einwirkung von Luftsauerstoff bildet. Die Schweißnähte werden einer Oberflächenrissprüfung nach dem Farbeindringverfahren DIN 54152-1 unterzogen, um die Dichtheit der Auskleidung sicher zu stellen. Für die Schweißarbeiten, deren Ausführung ggfs. durch eine befugte Versuchsanstalt überprüft werden kann, müssen geprüfte Schweißer nach DIN EN 287 eingesetzt werden.
Die Auskleidung endet in der Regel unterhalb der Behälterdecke und wird gegenüber der Betonwand mit einem Abschluss z.B. durch Kantprofil mit Silikon (Zweikomponentenprodukt auf Epoxydharzbasis) abgedichtet (was langfristig Instandsetzungen nach sich zieht und auch keine »hygienische« Lösung ist). Der Abschluss kann auch aus einem U-Profilfalz bestehen, in das die Bleche gesteckt und dann verschweißt werden, wobei die Krümmung des U-Profils zur Wand hin wieder mit Silikon abgedichtet wird (einfacher zu bewerkstelligen, da Luftspalt größer als bei reiner Blechkante). Erhält die Wasserkammerdecke einen Spritzwurf, so wird neuerdings das Edelstahlblech die ganze Wand hochgezogen und um die Ecke in die Decke hereingezogen, so dass der Spritzwurf das Blech abschließt und keine Silikondichtung notwendig wird (Bild 6.6.7.03).
Zur Überprüfung der Dichtheit des Behälters ist ein Leckage-Dedektionssystem vorgesehen, die vertikale Lage einer Störstelle ist durch Absenken des Wasserspiegels zu suchen. Eine Lokalisierung der undichten Stelle ist dann mit dem »Rot/ Weißverfahren« möglich. Durch entsprechende Nachschweißarbeiten sind dann die Störstellen zu verschließen. Eine weitere Dichtheitsprüfung macht dann den Erfolg der Mängelbehebung sichtbar. Erfahrungsgemäß ist mit 1-2 Fehlstellen je

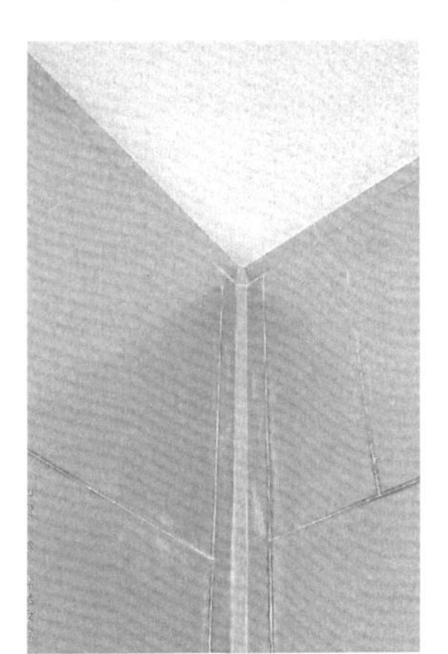
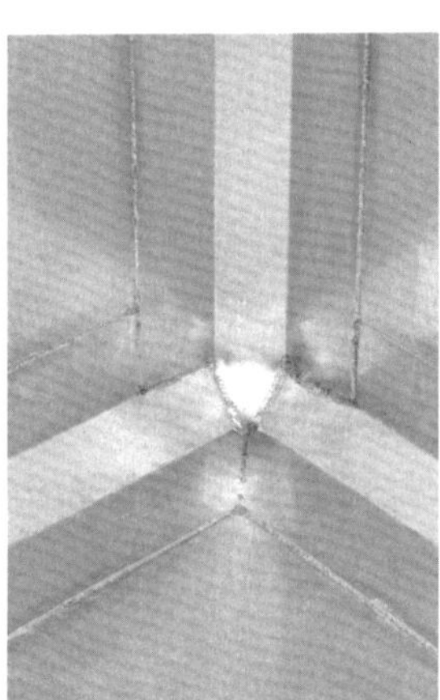

Bild 6.6.7.03: *Edelstahlauskleidung : Varianten für Verschneidung im Eckbereich und Wandabschluss*

Wasserkammer zu rechnen. Die Erstreinigung und Desinfektion der Edelstahlflächen kann über H_2O_2 bzw. Chlorbleichlauge in der vorgeschriebenen Konzentration erfolgen. Das Reinigen der Edelstahloberflächen erfolgt dann lediglich über einen Wasserstrahl mit ausreichender Spülmenge.
Das Auskleiden von Behältern mit Edelstahl ist unabhängig von Form, Größe und Zugänglichkeit, wobei diese Kriterien bei den Herstellungskosten (z.B. Säulenvouten) mit berücksichtigt werden müssen. Aus den besonderen Betriebserfahrungen (HÄNDEL 1997) eines mit Edelstahl ausgekleideten großen Trinkwasserbehälter-Neubaus kann folgendes mitgeteilt werden (s.a. MERKL 1998):
Die 6 m langen, 1,5 m breiten und 1,5 mm starken Edelstahlbleche aus Werkstoff 1.4571 (DIN 17440 X10CrNiMoTi 18.10) wurden jeweils an einer Seite mittels Edelstahlschrauben am Beton der Behälterwände befestigt. Die Dichtheit der Auskleidung wurde durch WIG-Schweißung der Überlappnähte – ohne Schweißzusatzwerkstoff – hergestellt. Durch den Anpressdruck der Schraubbefestigung konnte der Spalt zwischen Betonoberflächen und den Blechtafeln auf ein Mindestmaß verringert werden. Beim Schweißen des überlappenden nächsten Bleches bestand sowohl zwischen den beiden Edelstahlblechen als auch zwischen dem unteren Blech und dem Beton ein Luftspalt zwischen 0 und 1 mm im ungünstigsten Fall. Das Schweißen von Probeblechen zeigte im übrigen folgende Erfahrung: Der vorhandene Sauerstoff in diesem Engspalt wurde in der Wärmeeinflusszone aufgebraucht und führte zu geringen aber vertretbaren Anlauffarben auf der Rückseite (Färbung gelblich bis leicht bräunlich). Es entstehen keine tiefgehenden Verzunderungen. Unter Berücksichtigung eines geringen Korrosionsangriffs im Spalt zwischen Betonoberflächen und Blechrückseite ist die Schwächung der Korrosionsbeständigkeit des Edelstahlmaterials durch Anlauffarben hinnehmbar. Auf der wasserberührten Innenseite mit hohem korrosiven Potential bzw. möglichem Korrosionsangriff wurden die Kehlnähte mit Edelstahlschleifscheiben mechanisch gebürstet und so Anlauffarben und Zunder entfernt. Dabei unterlief der ausführenden Firma aber zunächst ein gravierender Fehler. Durch die relativ raue Körnung der Schleifmittel wurde zuviel Energie in die Edelstahloberfläche eingebracht. Die geschliffene Oberfläche wurde relativ rau. Nach der ersten Wasserfüllung für die Dichtheitsprüfung zeigten die gesamten gebürsteten Schweißnähte einen starken Rostanlauf. Bei einer Inaugenscheinnahme mit dem Vergrößerungsglas wurde die zu grobe Schleifbehandlung festgestellt. Weiterhin war durch die starke Schleifenergieeinbringung eine Verarmung an Chrom an der Oberfläche und eine damit nicht mehr sichere Korrosionsbeständigkeit der Edelstahlbleche eingetreten. Das Problem wurde dadurch gelöst, dass sämtliche Schweißnähte nochmals mit einem fein- und feinstkörnigem Poliermittel nachgearbeitet werden. Seither bestehen keine Korrosionsprobleme im Schweißnahtbereich bzw. der Wärmeeinflusszone.
Die gesamte Edelstahlauskleidung mit einem Materialgewicht von 30.445 kg wurde in Absprache mit der ausführenden Firma von den Stadtwerken selbst gekauft. Der Materialpreis pro kg betrug damals 4,38 DM (2,2 €), zuzüglich Mehrwert-

steuer. Hierbei ist zu empfehlen, dass der Käufer den Edelstahlmarkt, der teilweise sehr starke Sprünge aufweist, sorgfältig beobachten sollte, um das Material zum günstigsten Zeitpunkt zu beschaffen. Die Stadtwerke haben die Edelstahlbleche ein halbes Jahr vor Montagebeginn eingekauft und auf Lager gelegt. Zum Zeitpunkt der Montage hätte der Materialpreis 5,60 DM/kg (2,8 €/kg) betragen. Die Montagekosten für die Auskleidung betrugen 232.256 DM (116.000 €) zuzüglich Mehrwertsteuer. Es ergab sich somit ein Gesamtpreis für die Behälterauskleidung von 365.706 DM (183.000 €). Dies entspricht einem (günstigem) Preis von 160,75 DM/m^2 (80 €/m^2, ein vielleicht wieder erzielbarer Preis je nach Weltmarktlage). Durch die Edelstahlauskleidung konnte beim Behälterbau die Position Vakuumbeton für den Boden entfallen. Hierbei wurden 20.000 DM (10.000 €) eingespart. Der Werkausschuss der Stadtwerke entschied sich trotz des hohen Preises und in Konkurrenz zu anderen Alternativen, für die Edelstahlauskleidung, da der Anbieter als einziger eine erweiterte Gewährleistung von 10 Jahren anbieten konnte. Die Edelstahlflächen sind sehr glatt und ohne großen Aufwand zu reinigen, je Kammer von einem Mann in einem Tag. Alle Behälteroberflächen stellen sich dem Wasserwerksbesucher hygienisch und auch physiologisch in einwandfreiem Zustand dar. Weitere praktische Erfahrungen sind von RAUTENBERG 2004 veröffentlicht worden, wonach es wirtschaftlich sein kann, bei einem Behälterneubau mindere Stahlbeton-Oberflächen (einfache Holzschalung) in den Wasserkammern zu zulasssen (Preisersparnis), weil eine Edelstahlauskleidung erfolgt.
Auseinandersetzen sollte man sich besonders mit den Anforderungen an das Material (Werkstoffqualität, Materialstärke, Schweißnähte), der Bauüberwachung und der Überprüfung der erbrachten Leistung (Bauabnahme).
Die Kosten einer Edelstahlauskleidung bewegen sich heutzutage in der Größenordnung von 80 bis 200 €/m^2, im Regelfall jedoch, je nach Weltmarktpreis für Edelstahl, eher bei 150 €/m^2 aufwärts. Sofern bei der Edelstahlauskleidung keine mechanischen Beschädigungen oder eine Korrosion aus speziellen Gründen gegeben ist, kann sicherlich von einer Standzeit bis zu 40 Jahren ausgegangen werden – momentan 18 Jahre – wobei der Unterhalt wenig aufwendig ist, so dass sich auch bei der letztendlich maßgeblichen Bewertung für Unterhalt einschließlich Abschreibung/a günstige Werte ergeben.

6.6.8 Spritzbeton – statische Ertüchtigung bei der Wasserkammer-Instandsetzung

Wenn Schäden in den Wasserkammern (fortgeschrittene Betonkorrosion und Rissbildung), ein Ausmaß angenommen haben, welche die Standfestigkeit oder Gebrauchstauglichkeit der tragenden Konstruktion gefährden, ist eine statisch bedingte Ertüchtigung geboten. Voraussetzung für die Festlegung eines Instandhaltungskonzeptes ist eine Bauzustandsanalyse (Sachverständiger!) mit Aussagen oder Messwerten beispielsweise zu Druckfestigkeit, Biegefestigkeit des Betons,

Betonüberdeckung, Karbonatisierungstiefe, Rissweite, Risstiefe, Rissbild, Betonkorrosion mit Schädigungsgrad, Kataster der Wasserdurchlässigkeiten, Fugenausbildung und dergleichen. Falls die Vermutung aufgrund von festgestellten Schäden besteht, dass die Standsicherheit der Baukonstruktion gefährdet ist, gehört zur Zustandsanalyse ein entsprechender statischer Nachweis und Vergleich mit den ermittelten Analyseergebnissen. Je nach festgestellter Qualität der mangelhaften Altkonstruktion können zwei *Instandsetzungsprinzipien* bei der statisch wirksamen Ertüchtigung vorgesehen werden, nämlich *Verstärkung durch Verbundkonstruktion* und Ersatz der durch Schäden *geschwächten Altkonstruktion* durch eine Neukonstruktion. Dabei wird die Altkonstruktion nach technischen und wirtschaftlichen Kriterien entweder belassen oder entfernt. Genauso wie beim Neubau von Trinkwasserbehältern hat sich auch bei der Instandsetzung durch Verstärkung von tragenden Betonteilen der Einsatz von Stahlbeton bzw. Spritzbeton ohne jegliche Anstriche, Beschichtungen oder Auskleidungen bewährt. Oftmals wird als letzte Spritzschicht ein Mikrosilika-Spritzmörtel verwendet, der nach Glättung eine hochvergütete, für Trinkwasserbehälter besonders geeignete Oberfläche darstellt.
Die Instandsetzung von tragenden Bauteilen ist eine Ingenieuraufgabe mit hohen Anforderungen, die nur erfüllt werden können, wenn für die jeweiligen Projektphasen erfahrene, kompetente und qualifizierte Fachleute zur Verfügung stehen und die Qualität der Baumaterialien und die Qualifikationen der ausführenden Firmen nachgewiesen sind.
Fallbeispiele für die Anwendung von Spritzbeton bei der Instandsetzung von Wasserkammern sind die statische Ertüchtigung von Decken, Wänden und Sohle in Wasserkammern bei schwerwiegenden Korrosionen oder die konstruktive Ertüchtigung von alten gemauerten Trinkwasserbehältern (s.a. Literatur VOGT 1997). Wenn an der Deckenunterseite eine starke Betonkorrosion verbunden mit Betonabplatzungen festgestellt wird, dann ist beispielsweise unter Annahme einer zu 30 % durch Korrosion geschädigten unteren Längsbewehrung die Decke statisch wirksam zu ertüchtigen. Nach Abstrahlen der Decke mit korrodierter Bewehrung mittels Granulat (nicht mit Wasserstrahlen) und anschließender Säuberung mit Druckwasser werden Bewehrungsmatten an der Unterseite der Decke angedübelt und diese Bewehrung einschließlich der freiliegenden, vorhandenen Bewehrung mit Spritzbeton/-mörtel von 5 cm Gesamtschichtstärke umhüllt (Bild 6.6.8.01).
Bei Fertigteilbehältern mit nur 10 cm dicken Behälterkammerwänden, wie sie oft in der früheren DDR ausgeführt wurden und die den heutigen Stahlbetonnormen nicht mehr entsprechen, bietet es sich an, zur Vermeidung kostspieliger Instandsetzungsarbeiten die Wände als verlorene Schalung zu verwenden und eine neue Stahlbetonwand im Spritzbetonverfahren nach DIN 18551 zu erstellen (Bild 6.6.8.02). Sinnvoll kann es hier sein eine konstruktiv bewehrte Stahlbetonsohle mit zu erstellen. Eine ähnliche Vorgehensweise kann sich bei der konstruktiven Ertüchtigung von gemauerten Wasserkammern mit Stahlbeton und Spritzbeton ergeben (Bild 6.6.8.01).

Bild 6.6.8.01: ►► *Beispiele für die Ertüchtigung von Decke und Wand (nach Vogt 1998)*

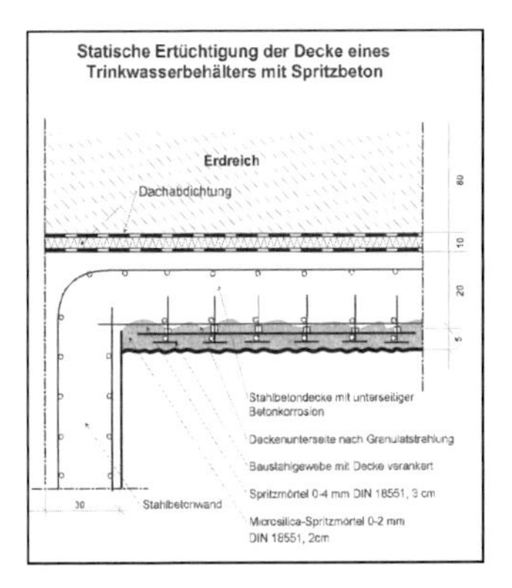

Instandsetzung von tragenden Bauteilen
eines Trinkwasserbehälters
vorh. Behälterwand aus vorgespannten Betonfertigteilen
2 cm Dämmung
13,5 cm Spritzbeton
1,5 cm Microsilica-Spritzmörtel
Verpreßschlauch
1 Lage PE-Folie
25-30 cm Sohlplatte aus Stahlbeton
Drainagerohr

Bild 6.6.8.02: ►► *Instandsetzung von tragenden Bauteilen eines Trinkwasserbehälters (nach Vogt 1998)*

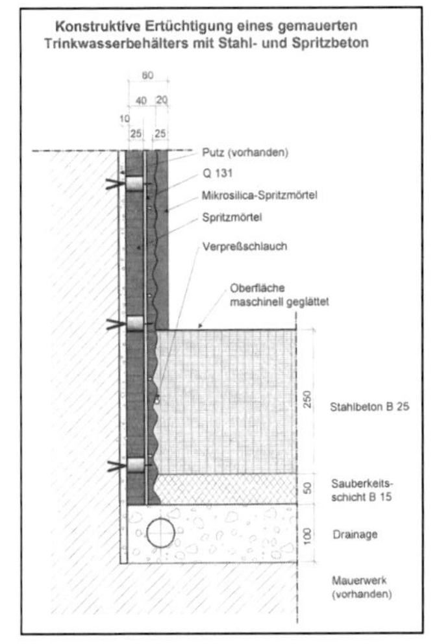

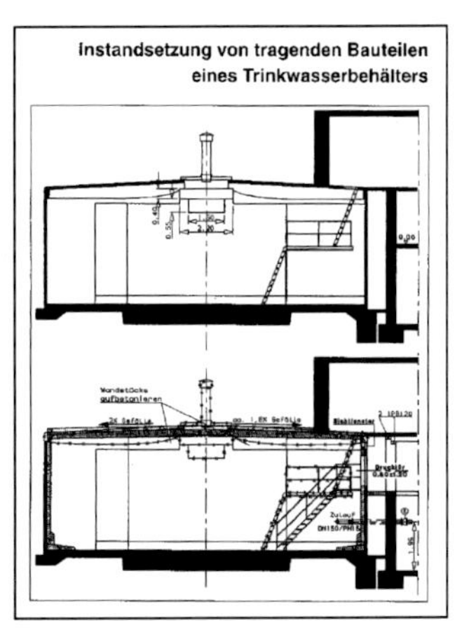

6.6.9 Technische, hygienische und wirtschaftliche Bewertung der Oberflächensysteme

Die hygienische Bewertung einer Wasserkammer fällt formal in den Bereich der Amtsärzte und Gesundheitsaufseher, nur ist hier wegen der ureigensten Aufgabengebiete in den seltensten Fällen eine ausreichende Fachkompetenz und Interessenslage für die angewandten Oberflächensysteme gegeben. Wenn die Wasseranalyse in Ordnung ist, stören vielleicht nur Roststellen an der Decke oder Wasserpfützen im Kontrollgang. Braune Verfärbungen, Biofilme durch Pilze (schwarzer Bewuchs) oder schleimige Bakterienkolonien sind in der Regel die Folge von biologisch abbaubaren Substanzen und hat mit anorganischen oder organischen Oberflächensystemen nicht unbedingt eine direkte Verbindung. Quellen für biologisch abbaubare Substanzen liegen bei Wasserkammern in der Verwendung von organischen Trennmitteln (Schalöle) und Injektionsharzen auf Epoxidharz- und Polyurethanbasis mit organischen Lösungsmitteln, in kunststoffvergüteten Klebern und Fugenmörteln für Fliesen und Glas. Bei Anwendung im Trinkwasserbereich muss daher auf die Prüfzeugnisse (KTW, DVGW-Arbeitsblatt W 270/347) geachtet werden. Das mikrobielle Verhalten verschiedener Werkstoffe für Innenflächen von Wasserkammern ist im wesentlichen bereits von SCHOENEN (1983) zusammenfassend beschrieben worden. Danach wird eine mikrobielle Vermehrung in der Regel nicht durch die Grundsubstanz hervorgerufen, sondern durch Zusatz und Begleitstoffe. Von einer relativen großen Zahl von Werkstoffen kann eine bakteriologische Beeinträchtigung ausgehen, die in der Praxis aber nicht so deutlich registriert wird. Für diesen scheinbaren Widerspruch gibt es eine Reihe von Gründen: Koloniezahlerhöhungen treten nicht in gechlortem Wasser auf, oder auf Grund des Wasserdurchsatzes (tausende von m³ in Wasserkammern) wird eine Verdünnung erreicht, die auffällige Koloniezahlen verhindert (die Auswirkungen treten dann diffus im Rohrnetz u.U. auf). Beim Auftreten von Koloniezahlerhöhungen wird das Wasser gechlort, Untersuchungen zum Nachweis der Ursache werden oft nicht durchgeführt und nur ein kleiner Teil wird veröffentlicht meistens wegen der Befürchtung, dass eine langjährige »Public-Relations-Arbeit« für das Trinkwasser zunichte gemacht würde. Die Vorlage eines Prüfzeugnisses für das Material ist sicherlich ein Grunderfordernis, die Prüfungen sind aber nicht unbedingt ausreichend, um das Langzeitverhalten, z.B. bei Freisetzung biologisch abbaubarer Stoffe durch Korrosionsprozesse, zu erfassen. Das Prüfzeugnis gilt im übrigen nur solange, wie keine Veränderungen in der Zusammensetzung des Produktes vorgenommen werden.

Tafel 6.6.9.01: *Kostenrahmen angewandte Oberflächensysteme je €/m²*
(Erfahrungswerte ohne Untergrundvorbehandlung und sonstigen anderen Kosten)

Zemdrain Schalungsbahn		
Zemdrain MD und Zemdrain Classic		15-20
Beschichtung und Untergrundvorbereitung		
dünnschichtig, zementgebunden, rein mineralisch (5 mm)		35-50
dünnschichtig, zementgebunden, kunststoffvergütet (5 mm)		40-60
dickschichtig, Spritzmörtel mit Mikrosilica – Zusatz (12-15 mm)		60-90
dickschichtig, Spritzmörtel mit Mikrosilica – Zusatz (35 mm)		110
Anstriche und Beschichtungen organisch		
Chlorkautschuk, wässrig, 3-facher Anstrich auf PCC – Spachtelung		100
Epoxydharz im Heißspritzverfahren		110
Vertäfelungen		
Keramikfliesen		65-80
Glasplatten (mit Vorbehalt, da Sprünge!)		100
Auskleidungen		
Edelstahl V4A, 1,5 mm, Blechbreite 1,5 m	Größenordnung 80 bis 200 €/m²	140
flexible Polyolefine Dichtungsbahn 2 mm	(Behältervolumen >800 m³)	65
HDPE Stegplatten 4 mm	(»komplizierte Wasserkammer« 120 €/m²)	90

Tafel 6.6.9.02: Oberflächensysteme im Vergleich (nach SITW)

	Anorganisch:								Organisch:						
Bewertung: Ja = 1 Punkt, Nein = 0 Punkte	Fertigteil- Stahlbetonbehälter*	Edelstahl	Estrich	Fliesen einschl. Fugen	Glas einschl. Fugen	Zementmörtelauskleidung 15 mm	Zementgeb. Beschichtung 5 mm	Zementgebundener Anstrich	Bitumenanstrich/-beschichtung	Chlorkautschuk	Epoxidharz	Folienauskleidung	Organische Anstriche	PCC 5 mm	PEHD Platten
1. Zulassungskriterien und Prüfungen															
Erfüllt die Anforderungen des Lebensmittel- u. Bedarfsgegenständegesetz	1	1	1	1	1	1	1	1	1	1	1	1	1	1	1
Erfüllt Anforderungen an KTW und DVGW W 270									1	1	1	1	1	1	1
Erfüllt Anforderungen an DVGW W 312	1	1	1	1	1	1	1	1	1	1	1	1	1	1	1
Erfüllt Anforderungen an DVGW W 347	1	1	1	1	1	1	1	1							
2. Untergrundvoraussetzungen															
nicht tragfähiger Untergrund ausreichend?	1	1	0	0	0	0	0	0	0	0	0	1	0	0	1
monolithischer Verbund zum Untergrund möglich	1	0	1	1	0	1	1	0	0	0	1	0	0	1	0
Untergrundfeuchte > 4 Vol. % zulässig	1	1	1	1	1	1	1	1	0	0	0	1	0	1	1
3. Anforderungen an zementgebundene Werkstoffe															
Äquivalenter w/z-Wert < 0,5	1		1	0		1	1	0						1	
Frischmörtel Luftporengehalt < 5 Vol. %	1		1	0		1	1	0						1	
Geamtporenvolumen < 10 Vol. % (nach 90 Tagen)	1		1	0		1	0	0						1	
Kompensation für Werkstoffe, die Mörtel-anforderungen nicht erfüllen müssen		3			3				3	3	3	3	3		3
4. Betriebsbedingte Anforderungen															
abdichtend	1	1	1	0	0	1	1	0	1	0	1	1	0	1	1
bauwerksschützend / Verbund zum Untergrund	1	0	1	1	1	1	1	0	1	1	1	0	1	1	0
beständig gegen saure Reinigungsmittel	0	1	0	0	0	0	0	0	1	1	1	1	1	1	1
beständig gegen zementsteinangreifende Wässer	0	1	0	0	1	0	0	0	1	1	1	1	1	0	1
uneingeschränkt chlorbeständig	1	0	1	1	1	1	1	1	1	1	1	1	1	1	1
Dauerhaftigkeit / Lebensdauer > 20 Jahre	1	1	1	1	1	1	0	0	0	0	1	1	0	0	1
diffusionsoffen	1	0	1	1	0	1	1	1	0	0	0	0	0	1	0
glatte Oberfläche	1	1	1	1	1	1	0	0	1	1	1	1	1	0	1
Kontrolle der Bausubstanz möglich	1	0	1	1	1	1	1	1	1	1	1	0	1	1	0
optische Verbesserung	0	1	1	1	1	1	1	1	0	1	1	1	1	1	1
problemlos entsorgbar bei nächster Instandsetzung?	1	1	1	1	1	1	1	1	0	0	0	0	0	0	0
reinigungsfreundlich	1	1	1	1	1	1	1	1	1	1	1	1	1	1	1
rutschfest (Arbeitssicherheit)	1	0	1	1	0	1	1	1	1	0	0	0	0	1	0
Schutz der Bausubstanz gegen Hydrolyse	1	1	1	1	1	1	1	0	1	1	1	1	1	1	1
Oberflächen überarbeitbar	1	0	1	0	0	1	0	0	0	0	0	0	0	1	0
5. Hygienische Anforderungen															
keine Blasenbildung möglich	1	1	1	1	1	1	1	1	0	0	0	1	0	1	1
keine Hinterwanderung möglich	1	0	0	0	0	1	1	0	0	0	0	0	0	1	0
kein Risiko durch Fehler bei Herstellung und Verwendung organischer Werkstoffe	1	1	1	0	0	1	1	1	0	0	0	0	0	0	0
6. Ergebnis															
Bewertung: Summe der erfüllten Anforderungen:	24	19	23	17	18	24	20	13	16	15	18	18	15	21	18
7. Preis-/Leistungsverhältnis ohne Instandsetzung und ohne Untergrundvorbehandlung															
Herstellungskosten je m² in Euro (Faustzahlen abhängig von Größe und Gegebenheiten)	400	140	45	70	100	80	40	18	50	100	110	65	25	40	100
Lebenserwartung (abhängig von Betriebsbedingungen)	100	40	30	30	30	40	10	6	20	20	30	30	10	15	40
Preis-/Leistungsverhältnis umgerechnet (Kosten je m² pro Jahr)	4,0	3,5	1,5	2,3	3,3	2,0	4,0	3,0	2,5	5,0	3,7	2,2	2,5	2,7	2,5

* Beachte: Spez. Kosten Neubau FT-Behälter zum Vergleich in €/m³ Nutzinhalt (!)

Bei der technisch-wirtschaftlichen Bewertung wird oft gerne in erster Linie auf den »Preis« gesehen. Ein Kostenrahmen für angewandte Oberflächensysteme je €/m² ist in Tafel 6.6.9.01 dargestellt. Diese Erfahrungswerte ohne Untergrundvorbehandlung und sonstigen anderen Kosten sind natürlich vom Wettbewerb, aber auch von der Geometrie bzw. Speicherinhalt/Flächen und den besonderen Baustellenverhältnissen abhängig.
Für eine technisch-wirtschaftliche Bewertung spielen neben den allgemeinen Herstellungskosten eine Reihe von anderen Kriterien eine wichtige Rolle. Diese Faktoren könnten in einem Punktesystem abgefragt werden, womit sich eine Bewertungsskala ergäbe (Tafel 6.6.9.02) für eine persönliche Einschätzung, die auch Einfluss nimmt auf Unterhalt einschließlich Abschreibung/a, weniger auf das Investment, das mehr eine reine Rechengröße sein wird. Einige andere grundsätzliche Punkte sollten hierbei nicht übersehen werden. Zunächst wird bei Systemanbietern von Edelstahl- und PE-Plattenauskleidungen immer dem Bauherrn die Verantwortung für den Untergrund (Betonerhaltungsmaßnahmen) bzw. Instandsetzung überlassen. Derartige Aufwendungen für die Instandsetzung der tragenden Betonoberfläche, die bei anderen Oberflächensystemen (z.B. Zementmörtelauskleidungen) notwendig und miteingeschlossen werden, sind im Einzelfall hinzuzurechnen (Betonerhaltungsmaßnahmen; sofern Rissbildungen ein Eindringen von Sickerwasser von Außen ermöglichen, sind Abdichtungsmaßnahmen durchzuführen; Arbeits- und Raumfugen sind auf Dichtheit zu prüfen; der Behälter muss im ungefüllten Zustand dicht sein). Mittlerweile haben sich einzelne Wasserversorgungszweckverbände bzw. WVU's, die bereits mehrere Trinkwasserbehälter mit Edelstahlauskleidung ausgeführt haben – aus welchen Gründen auch immer – eine entsprechende Philosophie zugelegt, so dass andere Oberflächensysteme auch mit hervorragendem Preis/Leistungsverhältnis kaum mehr in eine engere Erwägung gezogen werden. Ein drittes ist das unterschiedliche operieren mit einer Haltbarkeitsdauer. Zunächst hat natürlich ein Edelstahlblech, eine keramische Fliese und manch anderes Material per se eine ebenso lange Nutzungsdauer wie das Trinkwasserbehälterbauwerk mit oft 50 oder auch über 100 Jahren. Als Auskleidungssystem müssen bekanntlich die Fliesen verfugt werden, die Edelstahlbleche an der oberen Abkantung mit »KTW-geprüften Silikon« abgedichtet werden, usw., und schon hat sich die Nutzungsdauer bei diesen und mineralischen Oberflächensystemen, die mittlerweile teilhydrolisiert sind, reduziert auf den Zeitpunkt einer erneuten Überarbeitung, der zwischen 10-25 (50) Jahren anzusiedeln ist, vergleichbar mit den technisch/hygienischen Verhältnissen bei Dehnungsfugen in Wasserkammern, deren Lebensdauer auch begrenzt ist. Zu erinnern ist an in der Literatur (MERKL / HERB, 1999) dargestellte Mängel und Schäden, wie z.B. ein Aufwuchs der sich flächig über die gesamten Fliesen ausgebreitet hat, der aber ausgeht von einer Pore in der Fuge zwischen den Fliesen, an Korrosionen bei Edelstahlauskleidungen in Wasserkammern mit gechlortem Wasser und mit ungünstigen Be- und Entlüftungsverhältnissen, die bekannten Fälle bei dünnschichtigen »mineralischen Be-

schichtungen« oder die Möglichkeit von Unzulänglichkeiten hinter Auskleidungen wenn die auszukleidende und dann nicht mehr einsehbare Wasserkammeroberfläche unbehandelt bleibt. Insofern müssen für eine technische, hygienische und wirtschaftliche Bewertung nachstehende Gesichtspunkte die nötige Beachtung finden: Notwendige Herstellkosten für das Oberflächensystem unter Berücksichtigung der physikalisch-chemischen Parameter des Trinkwassers, Bewertung der Dauerhaftigkeit nach praktischen, marktüblichen Erfahrungswerten, Reinigungs- und Pflegeaufwand und Herstellkosten für eine erneute Überarbeitung einschließlich eventueller Betriebsausfälle, innerhalb der Gesamtnutzungsdauer des Bauwerks.
Im allgemeinen kann bei Trinkwasserbehälter-Neubauten nach den Intentionen des DVGW-Arbeitsblattes W 300 auf einen zusätzlichen Oberflächenschutz verzichtet werden, weil die Stahlbetonoberfläche glatt und porenarm sein sollte. Ansonsten sind zementgebundene Beschichtungen (Microsilika-Spritzmörtel 12-15 mm) eine sinnvolle Ergänzung, die theoretisch 50 Jahre Nutzungsdauer (weil Langzeit-Praxiserfahrungen noch fehlen) erreichen sollten. Für Sonderfälle, z.B. calcitlösende Roh- und Betriebswässer, bieten sich Edelstahl- und Kunststoffauskleidungen an. Allen näher aufgeführten Systemen gemeinsam ist, dass sie praktikabel sind unter der Voraussetzung einer qualifizierten handwerklichen Verarbeitung von sach- und fachkundigen Unternehmen mit ausreichend nachprüfbaren Referenzen, und eines Instandsetzungsplanes, der die Ausführungsanweisungen des Herstellers mit den Einsatzgrenzen für die im Behälter vorkommenden Randbedingungen zur Verarbeitung in Einklang bringt.
Die technisch einwandfreie, fachkompetente und umweltverträgliche Ausführung von Wasserkammern in Trinkwasserbehältern ist eine unabdingbare Notwendigkeit. Die Wasserversorgungsunternehmen als Auftraggeber werden dem aus der DIN 2000 abzuleitenden Anspruch gerecht, indem sie bei diesen Arbeiten Unternehmen beauftragen, die über die erforderliche personelle und technische Qualifikation verfügen. Diese Aussage richtet sich im übrigen nicht nur an die Qualifikation der einzelnen Firma, sondern auch an das Wasserversorgungsunternehmen als Bauherrn, das nicht örtliche Anbieter ohne notwendige Qualifikation als den möglicherweise Preisgünstigsten heranziehen sollte. Im Sinne einer DVGW-Zertifizierung müssen deshalb Fachunternehmen für die Sanierung und Beschichtung von Trinkwasserbehältern gewisse Anforderungen erfüllen, die im DVGW-Arbeitsblatt W 316 vorgeschrieben sind.
Im Hinblick auf Beschichtungs- und Auskleidungsarbeiten soll der Auftraggeber, also das Wasserversorgungsunternehmen, dafür sorgen, dass

- ▷ die technischen Vertragsbedingungen (Referenzen, Fremdüberwachungsvertrag, Befähigungsnachweise, Qualitätssicherungszertifikate usw.) und die Arbeiten und Prüfungen in ihrem Verlauf gut dokumentiert werden,
- ▷ Rückstellproben von den Materialien (mit Vorlage von Prüfzeugnissen) genommen und am zweckmäßigsten in der Bedienungskammer des Behälters gelagert und verschiedene Probeplatten aus einzelnen Materialchargen gefertigt werden,

▷ bei der Lagerung (»nicht auf die grüne Wiese«) und Verarbeitung des Materials auf die nötige Sorgfalt geachtet wird.

Die vorgeschlagenen Maßnahmen sollen dazu dienen, dass im Schadensfall der Ablauf und die Herstellung der Ausführungsarbeiten (Handelsprodukt eines Materials) nachvollzogen werden können.
Angesichts der bislang erfassten Schadensfälle müssen Vor- und Nachteile in der Praxis der Innenwandausführung von Behältern neu betrachtet und unter Einbeziehung von Wirtschaftlichkeitsfragen abgewägt werden. Falls Betonschäden behoben oder Wasserkammern grundlegend saniert werden müssen, bieten Spritzmörtelverfahren in Schichtstärken von 15-40 mm eine technische Lösung, Beton nachträglich an seiner Oberfläche zu vergüten. Es ist dies sozusagen die moderne Ersatzlösung für die früheren Zementputze, die oft nach einer Betriebszeit von über 80 Jahren noch ihre Aufgabe erfüllen, heutzutage infolge mangelnder handwerklicher Erfahrung und wegen des Personalaufwandes aus Kostengründen kaum mehr ausgeführt werden. Angestrebt werden sollte daher bei Neubauten nach wie vor der Behälter aus Stahlbeton, wobei für Speichervolumina bis rd. 10.000 m^3 eine Ausführung als Fertigteilbehälter mit ihrem hohen Betonqualitätsniveau in Frage kommen kann. In Sanierungsfällen, wo die Grundstruktur des Behälters in Ordnung ist, sind Auskleidungssysteme aus Edelstahl oder Kunststoff denkbar.
Wasserbehälter bauen ist zwar eine Kunst, aber wiederum auch nicht so schwierig, dass es nicht ohne »doppelten Boden«, sprich Beschichtung oder Auskleidung, zu schaffen ist. Es ist deshalb auch an die Mitverantwortung des Bauherrn für das Bauwerk zu appellieren. Wie im richtigen Leben kann man sich nicht immer nur auf den anderen, sprich Planer und Bauunternehmung, verlassen und hoffen, er wird es schon richten, sondern muss aktiv fachlich mitwirken. Bauherr, Planer, Bauunternehmung, Fachfirmen und Bauüberwachung müssen sich bereits von aller Anfang an gemeinsam und verantwortungsvoll verständigen, wie sie die gewünschte Ausführungsqualität erreichen wollen, für das hehre Ziel einen Wasserbehälter für das Lebensmittel Trinkwasser zu erstellen.

6.7 Bauwerkszugänge, Öffnungen, Rohrdurchführungen

Planungshinweise zu Bauwerkszugänge und Öffnungen mögen auf den ersten Blick trivial erscheinen, die Erfahrungen zeigen jedoch, dass gerade Einstiege, Türen, Fenster, Be- und Entlüftung, Rohrdurchführungen häufig Anlass zu Beeinträchtigungen sind, wie z.B. Tauwasser- und Bewuchsbildung, Schwachstellen für unbefugtes Betreten der Anlage, Eindringmöglichkeiten für Ungeziefer, Verschmutzung. Türen, Tore, Einstiege dienen dem Zugang für Inspektion, Wartung und Reparatur; sie müssen deshalb in ihrer Größe und Anordnung so gewählt werden, dass sie ihren Zweck optimal erfüllen können. Die Häufigkeit der zu verrichtenden Arbeiten, Größe und Gewicht der Anlagenteile sowie die als Betriebsmittel verfügbaren Hebezeuge sind zu berücksichtigen (Unterschied ob z.B. Armatur DN 150 oder DN 1500 im Rohrkeller), was natürlich auch mit der Größe des Behälter-Speichervolumens zusammenhängt.

Wasserversorgungsanlagen müssen gegen unbefugte Eingriffe geschützt werden, weshalb eine *Einbruchshemmung bei den Zugängen* durch den Einbau geprüfter einbruchshemmender Türen nach DIN V ENV 1627 gegeben sein muss (passiver Objektschutz, siehe auch DVGW Hinweis W 1050). Unabdingbar ist die Vorlage des entsprechenden Prüfzeugnisses sowie die Kennzeichnung der Türen durch ein Typenschild um die Konformität mit den Prüfzeugnis zu belegen. Voraussetzung sind natürlich Außenwände aus Stahlbeton nach DIN 1045 oder Mauerwerk nach DIN 1053-1, da eine Tür nur so gut ist wie ihre Befestigung in der Wand. Die Montage muss anhand der Montageanleitung des Herstellers von einer Fachfirma durchgeführt und bescheinigt werden. *Einbruchshemmende Türen* nach DIN V ENV 1627 werden in sechs *Widerstandsklassen* eingeteilt, wobei WK 6 für die höchste Widerstandsklasse steht. Die Auswahl der einzusetzenden Widerstandsklasse muss abhängig von der individuellen Gefährdungsklasse (Risiko), zum Beispiel von der Lage des Objektes und der Einsehbarkeit des Elements, erfolgen. Hilfestellung bei der Risikoanalyse bieten die kriminalpolizeilichen Beratungsstellen und die Sachversicherer. Gemäß Empfehlung der Landeskriminalämter sollen *einbruchshemmende Türen der Widerstandsklasse WK 3* eingesetzt werden *wenn* eine *Einbruchsmeldeanlage (EMA) vorhanden* ist, andernfalls wird die Widerstandsklasse WK 4 empfohlen. Die Kosten für eine Eingangstür der Widerstandsklasse WK 4 in einer Größe BxH = 1.100x2.100 mm liegen in der Größenordnung um 3.800 €.

Für den *Zugang zum Bedienungshaus* ist deshalb eine ausreichend breite, wärmeisolierte, einbruchhemmende (Prüfzeugnis) Außen-Sicherheitstüre zweckmäßig, d.h. nach dem oben gesagten ein- oder zweiflügelig, mit Anschlag nach außen. Vielfach werden diese *Sicherheitstüren* vollständig *aus Edelstahl,* Werkstoff-Nr. 1.4301 (V2A) mit doppelter Gummidichtung, »Panikeinrichtung« und variabler Oberflächenbeschaffenheit (Lackierung, Kupferblech-, Holzaufdoppelung, Anti-Graffiti-Lackierung, Türbegleitheizung) und gegebenenfalls mit Sicherheitsjalousie ausgeführt. Die Panikeinrichtung ermöglicht einem versehentlich ausgesperrten Mitarbeiter die Sicherheitstüre von innen zu öffnen, was für die Vielzahl von kleineren Behältern unabdingbar erscheint, wenn keine Sicherheits-Videoüberwachung oder Funkmöglichkeit usw. (die ausfallen können) in dem Bedienungshaus gegeben sind. Die Sicherheitstüren müssen mit Magnetkontakt für die Zustandsanzeige »Tür auf bzw. Tür zu«, Schloss-Riegel-Zustandsanzeige »Riegel auf bzw. zu«, Blockschloss für Alarmanlage versehen sein. Der *Zugang vom Erdgeschoss des Bedienungshauses in den Rohrkeller* wird meist als Stahlbetontreppe oder gewendelte Fertigteil-Treppe ausgeführt. In der Decke des Rohrkellers ist eine große *Montageöffnung* für das Einheben von Armaturen und Rohrleitungen notwendig, die entweder mit Gitterrost abgedeckt oder unfallsicherem Geländer

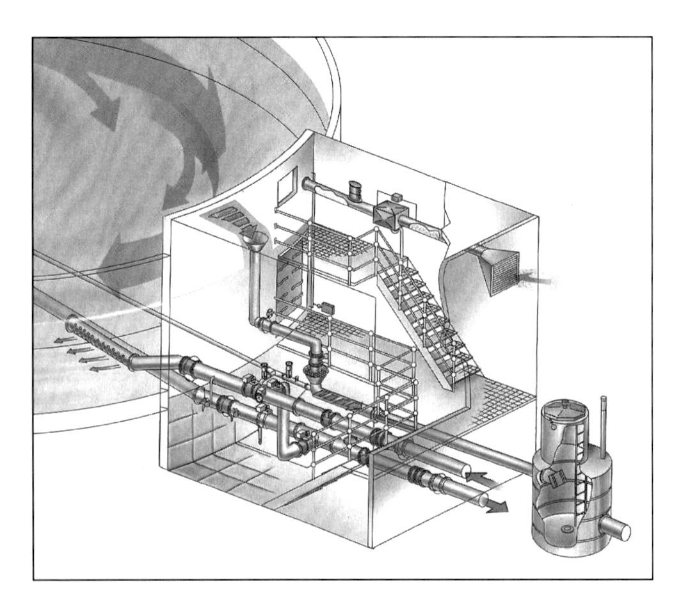

◄ *Bild 6.7.01:* *Systemübersicht zu Öffnungen und Leitungen*

Bild 6.7.02: ►► *Sicherheits- und Drucktüren in Edelstahl Rostfrei*

umgeben wird. Im Bedienungshaus ist im Bereich der Montageöffnung mindestens ein Lasthaken für einen Flaschenzug oder eine Tragschiene mit Laufkatze oder eine Kranbahn zu berücksichtigen (Tragwerksplanung). Ebenso ist der Transportweg für die schweren Lasten vom Fahrzeug zum Einsatzort einzuplanen.
Der *Zugang in die Wasserkammer* darf nie direkt von außen erfolgen, sondern immer vom Vorraum aus, in der Regel durch das Bedienungshaus (Bild 6.7.01). Ein direkter Einstieg vom Gelände her ist wegen der vielfältigen Verschmutzungsgefahr und Sicherheitsproblemen auszuschließen. Falls er an alten Behältern noch vorhanden ist, muss er beseitigt bzw. umgebaut werden (s.a. Abschnitt 10.3). *Zugänge* in die Wasserkammer sind möglich sowohl *oberhalb des Betriebswasserspiegels* durch gummigedichtete Sicherheitstüren (lüftungstechnische Trennung Wasserkammer / Bedienungshaus) mit entsprechenden Podesten, Treppen, Leitern in die Wasserkammern als auch *in Höhe der Behältersohle durch Anordnung von Drucktüren.* Diese können rechteckig oder rund, zur Druckseite öffnend, ausgebildet sein und sind druckbeständig bis 12 m Wassersäule. Eine Ausstattung mit mittig eingebauter Schauluke und eingebautem Unterwasserscheinwerfer ist zweckmäßig (Bild 6.7.02) Die *Kosten* für eine Drucktür aus Edelstahl 1.4571 in einer Größe BxH = 1.000x2.000 mm liegen in der Größenordnung um 6.500 €. *Einstiegleitern* aus Edelstahl in die Wasserkammern (auch zusätzlich zu Drucktüren) sind bei kleinen bis mittelgroßen Behältern üblich, auch Stahlbetontreppen mit beidseitigem Handlauf oder Brüstung (bequemer, aber teurer). Leitern aus Aluminium (Leichtmetall) sind korrosionsgefährdet und langfristig nicht empfehlenswert. Aus Sicherheitsgründen sind Leitern ständig in den Wasserkammern zu be-

lassen und dürfen nur zu Säuberungs- oder Ausbesserungsarbeiten herausgenommen werden.

Bedienungsgänge entlang der Wasserkammer-Mittelwand bei mittelgroßen Behältern oder *Bedienungspodeste* bei kleinen Behältern erleichtern die Kontrolle der Wasserkammern im Betrieb, ermöglichen den Zugang und das Einbringen von Arbeitsgeräten für Reinigungs- und Instandsetzungsarbeiten. Geländer und Brüstungen bei Bedienungsgang und Podest müssen wegen des Unfallschutzes mind. 1,20 m hoch sein. Falls Behälter häufig durch betriebsfremde Personen (Schüler-Exkursionen usw.) besichtigt werden, ist aus hygienischen Gründen eine Abtrennung der Wasserkammern von den Bedienungsgängen mittels Glaswänden empfehlenswert.

Auf *Sichtöffnungen* in den Außenwänden eines Bedienungshauses sollte aus Objektschutzgründen verzichtet werden. Andererseits dienen *Fenster* der Belichtung und Lüftung des Bauwerks, auch ist im Bedienungshaus neben der elektrischen Beleuchtung ein Mindestmaß an Tageslicht angenehm. Fensterflächen sollten deshalb nur sehr klein und möglichst hoch angeordnet und am besten nach Norden orientiert sein, damit kein direktes Sonnenlicht einwirkt (Aufwärmung, Algenbildung). Bei der Anordnung von Sicherheits-Außenfenstern ist darauf zu achten, dass in die Behälterkammer kein Tageslicht gelangen kann, weil es sonst zur Algenbildung kommt. Sichtöffnungen in die Wasserkammern sind denkbar, weil sie Kontrollen während des laufenden Betriebs wie Beobachtung des Wasserspiegels (Erkennen von Schwimmschichten und Schaumbildung) und der im Sichtbereich liegenden Einbauteile (optische Wasserstandsanzeige durch Pegellatte, Auslauf-

formstück) ermöglichen. Druckwasserdichte Sichtöffnungen unter Wasser sind eher nachteilig wegen von außen nicht zu beseitigender Belagbildung. Vorteilhaft ist ein Einblick vom Mittelgang oder von einem Podest an der Zugangstür unter elektrischer Beleuchtung, d.h. künstliche Belichtung durch (schwenkbare) Scheinwerfer über dem Wasserspiegel zur Kontrolle der Wasserreinheit und von Ablagerungen (Sand, Invertebraten) an der Sohle. Für Bedienung und Reinigung ist eine ausreichende Belichtung erforderlich, weshalb die elektrische Beleuchtung an die öffentliche Stromerzeugung oder zumindest an ein Ersatzstromaggregat anschließbar sein sollte. Vorgehalten müssen Akku-Handlampen und solche, die an Steckereinrichtungen mit Spannung unter 42 V angeschlossen werden (VDE-Vorschriften für Feuchträume).
Sind einem Wasserbehälter Sozial- und Aufenthaltsräume angegliedert, so gelten für die dort notwendigen Fenster die Bestimmungen der Arbeitsplatzverordnung.
Bei *Ein- und Durchführungen von Rohrleitungen und Kabeln* sind zunächst besonders kritisch die äußeren Einführungsöffnungen von Rohrleitungen in das Gebäude. Hier ist auf eventuell unterschiedliches Setzungsverhalten von Bauwerk und Rohrleitung zu achten. Auch bei kraftschlüssiger Einführung, wobei das Bauwerk als Festpunkt der Rohrleitung dient, ist ein weicher Übergang zu empfehlen. Durch Verwendung von Kunststoffbändern können zudem noch die Wirkungen galvanischer Elementbildung vermieden werden. Alle Durchführungen von Leitungen durch die Wasserkammer und des Rohrkellers sind mit großer Sorgfalt herzustellen, da erfahrungsgemäß hier undichte Stellen häufig zu finden sind.
Für die *Herstellung von Rohrdurchführungen* zwischen Wasserkammern und Bedienungshaus gibt es verschiedene Verfahren (Bild 6.7.03):

- ▷ Einbetonieren eines Rohres mit Mauerflansch (Kragen, darf aus Korrosionsschutzgründen nicht mit der Bewehrung in Berührung kommen) und mit gegebenenfalls beweglichen Anschlüssen,
- ▷ Herstellung der Wandaussparung, nachträglicher Einbau des Rohrformstückes mit Mauerflansch und Vergießen,
- ▷ Einbetonieren eines vorgefertigten Formstückes für starre oder bewegliche Lagerung
- ▷ nachträglich hergestellte Betonbohrung mit Quetschdichtung.

Wanddurchführungen werden heute vielfach mit Edelstahl Rostfrei einseitig oder zweiseitig dichtend ausgeführt, wobei kleinere Rohrverschiebungen in Längsrichtung, Rohrschrägstellungen, Rohrabweichungen von der Mittellinie, Aufnahme von Längskräften berücksichtigt werden können. Die Anordnung und Ausbildung der Rohrdurchführungen muss unter Berücksichtigung der statischen und konstruktiven Bedingungen erfolgen. Beim Einbetonieren von Edelstahlwanddurchführungen empfiehlt sich eine allseitige Besandungsbeschichtung der wandberührenden Edelstahlteile, wodurch eine genügende Oberflächenrauhigkeit für eine innige Verbindung mit dem Beton entsteht. In der Regel werden Wanddurchführun-

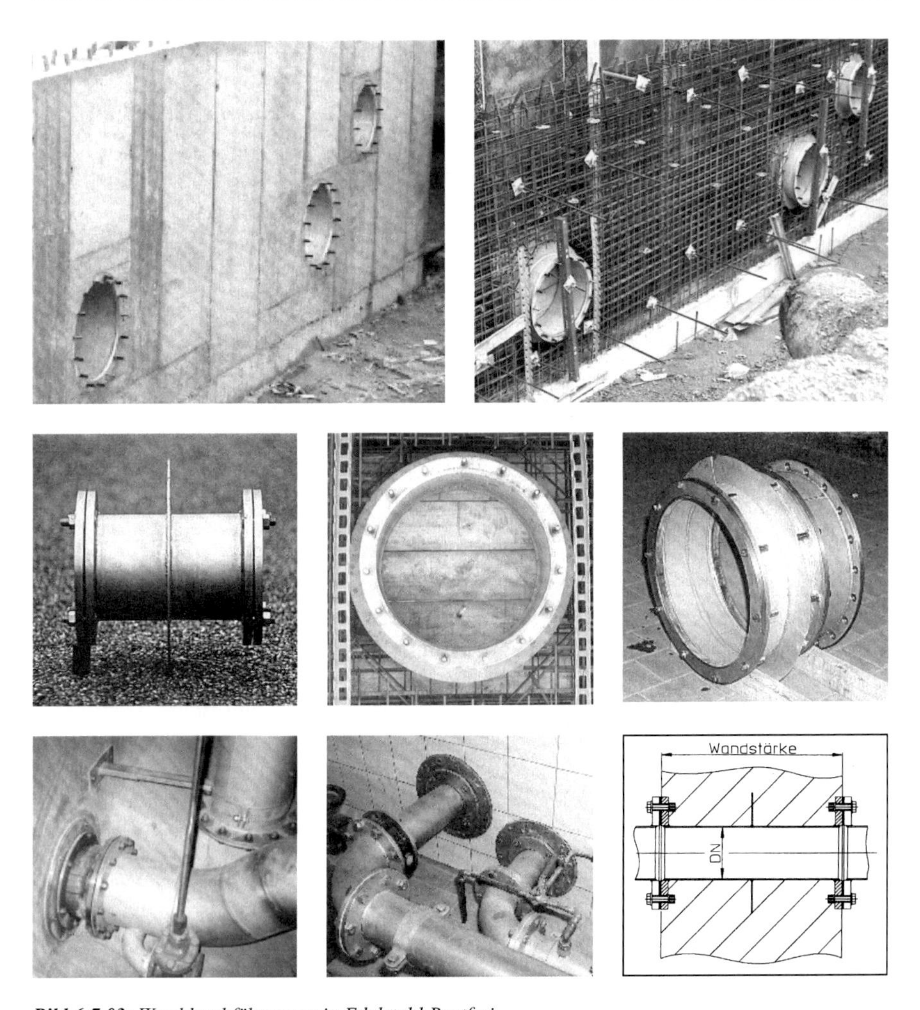

Bild 6.7.03: *Wanddurchführungen in Edelstahl Rostfrei*

gen mit beidseitigem Anschlussflansch, Kunststoffverschraubung zum Schutz der Gewinde in den Flanschen und lebensmittelechter Dichtung, ausgeführt. Beim nachträglichen Einbetonieren ist die Entlüftung des Füllmörtels zu ermöglichen. Kabeleinführungen können prinzipiell gleich betrachtet werden, bei der Anwendung von Quetschdichtungen muss allerdings auf die Kabelkonstruktion Rücksicht genommen werden. Eine gewissenhafte Vorplanung ist jedoch in jedem Fall dringend erforderlich, da jede Nachbesserung sehr unangenehme und teuere Arbeiten erfordert.

Montageöffnungen in Behältern können für Erstmontagen und für Arbeitseinsätze zweckmäßig sein, die nur in Zeitabständen von 10-20 Jahren anfallen. In Betonwänden oder Decken werden hierzu Öffnungen hergestellt, die nach dem Erfüllen ihrer Zweckbestimmung massiv oder mittels Betonfertigteilen verschlossen werden. Die notwendige Dichtheit, leichte Entfernbarkeit und ausreichende Tragfähigkeit der Abdeckung ist bei Montageöffnungen zu beachten.

6.8 Wärmeschutz, Lüftung, Tauwasserbildung

In Wasserbehältern ist der Wasserdampfanteil in der Luft naturgemäß sehr hoch, relative Luftfeuchten von 90 bis über 98 % sind unter bestimmten klimatischen Verhältnissen längerfristige Dauerzustände. Die Temperatur, bei der die Luft unter Normaldruck mit Wasserdampf gerade gesättigt ist, also 100 % relative Feuchte, bezeichnet man als Taupunkt. Wird Wasserdampf zu Stellen mit niedriger Temperatur transportiert bzw. sinkt die Temperatur, so muss die gesättigte Luft Feuchte in Form von Kondensat (Nebel, Tau) abgeben, das heißt es tritt eine Taupunktunterschreitung ein. Die Begriffe Tauwasser (früher Schwitzwasser) und Kondenswasser werden vielfach synonym gebraucht; korrekt wird unter der Tauwasserbildung die Kondensation des Wasserdampfes an Bauteiloberflächen und unter der Kondenswasserbildung die unsichtbare Kondensation des Wasserdampfes im Bauteilinnern verstanden. Die Vorgänge bei der *Tauwasserbildung in Wasserbehältern* können vereinfacht in drei Gruppen unterteilt werden, nämlich infolge Abkühlung der Luft an kälteren Bau- und Anlagenteilen, infolge Mischung zweier Luftmengen unterschiedlicher Temperatur und Feuchte (Lufteintrag in Wasserkammern) und infolge Mischung mit anschließender Abkühlung (in der Regel nur in der wärmeren Jahreszeit). Über das Jahr gesehen fallen bei konventionell gebauten Trinkwasserbehaltern die größten Kondensatmengen bei folgendem Vorgang der Tauwasserbildung an:

▷ *Wasserkammern (abnehmende Reihenfolge)*
  Abkühlung an Behälterdecke (kalte Jahreszeit)
  Mischung mit anschließender Abkühlung an Behälterdecke (warme Jahreszeit)
  Mischung feuchter Luft (Winter)
  Mischung feuchter Luft (Sommer)

▷ *Bedienungshaus*
  Abkühlung an Rohren (warme Jahreszeit)
  Mischung mit anschließender Abkühlung an Rohren (warme Jahreszeit)

Zur Vermeidung von negativen Einflüssen auf Bauwerk, gespeichertes Wasser und technische Ausrüstung können *Maßnahmen zum Wärmeschutz und zur Lüftung* erforderlich werden. Sie haben maßgeblichen Einfluss auf die Tauwasserbildung. Bekannt ist, aufgrund bakteriologischer und chemischer Untersuchungen, sowie zum

Schadstoffeintrag aus der Luft, dass Tauwasser hoch verkeimt ist. Der Stand des Wissens zu baupraktischen lüftungs- und wärmetechnischen Maßnahmen einschließlich ausgeführter Beispiele, die auch heute noch ihre Gültigkeit haben, ist grundlegend von MERKL und HUYENG (1986) bzw. MERKL (1987) dargelegt worden. Die zeitweise Bildung von Tauwasser führt in nicht sorgfältig geplanten Trinkwasserbehältern oder in Behältern mit älterem technischen Standard zu unerwünschten technischen und hygienischen Begleiterscheinungen. Zu nennen ist bei den *technischen Auswirkungen der Tauwasserbildung* beispielsweise die Korrosion an Rohren, Armaturen, Türen, Leitern, Lüftungsgittern aus unlegierten Stählen, sowie die Oxidation und Korrosion an elektrischen Anlagenteilen. Unter den natürlichen feuchten raumklimatischen Bedingungen ist die Erneuerung von Anstrichen sehr schwierig und bringt den Wasserwerken ein regelmäßiges Kostenproblem. Hohe Luftfeuchte bzw. Tauwasserbildung kann sich auch als Dauerdurchfeuchtung ungünstig auf Baustoffe auswirken. Bei ungenügender Betonüberdeckung kann die Betonstahlkorrosion zum Abplatzen von Putz und Betonteilen und zu unschönen Rostfahnen führen, wie Beispiele älterer Behälter zeigen. Selbst bei der Sanierung können infolge Tauwasserbildung Probleme auftreten, wenn bei älteren Hochbehältern eine Erneuerung vorhandener Anstriche und Beschichtungen notwendig wird. Bei einem Wärmeeinbruch kann es zu einer massiven Tauwasserbildung an Decke und Wänden eines zu sanierenden Behälters kommen. Das von den Wänden ablaufende und von der Decke aus rund 6 m Höhe tropfende Tauwasser kann eine noch nicht abgebundene Zementmörtelbeschichtung auswaschen, so dass die beabsichtigte Sanierung nicht erreicht werden kann und mit Nachbesserungen nur ein begrenzter Erfolg zu erzielen ist.
Auch eine *hygienische Auswirkung der Tauwasserbildung* ist möglich. Grundsätzlich hinterlässt Tauwasser z.B. in Form von Wasserpfützen im Kontrollgang der Wasserkammer oder im Bedienungshaus oder bzw. allgemein im Wasserwerk einen unfreundlichen Eindruck, der den allgemeinen Vorstellungen der Hygiene zuwider läuft. In den Wasserkammern kann von der Behälterdecke herabtropfendes Tauwasser mit seinem hohen pH-Wert an der Wasseroberflache aufgrund chemischer Reaktionen (Kalk-Auskristallisationen) zu einer »Schwimmdecke« führen, die unter Umständen von den Gesundheitsaufsehern bzw. dem Amtsarzt bemängelt wird. Auch die Gefahr einer Sporen- und Algenbildung, des Pilzbefalls (optischer Eindruck!) und der Verkeimung kann in Einzelfällen auftreten. Bei stagnierendem nährstoffreichen Wasser kann in Verbindung mit Tauwasser und Luftkeimen eine Erhöhung der Koloniezahl im gespeicherten Wasser und im Rohrnetz festgestellt werden (MERKL, HUYENG 1986), wenngleich sich die Tauwasserbildung meist nicht nachteilig auf die Beschaffenheit des gespeicherten Wassers auswirkt. Aus diesen Beispielen wird erkennbar, dass hohe Luftfeuchtigkeit und Tauwasserbildung als Problem bei Planung, Bau und Betrieb eines Trinkwasserbehälters zu beachten sind. Je nach technischem bzw. finanziellem Aufwand sind unterschiedliche *lüftungs- und wärmetechnische Konstruktionsmaßnahmen* möglich (MERKL 1987).

6.8.1 Wärmeschutz des Bauwerkes

Die Wärmeschutzmaßnahmen für Behälter müssen sich nach den örtlichen klimatischen Verhältnissen, sowie den betrieblichen Anforderungen richten. In den Wasserkammern kann die Tauwasserbildung infolge Abkühlung der Behälterdecke unter die Temperatur der Innenluft (Winter und Übergangszeiten) durch Wärmedämmung begrenzt bzw. durch eine Erhöhung der Deckentemperatur mittels Behälterdeckenheizung – wie dies beim Wasserwerk Lübeck-Klein Disnack als Musterbeispiel für das Wasserfach geschehen ist – gänzlich vermieden werden (MERKL 1987). Bei Wasserbehältern war früher eine *Erdüberdeckung* von 0,8-1,0 m oder mehr üblich (Frostschutz). Diese große Auflast erforderte bei der Massivbaukonstruktion entsprechende Konstruktionsstärken. Die Entwicklung geeigneter künstlicher Dämmstoffe, die sich im Hochbau bewährt haben, machen heutzutage eine kombinierte Lösung – verringerte Erdauflast plus künstliche Wärmedämmschicht – möglich, wodurch die Belastung der Decke wesentlich verringert wird. Bei *Verwendung einer künstlichen Wärmeisolierung* kann die Erdüberdeckung auf eine Höhe von 0,40 m vermindert werden, womit die Einbindung des Massivbaukörpers für den Wasserbehälter in das Gelände noch gewährleistet ist. Insgesamt wirkt sich diese statische Entlastung günstig auf die Bemessung von Decken, Stützen, Wände und Fundamente aus. Das Dämmmaterial sollte keine Wasseraufnahmefähigkeit besitzen und muss ausreichend druckfest sein; bewährt haben sich z.B. Schaumglasplatten. Vom Autor sind verschiedentlich *Untersuchungen von Behälterdeckenaufbauten* ohne und mit Wärmedämmung hinsichtlich der Auswirkungen auf die Tauwasserbildung an der Deckenunterseite veröffentlicht und fortgeschrieben worden (MERKL 1983, 1986, 1987).

Demnach hängt die *Tauwasserbildung an Behälterdecken,* die es aus bautechnischen und hygienischen Gründen (Bauschäden, Korrosion, Pilzbefall, Verkeimung) zu vermeiden gilt, als sehr komplexes, instationäres Problem im wesentlichen ab von der Taupunktausbildung und den Belüftungsverhältnissen der Wasserkammern, nicht zu verwechseln mit Behälteratmung, die nach BÖSS (1959) wenig zur Querbelüftung beiträgt. Die Forderung nach möglichst geringer oder intensiver Belüftung kann, je nach Jahreszeit bzw. Klimaverhältnissen, richtig oder falsch sein. Es lassen sich jedoch für verschiedene Verhältnisse von stationären Abhängigkeiten der relativen Luftfeuchte, Wassertemperaturen und Außenlufttemperatur Aussagen zum Schichtaufbau von Behälterabdeckungen hinsichtlich Taupunktausbildung und zur damit u.U. vorprogrammierten Tauwasserbildung treffen. Es ist bekannt, dass die relative Luftfeuchtigkeit im Inneren der Wasserkammer sehr hoch ist; Messwerte bis 98 r.F. (im Dezember) sind veröffentlicht (BÖSS 1959). Je nach Standort eines Hochbehälters sind naturgemäß die Verhältnisse für Außentemperatur, Trinkwassertemperatur bzw. Innenlufttemperatur sehr unterschiedlich. Ein Blick in Klima- oder Isothermenkarten oder in Statistik-Angaben von Temperatur-Jahresmaxima und -minima bzw. Norm-Außenlufttemperatur kann bei

Fehlen von Messwerten zu ersten Anhaltspunkten führen für Berechnungen des Tauwasserausfalles nach dem Verfahren von Glaser (s. jeweils Merkl DVGW 1983). Für eine vergleichende Betrachtung sind die früher in der Praxis ausgeführten Behälterdeckenaufbauten mit PVC-Folie als Abdichtung und 80 cm Erdüberdeckung (Decke I) und mit 5 cm Schaumglas und 60 cm Erdüberdeckung (Decke II) durchgerechnet und der Verlauf der Grenzschichttemperaturen graphisch dargestellt worden (Bild 6.8.1.01). Für das Demonstrationsbeispiel wurde eine Wasser- und angenommene Lufttemperatur von 12 °C gewählt, ein oberer Grenzwert, wenn von einem Temperaturbereich für Trinkwasser von 7-12 °C im allgemeinen ausgegangen wird. In der Graphik sind die zugehörigen *Temperaturverläufe durch den Schichtenaufbau* für Außentemperaturen von –16 °C (Voralpen, Bayer. Wald, Schwäb. Alb), –10 °C (Mindestwert) und +30 °C (mittl. Jahresmaximum) eingetragen. Der Temperaturverlauf durch die Behälterdecke I verläuft erwartungsgemäß geradlinig und direkt, während er bei der Behälterdecke II einen Sprung in der Wärmedämmung aufweist. Betrachtet man die Linie für –10 °C, einer winterlichen Außentemperatur, die praktisch für ganz Deutschland als Mindestwert angesetzt werden kann, so wird ersichtlich, dass bei nur erdüberschütteten Behältern die Tauwasserbildung bei ca. 75% relativer Feuchte einsetzen kann, währen bei einem Behälter mit nur 5 cm Wärmedämmung der ungünstigen Wärmeleitfähigkeitsgruppe 045 (sichere Seite) dieser Zeitpunkt bis auf 87,5 % r.F. hinausgeschoben würde. Nebenbei kann aus der Graphik abgelesen werden, dass in der Oberkante der Betondecke I eine Jahrestemperaturdifferenz von 17,2 °C vorhanden ist, was für Temperaturbewegungen bzw. Temperaturspannungsberechnungen von Interesse ist (bei Decke II geringer).

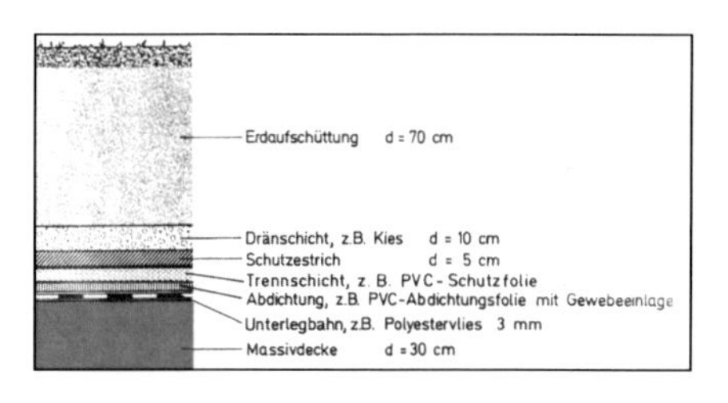

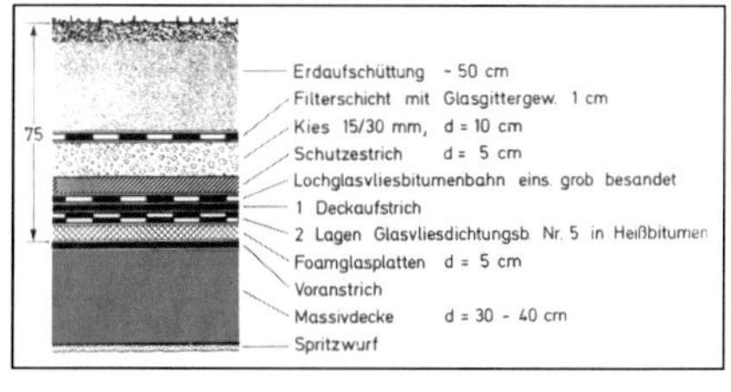

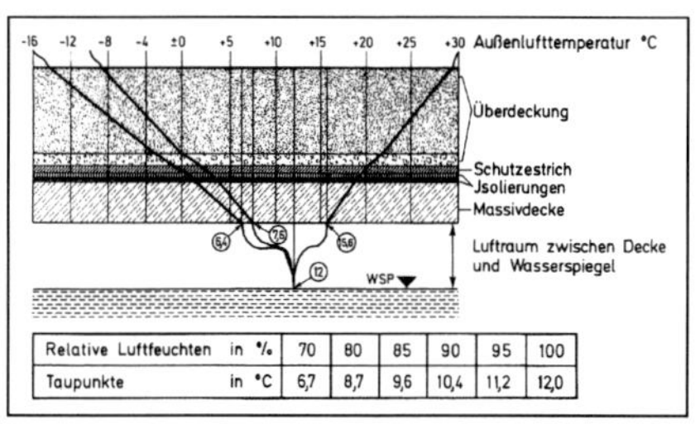

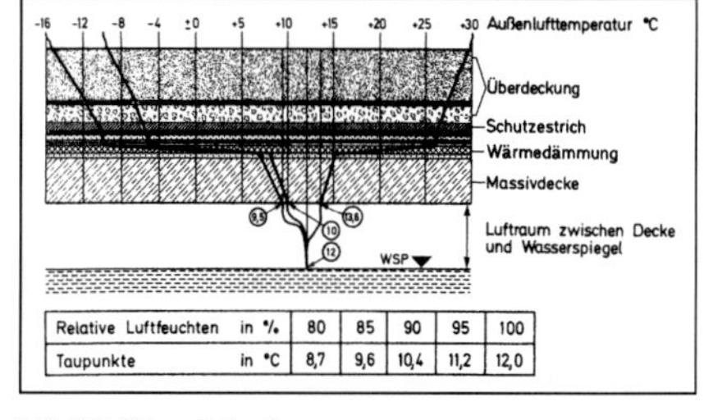

Bild 6.8.1.01: *Temperaturverläufe durch Decke I und II (70/80er Jahre)*

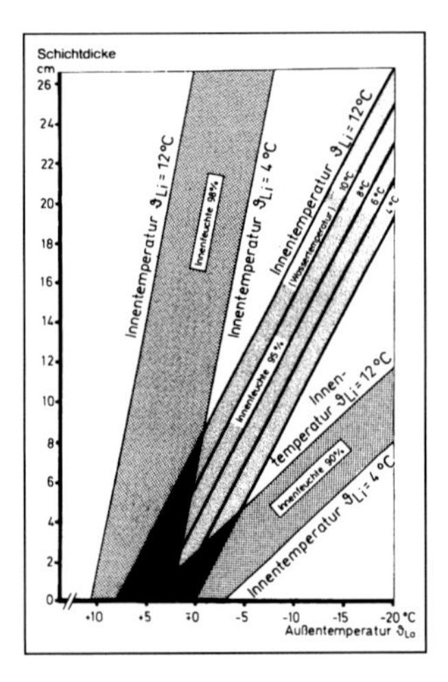

◄ ***Bild 6.8.1.02:*** *Schichtdicken künstlicher Dämmstoffe (λ = 0,045) zur Wärmedämmung von Trinkwasserbehältern (Wasserkammerdecke) in Abhängigkeit von der Außentemperatur, Wassertemperatur und relativer Innenfeuchte (Merkl)*

▼ ***Bild 6.8.1.03:*** *Beispiel einer kombinierten Lösung künstlicher Dämmstoffe mit verringerter Erdüberdeckung (s. a. S. 85)*

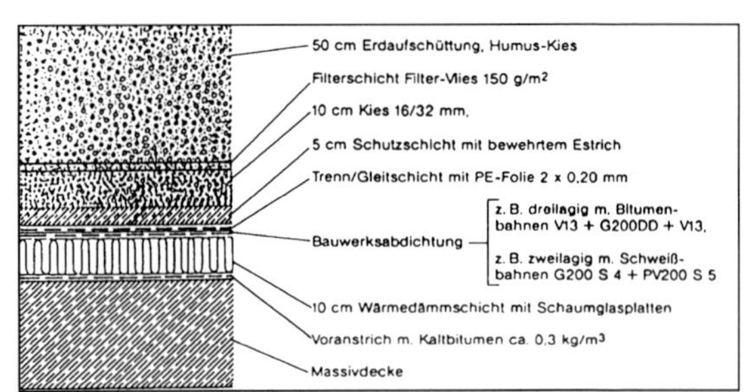

Als allgemeines Ergebnis kann aus derartigen Untersuchungen festgehalten werden, dass für einen Hochbehälter ohne künstliche Wärmedämmung in der Winterphase eine Schwitzwasserbildung vorprogrammiert ist, hingegen eine künstliche Wärmedämmung eine Taupunktunterschreitung verzögern bzw. die Tauwasserbildung zeitlich und quantitativ vermindern kann. Die erforderliche *Schichtstärke für eine künstliche Wärmedämmung* lässt sich in Abhängigkeit von Außentemperatur und Innenfeuchte abschätzen und z.B. in Diagrammen (siehe Bild 6.8.1.02) darstellen. Obwohl bei Wasserbehältern Innenfeuchten von 98% wirklichkeitsnah sind, wird aus wirtschaftlichen Gründen als Kompromiss bei den Schichtdicken für künstliche Wärmedämmstoffe empfohlen, den Berechnungen eine relative Innenfeuchte von 95 % zugrunde zu legen bzw. die Dicke auf rund 10 cm zu begrenzen. Die Kosten einer *Kombination künstlicher Dämmstoffe mit Erdüberdeckung* (Bild 6.8.1.03) liegen in der Größenordnung von 7 % der Gesamtbaukosten eines Erdhochbehälters (MERKL 1986). Bezüglich näherer Einzelheiten zum Behälterdeckenaufbau und der Bauphysik einschließlich Lastannahmen wird auf die Literatur verwiesen (MERKL DVGW 1983). Bei freistehenden oder teilweise freistehenden Behältern muss die Wärmedämmschicht einen baulichen Schutz erhalten. Dieser kann in Anlehnung an Konstruktionen im Hochbau gewählt werden, er bietet Möglichkeiten zu einer architektonischen Gestaltung der Fassade.

6.8.2 Be- und Entlüftung in Wasserkammern und Bedienungshaus

Lüftungsöffnungen in den Wasserkammern sind erforderlich, um den von der Wasserspiegelbewegung erzwungenen Luftaustausch selbsttätig zu ermöglichen. Sie dürfen nicht direkt über der freien Wasserfläche liegen und müssen so angeordnet sein, dass ein Eindringen zum Beispiel von Insekten, Blättern oder Flüssigkeiten in das Behälterinnere verhindert und eine Einflussnahme von außen erschwert wird. Hierzu erforderliche Einbauten (Siebe, Filter, Gitter, Jalousien) müssen kontrollierbar sein. Dies wird am einfachsten erreicht, wenn sie vom Bedienungshaus leicht zugänglich sind. Eine offene Luftführung innerhalb des Bedienungshauses ist jedoch zu vermeiden.

Ausbildung, Lage und Abmessungen der Be- und Entlüftungsöffnungen zeigen eine große Vielfalt, nicht zuletzt deshalb, weil der Zeitpunkt der Bauausführung von der Jahrhundertwende bis in die heutige Zeit reicht. Früher waren Lüftungshüte (Dunstkamine) oft direkt auf die Behälterdecke aufgesetzt. Aus Sicherheitsanforderungen und hygienischen Gründen müssen sie umgebaut werden (s.a. DVGW-Merkblatt W 312). In der Schweiz hat dies beispielsweise schon sehr früh zu Richtlinien (Bild 6.8.2.01) geführt, wonach die Zuluft über Filter in einem geschlossenen Lüftungssystem durch das Bedienungshaus geleitet werden muss (Bild 6.8.2.02). In der europäischen Norm DIN EN 1508 »Anforderungen an Systeme und Bestandteile der Wasserspeicherung« ist diese Forderung der deutschsprachigen Länder am Einspruch Großbritanniens und anderer Länder gescheitert, da es hier noch sehr viele alte Behälter mit Lüftungshüten gibt (Kosten!). Es bleibt

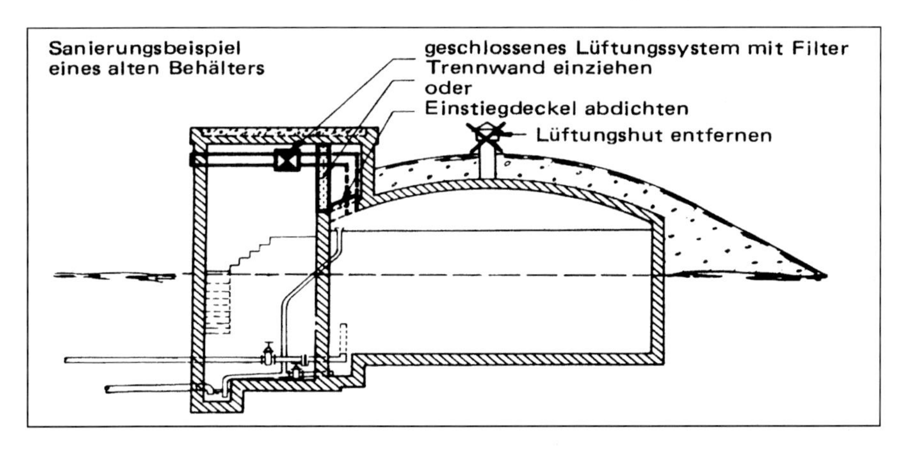

Bild 6.8.2.01: ▲
Umbau von Lüftungshüten in ein geschlossenes Lüftungssystem (nach Blum)

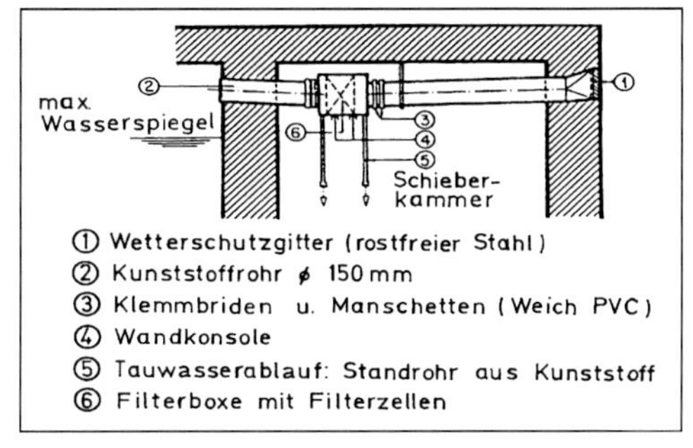

Bild 6.8.2.02: ►
Geschlossenes Lüftungssystem (nach Blum)

dem sog. »Designer« überlassen, ob diese oder eine andere, bessere Lösung zur Ausführung gelangt. Eine intelligente, wenngleich spezielle Lösung wurde mehr oder minder zwangsweise gefunden für den 1958 mit 4x150.00 m³ Nutzinhalt in Betrieb gegangenen »Riesenbehälter Wien-Neusiedl«, bei dem zur Vermeidung von Lüftungshüten aus Sicherheitsgründen und des Blütenstaubs wegen aus umliegenden großen Föhrenwäldern, der Luftstrom aus den alpinen Quellgebieten im Freispiegelkanal der I. Wiener Hochquellenleitung durch einen Windkanal zu den einzelnen Kammern geleitet und entgegengesetzt der Fließrichtung des Wassers über den Wasserspiegel unterhalb des Behälters wieder in den Leitungskanal zurückgeführt wurde. Diese Einrichtung hat die höchst erwünschte Nebenwirkung, dass der Luftraum in den riesigen Kammern (10 m Fülltiefe) nicht stagniert, sondern dass der ständig zwischen dem Wasserspiegel und der Decke fließende kühle Luftstrom die durch die Decke (nur mit 40 cm Erdüberdeckung versehen) eindringende Wärme aufnimmt und abführt und damit die Erwärmung der obersten Wasserschichten hintanhält.
Ziel einer Luftfilterung ist das Abscheiden von festen, flüssigen und gasförmigen Verunreinigungen in der Luft, wie z.B. Staub, Pollen, Keime, Geruchsträger und unter Umständen toxischen Stoffen. Das Abscheiden von unerwünschten Luftinhaltsstoffen in den Luftfiltern erfolgt aufgrund physikalischer Effekte (Siebwirkung, Sperr-, Trägheits-, Diffusions-Effekt) durch Grobstaub-, Feinstaub und Schwebstoff-Filter. Für besondere Einsatzfälle kommen Luftfilter mit katalytisch wirkendem Filtermaterial zum Einsatz, beispielsweise wenn Restozon aus der Abluft einer Wasseraufbereitungsanlage bzw. aus dem Wasserbehälter ozonfrei in die Umgebungsluft zu leiten ist. Bei einer notwendigen Abscheidung von Geruchsstoffen durch Gülledüngung, Massentierhaltung oder Schadstoffen (Industrieabgase in Ballungsgebieten, mit Hubschraubern versprühte Pestizide in Weinbaugebieten usw.), ist der Einsatz eines Aktivkohlefilters mit vorgeschalteten Luftfilter der Klasse EU 7-EU 9 nach DIN 24184 (alte Filterklasse) bzw. F 7-F 9 nach DIN EN 779 erforderlich (DIN EN 779:2002 ersetzt EN 779:1993; alte DIN-Klassen hier noch für frühere Systeme miterwähnt). Ein *Grobstaub-Filter* in der einfachsten Ausführung G 1 DIN EN 779 (Neue Filterklasse G 1-G 4) bzw. EU 1 DIN 24185 (Alte Filterklasse) erfüllt nur geringe Anforderungen (Wirkungsgrad bei Partikeln von 0,4 µm < 40 %), z.B. Abscheidung von Grobstoffen/Pollen; er ist unwirksam gegenüber kleinen Teilchen. Ein *Feinstaub-Filter* für Partikel 1-10 µm der Klasse F 5 nach DIN EN 799 (Neue Filterklasse F 5-F 9), bestehend aus Synthesefasern, hat einen mittleren Abscheidegrad von Keimen und Staub (Blütenstaub, Sporen, Pollen, Zementstaub) und ist nur beschränkt wirksam gegenüber Rauch und kleinsten Teilen. Für die Belüftung von Reinwasserkammern (erhöhte Anforderungen) sollte deshalb die *Filterklasse* F 9 mit erzielbaren Abscheidegraden von über 99 % bzw. mittlerem Wirkungsgrad (0,4 µm) $E_m \geq 95$ %, eingesetzt werden bzw. besser Schwebstoff-HEPA-Filter für Partikel ≥ 1 µm der Klasse H 13 nach EN 1822. Durch den hohen Abscheidegrad können radioaktive Schwebstoffe, Keime, Bakterien und

alle Arten von Rauch und Aerosolen zurückgehalten werden. Mittlerweile werden derartige Kombinationen von Filterklassen (F 5 + H 13) als *Komplettlösungen* von Edelstahl-Verarbeitern im Wasserfach angeboten. Die Standzeiten können von wenigen Monaten bis zu mehreren Jahren reichen, so dass die Auswechslung in einen Wartungsplan eingebunden werden sollte. Filterschichten aus hydrophobem Material vermeiden Keimwachstum auch bei erhöhter Luftfeuchtigkeit. Grundsätzlich ist eine Durchfeuchtung des Filters mit der Gefahr einer Vereisung zu vermeiden, was bei einer Luftführung über das Bedienungshaus (Anordnung des Luftfiltergehäuses) möglich ist.

Die Be- und Entlüftung kann über eine beidseitig beaufschlagte Lüftungsanlage mit natürlichem Luftaustausch erfolgen (Bild 6.7.01, 6.8.2.01, 6.8.2.02). Unter der Voraussetzung, dass dieser Luftaustausch ausschließlich nur über die vorgesehene *Be- und Entlüftungsanlage im Bedienungshaus* erfolgt, bedeutet dies, dass die Wasserkammer vom Bedienungshaus abzutrennen ist und auch alle anderen, möglicherweise vorhandenen, Luftöffnungen zur Wasserkammer zuverlässig verschlossen sein müssen. Die Luftansaugung erfolg in der direkten Umgebung über das Bedienungshaus durch eine stabile, einbruchsgesicherte Ausführung von Jalousie bzw. Lüftungskamin. Insektengitter alleine haben keine ausreichende Funktion, weil nur Insekten, Kleinlebewesen und grobe Partikel wie Blätter abgeschieden werden. Eine zuverlässige Abscheidung von Stäuben, Aerosolen, hygienisch belasteten Partikeln wie Bakterien, Keime, Pollen, Pilze, Viren, können nur durch Filter der Filterklassen bis F 9 zurückgehalten werden. Vorkehrungen zur Tauwasserableitung – die im Gefälle verlegte Luftleitung sammelt Flüssigkeiten (Terroranschläge) am Kondensatwasserablauf – wie zum Schutz bei Betriebsstörungen sind zu treffen. Der Luftfilterkasten sollte in jedem Fall mit mindestens einer Druckdifferenzüberwachung mit Maximalanzeige ausgerüstet sein. Die Druckdifferenz ist abhängig von der Beladung der Filter und der Luftgeschwindigkeit. Erfolgt die Kontrolle bei geringen Luftgeschwindigkeiten, würde auch bei vollbeladenem Filter nur eine geringe Druckdifferenz angezeigt werden. Erst die Maximalanzeige gibt eine zuverlässige Anzeige über den optimalen Zeitpunkt des Filterwechselns. Für die zulässige Maximalbeladung sind neben den Empfehlungen des Filterherstellers auch die Belastbarkeit des Bauwerks zu berücksichtigen. Die Auslegung erfolgt in der Regel nach dem maximal möglichen Zu- und Abluftvolumen. Nachdem der Druckausgleich im Trinkwasserspeicher nur noch über die Luftfilteranlage erfolgt, kann bei Rohrbruch oder Filterüberladung der zulässige Über- bzw. Unterdruck des Behälters überschritten werden. Deshalb muss der Gefahr von Implosionen oder Bersten mit einem Sicherheitsventil vorgebeugt werden. In jedem Fall ist eine statische Gefahrenabschätzung damit zu verbinden. Moderne Hochleistungsfilter aus hydrophobem Material stellen für Mikroorganismen keinen Nährboden dar, ein sicherer Rückhalt ist gewährleistet. Für eine große Luftfilteranlage mit einem Luftdurchsatz von 3.500 m³/h ohne die Luftleitungen (nach lfm zu vergüten) sind etwa 4.000 € anzusetzen.

Zweckmäßig ist es, die zugeführte Luft mittels entwässerbarer Leitung (s. Beispiele Kap. 6.8.3) vor Eintritt in die Kammer möglichst an die Wasserkammertemperatur anzupassen (Auskondensieren der Luft). Der freie Querschnitt der Lüftung richtet sich nach dem, im Rohrbruchfall aus dem Behälter abfließenden Volumenstrom bzw. nach einer Obergrenze für die Luftgeschwindigkeit in den Lüftungsöffnungen/-rohren. Die der Berechnung zugrunde zu legende Lüftungsgeschwindigkeit soll max. 8-10 m/s unter Berücksichtigung querschnittsverengender Einbauten (Geräuschentwicklung) nicht überschreiten.
Im *Bedienungshaus* ist mit Tauwasser vornehmlich im Sommer zu rechnen, wenn der Taupunkt der Innenluft über der Rohroberflächentemperatur liegt, die abhängig von der Wassertemperatur und dem wärmetechnischen Verhalten des Rohrmaterials ist (PE wäre günstiger als z.B. Guss). Aufgrund langjähriger Anwendererfahrungen gilt das Prinzip der *Luft-Entfeuchtung für Bedienungshäuser* als ausgereifte praktische wie auch wirtschaftliche Lösung. Bei den Geräten wird zwischen Kondensations- (auch Kältetrockner genannt) und den Adsorptionstrocknern unterschieden. Die Investitionskosten für beide Gerätearten unterscheiden sich nicht wesentlich; sie liegen zwischen 2.500 bis 5.000 €. Im Normalfall ist ein Kondensationstrockner mit seinen geringen Betriebskosten (z.B. 35 €/Monat) aufgrund niedriger elektrischer Anschlusswerte eine günstige Lösung, z.B. bei Auslegung auf 75 % relative Feuchte. Bei höheren Anforderungen an die Entfeuchtungsleistungen werden Adsorptionstrockner (Anschlusswerte ca. 0,7-1,8 kW) die optimale Lösung sein, z.B. bei Entfeuchtung auf unter 50 % relative Feuchte, damit keine Rostbildung an gestrichenen Stahlflächen auftritt oder wenn Oberflächentemperaturen unter 8 °C vorhanden sind. Bei den Kältetrocknern sind unter diesen Bedingungen tiefe Verdampfungstemperaturen erforderlich, wodurch diese Luftentfeuchter in einen unwirtschaftlichen Bereich geraten. Zur Frage nach der absoluten Höhe der Betriebskosten ist die Kenntnis der Betriebsdauer erforderlich. Soll nur Tauwasserbildung vermieden werden, so reicht ein zwei- bis fünfmonatiger Betrieb oft aus; soll zur Vermeidung von Korrosion die relative Feuchte bei 50 % eingestellt werden, so wird ein ganzjähriger Betrieb allerdings mit wechselnden Laufzeiten erforderlich werden. Im allgemeinen wird man eine 30-50 %ige Jahreslaufzeit zu erwarten haben, so dass Stromkosten von mehreren hundert Euro bis zu einigen tausend Euro anfallen. Die Stromkosten als wesentliche Betriebskosten sind daher im Einzelfall keine bedeutsamen Kosten. Für das Bedienungshaus können die Tauwasserprobleme daher als gelöst betrachtet werden.

6.8.3 Beispiele zur Verminderung oder Vermeidung des Tauwassers

Wie aufgezeigt, kommt es in Wasserbehältern unter bestimmten klimatischen Verhältnissen zur Tauwasserbildung, die vermindert oder vermieden werden kann durch Abkühlung bzw. Entfeuchtung der Luft, Zwangsbelüftung, Klimatisierung oder Beheizung der Behälterdecke. Durch den Betrieb einer Behälterdeckenheizung lässt sich der Tauwasseranfall im Winter und in der Übergangszeit vermeiden, wenn Warmwasser, das nur wenige °C über Raumtemperatur erwärmt werden muss, durch im Deckenbeton liegende Rohre geführt wird. Praktische Beispiele für Wasserkammern sind von MERKL (1987, 1998) ausführlich dargestellt, so dass unter Verzicht auf Ausführungen zu bauphysikalischen Maßnahmen wie künstliche Wärmedämmung und Behälterdeckenheizung (Lübeck, Ingolstadt) einige *lüftungstechnische Maßnahmen* verkürzt dargestellt werden. Prinzipiell kann hier zwischen natürlicher und künstlicher Be- und Entlüftung unterschieden werden.

Eine Verminderung der Tauwasserbildung im Sommer kann mittels Abkühlung der durch Wasserspiegelabsenkung eingetragenen warmfeuchten Luft erfolgen und zwar durch Führung der Lüftungsleitung durch den Wasserkörper. Eine Luftführung durch Überlaufrohre oder durch bis an die Drainage heruntergeführte Lüftungsrohre wirkt ähnlich positiv, muss aber im Einzelfall auf sonstige bauliche und betriebliche Verträglichkeit überprüft werden. Da die Luft auf diesem Wege einen Teil der absoluten Feuchte abgibt (»auskondensiert«) kann eine Tauwasserbildung an der Behalterdecke durch diese relativ einfache Maßnahme vermindert oder gar verhindert werden. Erste derartige Maßnahmen wurden in den 70er und 80er Jahren bei den Stadtwerken Lübeck verwirklicht, wie aus der schematischen Darstellung in Bild 6.8.3.01 zu ersehen ist. Eine einfache Lösung ist z.B. auch im Fertigteil-Rechteckbehälter Bayreuth ausgeführt worden.

Für einen Rundbehälter ist eine entsprechende Luftführung beim 1979 in Betrieb gegangenen Behälter Maudach/

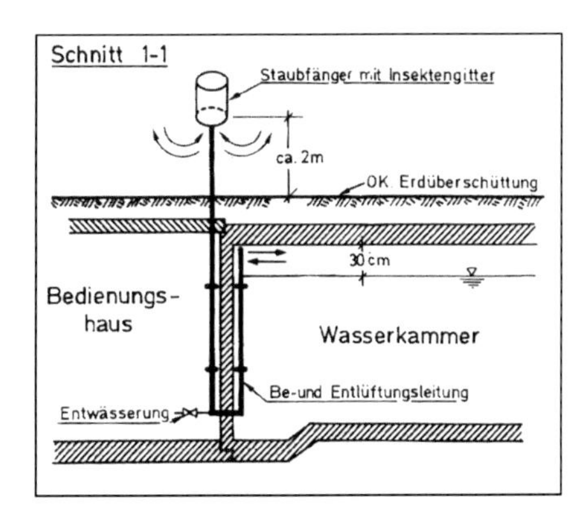

Bild 6.8.3.01: *Prinzipskizze Be- und Entlüftung Wasserbehälter Klein Disnack/Lübeck bzw. im FT-Rechteckbehälter Bayreuth (Fa. ZWT).*

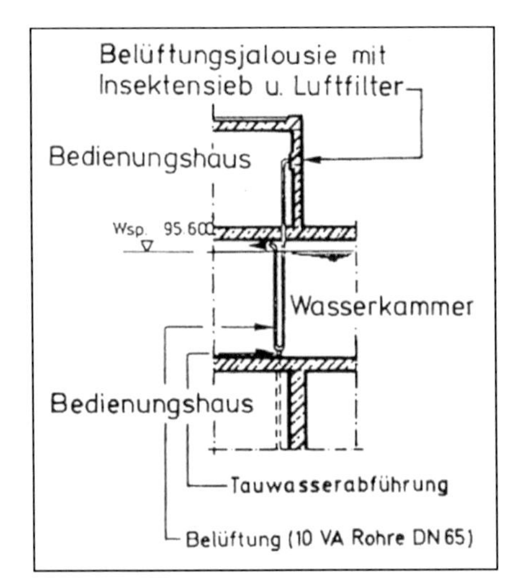

Bild 6.8.3.02: *Behälterbelüftung bei dem Rundbehälter Maudach/Ludwigshafen*

Ludwigshafen Oggersheim (Kuppelbehälter, Fassungsraum 2 x 6.000 m³) ausgeführt worden. Bei Wasserentnahme wird Luft über je 10 parallel angeordnete Edelstahlrohre DN 65 pro Wasserkammer (Bild 6.8.3.02) von außen über einen Luftfilter (regenerierbare Plattenfiltermatten) angesaugt. Das entstehende Tauwasser wird über eine gemeinsame Kondensatleitung, die alle 10 Rohrbündel am U-Bogen verbindet, durch den Boden der Wasserkammer nach unten in das Bedienungshaus abgeführt.

Die Zwangsbelüftung mittels Ventilator statt Naturzugbelüftung kann zeitweise (Winter und Übergangszeit) vorteilhaft sein. Voraussetzung ist hierbei ein vielfacher Luftumsatz je Stunde und eine gleichmäßige Verteilung der Luft. Der Kostenschritt zur effektiveren Klimatisierung ist aber damit nicht mehr weit. Untersuchungsergebnisse zur Zwangsbelüftung mittels Ventilatoren liegen vor (MERKL, HUYENG 1986). Eine technische und finanzielle Stufe höher sind *Klimatisierungsmaßnahmen für die Wasserkammern und deren Bedienungsgänge.* Hierbei wird die eingesaugte Luft über Filter, Kälteaggregate bzw. Heizregister (Wärmepumpen) zur Regelung von Temperatur und Feuchtigkeit geleitet. Nach dem klassischen Beispiel von 1966 im Großbehälter Forstenrieder Park/München sind für das Wasserwerk Straubing und zuletzt für die Wasserversorgungen Augsburg und Ingolstadt neuere Anlagen mit günstigeren wirtschaftlichen Ergebnissen in Betrieb gegangen. Angaben zu Investitions- und Betriebskosten für die Anlage in Straubing sind veröffentlicht (MERKL 1987). Die Stadtwerke Augsburg haben für die Betriebsweise ihrer Anlagen eine spezielle Strategie entwickelt, so dass die Anlagen sehr zufriedenstellend wirtschaftlich arbeiten. Für Wasserwerke mittlerer Größenordnungen und darüber sind intelligente Lösungen zur Klimatisierung von Wasserkammern realistisch geworden.

6.9 Dichtheitsprüfung von Wasserkammern

Die Dichtheit der Wasserkammern ist entsprechend den konstruktiven Anforderungen (s. Abschnitt 3.2, Tabelle 3.2.01, Abschn. 6.2.5) neben der sachgemäßen Ausführung der Behälterinnenflächen ein wichtiges Merkmal für die mängelfreie Herstellung des Bauwerkes. Die Prüfung der Dichtheit ist daher ein unverzichtbarer Bestandteil der Abnahme des Bauwerkes und damit Voraussetzung für den Übergang vom Bau- in das Betriebsstadium (Abnahme-Niederschrift in Formblatt). Dies gilt insbesondere für Behälter aus Beton, weil Beton per se nicht wasserdicht ist, aber auch für metallische Behälter oder mit Kunststoff ausgekleidete Behälter, weil hier die Schweißnähte (oder Verschraubungen, Vernietungen) immer ein Dichtheitsproblem sind.
Im Zuge von *Vorarbeiten zur Dichtheitsprüfung* müssen alle Wände und die Wasserkammerdecke vor einer Erdanschüttung frei zugänglich sein. Die europäische Norm DIN EN 1508 sieht neben der eigentlichen Wasserdichtheitsprüfung von Wänden und Behältersohle auch eine Prüfung der »Dächer« vor – »Flutung oder Beregnung der Dachfläche je nach Festlegung des Planers« – worunter im deutschsprachigen Raum die Wasserkammerdecke zu verstehen sein wird, was neu ist in der Praxis und den Planer und das Wasserversorgungsunternehmen vor neue Herausforderungen stellt, da noch keine »Regellösung« existiert. Zur vorbereitenden Prüfung für Wände und Behältersohle müssen nach Beendigung der Bauarbeiten folgende Punkte abgearbeitet werden: Überprüfung, ob Entleerungsmöglichkeiten verfügbar sind; sorgfältige Säuberung aller Innenflächen; Verschluss und Sicherung aller Zu- und Ablaufrohre; langsame Füllung der Kammer mit Wasser in Trinkwasserqualität bis zur Höhe des Überlaufes, eventuell sind hierfür gesonderte Installationen nötig; Vorsehen einer ausreichend langen *Vorlaufzeit zur Sättigung der (Beton-) Innenflächen* mit Wasser (> 1 d bis 17 Tage), bei Bedarf ist Wasser nach Ablauf dieser Zeit nachzufüllen. Ein *Selbstdichten von Rissen* bis 0,2 mm Breite ist möglich durch das Ausfällen von Calciumcarbonat aus hartem Wasser und beim Karbonatisieren. Die Selbstdichtung beginnt gleich nach dem Füllen, braucht aber bis zu ihrem Abschluss einige Zeit. Deshalb darf bei der Wasserprobefüllung die eigentliche Prüfung erst nach entsprechender Standzeit erfolgen. Wenn Risse nach etwa 400 h (17 Tage) immer noch nicht dicht sind, dann ist eine Selbstheilung von Rissen nicht mehr zu erwarten (BOMHARD 1983). Saures Wasser kann die Selbstheilung verhindern und die Leckrate vergrößern, wenn es kalklösend wirkt. Anzumerken ist, dass zur Dichtheitsprüfung auch eine Sichtkontrolle gehört, welche die zugänglichen Bauwerksteile (Innen- und Außen-Wandflächen, Fugen, Rohrdurchführungen), die hydraulische Ausrüstung, und Dränagen mit Sammelschächten umfasst.
Bei der eigentlichen *Wasserdichtheitsprüfung für Wände und Behältersohle* sind gemäß DIN EN 1508 folgende Schritte durchzuführen: Messung der Wasserspiegelhöhe gegenüber einer festinstallierten Messskala und Aufschreibung bei Beginn

der Prüfung; Beobachtung der Bauwerksdränage und bei Bedarf Messung der Durchflussmenge in den Dränrohrleitungen; in Zeitabständen Überwachung des Wasserspiegels während der Prüfung; Beobachtung der Außenfläche der Wasserkammern, einschließlich der Trennwände zur Feststellung von möglichen Leckstellen; Messung des Wasserspiegels am Ende der Prüfperiode; Berechnung der Wasserverluste; Vervollständigung der Prüfprotokolle.
Als Prüfverfahren für Dächer schreibt die DIN EN 1508 folgenden Ablauf vor: vollständige Entleerung der Wasserkammer; bei Flachdächern Abdeckung aller Regenabläufe; bei Bedarf sind temporäre Voraussetzungen für die vom Planer festgelegte Flutung des Daches zu schaffen; Flutung oder Beregnung der Dachfläche je nach Festlegungen des Planers; eventuell festgelegte kontinuierliche Beregnung der Gesamtfläche mit Wasser; Prüfung der Dachunterseiten hinsichtlich Undichtheiten; Vervollständigung der Prüfprotokolle.
Die Außenwand- und Deckenflächen sind insbesondere auf Rissbildung bzw. Dichtheit dann sorgfältig zu prüfen, wenn mit huminsaurem oder aggressiven »Tagwasser« (Fremdwasser) zu rechnen ist, damit bei ungenügend ausgebildetem Deckenaufbau (s. Abschnitt 6.3.1) von außen keine Wurzeln einwachsen (Bild 6.3.1.01) oder oberirdisches Wasser eindringt, was bei entleerter Wasserkammer auch für undichte Wände gilt, wenn z.B. Grundwasser ansteht.
Die *Testprozeduren für die Akzeptanz einer Behälterdichtheit* variieren etwas von Land zu Land. In Frankreich muss der Wasserspiegel erhalten bleiben über 10 Tage, in Deutschland muss der Wasserspiegel unverändert über 48 h bleiben und in der Schweiz wird ein Wasserverlust von o,3 l/ m^2 d der benetzten Betonfläche über eine Periode von 7 Tagen toleriert.
Die Dichtheitsprüfung nach DVGW-Arbeitsblatt W 300 gilt als bestanden, wenn folgende Forderungen erfüllt sind:
▷ kein sichtbarer Wasseraustritt nach außen feststellbar,
▷ keine bleibenden oder sich vergrößernden Durchfeuchtungen vorhanden,
▷ kein messbares Absinken des Wasserspiegels innerhalb einer Prüfzeit von 48 Stunden,
▷ keine Wasserführung in den Sohldränagen (Voraussetzung kein Grundwasser).

Das *Prüfprotokoll* (s.a. DIN EN 1508 Anhang A6) soll technische Angaben, wie Anzahl Wasserkammern, Nutzinhalt, Wassertiefe, Wasseroberfläche, benetzte Fläche, Rohrquerschnitte, Angaben zur Prüfungsvorbereitung, wie Sicherung gegen unbefugtes Betätigen von Einrichtungen und Armaturen, Füllzeit vor Prüfbeginn, Angaben zur Prüfungsdurchführung, wie Skalen-/Stichmaßablesungen (Berechnung der Wasserverluste), Sichtkontrollen bzw. Ergebnis der visuellen Inspektion und das Prüfungsergebnis enthalten. Das Prüfprotokoll ist aufzubewahren.

6.10 Entwässerungsanlage

In einem Trinkwasserbehälter wird nicht nur Wasser als Lebensmittel gespeichert, sondern es fällt im laufenden Betrieb auch Wasser an, das es zu »entwässern« gilt mittels einer Entwässerungsleitung, die im Regelfall aus einen Sammel-(Kontroll-)Schacht unter Beachtung von Einleiterbedingungen zu einem Vorfluter (wasserrechtliche Erlaubnis!) oder zur Kanalisation (satzungsrechtliche Genehmigung) führt. Im einzelnen handelt es sich um Wasser aus Dränagen um die Behälterfundamente, Tauwasser, Reinigungswasser der Wasserkammern, der Bedienungsgänge und des Bedienungshauses, Wasser aus Handwaschbecken, Dauerläufer zur Qualitätsüberwachung, Fußbodenentwässerung, Rohrentleerungen, Niederschlagswasser aus Dach- und Verkehrsflächen, und natürlich aus Entleerung und Überlauf. Volumen und Beschaffenheit des anfallenden Wassers sind entsprechend der Herkunft verschieden, alle Entwässerungseinrichtungen sind aber so zu führen und zu bemessen, dass kein Rückstau (Rückstauklappe), kein Eindringen von Kleinlebewesen (Froschklappe) und kein Geruch (Führung über Syphon) möglich sind. Häusliches Abwasser aus WC-Anlagen ist gesondert zu behandeln, entsprechend den örtlichen Verhältnissen also Anschluss an eine Ortskanalisation oder Hauskläranlage mit entsprechender Wartung. Der Sammel-Entwässerungsschacht kann innerhalb oder zweckmäßigerweise auch außerhalb des Bedienungshauses angeordnet werden, in den alle Entwässerungsleitungen mit Ausnahme des »häuslichen Abwassers« einmünden. Er unterbricht die direkte hydraulische Verbindung zur Wasserkammer bzw. zum Vorfluter und erschwert somit negative Rückwirkungen in die Betriebsräume.

Dränagen und deren Überwachung sind in zweierlei Hinsicht von Bedeutung. Ist das Bauwerk grundwasserfrei gegründet, so gibt ein Dränwasseranfall einen Hinweis auf Undichtheiten der Wasserkammern. Dränagen müssen deshalb über Beobachtungsschächte mit Steigleiter (DIN 3620) und Schachtabdeckung (DIN 1239) an den außenliegenden Ecken der Wasserkammern mit besonderen Peilrohren oder Schacht-Einstiegsmöglichkeit laufend, besonders aber vor Außerbetriebnahme einer Wasserkammer auf ihre Funktionsfähigkeit bzw. Wasserführung kontrolliert werden. Ein Rückstau von Wasser in die Dränleitungen vom Schacht her darf natürlich durch Ausbildung einer entsprechende Sohlentiefe nicht möglich sein. Anders gelagert ist der Fall bei nicht grundwasserfreier Gründung. Dränagen sind hier wegen ihrer Grundwasserspiegel regulierenden Wirkung wichtig für die Standsicherheit des Bauwerks. Versagende Dränagen könnten dann zu einer Neufestsetzung der Wasserspiegelabsenkung in den Wasserkammern führen bis hin zu Betriebseinschränkungen wegen mangelnder Auftriebssicherheit bei z.B. einer Wasserkammerentleerung nur unter bestimmten Umständen.

Die *Entleerung* der Wasserkammern werden einzeln in den Sammelschacht geführt und dürfen vor diesem keine anderen Entleerungsleitungen aufnehmen, außer dass die Überlaufleitung bereits im Rohrkeller des Bedienungshauses eingebunden wird. Für den Fall, dass die Vorflutverhältnisse bei großen Wasserkammervolumina oder einer weiten Entfernung für eine sichere oder wirtschaftliche Einleitung der Betriebswässer bzw. des Trinkwassers ungeeignet oder nicht in Frage kommen, kann bei geeigneten Grundwassersituationen die Anlage ausreichend dimensionierter Sickerbecken oder Schluckbrunnen in Frage kommen.

6.11 Gestaltung von Außenanlagen

Innerhalb eines Trinkwasserbehälters können alle Entscheidungen nach technischen und wirtschaftlichen Belangen getroffen werden. Dies gilt für die Gestaltung der Außenansichten (MÜLLER 1983) bzw. Außenanlagen nur noch eingeschränkt, weil Natur- und Landschaftsschutz, bestehende Biotope oder eine umliegende Nutzung berücksichtigt werden müssen. Wasserbehälter als große Ingenieurbauwerke werden in der Regel erdüberschüttet bzw. erdangedeckt ausgeführt, damit sie in der Natur nicht übermäßig auffallen. In Erscheinung tritt das Bedienungshaus, das auch durch eine ausreichend ausgebaute Zufahrt, auch für schwere Transporte bei Instandsetzungsarbeiten, erreichbar sein muss. Die Erdandeckung über der Wasserkammer wird weitgehend vom Massenausgleich (Abschnitt 5.2) zwischen Erdaushub und Verfüllung bestimmt. Die Anpassung an die Landschaft sollte aber immer mit berücksichtigt werden. Für steile Böschungen muss zwar weniger Grund mit erworben werden, doch besteht die Gefahr einer Erdabschwemmung oder eines Böschungsabrisses, (Rutschungen, Setzungsrisse) die Begrünung bzw. Pflege der Steilhänge mit Anplanzungen bereitet Schwierigkeiten (ungepflegter Eindruck), im Winter und bei feuchtem Wetter sind Kontrollgänge gefährlich. Vorhandene zu steile Böschungen innerhalb der Anlage sind deshalb auch abzuflachen oder terrassenförmig anzulegen. In Sonderfällen können eingelegte Rasensoden erforderlich sein.
Böschungen sind aus den genannten Gründen nur mit einer Neigung 1:3 oder flacher mit ausgerundeten und abgeflachten Geländeanschlüssen herzustellen (obwohl teurer wegen mehr Grunderwerb), womit auch eine maschinelle Pflege und eine Bewirtschaftung als Mähwiese möglich ist. Grünflächen sind leicht anzulegen (Magerrasen, Rasensaat ca. 0,80 €/m^2) und zu pflegen, jedoch muss dies regelmäßig geschehen. Ungepflegte Flächen heben sich in der Landschaft ab und sind von weitem zu erkennen. Wiesenflächen sind leicht zu überblicken und bieten keine Deckung.
Für Hänge oder Böschungen, die nicht maschinell gemäht werden können, bieten sich Hecken zur Bepflanzung an, die aber potentiellen Eindringlingen keinen Sichtschutz bieten dürfen. Bodendecker, z.B. Cotoneaster, erhalten die Übersichtlichkeit. Sie sind vergleichsweise teuer und erfordern eventuell in den ersten Jahren Unkrautbekämpfung. Sträucher werden öfters von Naturschutzstellen gefordert. Sie können unschöne Stellen verdecken und zum Vogelparadies werden. Vor-

sorglich zu vermitteln ist in der Zusammenarbeit mit der unteren Naturschutzbehörde, dass die erdüberschüttete Wasserbehälterdecke ein Betriebsgelände und kein Biotop ist, da ansonsten die Gefahr besteht, dass das Wasserversorgungsunternehmen vor lauter Naturschutz nicht mehr seinen Instandhaltungsmaßnahmen nachkommen kann.

Früher wurden Erdabdeckungen oft bewaldet, möglicherweise um die Sonneneinstrahlung über eine Schattenbildung zu minimieren, damit das Wasser in den Kammern frisch bleibt (unbegründete Vorsorge). Bäume haben Nachteile (sind ggf. zu entfernen), weil ihre Wurzeln Behälterabdichtungen beschädigen, in Risse und Arbeitsfugen einwachsen (sind schon ins Innere der Wasserkammer durch die Behälterdecke vorgedrungen) sowie Entwässerungen und Dränagen verstopfen. Insbesondere gilt dies für schnellwachsende Bäume wie Birken, Eschen, Weiden, Pappeln, Kastanien, außerdem kann bei Birken und Pappeln auch der Samenflug stören, vom Laubfall im Herbst abgesehen, womit Wege und Treppen zu Rutschbahnen werden können. Am Zugang sollte kein Baum »Deckung« bieten, weil möglicherweise gerade bei Dämmerung und Dunkelheit das Wasserversorgungspersonal einer Gefährdung ausgesetzt wäre. Bei Behältern im Wald sollten die Probleme mit der Forstverwaltung offen besprochen werden.

Zäune werden möglicherweise als störend in der Landschaft empfunden, sie verhindern jedoch am besten eine Annäherung, bzw. fehlende oder zu niedrig angelegte Zäune ermöglichen unbefugten Zutritt zu den Betriebsanlagen. Eine Maschendrahtzaun sollte deshalb 1,80-2,00 m hoch sein. Die Kosten hierfür sind mit etwa 50 €/lfm anzusetzen. Eine *Einzäunung* hat auch rechtliche und psychologische Aspekte: jeder, der in ein umfriedetes Grundstück eindringt, begeht Hausfriedensbruch; jeder innerhalb eines Zaunes fällt auf und ist verdächtig. Zäune sind Schutz vor Verunreinigungen und hindern übermütige Jugendliche am Besteigen flacher oder niedriger Dächer (Bedienungshaus). Bei einem frei zugänglichen Grundstück kann das Wasserversorgungsunternehmen für einen Sturz über eine zu niedrige Brüstung verantwortlich gemacht werden. Zäune können eine maschinelle Pflege behindern, weshalb zu überlegen ist, ob bei Grünflächen ein Bodenabstand von ca. 15 cm für den Messerbalken vorgesehen wird, andererseits sollte er vor allem in städtischen Bereichen nicht so groß sein, dass Hunde durchschlüpfen. Gegen Kaninchen muss der Zaun ca. 50 cm in den Boden eingegraben und etwas nach außen gebogen werden.

Eine *Zufahrt* ist schon für den Behälterbau erforderlich. Im Grundstück sind häufig benutzte Wege und Stellflächen (Parkplätze) zu befestigen (Pflasterung). Die Breite für Gehwege sollte 1,5 m, für Fahrwege mindestens 3 m betragen. Kaum benutzte Flächen können mit Rasengittersteinen oder Schotterrasen gesichert werden. Gelingt es die Zufahrt mit einer Vorbeifahrt zu verbinden, kann die Polizei die Bauten des Wasserwerks in ihre Streifenfahrten einbeziehen bzw. eine Schneeräumung im Winter kann plangemäß im Zuge einer Straßenpflege stattfinden.

Kritisch zu bewerten ist eine *öffentliche Nutzung der Flächen um oder auf dem Behälter,* wie z.B. durch Tennisplätze, Spielplätze oder Grünanlagen. Aus Sicherheitsgründen ist ein Bereich um das Betriebsgelände auszunehmen und entsprechend abzusichern. Verunreinigung durch Mensch und Tier muss aus dem Wasserwerksbereich ferngehalten werden. Über die Pflege der öffentlichen Bereiche ist eine Absprache erforderlich. Insbesondere bei professionell betriebenen Tennisplätzen auf der Behälterdecke ist vorweg der eindeutige Vorrang baulicher und betrieblicher Maßnahmen der Wasserversorgung juristisch zu dokumentieren, da z.B. bei Sanierungsmaßnahmen auf der Behälterdecke der »Bundesliga-Tennisspielbetrieb« eine ganze Saison ausfallen kann und somit politischer Druck vorprogrammiert wäre. Bezüglich *Baumaschinen,* wie Planierraupen, Schaufellader oder dergleichen, sind Auflagen *entsprechend der Tragwerksplanung* (MERKL 1983) zu berücksichtigen.

7 Technische Ausrüstung von Wasserbehältern

7.1 Hydraulische Ausrüstung

Für jede Wasserkammer sind Leitungen für Zulauf, Entnahme, Überlauf (auch »Übereich« genannt) und Entleerung mit den erforderlichen Armaturen vorzusehen (siehe Bild 7.1.01). Die Nennweiten der Leitungen für Zulauf und Entnahme sind entsprechend denen der ankommenden beziehungsweise abgehenden Leitungen zu wählen. Zur Entnahme von Wasserproben sind Zapfstellen anzuordnen. Die Leitungen der einzelnen Wasserkammern werden innerhalb des Bedienungshauses zusammengeführt. Sie müssen gut zugänglich und sollten gekennzeichnet sein. Die Armaturen sind übersichtlich und leicht bedienbar anzuordnen. Rohrbrücken, Stege, Treppen und Podeste können den Betrieb erleichtern. Der Abstand der Leitungen ist so zu wählen, dass Montage und Instandhaltungsarbeiten ausgeführt werden können. Der Flanschabstand sollte je nach Nennweite allseitig 15 bis

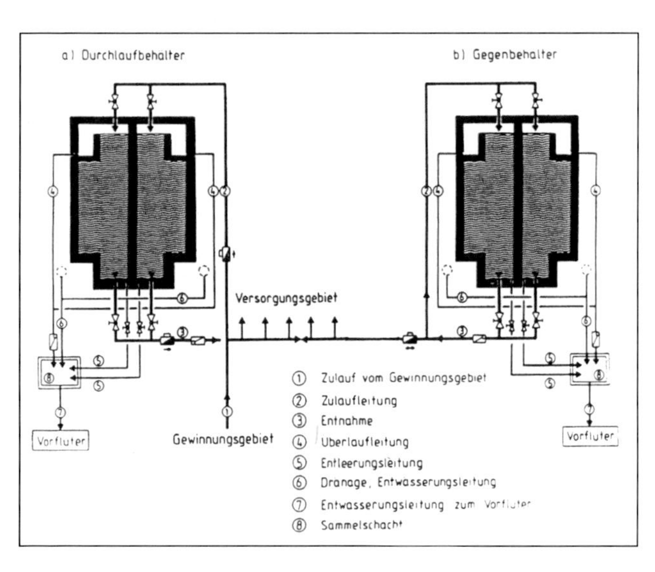

Bild 7.1.01a:
Schema der hydraulischen Ausrüstung

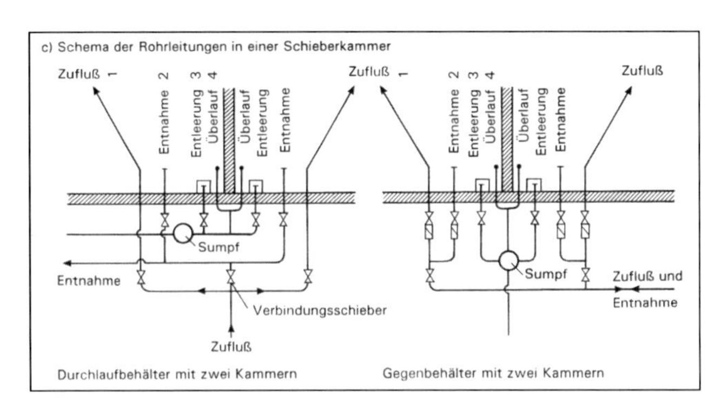

Bild 7.1.01b:
Schema der hydraulischen Ausrüstung

30 cm betragen. Ausbaustücke erleichtern den Ein- und Ausbau von Ausrüstungsteilen. Transport- und Montagehilfen einschließlich eventuell erforderlicher Deckenaussparungen sind vorzusehen (gegebenenfalls Kranbahnen, Ankerschienen, Laufträger für Flaschenzüge, usw.). Die Einbauten in Wasserkammern sollten bevorzugt aus Edelstahl ausgeführt sein.

7.1.1 Zulaufleitung

Die Zulaufleitung (Bild 7.1.02) verzweigt sich im Rohrkeller auf die vorgesehenen Behälterkammern; jeder Zweig erhält seine Absperrvorrichtung.

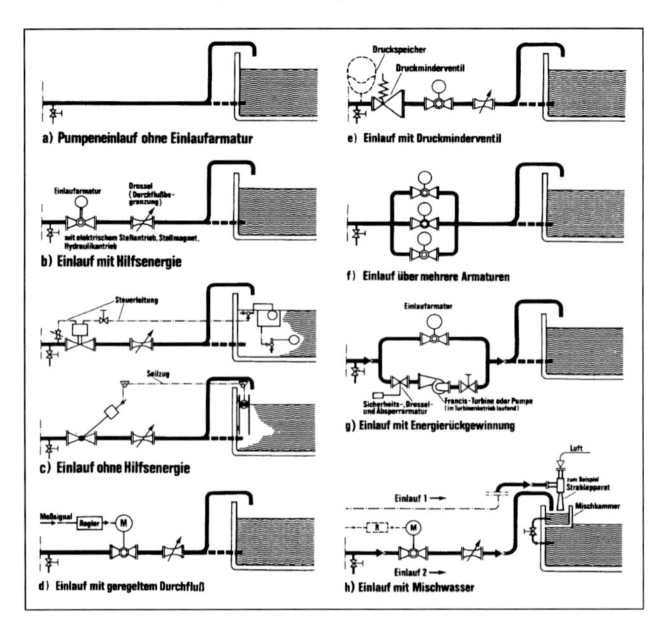

Bild 7.1.02:
Ausstattung von Zulaufleitungen

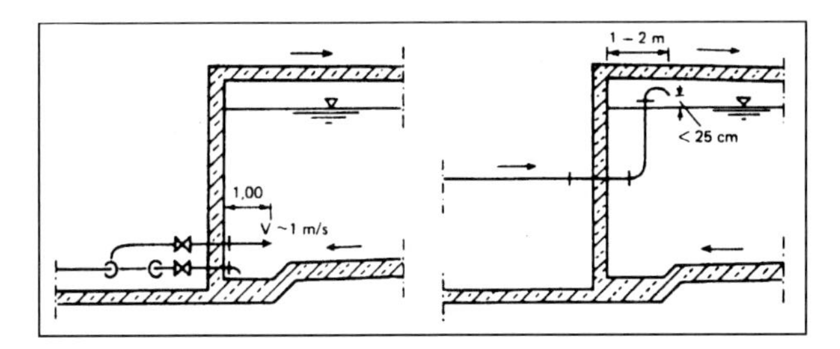

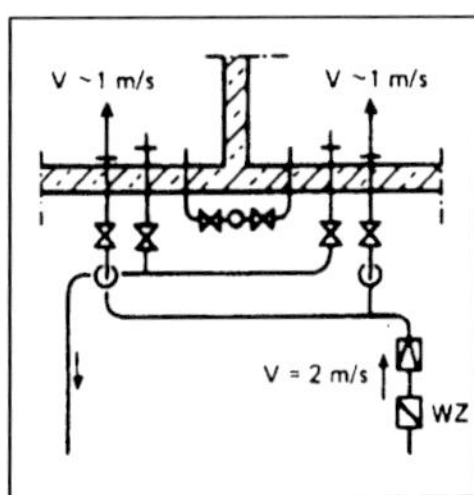

Bild 7.1.03: *Einlauf unter oder über Wasser*

Ist der Behälter nur über eine Leitung für Zulauf und Entnahme angeschlossen (Gegenbehälter), wird diese innerhalb des Bedienungshauses so aufgeteilt, dass das ankommende Wasser nur über die Zulaufleitungen in die Kammern gelangen kann.
Das Wasser kann den Kammern oberhalb oder unterhalb des maximalen Wasserspiegels zugeführt werden (Bild 7.1.03). Die Zuführung von oben sollte mindestens 20 cm über dem maximalen Wasserspiegel mit Gerinnen oder Zulaufformstücken erfolgen. Im Sohlbereich kann dies durch ein gerades Rohr geschehen, das in den freien Raum der Wasserkammer gerichtet sein muss und dessen Durchmesser für eine Austrittsgeschwindigkeit von etwa 1,0 m/s zu bemessen ist. In diesem Fall ist ein Rückflußverhinderer vorzusehen. Bei beiden Zuführungsarten wird in der Regel eine ausreichende Durchmischung erzielt.
In besonderen Fällen (zum Beispiel bei Gegenbehältern oder ungünstigen Grundrissen) können weitergehende Maßnahmen erforderlich werden, zu deren Vorbereitung Modellversuche zweckmäßig sind.

7.1.2 Entnahmeleitung

Das Entnahmeformstück in der Wasserkammer ist so anzuordnen (»Pumpensumpf«) und auszubilden, dass ein möglichst niedriger Wasserspiegel ohne Ansaugen von Luft erreicht wird (Bilder 7.1.04/05). Die Entnahmeleitungen der einzel-

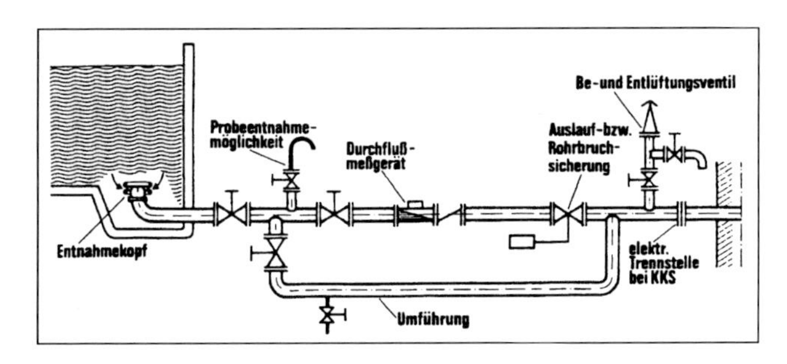

Bild 7.1.04: *Aufbau einer Entnahmeleitung*

nen Wasserkammern werden im Bedienungshaus zusammengeführt, wobei jede eine Absperreinrichtung erhält. Bei Gegenbehältern mit nur einer Zulauf- und Entnahmeleitung ist zusätzlich für jede Kammer ein druckverlustarmer Rückflußverhinderer vorzusehen.

7.1.3 Überlaufleitung

Die Überlauf- und die Ablaufleitung sind möglichst für den höchsten Zufluss zu bemessen. In die Überlaufleitung darf keine Absperrarmatur eingebaut werden. Wenn der höchste Zufluss nicht abgeführt werden kann, müssen Überlaufsicherungen durch wasserstandsabhängig gesteuerte Armaturen geschaffen werden. Bei elektrischem Antrieb ist eine Netzersatzstromanlage vorzusehen.

7.1.4 Entleerungsleitung

Jede Wasserkammer muss mit einer absperrbaren Entleerungsleitung ausgerüstet sein, die eine vollständige Entleerung des Behälters ermöglicht. Diese ist so zu bemessen, dass die Entleerung in angemessenem Zeitraum schadlos erfolgt.

7.1.5 Rohrbruchsicherung

Wenn im Rohrbruchfall das Leerlaufen des Behälters verhindert werden muss, können Rohrbruchsicherungen eingebaut werden. Die Schließgeschwindigkeit der

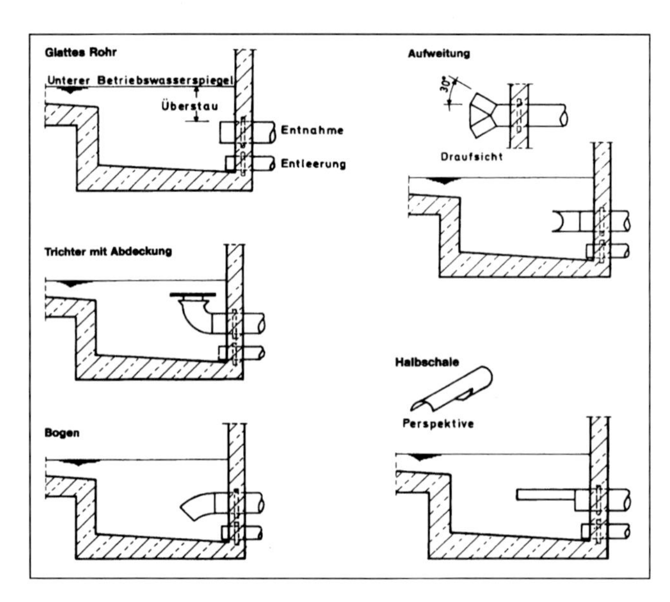

Bild 7.1.05: Ausbildung von Entnahme und Entleerung

Armatur muss auf den zulässigen Druckstoß abgestimmt sein. Hinter der Rohrbruchsicherung ist eine Belüftungsmöglichkeit vorzusehen.

7.1.6 Umführungsleitung

Sind Zulauf- und Entnahmeleitung getrennt, kann zwischen ihnen eine im normalen Betrieb gesperrte Umführungsleitung angeordnet werden. Damit wird eine Notversorgung möglich, wenn der Behälter aus Wartungs- oder Instandsetzungsgründen außer Betrieb genommen werden muss. Da diese Umführungsleitung in der Regel einen Hochpunkt des Leitungssystems darstellt, muss eine Be- und Entlüftungsmöglichkeit vorgesehen werden.

7.2 Maschinelle Ausrüstung

Im Bedienungshaus können folgende Anlagen notwendig werden: Hebezeuge für Montage von Maschinen, Rohrleitungen und Armaturen, Förderanlagen wie Entwässerungs-, Druckerhöhungs-, Umfüllpumpen, Turbinen zur Einlaufregelung bzw. Energiegewinnung, Anlagen zur Desinfektion bzw. Aufbereitung des Wassers, Luftentfeuchter zur Vermeidung von Tauwasserbildung, Lüfter für Zwangsbelüftung und Umluftführung.

7.3 Elektrische Einrichtung

Im Sinne der VDE-Vorschriften gehören Wasserbehälter zur Gruppe »Feuchte und nasse Räume«. Die elektrischen, mess-, steuer- und regeltechnischen Einrichtungen müssen diesen Bestimmungen entsprechen. Ausgenommen hiervon sind trockene Räume z. B. zur Unterbringung von Schalt- und Steuereinrichtungen. Wasserbehälter sollen überwacht und gesteuert werden. Hierzu sind sämtliche betriebstechnisch erforderliche Daten, wie z. B. Wasserstände, Stellung der Regelorgane, Durchflüsse, Netz- und Batteriespannungen, zu erfassen und ggf. mittels Fernwirkanlage in die Überwachungszentrale zu übertragen.

7.4 Sicherung gegen unbefugte Eingriffe (Objektschutz)

Maßnahmen, die das Eindringen erschweren und nur mit erheblichen Zeitaufwand überwunden werden können, sind: Beschränkung der Öffnungen (Türen, Fenster, Lüftungen) auf ein Mindestmaß, einbruchshemmende stabile Konstruktionen bei Schließanlagen, Türen, Fenster, Be- und Entlüftungsanlagen, Umzäunung des Bauwerks mind. 1,8 m hoch. Der mechanische Schutz kann durch zusätzlich elektronische Schutzeinrichtungen wesentlich verbessert werden, wie z. B. durch Tür-, Fenster- (Glasbruchmelder), und Schachtdeckelkontaktgeber, Bewegungsmelder (Raumgruppenüberwachungen), Rauchmelder, elektronische Zaunmeldeanlagen (Maschendrahtzäune mit getarnten Liniensensoren), Bodensensoren (hydraulisch, elektromagnetisch, elektronische Überwachungssysteme wie Mikrowellenstrecken, Infrarot-Lichtschranken, TV-Überwachung (s. Lit. NÄF 1985/10. WASSERTECHNISCHES SEMINAR TU MÜNCHEN) oder Sicherungs- und Warnanlagen, die elektrische, optische und akustische Signale auslösen.

8 Besonderheiten bei Wassertürmen

Der Bau eines Wasserturmes kommt in Frage, wenn in günstiger Lage zum Versorgungsgebiet die für einen Erdhochbehälter geeignete Geländehöhe (und damit Druckhöhe) nicht zur Verfügung steht, z. B. im flachen Gelände oder auch im Hügelland, wenn Versorgungsgebiete bis zur Hügelkuppe reichen. Wassertürme sind Wasserbehälter auf einem – von ihrer Entwicklungsgeschichte gesehen – turmartigen Unterbau, die den sogenannten bürgerlichen Versorgungsdruck sicherstellen, weshalb diese Wasserhochbehälter vorwiegend in 20 bis 40 m Höhe ausgeführt werden. Die technische Entwicklung der Wassertürme (Bild 1.2.02) hatte ihren Ausgangspunkt etwa ab dem Jahr 1830 mit dem damals erfolgenden Aufschwung bei der Dampfeisenbahn und der öffentlichen Wasserversorgung. Trotz der gestalterischen Vielfalt können sie auf einzelne Bauformen (MERKL 1979, MERKL et al. 1985) zurückgeführt werden, die jeweils auf statischen und wirtschaftlichen Verbesserungen bei den Konstruktionen beruhen, wofür stellvertretend die Namen »Intze-Behälter« und »Barkhausen-Behälter« stehen mögen. Aus dieser Zeit sind manche Wassertürme noch in Betrieb (rd. 100 Jahre z. B. Remscheid, Mannheim), wenngleich sie wegen der gewachsenen Versorgungsgebiete praktisch nur noch zur Druckregelung und zur Pumpensteuerung dienen; in vielen westlichen Großstädten wurden Wassertürme außer Betrieb genommen, da die von Pumpen erzeugte Drucklinie im Wasserverteilungsnetz zeitweise über dem höchsten Turmwasserspiegel liegen muss. In tropischen Städten kann es vorkommen, dass der Druck wegen des desolaten Netzzustandes nicht ausreicht, um den Wasserturm zu füllen.
Wassertürme bestehen im wesentlichen aus den drei Bauelementen Behälter, Schaft, Fundament, der Baustoff ist in der Regel Spann- bzw. Stahlbeton. Gegenüber dem Baustoff Stahl ergeben sich heutzutage gewichtige Vorteile, da bei geeigneter Konstruktion und sorgfältiger Ausführung der Aufwand für Wartung und Instandsetzung des Bauwerkes gering ist (kleinere Wassertürme z. B. Industriewassertürme können auch in Stahl vorgefertigt bei gewissen Herstellern bezogen werden). Für sehr große Nutzinhalte eignen sich Behälter in Kegel- oder Kelchform (12.350 m^3 in Riyadh, 18.000 m^3 in Jeddah, Saudi Arabien). Da Wassertürme nicht beliebig groß gebaut werden können, werden im Ausland vielfach Wasser-

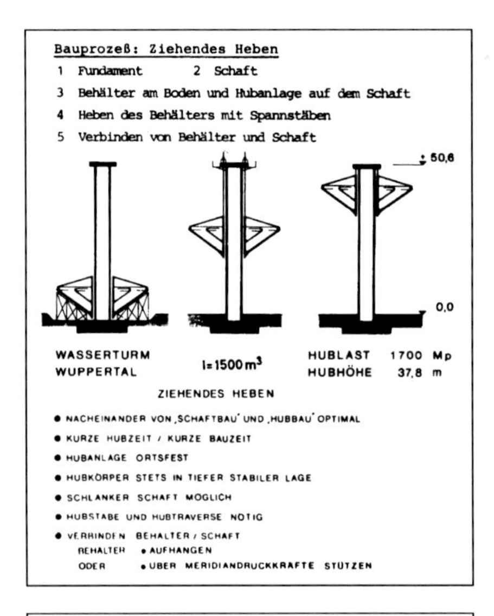

Um aufwändige Lehrgerüste zu vermeiden, wird bei größeren Wassertürmen der Behälter z.B. als Großfertigteil am Boden ausgeführt und anschließend hydraulisch in seine Endlage gehoben. Das Heben kann ziehend oder drückend geschehen.

Bauprozeß: Drückendes Heben
1 Fundament 2 Schaftansatz 3 Hubpressen
4 Behälter
5 Heben des Behälters und Schaftbauen im Wechsel
6 Verbinden von Behälter und Schaft

60,0
0,0

WASSERTURM
RIYADH
I=12350m³
HUBLAST 6500 Mp
HUBHÖHE 44 m
DRÜCKENDES HEBEN

- MITEINANDER VON ‚SCHAFTBAU' UND ‚HUBBAU' NACHTEILIG
- LANGE HUBZEIT / LANGE BAUZEIT
- HUBANLAGE NICHT ORTSFEST
- WINDLAST MUSS DURCH HUBPRESSEN
- BREITER SCHAFT FÜR PRESSEN UND HUBBASIS ERFORDERLICH
- KÜRZESTER KRAFTWEG
- VERBINDEN BEHÄLTER / SCHAFT PROBLEMLOS

Bild 8.01: *Bauverfahren von Wassertürmen*

turmensembles oder Wasserturmgruppen (Ahmadi/Kuweit, 3 x 6 WT) angeordnet (MERKL 1979). Für kleinere Nutzinhalte sind zylindrische und konische Formen mit Turmschaft üblich. Dies hängt naturgemäß auch mit den Bauverfahren zusammen. Wenn Lehrgerüste nicht mehr technisch-wirtschaftlich sind, kommen die Bauverfahren »Ziehendes Heben« und »Drückendes Heben« des vorgefertigten Behälters in Frage (Bilder 8.01/02). Da Wassertürme fast immer einen Blickfang in der Landschaft darstellen, können für ein Baugenehmigungsverfahren bei der Planung von Wassertürmen Modelle mit Darstellung von Einzelheiten zweckmäßige Entscheidungshilfen geben. Für die technische Planung von Wassertürmen (Bild 8.03) gelten folgende spezielle Gesichtspunkte:

8.1 Fassungsraum

Wegen der hohen Herstellungskosten von Wassertürmen (3 bis 6-fache spezifische Kosten von Erdhochbehältern) wird der Fassungsraum kleiner als bei Erdhochbehältern bemessen. Entsprechend werden auch die Zuschläge für Löschwasser reduziert, wobei die restliche Löschwassermenge gesondert (z. B. Teiche) zu speichern ist. Wassertürme sind wirtschaftlich erst ab einem Inhalt von 100 m³ vertretbar. Es ist anzustreben, den Speicherinhalt auf die fluktuierende Wassermenge und den Löschwasserbedarf auszulegen.

Überschlägig werden nach dem früheren DVGW-Merkblatt W 315 bzw. jetzt W 300 folgende Speicherinhalte (ohne

Bild 8.02: ▲
Bauprozess ziehendes (Wuppertal) und drückendes (Riyadh) Heben bei Wassertürmen

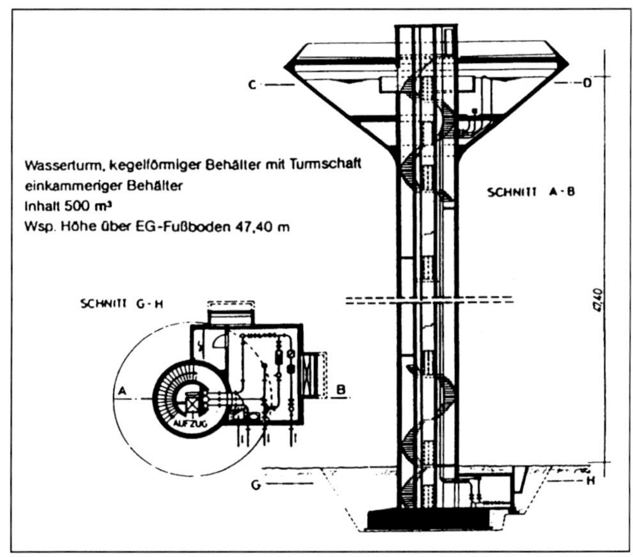

Bild 8.03: ►
Prinzipzeichnung eines Wasserturmes

Löschwasservorrat, konstant 22-24-stündigem Zufluss, Bedarfssteigerung für Zeitraum 30-40 Jahre zugrundegelegt) angestrebt:

	bis	1.000 m^3 Tageshöchstbedarf	$I = 0{,}35\ Q_{dmax}$
1000	bis	4.000 m^3 Tageshöchstbedarf	$I = 0{,}25\ Q_{dmax}$
größer	als	4.000 m^3 Tageshöchstbedarf	$I = 0{,}20\ Q_{dmax}$

Bei einem Speicherbedarf von unter 100 m^3 oder mehr als 5.000 m^3 stellen Wassertürme in der Regel keine vorteilhafte Lösung (Kosten) dar. Bei einer unerwarteten Bedarfsentwicklung kann eine Erweiterung nur durch Wasserturmgruppen geschehen. Der größte Einzelwasserturm der Welt (Jeddah, Saudi Arabien) hat ein Speichervolumen von 18.000 m^3.

8.2 Wasserkammern

Ab 500 m^3 Inhalt zwei Wasserkammern ausführen. Kältedämmung bei Behältern ab 300 m^3 und normalem Wasserdurchsatz nicht erforderlich.

8.3 Wassertiefe

Gebräuchliche Wassertiefen sind 4 bis 8 m.

8.4 Höhenlage

Die Höhenlage muss so gewählt werden, dass bei abgesenktem Wasserspiegel und maximaler Entnahme an der höchstgelegenen Zapfstelle noch ein Versorgungsdruck von 6-10 m WS zur Verfügung steht (Turmhöhen von mindestens 25 m bei ein- bis zweigeschossiger Bebauung).

8.5 Turmaufgang

Mindestdurchmesser des Turmschaftes größer als 2,50 m (Treppen u. Leitungen!).

8.6 Turmabschluss

Überprüfung, ob eine Mitbenützung durch Post, Rundfunk in Frage kommt, oder eine Luftsicherung (z. B. in Flugplatznähe) erforderlich ist.

Die Abwässer von Dach und Plattform nicht durch die Wasserkammern, sondern zentral im Zuge des Turmaufganges ableiten.

8.7 Belichtung und Belüftung

Kleine Fenster in Leichtmetallrahmen, alle Öffnungen müssen mit korrosionsbeständigem Fliegengitter mit Maschenweite 0,1 mm versehen werden.

8.8 Technische Ausrüstung

Dehnungsstücke in Steigleitungen. Leitungen, die zum Einfrieren neigen, durch Heizkabel sichern. Generell Leitungen im Turmschaft mit Kork- oder Kunststoffhalbschalen isolieren. Im gesamten Bauwerk ausreichende Montagehilfen wie Haken, Ösen, Ankerschienen etc. vorsehen.

8.9 Elektrische und wassermesstechnische Ausrüstung

Beleuchtung in den Wasserkammern durch Scheinwerfer (Leuchtstofflampen haben sich nicht bewährt), Handlampen bzw. tragbare Scheinwerfer unter Berücksichtigung entsprechender Schutzmaßnahmen vorsehen. Mobile Entfeuchter.
Wasserstandsgeber außerhalb der Wasserkammern mit Schwimmer und Seilzug (ggf. durch wasserdichte Wanddurchführungen) und Druckaufnehmer sowie zur Übertragung der Durchflussmenge Wasserzähler oder Induktivmessgeräte unterbringen. Schaltschrank für Wassermesstechnik etc. muss trocken untergebracht sein (besonderer Raum im Rohrkeller oder im EG).

8.10 Kosten

Je nach Höhe und Inhalt der Wasserkammern zwischen 1.000 und 2.000 €/m³ Fassungsraum.

Abschließend bleibt anzumerken, dass in Deutschland wegen des hohen Ausbaugrades der öffentlichen Wasserversorgung Wassertürme nur mehr selten gebaut werden. Es wird aber immer besondere Fälle geben, wo Wassertürme notwendig werden, so dass dem Bauingenieur eine anspruchsvolle, schwierige, aber auch sehr reizvolle Aufgabe erhalten bleibt.

8.11 Hinweise zur Instandsetzung von Wassertürmen

8.11.1 Schäden an Außenfassade und Innenbereich

Im Rahmen der Instandhaltung von Wassertürmen umfasst die Inspektion von Wassertürmen Maßnahmen zur Feststellung des Ist-Zustandes und sofern notwendig, eine sich daran anschließende Instandsetzung, sowie Maßnahmen zur Wiederherstellung des Soll-Zustandes.
Wassertürme sind als herausragende Bauwerke in besonderem Maße extremen Witterungsbedingungen ausgesetzt, so dass an den Außenfassaden in gewissen

Zeitabständen Pflege- oder Instandsetzungsarbeiten notwendig sind. Auslöser dafür sind auch manchmal konstruktions- oder ausführungsbedingte Mängel bei der Erstellung des Bauwerkes. Aufgrund der eingeschränkten Zugänglichkeit lassen sich Arbeiten am oder im Wasserturm oft nur unter erschwerten Bedingungen ausführen. Die unter dem Oberbegriff Instandhaltung geplanten Pflege- und Wartungsarbeiten sowie notwendig werdende Instandsetzungsarbeiten, die oftmals dann schon unter dem Begriff Sanierungsmaßnahmen laufen, sollten deshalb so geplant und umgesetzt werden, dass sie besonders lange haltbar und im Betrieb wartungsarm sind.
Die Vielfalt der Wasserturmkonstruktionen ist groß. Zeitgeist, Mode und technischer Wissensstand haben die Gestaltung der Bauwerke stark geprägt. Bei der Instandsetzung ist deshalb für beinahe jeden Turm ein spezielles Programm zu entwickeln.
Welche Schäden sind nun gehäuft festzustellen? Hier ist zu unterscheiden zwischen der Außenfassade eines Wasserturmes und dem Innenbereich:

▷ Außenfassade

Risse infolge Temperaturspannungen, Betonabplatzungen infolge Betonkorrosion. Diese Schäden sind oft an den besonders temperaturbelasteten Südseiten. An den Wetterseiten sind Rostfahnen bzw. Roststellen häufiger, weil Wind und Regen Feuchtigkeit in den karbonatisierten Beton pressen. Als *Karbonatisierung des Betons* wird die Neutralisation des Betonporenwassers bezeichnet. Dabei fällt der pH-Wert des Zementsteins im Laufe der Zeit von pH 13 bis auf unter 10 ab. Verursacht wird der Vorgang durch eine Reaktion des Kalziumhydroxids mit dem Kohlendioxid der Luft. Bereits bei pH-Werten unter 10 beginnt in Gegenwart von Sauerstoff und Wasser der Betonstahl zu rosten. Bei der stattfindenden Bewehrungskorrosion entstehen voluminöse Eisenhydroxid-Verbindungen. Hierbei entstehen Kräfte, die größer sind als die Spaltzugfestigkeit des Betons. Als Folge davon entstehen Risse, Rostläufe und spätere Abplatzungen der Betonteile über dem Bewehrungsstahl. Die Gefährdung von Passanten durch herabstürzende Teile kann eine ernste Folge sein. Ohne Sanierungs- und Schutzmaßnahmen ist durch die Schwächung der Stahleinlagen im Beton die Gebrauchsfähigkeit und eventuell später auch die Standsicherheit des Bauwerks gefährdet. Die Betondeckung sollte daher immer so dick sein, dass die karbonatisierte Schicht nicht bis an die Bewehrung heranreicht (ca. 4-5 cm).
Neben den durch Rostsprengungen entstehenden Rissen in der Betonoberfläche können konstruktiv bedingte *Risse als Folge von Zwängungsspannungen* auftreten. Ausgelöst sind diese durch behinderte Bewegungen, meist infolge von Temperaturschwankungen. Wassertürme sind an der Außenhaut extremen Temperaturschwankungen ausgesetzt. Nach starker Sonneneinstrahlung kann durch Regenfälle eine sehr rasche Abkühlung erfolgen. *Längsrisse im Bereich der Turmschäfte* sind deshalb keine Seltenheit, insbesondere an den Südseiten der Fassaden. Dunkle Fas-

saden werden durch das Sonnenlicht stärker aufgeheizt, sie verstärken deshalb den oben genannten Effekt. Bei Wassertürmen mit flachen Dächern, welche mit bituminösen Dachdichtungsbahnen gedeckt sind, ist eine besondere Temperaturbelastung gegeben. Unter der meist im Laufe der Jahre stark in Mitleidenschaft gezogenen Dachabdichtung ist der Stahlbeton dann oftmals gerissen, wenn die *Temperaturverformung der Decke* behindert ist.
Generell nimmt mit wachsender Rissbreite die Gefahr der Korrosion der Bewehrung zu, weshalb in der Stahlbetonbestimmung DIN 1045 eine Begrenzung der Rissbreite vorgeschrieben ist. Bei Rissbreiten bis 0,1 mm ist kein Rostansatz feststellbar, bei Rissbreiten von 0,1-0,25 mm aber bereits viele Roststellen und *bei Rissbreiten über 0,25 mm ist die Bewehrung stets korrodiert.* Risse > 0,15 mm sind daher zu verpressen.
Beim Schließen der Risse ist zu unterscheiden, ob die Rissufer kraftschlüssig mit Epoxidharz bzw. nicht kraftschlüssig mit »begrenzt dehnfähigen« Polyurethanschäumen verbunden werden sollen. Kraftschlüssiges Verbinden ist nur möglich, wenn die Risse trocken sind. Mit Polyurethanharz können auch wasserführende Risse gedichtet werden. Wenn bei der Sanierung am statischen System oder im Bereich der Wärmedämmung nichts wesentliches verändert wird, ist die *Verpressung* mit starrem Epoxidharz oder bei großen Rissen mit Zementleim wenig sinnvoll, da z. B. unverändert auftretende Temperaturverformungen nach kurzer Zeit ähnliche Rissbilder wie vor der Sanierung auslösen.
Weitere Schadensbilder sind Putzablösungen, Schäden an der Verfugung des Mauerwerks, Verfärbung von Natursteinen oder Klinkern, Wasseraustritte aus Mauerwerk oder auch Stahlbeton, Schäden an der Dachabdichtung, Windschäden an Blechverkleidungen, Undichtheit von Fenstern oder Lüftungsöffnungen, wobei diese oft zum Eindringen von Fluginsekten ins Turminnere führen.

▷ *Innenbereich des Wasserturms*
Typische Schadensbilder sind: Undichtheit der Wasserkammer, insbesondere im Bereich der Fuge »Bodenplatte/aufgehende Wand«, Oberflächenschäden an der Innenbeschichtung der Wasserkammer, bei zweischaligen Turmköpfen Durchfeuchtung der Fassade infolge Tauwasserbildung an den Wasserkammerwänden, und Korrosion an den hydraulischen, mess- und regeltechnischen Einrichtungen des Turmes durch Tauwasser.

8.11.2 Instandsetzungsarbeiten bei Wassertürmen

▷ *Instandsetzung von Stahlbeton bei Wassertürmen*
Für Schutz und Instandsetzung des Betons kommen folgende Maßnahmen in Betracht:
▷ Füllen von Rissen mit Reaktionsharzen oder Zementleim
▷ Ausfüllen örtlich begrenzter Fehlstellen mit Mörtel oder Beton

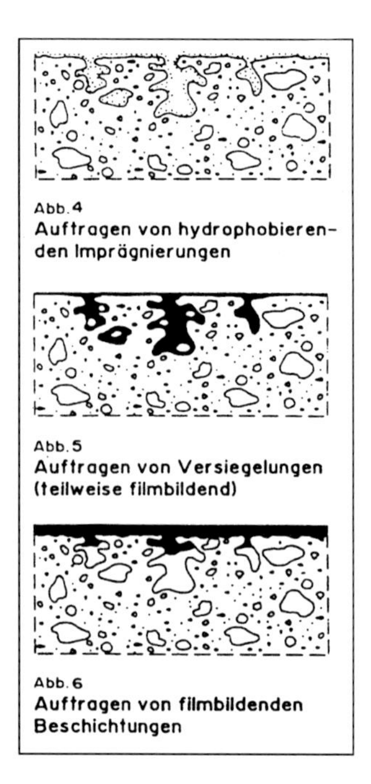

Bild 8.11.2.01: *Schematische Darstellungen für Beton-Instandsetzung (nach Haas 1992)*

▷ Großflächiges Auftragen von Mörtel oder Beton
▷ Auftragen von hydrophobierenden Imprägnierungen
▷ Auftragen von Versiegelungen
▷ Auftragen von filmbildenden Beschichtungen
▷ Bei der filmbildenden Beschichtung wird nach ihren Eigenschaften untergliedert in diffusionsfähig, diffusionsdicht, rissüberbrückend.

Meist kommt eine Kombination gemäß Bild 8.11.2.01 zur Anwendung, wobei die Varianten Abb. 1, 2, 3 und 6 im Vordergrund stehen

▷ *Bestandsaufnahme*
Für die Sanierung einer geschädigten Außenfassade sollten im Zuge der Bestandsaufnahme die Konstruktionspläne des Wasserturmes verfügbar sein. Sind sie nicht mehr greifbar, muss das statische System des Turmes rekonstruiert werden. Manche Schadensbilder werden verständlich, wenn *das Lastabtragesystem des Turmes einschließlich der bauphysikalischen Zusammenhänge zwischen tragenden und nicht tragenden Baustoffen* berücksichtigt wird.

Bei der *Bestandsaufnahme der Schäden* sind viele Stellen je nach Größe und Form des Wasserturmes erst nach *Einrüstung oder mit Fahrkörben oder Feuerwehr-*

leitern erreichbar. Im allgemeinen genügt es, von ausgewählten Schadensstellen auf den Gesamtzustand der Fassade zu schließen. Hierbei gelten die Faustregeln, »Schwachstellen werden an der Wetterseite früher sichtbar« und »mit zunehmender Höhe nehmen die Schäden zu«. Ursache dafür sind oft neben den stärkeren witterungsbedingten Belastungen auch die nachlassende Ausführungsgenauigkeit beim Bau des Wasserturmes infolge der schwerer werdenden Arbeitsbedingungen in der Höhe. Die Betondeckung kann mit elektromagnetischen Messinstrumenten bestimmt werden, die Karbonatisierungstiefe kann an Aufbruchproben oder Bohrkernen mittels Phenolphthalein als Indikatorlösung ermittelt werden. Ein Schadenskataster über die Wasserturmoberfläche macht Sinn, wenn für die Sanierung qualitativ und finanziell sehr unterschiedliche Verfahren in Betracht kommen, z. B. Spritzbetonummantelung oder nur vorbeugende Beschichtung mittels Anstrich. Die Vorgehensweise kann aufwendig werden, weil hierdurch in der Regel ein Gerüst für dieses Schadenskataster erforderlich wird.
Die *Einrüstung des gesamten Turms* zur Schadenserhebung bleibt aus finanziellen Zwängen auf Sonderfälle beschränkt. Aus Haftungs-, Gewährleistungs- und bauabwicklungstechnischen Gründen empfiehlt es sich, dass Arbeits-, Grab- und Schutzgerüst von der mit den Sanierungsarbeiten betrauten Firma erstellen und für die gesamte Ausführungszeit vorhalten zu lassen. Hierbei ist insbesondere die ordnungsgemäße *Verankerung unter Berücksichtigung der Ankerkräfte,* der Ankerraster und der Ankermaterialien durchzuplanen. Wird am Turm später eine Fassade vorgehängt, müssen Gerüst und die teilweise im Bauwerk verbleibenden Anker richtig ausgewählt werden.
Bei der Wahl der Instandsetzungsfirma und der Sanierungsprodukte ist große Sorgfalt angezeigt. Die Angebotswertung hat neben dem Preis auch die von früheren Bauherrn gemachte Erfahrung zu berücksichtigen. Bei der Ausführung der Instandsetzungen ist immer damit zu rechnen, dass verborgene Schäden oder Sonderdetails (bei der Planung der Sanierungsarbeiten nicht bekannt) am Wasserturm entdeckt werden. Die Mitarbeit bei der Auswertung neuer Erkenntnisse durch die Fachfirma sind für die reibungslose und rasche Abwicklung des Auftrages Voraussetzung. Änderungen am geplanten Instandsetzungsverfahren sollten nur gemacht werden, wenn damit technische und eventuell finanzielle Vorteile für den Bauherrn verbunden sind (HAAS 1992).
Die Umweltverträglichkeit der eingesetzten Produkte wird heute im zunehmenden Maße berücksichtigt. So hängt z. B. die *Entsorgbarkeit des anfallenden Strahlgutes* vom früher aufgebrachten Sanierungsprodukt ab. Hieran ist beispielsweise auch zu denken, wenn *Wassertürme in Wasserschutzgebieten* oder neben Belüftungsanlagen von Wasseraufbereitungen stehen.

▷ *Sanierungsschritte*

Nach der Einrüstung kann mit der bauhandwerklichen Instandsetzung begonnen werden. Die Untersuchung der gesamten Turmfläche vom Gerüst aus sollte nach

Zeitaufwand vergütet werden, um eine sorgfältige Ausführung zu gewährleisten. Anfallende Arbeitsvorgänge können dann sein: Aufstemmen der Schadstellen und Abklopfen des geschädigten Betons, Abstrahlen (nass) der Oberfläche nach Erfordernis zum Reinigen/Säubern, Aufrauhen, Abtragen; Reinigen der freigelegten Bewehrung; Sanierung der örtlichen Schadstellen durch Korrosionsschutz der freien Bewehrung, Aufbringen von Haftbrücken auf die Bewehrung, Schließen der Schadstellen mit Mörtel oder Beton; Verpressen von Rissen nach ZTV-RISS (Zusätzliche Technische Vorschriften und Richtlinien für das Füllen von Rissen in Betonbauteilen des Bundesministers für Verkehr BRD); flächenhafte Erneuerung des Karbonatisierungspotentials am gesamten Bauwerk; Ausführung von Nebenarbeiten, wie Dachdeckungs-, Fenster-, Lüfter- u. ä.-, Schlosser-, Blitzschutzarbeiten; Aufbringen einer Karbonatisierungssperre und eines Witterungsschutzes inkl. farblicher Gestaltung der Turmoberfläche.
Die *Instandhaltung von Wasserturmfassaden* betrifft aber nicht nur Betonoberflächen oder verputztes Mauerwerk, sondern auch Fassaden aus Sichtmauerwerk. Bei Türmen deren Fassade aus Ziegeln, Klinkern oder Natursteinen erstellt wurde, sind Schäden häufig infolge von Frosteinwirkungen auf die Fugen verursacht. Bei vorgemauerten Fassaden ist grundsätzlich auch der *Zustand der Verankerungselemente* zu kontrollieren. Dem Reinigen der Oberflächen, meist mittels Wasser ohne Zusatz, folgt die zeitintensive Fugenausbesserung und bei Natursteinen, falls notwendig, eine Steinverfestigung. Bei Mauerwerken bietet sich als farbneutraler Schutz eine *hydrophobierende Behandlung* an. Der Vorteil dieses Verfahrens liegt darin, dass ein Außenschutz vor Feuchtigkeit und Regen aufgebracht werden kann, ohne dass die *Wasserdampf-Diffusion* von innen nach außen unterbrochen wird. Die dünnen Sprühschichten sind allerdings wenig dauerhaft.
Bei Beschichtungen wird die Oberfläche weitgehend gegen Wasser von innen und außen verschlossen. Die Schutzwirkung ist zwar dauerhafter, aber Dampfsättigung des Mauerwerks hinter Beschichtungen kann zu Frostabplatzungen führen. Beschichtungsstoffe, auch Transparente sind filmbildend und erzeugen in der Regel eine Farbverdunkelung.
Türme, deren Oberflächen aus stark geschädigtem Mauerwerk oder Beton bestehen, können wirtschaftlich und dauerhaft durch *das Aufbringen einer neuen Außenhaut* aus stabilen Fassadenelementen instand gesetzt werden. Dieser Schritt muss aber auch unter ästhetischen Gesichtspunkten durchgeplant werden, da oft damit eine Veränderung der Form des Turmes verbunden ist (polygonales Vieleck statt kreisrunder Form; s.a. HAAS 1992). *Einbrennlackierte Aluminiumbleche* haben sich als Fassadenelemente bewährt. Neben Windkräften entstehen bei runden Bauwerken im Kämpferbereich auch große *Sogkräfte,* ausgelöst durch die Windumströmung, so dass die Befestigung dafür ausgelegt werden muss (berechenbar nach Bernoulli-Gleichung).
Ein besonderes Sanierungsproblem tritt auf, wenn die Wasserkammern undicht sind. Im Gegensatz zu Erdhochbehältern, wo die früher üblichen Auskleidungen

wie Zementglattstriche und Dichtungsschlämme, Fliesenbeläge und Chlorkautschukbeschichtungen »relativ einfach« angewandt werden können, ist dies bei Wassertürmen *(Baustelle in 30 bis 40 m Höhe),* schwieriger zu realisieren. So beschränkt sich bei Wassertürmen mit Dichtheitsproblemen die Auswahl in der Regel auf zwei Auskleidungsverfahren, nämlich mit PVC/PE-Dichtungsbahnen oder mit Edelstahlblechen; s.a. Kap. 6.6). Beide Verfahren haben den Vorteil, dass der vorhandene Untergrund nur als Widerlager dient und deshalb nur wenig vorbehandelt werden muss. So können die Kammern instand gesetzt werden, ohne zuerst die Altauskleidungen teuer und manchmal risikobehaftet entfernen zu müssen. Mittels eingelegter Dränagesystemen unter den Auskleidungen kann bei beiden Systemen die Wasserdichtheit kontrolliert werden, wobei je nach Turmkonstruktion die Unterscheidung zwischen Tauwasser und Leckagewasser schwierig sein kann. Bei großen Türmen bewährt es sich, die Gesamtfläche der Auskleidung in einzelne Abschnitte zu unterteilen, welche über Leckagerohre getrennt kontrollierbar sind. Damit ist im Falle einer Undichtheit die Schadstellenfindung erleichtert. Die Abdichtung leck gewordener Fugen, auch ohne die Behälterkammer entsprechend vorgenanntem auszukleiden, ist grundsätzlich möglich, wobei es dann unumgänglich ist, sich Kenntnis über die Fugenkonstruktion und die eingebauten Materialien zu verschaffen (HAAS 1992), um nicht von falschen Voraussetzungen auszugehen (Gleitlagerung oder starrer Fugenaufbau).
Bei der Planung der Turminstandsetzung sind auch Finanzmittel für die Verbesserung der hydraulischen und messtechnischen Ausrüstung einzuplanen, z. B. für eine abgeschlossene Raumzelle mit Entfeuchter zur Aufnahme elektrischer Geräte; die Luftentfeuchtung ist bei Wassertürmen aufgrund des großen Raumvolumens anders nicht wirtschaftlich nutzbar.
Bei Turminstandsetzungen sind auch sonstige *Ausbaugewerke,* z. B. Fenster, Türen und Lüftungsöffnungen, auf Schäden zu untersuchen, z. B. ob sie durch Temperaturbelastungen oder aufgrund von Vogelflug oder Schusseinwirkungen (Turmfenster = Zielscheibe) entstanden sind. Edelstahl im Nassbereich und beschichtetes Aluminium im Trockenbereich haben sich als Elemente bewährt. Zu- und Ablüftungen sollten mit dauerhaltbaren Vogel- und Insektengittern geschützt werden. Der Einbau von geeigneten Luftfiltersystemen in die Zuluftöffnungen zum Schutz des Trinkwassers ist unbedingt erforderlich. Die Erneuerung von Blitzschutzeinrichtungen ist nach Fassadenarbeiten notwendig.
Bei alten, in Betrieb befindlichen Wassertürmen mit Behältern aus Eisen können Entrostungs- und Anstricharbeiten notwendig werden, sowie die *Behandlung der Fassadenflächen,* wofür oft *Kosten* von einigen 100.000 € anfallen. Wenn die verrottete Behälterummantelung dann durch farbige, einbrennlackierte Aluminiumbleche und das Dach aus Kupferblech ersetzt wird, wie dies in Anlehnung an den optischen Eindruck des Originalplanes für den Wasserturm Ludwigshafen-Gräfenau (1895) bei der Renovierung im Jahre 1981/82 erfolgt ist, dann können zusammen mit sonstigen Arbeiten Gesamtkosten bis zu 500.000 € entstehen. Er-

staunlicherweise müssen auch zahlreiche neuere Stahlbeton-Wassertürme wegen Betonabplatzungen und Undichtigkeiten sich einer Instandsetzung unterziehen, die unter Umständen kompliziert werden kann, wenn für die Anbringung eines Arbeitsgerüstes keine Vorplanungen getroffen wurden. Manchmal werden diese Wassertürme nachträglich farblich durch einen Farbdesigner (CÖRPER 1992) gestaltet (Wörth/Pfalz 1953, Schifferstadt/Pfalz 1931 [Sanierung 1989]). Der Einsatz eines professionellen Farbgestalters kostet zwischen 1-2 % der gesamten Bausumme, im Vergleich zu den sonstigen Nebenkosten von 20-25 % also nicht zu üppig. Hinzu kämen Mehrkosten für die Ausführung, die ca. 20 % der Kosten für Malerarbeiten betragen. Eine Farbgestaltung nach Abschluss einer Sanierung sollte mit wasserdampfdurchlässiger und rissüberbrückender Farbe ausgeführt werden, z.B. mit umweltfreundlicher Mineralfarbe. Diese hat den Vorteil, dass sie artgleich zu mineralischen Baustoffen ist mit einem entsprechenden alkalischen pH-Wert, im Gegensatz zu Kunstharzdispersionen, deren pH-Wert eher im neutralen bis sauren Bereich liegt. Auch versteinert die Mineralfarbe mit dem Untergrund, d.h. es entsteht eine, feste mineralische und unlösbare Verbindung mit dem Anstrichträger Putz oder Beton (Verkieselung). All diese sich auf die bauphysikalischen Verhältnisse positiv auswirkenden Eigenschaften sprechen für den Einsatz von Mineralfarben (CÖRPER 1992).
Für *Gesamtsanierungen* können sich die *Kosten* auf einige 100.000 € bis nahezu 1 Mio. € belaufen, wenn noch betriebliche Verbesserungen in maschinenbau- und elektrotechnischer Hinsicht hinzukommen.
Über Ausführungsbeispiele, Detaillösungen und Sanierung von Wassertürmen speziell auch unter Berücksichtigung bauphysikalischer Fragestellungen und einer Farbgestaltung ist auf dem 17. Wassertechnischen Seminar der TU München berichtet worden (HAAS, CÖRPER 1992).

8.12 Umnutzung von Wassertürmen

Für »Historische Wassertürme« (MERKL ET AL. 1985) oder *außer Betrieb genommene Wassertürme* stellt sich für die Wasserversorgungsunternehmen oder Unterhaltsträger oft die Frage nach der *Weiterverwendung*. Je nach Größe des Wasserturmes zeichnen sich einige Möglichkeiten ab, die nicht zuletzt von der Lösung einiger *Probleme wie Fluchtweg, Brandschutz, Abwasserentsorgung* usw., abhängen. Bezüglich der Erhaltung von Wasserturm- Bauwerken durch Nutzungsänderung (Wohnung, Büro, Museum, Hotel usw.) wird auf die Literatur (MERKL 1992/17.WTS) verwiesen.
Viele alte Wassertürme sind außer Betrieb genommen worden, sind aber aus denkmalpflegerischen Gründen zu erhalten. Kleine Wassertürme sind praktisch nur einer einfachen privaten Wohn- oder Büronutzung zuzuführen, während für große Wassertürme eine *Nutzung* als Ausstellungsgebäude, Wetterwarte oder Hotel,

Bild 8.12.01:
Umnutzung Wassertürme
Ludwigshafen ▲ ▶

Aquarius Mülheim-Styrum ▼ ▶

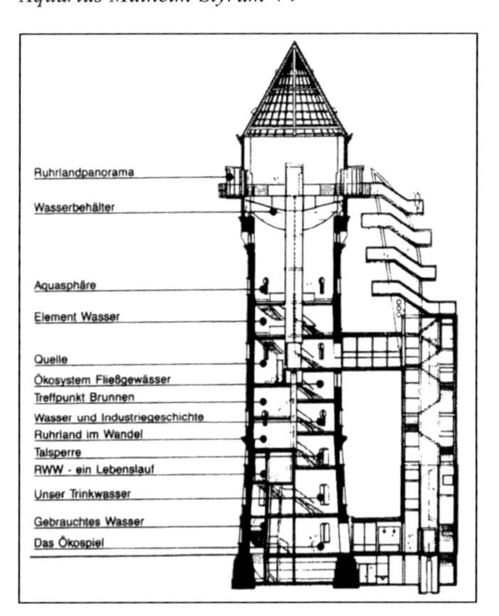

bei allerdings immensen Investitionskosten (Abwasserentsorgung, Brandschutz, Fluchtwege), in Betracht kommt. Beispiele (Bild 8.12.01) hierfür sind, neben den Wohntürmen Hohenbudberg und Brahmsche-Bahnhof, die Umwidmung des Wasserturms Mülheim-Styrum in ein Informationszentrum, des Wasserturms Berlin-Steglitz zum Universitätswetterdienst und des Wasserturms Köln in ein Luxushotel. Dies beweist, dass ein historischer Wasserturm als technisches Denkmal erhalten bleiben und einer neuen Nutzung zugeführt werden kann (MERKL 1992/17.WTS).

9 Hinweise zu Sonderbauweisen von Trinkwasserbehältern

9.1 Übersicht zu Systembauweisen

Motive für Sonderformen und -bauweisen abweichend von konventionellen Ortbetonkonstruktionen für Trinkwasserbehälter sind im wesentlichen:
Aufrechterhaltung hygienisch einwandfreier Wasserbeschaffenheit (Durchströmung), Wirtschaftlichkeit und Baukosten (kurze Bauzeiten, Rationalisierung in der Fertigung). Aus diesen Gründen sind beispielsweise Spiralleitwandbehälter aus Torkretbeton (Spritzbeton), Behälter mit Leitwänden, Leichtmetallbehälter aus Aluminium, Foliengedichtete Erdhochbehälter, Wasserbehälter aus Asbestzement (Faserzement)-Großrohren, sowie Fertigteil- Trinkwasserbehälter in Stahlbeton- und Spannbetonbauweise zur Ausführung gelangt (KLOTZ 1978, MERKL 1992, 2001, 2002).
Behälter mit Leitwänden (Inhalt bis 20.000 m³) sind bei außerordentlich ungünstigen Bodenverhältnissen aus statischen Gründen (Ersatz Stützenreihen durch Wandscheiben) ausgeführt worden, nicht zuletzt aber auch wegen der günstigen Durchströmung bei noch nicht vollinhaltlicher Ausnutzung bzw. längeren Verweilzeiten des Wassers im Behälter.
Zur Sonderbauweise wird eine seit Mitte der 70er Jahre in Norddeutschland und im Ausland (Libyen, Skandinavien) angewandte Konstruktion, bei der ein aus dem Boden heraus geschobenes Becken mit Magerbetonschicht und einer Kunststoff-Folie ausgekleidet und mittels Randbalken, Rohrstützen und Platten aus Aluminium bzw. Faserzement (früher AZ) für die Wasserbehälter-Decke zu einem Behälter ausgebildet wird (Foliengedichtete Erdhochbehälter).
Leichtmetallbehälter aus profiliertem Aluminium sind in 60/70er Jahren mehrfach in Österreich und vereinzelt in Deutschland in Behältergrößen zwischen 100 und 2.000 m³ ausgeführt worden. Da sich all diese Systembauweisen meistens in Form eines Sonderangebotes gegen die Regelausschreibung eines Wasserbehälters in Ortbetonbauweise auf dem freien Markt durchsetzen müssen, sind heute nur mehr nachstehende Ausführungsformen unter Beachtung der Anforderungen, z. B. einschlägiger DVGW-Arbeitsblätter (W 300 und zugehörige), wettbewerbsfähig.

9.2 Fertigteil-Trinkwasserbehälter in Stahlbeton- und Spannbetonbauweise

9.2.1 Vorbemerkungen

Die Fertigteil-Einsatzmöglichkeiten reichen von Einzelbauteilen wie vorgefertigten Treppenbauteilen, Wendeltreppe in Fertigteilen (Wasserturm), Stützen in Wasserbehältern und Stützen für Wassertürme, Fassadenelemente (Wassertürme), Geschossdecken in Fertigteilen mit Aufbeton (Wassertürme), Fertigteil-Deckenelemente als verlorene Schalung (ebene Spannbeton- Deckenelemente für Wasserbehälter), vorgespannte kuppelförmige Fertigteilelemente für zylindrische Behälter mit Kuppel, bis hin zur kompletten Fertigteilbehälter-Systembauweise.
Gründe für Wasserbehälter in Fertigteilbauweise sind: Witterungsunabhängige Herstellung von Bauteilen im Werk, hohe Qualität der Fertigteile (Oberfläche, Betondeckung, Maßgenauigkeit, Betongüte), preisgünstige Fertigung, Schalungs- und Massenersparnis, Verminderung der Rüstungskosten (Lehr- und Arbeitsgerüste); verkürzte Planungszeit durch Typenbauten; geringerer Platzbedarf für die Baustelleneinrichtung; kurze Bauzeit durch vorgefertigte Bauteile bei entsprechender Organisation für Transport und Montage; geringere (Rohbau-)Kosten möglich aus Zeitgewinn und Vorfertigung allerdings nur bis zu gewissen Transportentfernungen. Ungünstig sind eine aufwendigere Bewehrung für die Verbindung von Fertigteilen, bzw. vermehrte Problemstellen, z.B. bei Fugen- und Anschlussstellen der einzelnen Bauteile (allerdings kann bei Ortbeton-Behältern die großflächige Verarbeitung des Stahlbetons zu Problemen führen, z.B. beim »Rütteln« des Ortbetons mit unerfahrenem Hilfspersonal).
Trinkwasserbehälter in Fertigteilbauweise bis etwa 1.000 m^3 Inhalt können, einschließlich Aushub im Rohbau binnen 4 Wochen, bei ungünstigen Orts- und Bauverhältnissen spielend in einem Vierteljahr fertiggestellt werden, wobei das Aufstellen der Wand-Fertigteile bei entsprechender Transportorganisation oft in 2 Tagen für die gesamte Wandabwicklung erledigt ist. Wenn aus Gründen der Bauzeitverkürzung vom Auftraggeber nicht direkt Fertigteil-Trinkwasserbehälter erwünscht sind, werden sie in der Regel als Sondervorschläge für kleine bis mittlere Behältergrößen im Wettbewerb angeboten.
Für den Fertigbau typische, sonst nicht auftretende Herstellungs-Teilprozesse sind Transport und Montage. Diese bewirken eine gewisse Limitierung der Fertigteilbauweise. Abgesehen von der Transportweite (Straßen-Kilometer) als Kostenfaktor gilt es, die Maßbeschränkungen der Straßenverkehrsordnung bzw. der Bundesbahn zu beachten. Für Lkw-Ladungen, die aus dem Grundprofil (B/H/L max. 2,5/4,00/18,00 m) hinausragen, erteilen die zuständigen Behörden Ausnahmegenehmigungen (ohne/mit Polizeibegleitung), wenn die örtlichen Gegebenheiten ein Übermaß gestatten. Für eine wirtschaftliche Montage ist außerdem die Hebezeug-Tragfähigkeit in Verbindung mit der erforderlichen Ausladung des He-

bezeuges zu bedenken. Bei Trinkwasserbehältern aus Stahlbeton- bzw. Spannbeton-Fertigteilen müssen die Fertigteile in der Regel mit dem Tieflader antransportiert werden und mit einem Autokran, teilweise über die gesamte Baustelle hinweg, in die endgültige Position gebracht werden. Die Fertigteile sind daher aus wirtschaftlichen Gesichtspunkten in ihrer Größe durch die Parameter Transportbreite (ohne Transport-Sondergenehmigung) und Einzelgewicht umschrieben. Diese Gewichtsbeschränkung wird verständlich, wenn z.B. ein Autokran eine Wandplatte von ca. 150 kN Last (»Einzelgewicht von 15 t«) über 40 m Kran-Auslegerweite (über die Baustelle hinweg) unter Umständen heben muss. Wenn der Autokran keine anderen Standpositionen einnehmen kann und daher Fertigteile in entfernter Randlage über die gesamte Baustelle versetzen muss, bedeutet dies eine Einschränkung der Größenordnung der Trinkwasserbehälter, z.B. auf einen Nutzinhalt bis max. 10.000 m^3. Prinzipiell lassen sich Fertigteil-Trinkwasserbehälter in den selben (großen) Abmessungen wie Ortbetonbehälter herstellen.
An Trinkwasserbehälter müssen aus naheliegenden Gründen die qualitativ höchsten Anforderungen gestellt werden, was Auswirkungen auf die Systementwicklung dieser Fertigteilbauweisen hat. Gemäß dem früheren DVGW-Arbeitsblatt W 311 »Planung und Bau von Wasserbehältern« bzw. jetzt W 300 wird in der Regel z.B. ein Behälter ohne Dehnungsfugen mit Flachdecke ohne Stützenkopfverstärkung gefordert, was bedeutet, dass die im Flüssigkeitsbehälterbau durchaus angewandten Unterzüge und Vouten bei Stützen (Sohle, Decke) aus betrieblichen und hygienischen Gründen (Behinderung der Belüftung, Belagbildung, Schwierigkeiten bei der Reinigung) bei Trinkwasserbehältern unerwünscht sind. Diese und andere Mängel sind auch bei den früheren Fertigteilbauweisen von Wasserbehältern in der DDR festzustellen (OESTREICH 1992). Die grundsätzlichen Anforderungen an Trinkwasserbehälter führen dazu, dass nicht jede Systementwicklung für einen Fertigteil-Flüssigkeitsbehälter als Trinkwasserbehälter ohne weiteres (gemäß Firmen-Prospekt) übernehmbar ist. Im Wettbewerb gegenüber ausgeschriebenen Ortbeton-Trinkwasserbehältern haben sich aber regional durchaus Fertigteil-Trinkwasserbehälter nach den Anforderungen des DVGW-Arbeitsblattes W 311, jetzt W 300, durchgesetzt.

9.2.2 Ausführung von Fertigteilbehältern

Die Ausführung erfolgt in üblichen Formen und Bauweisen, beispielsweise als Rechteck- oder Rundbehälter in Stahlbeton- und Spannbetonbauweise, sowohl mit ebener als auch kuppelförmiger Decke. In der Regel werden Fertigteilwandplatten auf der vorbetonierten Bodenplatte oder auf Fundamentbanketten mit einer entsprechenden Anschlussbewehrung zu Sohle, benachbarten Wandabschnitten und Decke aufgestellt. Die Sohle wird im allgemeinen in Ortbeton hergestellt, so dass nach Betonierung eine monolithische Einheit zwischen Bodenplatte und Wand entsteht. Die Fugenbreite zwischen den Wandfertigteilen bestimmt sich aufgrund erforderlicher Verankerungslängen und Übergreifungsstöße für die Bewehrung.

Die Fugen werden mit Ortbeton vergossen. Bei vorgespannten Fertigteilbehältern werden diese Fugen überdrückt (keine Risse). Ein Übergreifungsstoß mit schlaffer Bewehrung ist dann nicht erforderlich. Nach dem Erhärten der Bodenplatte werden gegebenenfalls Fertigteilstützen aufgestellt, die Fertigteile der Decke montiert und die Fugen vergossen. Die Decke kann auch mit Halbfertigteilen hergestellt werden, wobei nach Verlegen der oberen Bewehrung der restliche Deckenbeton eingebaut wird. Das Bedienungshaus ist üblicherweise auch in Fertigteilen erstellt, aber durch eine Bewegungsfuge von den Wasserkammern getrennt.

9.2.3 Anforderung an die Konstruktion von Fertigteilbehältern

Die Konstruktion unterscheidet sich von Ortbetonbehältern im wesentlichen durch die Ausbildung und die größere Anzahl der Arbeitsfugen. Die Gebrauchsfähigkeit, insbesondere die Dichtheit hängt im hohen Maße von der konstruktiven Durchbildung und der sorgfältigen Ausführung dieser Verbindung ab. Bei den statischen Nachweisen sind gegenüber dem schlaffbewehrten Ortbetonbehälter zusätzlich die Nachweise für Verbindungen und Anschlüsse zu führen, z.B. Aufnahme der horizontalen Zugkräfte aus Last (z.B. Wasserfüllung) und Zwang im Bewehrungsstoß zwischen den Wandfertigteilen ohne die zulässige Rissbreite zu überschreiten bzw. der Nachweis der Überdrückung der Fugen bei Vorspannung. Bei vorgespannten Rundbehältern sind die Störungen der Rotationssymmetrie im Bereich von Durchdringungen, Rohrdurchführungen und Zugängen zu berücksichtigen. Bei der Konstruktion (MERKL 1989, 1992) sind die *Ausführungsdetails* zu Anschluss Wandfertigteile-Bodenplatte (Bild 9.2.3.01) und Verbindung der Wandfertigteile untereinander (Bild 9.2.3.02) und Anschluss Wand-Decke und Verbindung der Deckenfertigteile von maßgebender Bedeutung.
Der *Bewehrungsanschluss Wandfertigteile-Bodenplatte* kann nach innen und außen ausgeführt werden, wobei die Anschlussflächen rau oder profiliert sein müssen. Der Vergussbereich zwischen den Wandfertigteilen muss durch eine Anschlussbewehrung mit der Bodenplatte verbunden werden.
Beim *Bewehrungsanschluss nach innen* werden die Wandfertigteile auf einem Bankettbalken aufgestellt und mit Hilfe metallischer Montageplatten ausgerichtet. Die Bodenplatte wird nach dem Aufstellen der Wände betoniert, kann jedoch auch vor dem Montieren hergestellt werden, wenn ein Streifen vor der Wand, in dessen Breite der Bewehrungsstoß aufgenommen wird, frei bleibt und später nachbetoniert wird (vgl. Bild 9.2.3.01). Eine Verkürzung der Bodenplatte infolge Abbau der Hydratationswärme kann so ohne Behinderung erfolgen, allerdings wird eine zusätzliche Arbeitsfuge erforderlich.
Beim *Bewehrungsanschluss nach außen* wird die Bodenplatte vorbetoniert und nach Aufstellen der Wandfertigteile wird die Verbindung zur Bodenplatte über einen äußeren nachbetonierten Ring geschaffen. Gelegentlich wird auch eine verstärkte Bodenplatte im Randbereich ausgeführt (Bild 9.2.3.01).

Bild 9.2.3.01:
Anschluss Wandfertigteile-Bodenplatte

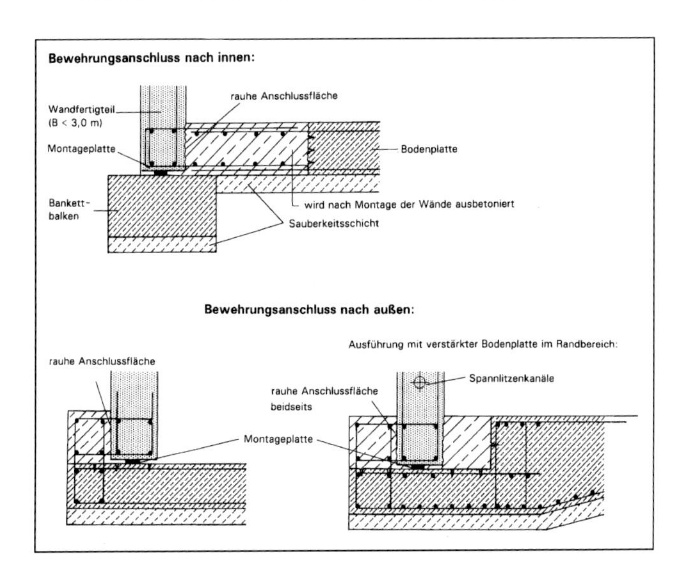

Bild 9.2.3.02:
Verbindung Wandfertigteile

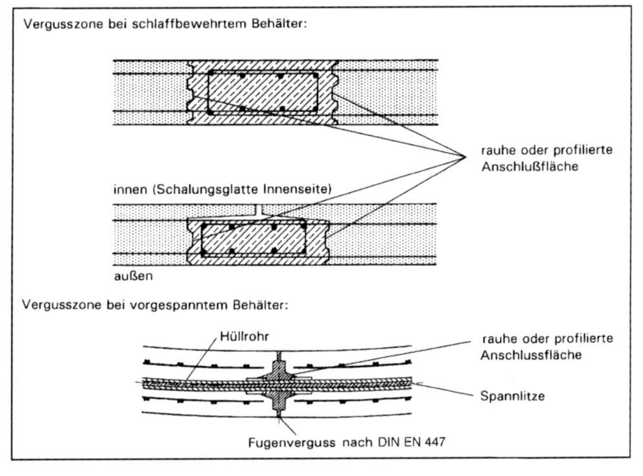

Bei der Verbindung der Wandfertigteile untereinander wird die Vergusszonenbreite beim schlaffbewehrten Fertigteilbehälter aus der erforderlichen Länge des Bewehrungsstoßes ermittelt, wobei die Bewehrungsführung und die Größe des Vergussquerschnittes so gewählt werden müssen, dass der Vergussbeton sachgerecht einzubringen und zu verdichten ist. Beim vorgespannten Behälter werden die Zugspannungen aus Last und Zwang durch die Vorspannung über Spannglieder bzw. Monolitzen oder im Wickelverfahren überdrückt. womit geringe Vergussbreiten zwischen den Wandfertigteilen möglich sind (Bild 9.2.3.02).

Der *Anschluss Wand-Decke* kann sowohl gelenkig als auch monolithisch bei Behältern mit Elementdecken (mit Vergussbeton) ausgeführt werden, wobei dieser Anschluss eine zusätzliche Sicherheit gegen von außen eindringendes Wasser bietet. Die *Behälterdecke* ist ohne Unterzüge mit einer ebenen Unterseite (Flachdecke) auszuführen. Alle Fugen sind bündig zu verschließen. Die Deckenabdichtung muss in jedem Fall so ausgeführt werden, dass sie die Fuge zwischen Decke und Wand sicher abdichtet.
Bei der Fertigteilbauweise ist als konstruktive Besonderheit anzustreben, möglichst *gleichhohe Wandelemente* zu erhalten. Dies kann durch eine entsprechende Wahl von Sohl- und Wandgefälle erreicht werden (MERKL 1989). Stützen dürfen aus betrieblichen Gründen keine aus der Sohle hervorstehenden Fundamente haben.
Beim *Bedienungshaus* muss der Zugang zu den Wasserkammern den betrieblichen Anforderungen (Einbringen von Reinigungsgeräten usw.) genügen. Eine Sichtkontrolle der Wasserkammer muss möglich sein, die Oberfläche des Wassers soll vollständig und leicht einsehbar sein.

9.2.4 Ausführungsbeispiel FT-Rundbehälter in Stahlbetonbauweise

Die traditionelle Bauweise bei den Fertigteilbehältern sind Rundbehälter in Stahlbetonbauweise. Fertigteil-Trinkwasserbehälter entsprechend DVGW-Arbeitblättern werden seit Anfang 1970 gefertigt, wobei z.B. das Behälterbauprogramm eines oberfränkischen Fertigteilwerkes von 50 m³ bis 4.000 m³ Fassungsvermögen reicht, wovon mittlerweile über 120 Trinkwasserbehälter, hauptsächlich in Bayern und Rheinland-Pfalz ausgeführt worden sind. Bei dieser schlüsselfertigen Herstellung zweikammeriger Rundbehälter wird bis auf die Bodenplatte im wesentlichen alles aus Stahlbetonfertigteilen erstellt, d.h. Behälterwände, Behälterdecke, eventuell erforderliche Behälterinnenstützen und Bedienungshaus entstehen als transportable Fertigteile, die angeliefert und mit dem Kran versetzt und montiert werden (MERKL 1992). Nach Erdaushub und Dränage-Ausbildung werden die Bodenplatte und die Ringfundamente der Wasserkammern betoniert und nach deren Erhärten darauf die Wände als großformatige kreisförmige Fertigteil-Segmente aufgestellt, wobei zwischen Bodenplatte und Wandfuß ein Zwischenraum vorgesehen ist, um ein wasserdichtes Einbetonieren der Wand zu gewährleisten. An den Stoßfugen greifen Bewehrungsschlaufen übereinander, die jeweils durch senkrechte Bewehrungsstäbe gesichert werden. Diese Stoßfugen werden nachträglich mit einem Vergussbeton C 30/37 (B 35) mit Hilfe eines Innenrüttlers ausbetoniert. Nach dem Ausschalen der senkrechten Wandfugen, wird die Boden-Wand-Verbindung hergestellt. Durch entsprechende Vorbehandlung der Kontaktflächen (abgestrahlt, aufgerauht) an der Wand und an der Sohle wird eine wasserdichte Verbindung erreicht. Nach Montage der Innenstützen – je nach Behältergröße als einzelne Innenstütze oder als ringförmig angeordnete Stützen – folgt die Montage der Behäl-

terdeckenplatten. Hierbei ist eine Ausführung als FT-Massiv-Deckenplatte bei kleinen Behältern (Fertigteil-Segmentplatten) oder als Halbfertigteildeckenplatte mit einer Ortbetondruckschicht möglich. Bei größeren Behälterdurchmessern ruht eine polygonförmige oder kreisrunde Mittelplatte auf Innenstützen, von dieser Platte reichen dann weitere Fertigteilsegmente bis zur Behälterwand. Die FT-Deckenplatte liegt entweder auf den Wandplatten nur auf (stauwassergesichert über entsprechende Abdichtung in Verbindung mit an der Wand hochgezogenen Sickersteinen) oder bei entsprechendem Bewehrungsanschluss entsteht durch Verguss mit Ortbeton eine monolithische Wand-Decke- Verbindung (s.a. MERKL 1992). Die Durchmesser der Wasserkammern (Brillenbehälter) betragen, ausgehend von einer Wassertiefe von ca. 3,20 m, rd. 11 m für einen Gesamtinhalt von 600 m^3 und über 24 m bei einem Gesamtinhalt von annähernd 3.000 m^3. Das Bedienungshaus ist abgefugt, Abmessung (z.B. 6x6 m, 8,44x8,44 m) und Gestaltung kann nach den Anforderungen hinsichtlich der hydraulischen Installation, des Raumbedarfs und der landschaftsgestalterischen Gesichtspunkte abgestimmt werden.
Die gekrümmten Wandelemente werden in diesem Fertigteilwerk in Ausnahmefällen auch noch stehend betoniert, im Gegensatz zu den liegend betonierten, gekrümmten FT-Elementen für vorgespannte Rundbehälter oder den geradflächigen Fertigteilen für Rechteckbehälter. Bei dieser seit Anfang der 70er Jahre betriebenen Fertigungsweise werden die gekrümmten Wandelemente auf dem Tieflader stehend transportiert, so dass sie in ihrer Höhe begrenzt sind. Die großformatigen Stahlbetonfertigteile können zwar mit einer Abschnittslänge bis zu 9 m erstellt werden, die Wandhöhe beträgt hierbei aus Transportgründen nur maximal 3,50 m, so dass hier max. Wassertiefen von 3,20 m erreicht werden können. Aufgrund dieser Tatsache liegt zur Zeit der wirtschaftliche Anwendungsbereich (fließende Grenzen) dieses Systems bei einem Fassungsvermögen von 150-1.000 m^3 je Behälterkammer (für größere Nutzinhalte kommt die Spannbetonbauweise in Vorteil, weil wegen eines anders gearteten Fertigungssystems für die Fertigteile größere Wandhöhen für größere Wassertiefen gefertigt werden können). Diese in der Vergangenheit vielfach ausgeführten Fertigteil-Rundbehälter sind bis in das Detail (z.B. Strukturfassade bei Bedienungshaus) perfektioniert, sie werden in schlüsselfertiger Ausführung zum verbindlichen Fest- und Pauschalpreis angeboten.

9.2.5 Ausführungsbeispiel FT-Rundbehälter in Spannbetonbauweise

Die Vorspannung ist im Behälterbau bei den zugbeanspruchten Zylinderformen eine besonders interessante Technologie, die in der Vergangenheit aus Wirtschaftlichkeitsgründen gegenüber der Stahlbetonbauweise nur bei Behältern vorteilhaft war, deren Fassungsraum eine bestimmte Mindestgröße überschritt. Diese Größe ist in den letzten Jahren durch die Entwicklung der Vorspannung ohne Verbund, den sogenannten Monolitzen, weiter gesunken, so dass die Wirtschaftlichkeit bereits bei Behältern ab ca. 800 m^3 Nutzinhalt beginnen dürfte (fließende Grenzen).

Mit der Vorspannung kann die Last- und Zwangbeanspruchung im Behältermantel beherrscht werden und die für einen Trinkwasserbehälter notwendige Dichtheit beeinflusst und gesteuert werden. Bereits mit einer relativ geringen Vorspannung lassen sich Trennrissbildungen vermeiden. Über eine ausreichend dicke Druckzone wird die Dichtheit erreicht, ohne dass auf die im Stahlbeton oftmals notwendige Rissbreitenbeschränkung speziell eingegangen werden muss. Mit einem entsprechend hohen Vorspanngrad sind auch sehr hohe Anforderungen an die Dichtheit, wie sie bei Trinkwasserbehältern gegeben sind, stets erfüllbar. Die Vorspannung, insbesondere mit der Monolitze, ist im Trinkwasserbehälterbau zu einer wirtschaftlich interessanten Alternative zur Stahlbetonbauweise geworden.
Speziell für mittlere bis große Behälter (1.000-10.000 m^3) für den Trinkwasserbereich werden Fertigteilrundbehälter in Spannbetonbauweise und mit Innendurchmessern zwischen 8,50 und 40 m unter Verwendung von Stahlbetonfertigteilen hergestellt bzw. schlüsselfertig (Bild 9.2.5.01) angeboten. Die 2,75-3,0 m breiten Wandfertigteile mit möglichen Wandhöhen von 3,50-7,50 m, d = 18-22 cm, werden als liegend hergestellte Fertigteile (Betongüte C 30/37, C 35/45 bzw. B 35, B 45, wasserundurchlässig bzw. mit hohem Wassereindringwiderstand) betoniert und auf der Baustelle im »Monolitzenspannverfahren ohne Verbund« zusammengespannt. Die lotrechten Fugen zwischen den Wandelementen und die Kanäle, in welche die korrosionsgeschützten Litzen nach dem Aufstellen der Wände einzuführen sind (Bild 9.2.5.02), werden nachträglich jedoch vor dem Spannen mit einer Zementsuspension (Einpressmörtel nach DIN 1045-1/DIN EN 447) vergossen bzw. verpresst (s. Bild 9.2.3.02). Die abisolierte Spanndrahtlitze, welche in den einbetonierten (außenliegenden) Ankerkopf eingeführt wurde, wird dann über eine spezielle patentierte Fettzuführung mit Korrosionsschutzfett verpresst. Die Aussparungen für die Spannköpfe werden anschließend mit Mörtel verschlossen. Für die-

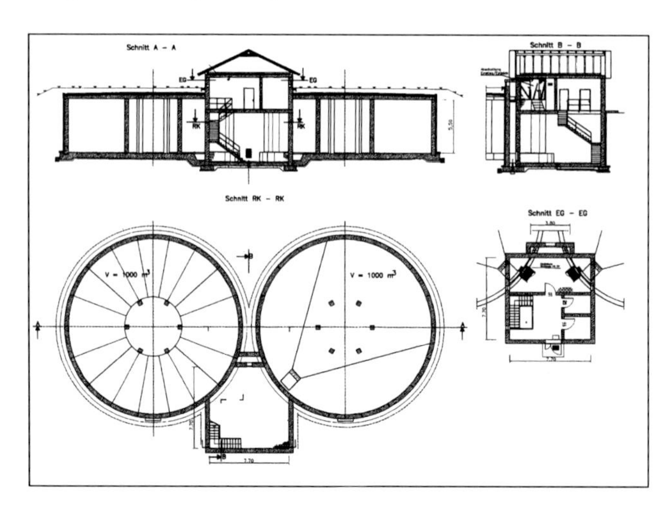

Bild 9.2.5.01:
Fertigteil-Rundbehälter in Spannbetonbauweise (mit freundl. Erlaubnis der Fa. ZWT, Bayreuth)

Bild 9.2.5.02: *Wandfertigteile mit Spannkanälen zur Vorspannung ohne Verbund für einen Fertigteil- Rundbehälter in Spannbetonbauweise (ZWT)*

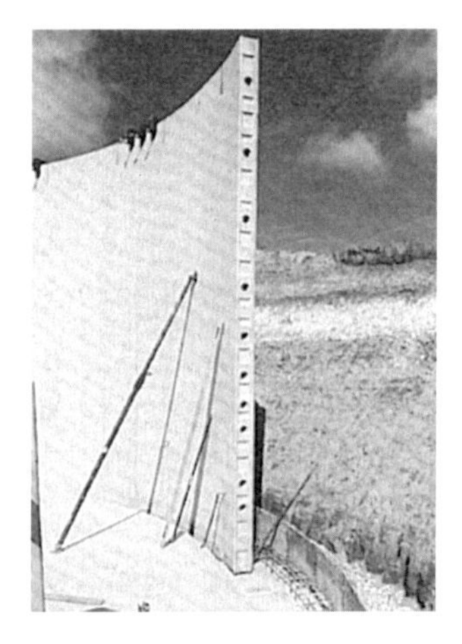

se Art der Vorspannung der Fertigteile ohne Verbund sind spezielle Verfahren und Ankerköpfe notwendig, die den Korrosionsschutz insbesondere im Verankerungsbereich gewährleisten. Hierfür ist in jedem Falle eine Zulassung für den Einbau in Fertigteile und das Spannverfahren notwendig. Eine Anmerkung zum statischen Nachweis der Vorspannkräfte (nachdem heutzutage mit der Methode der Finiten Elemente genauere statische Nachweise geführt werden) soll nicht unerwähnt bleiben: Das Bedienungshaus (mit verschiedenen Abmessungen) wird mittels Fuge vom eigentlichen Behälter abgetrennt, so dass zwar das rotationssymmetrische System der Zylinderschale erhalten bleibt, aber für den Ansatz der äußeren Kräfte eine Abschirmwirkung des Erdreiches und im Hinblick auf den Temperaturunterschied zwischen Schieberhaus und Wasserkammer eine ungünstige Überlagerung von Schnittkräften in der Schale zu berücksichtigen ist. Aus diesem nicht-rotationssymmetrischen Lastfall entstehen Schubkräfte in der Schalenebene, die nur mit einer Profilierung der Fuge (Bild 9.04) zwischen den Fertigteil-Wandelementen und höherer Vorspannung aufgenommen werden können. Zum Bauablauf vorgespannter FT-Rundbehälter ist zu ergänzen: Die Gründung erfolgt auf einer biegesteifen Ortbetonplatte, welche im Bereich der Wandelemente ca. 20 cm abgesetzt ist, um später die Fertigteilwände aufnehmen zu können. Die Bodenplatte wird in der Regel vakuumbehandelt und anschließend maschinell geglättet. Es erfolgt dann die Montage der 2,80-3,00 m breiten Ringwände, der Einschub der Spannlitze und der Fugenverguss der vertikalen Fugen mit einer Zementsuspension (gemäß DIN 1045 Teil 1/DIN EN 447). Nach Betonieren der Boden-Wand-

Verbindung und Erreichen der entsprechenden Festigkeit des Fugenvergusses wird die Vorspannung vorgenommen, die Herstellung der Stützen, welche je nach Behälterdurchmesser als Mittelstütze, als konzentrischer Stützenkreis usw. angeordnet werden (in diesem Fall Pendelstützen, bei anderen Bauabläufen in Köcherfundamente) und die Montage der Behälterdecken wie bei den beschriebenen FT-Rundbehältern in Stahlbetonbauweise. Die durch eine Bauwerksfuge abgetrennte Schieberkammer wird ebenfalls aus Betonfertigteilen erstellt, wobei sich Abmessungen, Raumaufteilung, Fassadengestaltung etc. nach den jeweiligen Erfordernissen richten.
Bei einer Variante, die aus der Entwicklung von FT-Rechteckbehältern in Spannbetonbauweise (vgl. Abschnitt 9.2.7) kommt, werden gekrümmte Fertigteile mit Stoßfugen und äußerer Aufkantung mit Anschlussbewehrung im Bereich Wand/ Decke der FT-Wandelemente ausgeführt, die als Außenschalung für den Aufbeton der Decken in Fertigteilhalbzeug dient.
Anzumerken ist, dass für Regenbecken, Sprinklerbecken, Rückspülwasser- und Schlammwasserbecken Entwicklungen vorliegen, die für den Einsatz im Trinkwasserbehälterbau nicht geeignet bzw. noch zu modifizieren wären. Beispielsweise sind Stützen mit Blockfundamenten und großen Stützenköpfen (Pilzköpfe) aus betrieblichen Gründen (Behälterreinigung) unerwünscht. Ansonsten sind die Bauweisen, einschließlich der Deckenkonstruktion, ähnlich den bereits geschilderten. Durch eine ständige Weiterentwicklung der Vorspanntechnik in den letzten Jahren ist die Erstellung von Trinkwasserbehältern aus runden vorgespannten Stahlbetonfertigteilen zu einer technischen und ökonomischen Alternative zum herkömmlichen Behälterbau geworden.

9.2.6 Ausführungsbeispiel FT-Rechteckbehälter in Stahlbetonbauweise

Rechteckbehälter in Fertigteilbauweise sind vorwiegend in Bayern in größerer Zahl mit Nutzinhalten von 100-8.000 m³, in der Mehrzahl im Bereich 1.000-2.000 m³, bekannt geworden (MERKL 1992). In der Regel muss der ausgeschriebene Entwurf eines Ingenieurbüros (für den Auftraggeber) unverändert übernommen werden, es kann lediglich eine Fertigteillösung als Sondervorschlag angeboten werden. Die von den »Fertigteilwerken« vorgeschlagenen Lösungen sind zum Teil firmenspezifisch unterschiedlich. Die Wanddicken für die Fertigteilelemente schwanken zwischen 30 und 40 cm, bei einer Betongüte C 30/37 (B 35). Waren früher die Fertigteilelemente aus Transportgründen in ihrer Breite oft auf 2,30 m begrenzt, so erlauben die modernen Fertigteiltransportfahrzeuge mittlerweile Fertigteilabmessungen von b = 4,20 m und I = 8,20 m (»schrägliegender Transport«).
Den Behälterbau hat man sich wie folgt vorzustellen: Nach dem Baugrubenaushub werden auf einer Sauberkeitsschicht die Fundamentbankette hergestellt; zwischen den Banketten wird mit einer Magerbetonschicht aufgefüllt. Auf das Fundamentbankett werden dann Fertigteil-Wandplatten (mit oder ohne 2 Standfüße, auch

»Aufstandsnasen« genannt) mit einer entsprechenden Anschlussbewehrung zu Sohle, Wand- und Deckenelementen aufgestellt. Die Bodenplatte wird in der Regel in Ortbeton hergestellt (manchmal mit Ausbildung einer Gleitschicht unter dem Sohlenbeton auf der Sauberkeitsschicht), so dass beim Verguss der Bodenplatte eventuell mit einer äußeren umlaufenden Betonaufkantung in Ortbeton eine monolithische Einheit zwischen Bodenplatte und Wand entsteht. Die Vergusszonenbreite zwischen den FT-Wandplatten bestimmt sich auf Grund der aus der statischen Berechnung (Zwangbeanspruchung!) sich ergebenden, erforderlichen Verankerungslängen und Übergreifungsstöße für die notwendigen Bewehrungsdurchmesser. Insbesondere die Zwangbeanspruchung ist hier nach den operativen Rechengrößen bzw. der Wasserdichtheit gemäß DVGW-Arbeitsblatt W 300 zu berücksichtigen. Hiernach sind Fugenbreiten bis zu 2x60 cm ausgeführt worden. Für diese Zonenbreite erfolgt der Verguss der Fertigteilwände monolithisch mit Ortbeton. Im Rahmen von firmenspezifischen Entwicklungen der FT-Wandelemente werden die Ortbetonvergusszonen in verschiedener Weise gestaltet (MERKL 1992). Nach dem Erhärten der Bodenplatte werden bis zu 44 cm breite, rechteckige Fertigteilstützen auf einen Zentrierkegel (V2A) aufgestellt und mit Vergussbeton ausbetoniert (»Pagelmörtel«). Danach können die Fertigteilelemente der Decke (bis zu 25 cm dick), die ähnlich wie bei Filigranelementen (nur dicker) konstruiert sind, montiert und darauf die notwendige Bewehrung verlegt und der Ortbeton für den Deckenverguss (z.B. d = 15 cm) eingebracht werden. Sämtliche Tragglieder sind damit monolithisch miteinander verbunden, der Behälter ist als Fertigteilbehälter dann in »fugenloser« Bauweise (eventuell mit Scheinfugen) erstellt.
Als Prototyp für die Entwicklung eines FT-Rechteckbehälters in Stahlbetonbauweise kann der 4.000-m³-Hochbehälter Bayreuth der Fernwasserversorgung Oberfranken aus dem Jahre 1985/86 gelten, über den bereits ausführlich berichtet wurde (MERKL 1989), einen letzten Entwicklungsstand (ARGE Bögl/Klebl) spiegelt der HB Neumarkt/i.d.Opf. mit einem Fassungsvermögen von 2x4.000 m³, fertiggestellt 1994, wider (Bild 9.2.6.01).

Bild 9.2.6.01: *Fertigteil-Rechteckbehälter in Stahlbetonbauweise (HB Neumarkt/Opf, I = 8000 m³)*

9.2.7 Ausführungsbeispiel FT-Rechteckbehälter in Spannbetonbauweise

Von einer weiteren bayerischen Bauunternehmung mit Fertigteilwerk wurde im Jahre 1983 eine Grundkonzeption sowohl für schlaff bewehrte Fertigteil-Rechteckbehälter als auch für solche in Spannbetonbauweise erarbeitet und im wesentlichen bis heute beibehalten. Die Entscheidung für eine »Armierung in Schlaffstahl oder Spannstahl« wird dabei im jeweiligen Fall nach wirtschaftlichen Kriterien getroffen. Einzelne Detailverbesserungen ergaben sich im Lauf der Zeit über die Optimierung der Bauabläufe. Erfahrungen liegen für vorgespannte Behälter bis 1.000 m^3 Inhalt vor (MERKL 1992).
Für die Konstruktion der Bauwerke bildet der vorliegende Planentwurf jeweils die Grundlage; die Abmessungen des Fertigteil-Behälters entsprechen den Vorgaben. Die Sohle wird in Ortbeton, die Wände in Fertigteilen und die Decke in Fertigteilhalbzeug mit Aufbeton erstellt. Alle Fertigteilelemente haben Anschlussbewehrung zu den angrenzenden Ortbetonbereichen der Sohle, der Wandvergusszonen, sowie des Aufbetons der Decke. Wasserbehälter und Bedienungskammer sind durch eine umlaufende Fuge getrennt. Der Bauablauf sieht wie folgt aus (MERKL 1992): Nach Einbau der Sauberkeitsschicht werden die Fertigteile der Stützen und der Wände aufgestellt, ausgerichtet und fixiert. Die z.B. 35 cm dicken FT-Wandplatten (Betongüte C 35/45 bzw. vormals B 45) sind ähnlich wie bei anderen Systemen mit Aufstandsnasen versehen, und werden mit Stoßfugen, deren Breite der Wandstärke entspricht (25-35 cm), aufgestellt. Diese Fertigteilplatten weisen in der Höhe alle 80 cm Hüllrohre für den Spannstahl auf. Die Lücken zwischen den einzelnen Wandplatten werden nach Einführen von Zwischenhüllrohren und dem Spannstahl mit Ortbeton vergossen und nach einem Tag vorgespannt. Bei den anfänglich gebauten Behältern wurden nachfolgend die Bodenplatten der Wasserkammern armiert und betoniert, anschließend die Decken in Fertigteilhalbzeug verlegt und mit Aufbeton versehen. Bei neueren Bauwerken wurden nach Aufstellen und Verguss der Wände zunächst nur die Bodenplatten armiert, dann die Decken in Fertigteilhalbzeug verlegt und mit Aufbeton versehen und erst anschließend die Bodenplatten der Wasserkammern unter den bereits vorhandenen Decken – vor Witterung geschützt – in Ortbeton vergossen. Die Sohlplatten wurden mit Flügelglättern maschinell geglättet. Diese Bauweise hat sich durchaus bewährt, die Bauzeit vor Ort für einen Rohbau reduziert sich um rd. 40 % gegenüber einem Ortbeton-Behälter.
Im Zuge der Optimierung von Bauabläufen wurde diese Konstruktion des Sohlen-Wand-Bereiches und die FT-Wandteile überarbeitet (MERKL 1992). Je nach den wirtschaftlichen Kriterien für die Anteile Spannstahl/Schlaffstahl kann durch Wegfall der Spannbeton-Konstruktion auch ein schlaff bewehrter Fertigteil-Rechteckbehälter in Stahlbetonbauweise konstruiert werden. Mit dieser firmenspezifischen Lösung – ausgehend von der Spannbetonbauweise – kann sehr flexibel auf die Bedürfnisse des Wettbewerbes im Hinblick auf Fertigteil-Rechteckbehälter in Stahlbeton- oder Spannbetonbauweise reagiert werden.

Bild 9.2.8.01: Behälter aus Fertigteilen, seit 1965 als DDR-Typenbauwerk im Angebot: Grundriss ▼ Querschnitt ▶

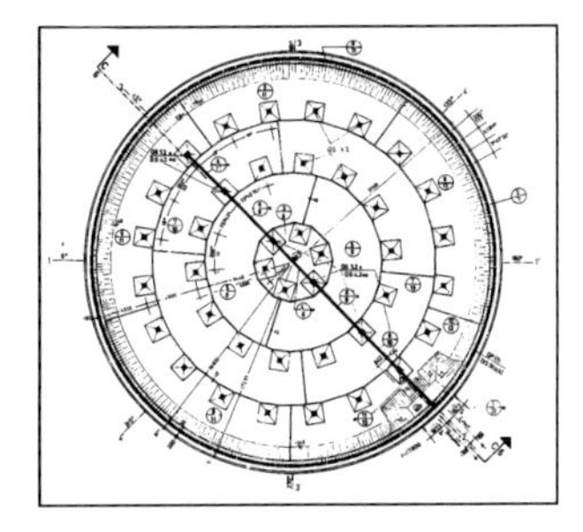

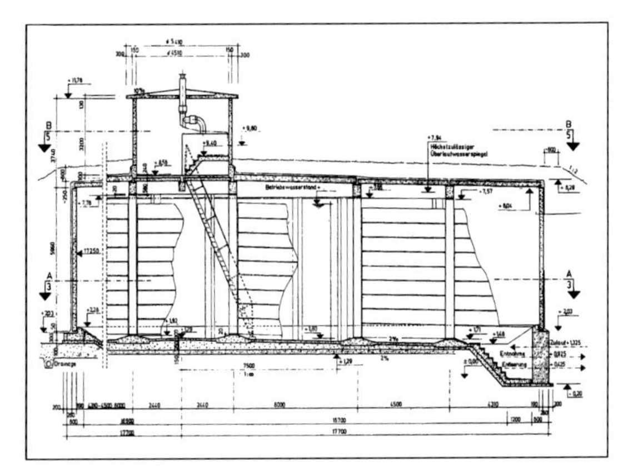

9.2.8 Fertigteilbauweisen von Wasserbehältern in der DDR

In der ehemaligen DDR wurden nach 1945 vorwiegend zylinderförmige Behälter mit Kuppel errichtet. Rechteckförmige Bauwerke bildeten die Ausnahme. Seit 1965 erfolgte ausschließlich die Herstellung zylinderförmiger Behälter auf der Grundlage von Typenprojekten (Bild 9.2.8.01). Für die Wahl von vorgespannten Behältern war der geringere Materialverbrauch entscheidend. Entsprechend dem damaligen Stand der Technik (OESTREICH 1992) und den gegebenen Möglichkeiten in der DDR kam ein einlagiges Wickelverfahren mittels Aufwickelns des Spanndrahtes mit einer Spannmaschine in endlosen Spiralen zur Anwendung.

Die *grundsätzliche Lösung* sah wie folgt aus:

▷ Kreisförmiger Grundriss

▷ Mischbauweise aus monolithischem Beton und Fertigteilen in folgender Form:
- Sohle und Fundamente aus monolithischem Beton
- Wände, Stützen, Unterzüge, Decke aus Fertigteilen
- Nachträgliche Vorspannung der Wände
- Einzelgrößen der Behälter: 500-5.000 m^3

Die Herstellung der einzelnen Bauelemente für die Behälter erfolgte nach einem gesonderten Katalog, AK 64-27 »Typenbauelemente, Katalog Wasserbehälter 500 bis 5100 m^3 in Montagebauweise«, und einem Werkstandard des Betonwerkes Laußig, BWL 1/68 »Stahlbetonfertigteile für runde vorgespannte Wasserbehälter; technische Forderungen und Prüfung«, Juli 1968.

Aus den o.a. Forderungen und Festlegungen ergaben sich folgende Abmessungen der Einzelelemente:

1. Wandplatten
   Rechteckplatten, ohne Anrundung der Außenflächen, Abmessung: 5,96x0,90x0,19 m
   Zur Verringerung der Höhe der Wandplatten wurde das Ringfundament ca. 0,5 m über der Behältersohle angeordnet.
2. Stützen
   Rechteckstützen, mit angefasten Kanten, Abmessung: 5,84x0,38x0,38 m
3. Unterzüge
   Hierzu wurden verschiedene Abmessungen entwickelt, abhängig vom Radius (Lage im Behälter)
   Für den Innenring: 2,344x0,38x0,54 m
   Für die übrigen Ringe: 3,506x0,38x0,54 m bzw. 3,764x0,38x0,54 m
4. Deckenplatten
   Sie bestehen ebenfalls aus verschiedenen Elementen.
   1. Innerer Ring, 3 Viertelkreisplatten, Durchmesser 2,35 m; Dicke 0,19 m
   2. Weitere Ringe entsprechend der Größe
      Dazu wurden 2 Grundelemente entwickelt
      - Rechteckelement 4,35x1,16x0,16 m
      - trapezförmiges Element 4,35x1,78x0,25 m bzw. 5,85x1,08x0,25 m; Dicke 0,22 m
        Die Platten besitzen alle Bewehrungsschlaufen.

Die Behälter wurden in Mischbauweise errichtet:
Die *Behältersohle* besteht aus einer 150 bis 500 mm dicken Sauberkeitsschicht aus Kiessand, einer 100 bis 200 mm Unterbetonschicht B 80, einer 100 mm dicken wasserundurchlässigen, bewehrten Stahlbetonsohle aus B 225 und einer 20 mm dicken Zementestrichschicht. Die Betonsohle ist durch Fugen unterteilt. Abmessungen ca. 3,0x3,0 m. Sohlengefälle 0,5 bis 1,5 %.
Das *Ringfundament* als Auflager für die Wandplatten besteht aus bewehrtem Beton B 225, Breite 800 mm. Die Behälterwand, die Leitwand, die Stützen, die Ringunterzüge und die Decke bestehen aus Fertigteilen nach Katalog AK 64-27.
Die *Wandplatten* und Stützen werden auf das vorbereitete Ringfundament bzw. auf die Stützenfundamente aufgesetzt. Das Auflager für die Wandplatten ist als Gleitlager ausgebildet, bestehend aus insgesamt 5 Lagen, mit folgendem Aufbau: Gleitfuge: 1., 3. und 5. Lage: Universal Bitumen-Spachtel, 2. und 4. Lage: Rein-Aluminium-Blech, Dicke 0,3-0,5 mm. Gesamtdicke der Gleitschicht ca. 15 mm. Breite der Gleitfuge 250 mm.
Die *Wand* besteht in Abhängigkeit von der Größe (Durchmesser) aus maximal 106 Wandplatten mit der entsprechenden Anzahl von Vertikalfugen. Die Breite dieser Fugen beträgt ca. 43/53 mm, ohne Bewehrung. Das Schließen dieser Fugen erfolgt vor dem Wickelvorgang mit wasserdichtem Beton.
Die Wandplatten stützen sich an der Innenseite gegen das Gleitlager ab. Dadurch

entsteht eine keilförmige Ringfuge mit den Abmessungen von 25/50x230 mm. Diese wird nachträglich mit phenolfreiem Bitumen lagenweise vergossen. Dieser Verguss erfolgt erst nach Abschluss der Wickelarbeiten.
Die Stützen werden auf die monolithisch erstellten Fundamente aufgesetzt. Die Verbindung mit dem Fundament erfolgt mit 4 Anschlusseisen (Stützensteckstoß), die nachträglich mit Beton vergossen werden.
Die Unterzüge wurden in 2 unterschiedlichen Verfahren verlegt.

1. Innerer Ring:
   Die Unterzüge liegen mittig auf den Stützen auf und werden durch Schlaufensteckstoß miteinander verbunden.
2. Äußere Ringe:
   Die Unterzüge stoßen auf den Stützen und werden durch Anschlusseisen verbunden und mit Beton vergossen.

Nach Abschluss der Montagearbeiten und dem Verguss der Längsfugen der Wandplatten wurde der Behälter nach dem vorgegebenen *Wickelverfahren* mit Federstahldraht 5 B-TGL 14193 entsprechend dem Spanndiagramm vorgespannt. Die Behälterwand erhält später außen einen 45 mm dicken Torkretputz als Korrosionsschutz.
Die *Deckenkonstruktion* besteht aus den o.a. Trapez-, Rechteck- und Viertelkreisplatten, die auf den Ringunterzügen aufliegen, und dem Einstieghaus. Die Deckenplatten werden mittels Längseisen mit den Schlaufen biegesteif verbunden. Die Fugen werden nachträglich mit Beton vergossen. Das Verlegen erfolgt in Mörtelfuge aus Mörtelgruppe MG III. Den Abschluss der Decke bilden ein 20 mm dicker Ausgleichsbeton, eine Sickerwasserdichtung, bestehend aus 3 Lagen Dachpappe einschließlich Kalt- und Heißanstrichen und einer Schutzbetonschicht von 50 mm Dicke. Die abschließende Erdüberdeckung beträgt 40 bis 60 cm.
Das *Einstieghaus* wird nach Abschluss der Wickelarbeiten errichtet. Die Umfassungswand ist aus Betonsegmentsteinen mit waagerechter und senkrechter Rundstahlbewehrung in MG III gemauert.
Das *Dach* besteht aus monolithischem Stahlbeton B 225. Die Variante aus Fertigteilen hat sich nicht durchgesetzt.
Der *Einstieg in den Behälter* erfolgt über 2 Türen. Durch die 1.Tür gelangt man in einen Vorraum des Einstieghauses, indem der Wechsel der Kleidung bzw. Lagerung von Material möglich ist. Über die 2. Tür ist der Behälter zu befahren. Diese 2. Tür ist gas- und wasserdicht ausgebildet und schließt die Wasserkammern hermetisch ab. In die Kammern gelangt man über Leitertreppen aus verzinktem Stahl, Neigung ca. 80°.
Die *Behälter* werden vorwiegend in *Brillenform* angeordnet. Das *Schieberhaus* liegt als gesondertes Bauwerk dazwischen. Diese Bauweise wurde auch bei mehr als 2 Behältern angewendet. Es gibt also keine direkte *Verbindung zwischen Schieberhaus und Behälter.* Zwischen Behälter und Schieberhaus ist ein Rohrkanal aus

Fertigteilen (Haubenprofile) vorgesehen. Als Variante hierzu wurde noch die *Erdverlegung der Rohrleitungen* angeboten.
Die *Zu- und Abläufe* führen über einen Sumpf in die Wasserkammer. Der Zulauf mündet tangential ca. 1,0 m über der Sohle in den Behälter, der Ablauf liegt ca. 0,10 m über der Sohle. Der Überlauf und die Entleerung werden durch gesonderte Leitungen aus diesem Sumpf zum nächsten Schacht geführt.
Zur *Belüftung der Behälterkammer* befinden sich in jedem Kreisring Belüftungsrohre. Sie bestehen aus einem senkrechten, unten offenem Rohr, mit Regenhaube und Lüftungsschlitzen mit Gaze und enden auf der Behälterdecke (nicht über dem Wasserspiegel). Die Lüftung selbst erfolgt über einen rechtwinkligen Abgang mit Krümmer nach unten, der dann direkt über den Wasserspiegel ausmündet. Die Entlüftung erfolgt über die gleiche Konstruktion im Einstiegbauwerk der Behälter.
Der Höhenunterschied zwischen Be- und Entlüftung beträgt ca. 2.500 mm.
Nach Abschluss der Wickelarbeiten wird der Behälter mit einem 2-3 lagigem Torkretputz von 45 mm Dicke versehen. Dazu ist der Behälter vorher mit Wasser zu füllen, so dass das Torkretieren im gefüllten Zustand der Behälter erfolgt. Anschließend kann mit der 7-tägigen Dichtigkeitsprüfung begonnen werden. Dabei darf der Wasserverlust in den letzten 24 Stunden nicht mehr als 0,05 $l/(h \cdot m^2)$ = 1,2 $l/(d \cdot m^2)$ benetzter Fläche betragen. Das sind je nach Größe 2,0-3,0 mm/d.
Bei Überschreiten dieser Werte, sowie bei Auftreten von Nassstellen ist nachzubessern und die Prüfung zu wiederholen.
Nach Abschluss der Wasserdichtigkeitsprüfung und Anbringen einer Sickerwasserdichtung auf die äußeren Betonflächen, werden die Behälter lagenweise mit Erde angeschüttet.
Unter Beachtung der gültigen DVGW-Richtlinien und DIN-Vorschriften ist jedoch der Bau derartiger »DDR-Fertigteilbehälter« nicht mehr uneingeschränkt möglich. Hierzu wären umfangreiche Überarbeitungen erforderlich. Meist stehen diese, mittlerweile rd. 40 Jahre alten Behälter aus baulichen, betriebs- und sicherheitstechnischen Gründen für Sanierungen an.

9.3 Spiralleitwandbehälter aus Spritzbeton (Torkretbeton)

Erstmalig wurde der Spiralleitwandbehälter 1966 in Österreich nach der Idee (Patent) des Wirkl. Hofrat Dipl.-Ing. J. Schmit, Eisenstadt, mit einem Nutzinhalt von 4.200 m^3 erbaut (Klotz 1978), danach mehr als 160 Behälter (in Österreich und der BRD Stand 1996) mit Inhalten von 500-15.000 m^3. Hydraulisch günstige Form (gleichmäßige Durchströmung, keine Toträume) und technisch-wirtschaftliche Vorzüge durch statisch günstiges System (Durchlaufträger), geringe Bodenpressung durch Verteilung der Auflasten auf nur 20 cm dicke Wände, Anwendung des Spritzbetonverfahrens und Einsparung bei Schalung und Rüstung (Bild 9.3.01) haben trotz größerer Wandanteile über den Weg jeweils eines Sonder-

Bild 9.3.01:
Spiralleitwandbehälter

vorschlages zu diesen bemerkenswerten Erfolgszahlen für diese Sonderbauweise geführt. Nachdem die lizenznehmende süddeutsche Bauunternehmung mittlerweile nicht mehr existiert, sind keine Behälterneubauten mehr bekannt geworden, so dass die Bauweise weitgehend nur mehr für Instandhaltungsmaßnahmen von technischem Interesse ist.

9.4 Wasserbehälter aus Großrohren

Es handelt sich hier um eine Bauweise, die in ähnlicher Art bereits vor 25 Jahren als »Erdbehälter aus Eternit-Asbestzement-Großrohren« mit Speicherinhalt bis 1.100 m³ bekannt geworden ist und später in Stahlbeton-/Spannbetonrohr-Ausführung (z.B. DN 3000), auch bei Löschwasserbehältern für Sprinkleranlagen zur Anwendung gelangte und heutzutage in den Werkstoffen GFK (HOBAS Österreich), Faserzement (Etertub AG Schweiz) nach Richtlinien des SVGW und Polyethylen (Schweiz, Deutschland) bis 100 m³ Speicherinhalt und neuerdings aus duktilen Gussrohren (IWA STORAGE 2004 GENF) als Fertigteil-Trinkwasserbehälter ausgeführt werden (Klotz 1978, Merkl 1989, 2001, Vogler 2001, 2004). GFK-Behälter sind auch u.a. in Großbritannien, Kanada, gebräuchlich.
Diese Wasserbehälter aus Rohren (MERKL 1989) bzw. Rohrbehälter (sinngemäß Fertigteile), bestehen aus parallel angeordneten Rohrsträngen von Faserzement-Rohren (früher Asbestzement-Druckrohre DN 2000), neuerdings GFK/PE HD bzw. Duktile Guss-Rohren, oder Stahlbeton- /Spannbetonrohren (z.B. DN 3000), die einzeln oder paarweise betrieben werden können. Die Rohrstränge sind an ihren Enden mit einer kreisförmigen Scheibe verschlossen, durch die alle hydraulisch für den Behälter notwendigen Rohre oder Rohrstrangverbindungen geführt werden

müssen. Über ein Schauglas ist ein (mangelnder) Einblick in den Behälter bzw. die Besichtigung des Wasserspiegels möglich und über ein Mannloch in der Verschluss-Scheibe ein Einstieg (Behälterreinigung!) in den Behälter (oder über vertikal auf dem Rohr aufsitzendes Einstiegsrohr). Somit müssen zahlreiche Rohrdurchführungen »geklebt« bzw. einbetoniert werden. Als Armaturenkammer (Bedienungshaus) wird ein Großrohr angeordnet, das an die Endscheiben der Rohstränge anschließt bzw. diese umhüllt, bei einem Einzelstrang im Anschluss an die Endscheibe des Rohrstranges, bei Rohrbatterien quer dazu. Diese Rohrbatterie-Behälter mit einem Speicherinhalt von (derzeit) max. 1.100 m^3 Inhalt benötigen ein längeres (dafür aber schmäleres) Grundstück als im Speicherinhalt gleiche konventionelle Behälter. Vorteilhaft ist die leichte Herstellung des Rohrbehälters, da sie im wesentlichen nur die Verlegung der Rohre erfordert. Wegen des Produktwandels (»Marktregulierung«) von Asbestzement-/Faserzement-Druckrohren auf – bzw. GFK/PE-HD- und duktile Guss-Rohre sind erst wieder seit 1998 bemerkenswerten Projekte für Rohrbehälter im innereuropäischen Trinkwasserbereich bekannt geworden. Für Wasserbehälter aus Stahlbetonrohren (bis DN 4000) liegt der hauptsächliche Anwendungsbereich bei Löschwasserbehältern für Sprinkleranlagen und Regenrückhaltebecken (MERKL 1989) wegen der geringfügigen Druckbeanspruchung.
Zur *Anwendung von Großrohren* als Wasserbehälter kann im übertragenen Sinn auch heute noch die *Stellungnahme des DVGW-Fachausschusses »Wasserbehälter«* herangezogen werden, die vor fast 20 Jahren in der Fachzeitschrift gwf (1986) erfolgte (s.a. MERKL 2001), insbesondere zu Bettung, Arbeitsraum, Schieberkammer und Technischer Ausrüstung: Die Verbindung der Rohre untereinander und mit der Schieberkammer muss geringe Setzungsdifferenzen aufnehmen können. Beträgt die Überdeckung der Behälterstränge mehr als 1 m und sind Verkehrslasten, z.B. während des Baus zu erwarten, ist ein statischer Nachweis zu führen. Besonders sorgfältig sind die Auflagerwinkel bei Rohrbettung/Rohrauflager zu verfüllen. Der lichte Abstand der Rohrstränge muss so gewählt werden, dass der Boden mit den auf der Baustelle verfügbaren Geräten vorschriftsmäßig eingebracht und verdichtet werden kann. Die Schieberkammer muss genügend freien Raum für Montage, Demontage, Instandhaltung und Bedienung bieten. Der Zugang soll durch eine Tür (nicht durch Einstieg von oben) erfolgen. Der Füllstand der Behälterstränge ist so zu begrenzen, dass ein Scheinwerfer den Wasserspiegel und Luftraum des Behälters ausleuchten kann und der erforderliche Einblick in das Innere der Behälterstränge gewährleistet ist. Der Überlauf ist auf den höchsten Zufluss abzustellen, andernfalls müssen andersgeartete Sicherungen vorgesehen werden. Absperrarmaturen in der Überlaufleitung sind unzulässig. Die Be- und Entlüftung ist auf der Seite der Schieberkammer und im Zusammenhang mit dieser vorzusehen, eine Verschmutzung des Wassers muss hierbei ausgeschlossen sein. Der Zugang zu jedem Behälterstrang erfolgt von der Schieberkammer aus, in der Regel aus Platzgründen durch Mannlochtüren mit mindestens 800 mm lichter Weite aus

Edelstahl, die in den Behälter hinein zu öffnen und mit Reiberverschlüssen zu versehen sind.

9.4.1 Rohr-Behälter aus glasfaserverstärktem Kunststoff (GFK)

GFK-Behälter für die Trinkwasserversorgung werden seit 1998 in Österreich produziert (HOBAS Rohre) und in Fertigteilbauweise ab 5-400 m³ Inhalt eingesetzt in schwer zugänglichem Gelände (wo Zufahrt, Gewicht und rascher Einbau, z.B. in 7 Stunden, eine Rolle spielen) oder wenn Hubschraubertransport gefordert ist, wie dies bei Bergrestaurants der Fall sein kann (Baukosten 750–1100 €/m³ Nutzinhalt). Auch für Quellsammel-, Schieberschächte, Druckunterbrecher-, Entleerungs- und Wasserzählerschächte kommen GFK-Behälter in Frage.
GFK-Trinkwasserbehälter mit Schieberkammer (HOBAS) sind zusammengesetzt aus geschleuderten GF-UP Rohren oder parallel angeordneten Rohrsträngen im Nennweitenbereich bis DN 2400, die an den Enden abgedeckelt sind. Diese Stirnflächen, im Spritzverfahren aus ungesättigtem Polyesterharz und textilen Glasfasern hergestellt, werden auf einer Stahlform als Klöpperboden für erhöhte statische Anforderungen produziert. Mit der Laminiertechnik werden die Klöpperböden mit den Rohrenden dicht verbunden. Die Einzelrohre werden mit einer FWC-Rohrkupplung dicht gekuppelt. Die Schieberkammer besteht bei einkammerigen Behältern aus einem vorgesetzten Rohr mit aufgesetztem Einstiegsdom und Edelstahleinstiegsleiter oder bei mehrsträngigen Behältern aus einem quer angeordneten Rohrstrang mit Eingangstür und separaten Rohranbindungsstücken an die Behälterrohrstränge (Bild 9.4.1.01-04) mit Mannloch DN 800 als Einstieg (Vogler 2001, 2004, Merkl 2001, 2002). Als Gehfläche wird ein GFK-Gitterrost ausgeführt. Für die Verbindung Schieberkammer-Trinkwasserkammer werden ebenfalls FWC-Rohrkupplungen für den dichten und gelenkigen Anschluss verwendet. Eine dichte Einbindung in eine Ortbetonschieberkammer ist ebenfalls möglich. Sämtliche notwendigen Leitungen wie Zulauf-, Überlauf-, Entleerungs- und Entnahmeleitungen werden unabhängig vom Material und der Situierung dicht einlaminiert (Vogler 2001). Falls bauseits gewünscht, kann auf der Baustelle eine Wärmedämmung aufgebracht werden. Dabei wird im Spritzverfahren PU-Schaum, ca. 10 cm stark, auf die obere Hälfte der Behälterrohre aufgespritzt. Zum Schutz der Wärmedämmung wird vor dem Verfüllen eine Kunststofffolie verlegt (VOGLER 2004).
Der Werkstoff für die GFK-Rohre besteht aus Glasfasern, Füllstoffen und ungesättigtem Polyesterharz. Im vollautomatischen Schleuderverfahren werden Polyesterharze als Bindemittel, textile Glasfasern als Bewehrung und Füllstoffe prozessgesteuert zu einem duroplastischen Werkstoff verarbeitet (s.a. GROMBACH ET AL. 2000). Die Produkte sind zertifiziert zur Führung der ÖVGW-Qualitätsmarke Wasser. Die Trinkwassertauglichkeit wurde geprüft nach ÖNORM B 5014-1 (Sensorische und chemische Anforderungen und Prüfung von Werkstoffen im Trinkwasserbereich Teil 1: Organische Werkstoffe) sowie nach DVGW Arbeitsblatt W 270

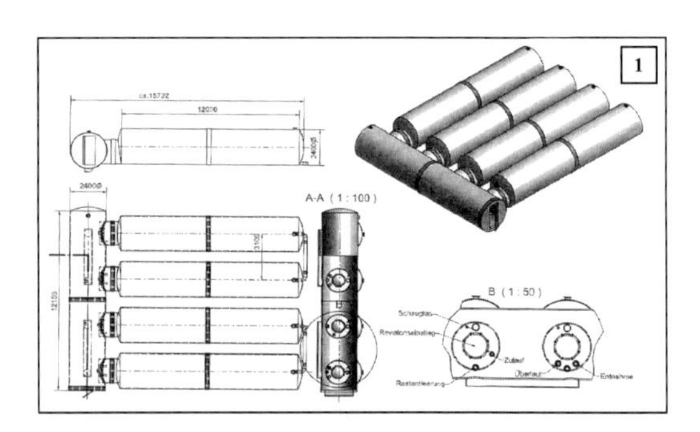

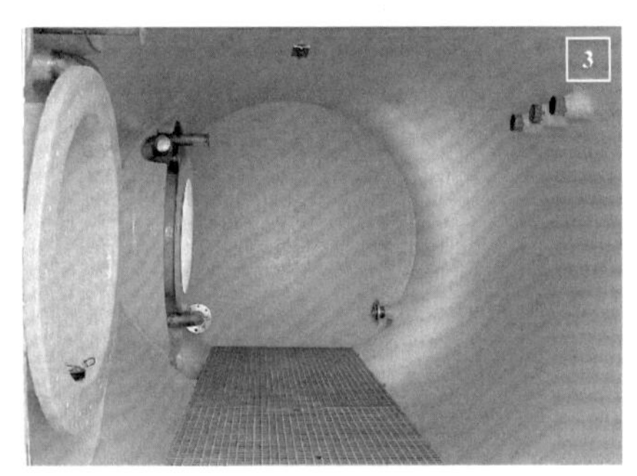

Bild 9.4.1.01-04:
GFK-Trinkwasserbehälter (HOBAS)
1. *Ausführungszeichnung Trinkwasserbehälter 200 m³ (Batteriebehälter) bestehend aus Schieberkammer mit jeweils 2 parallelen, am Ende verbundenen Rohrsträngen*
2. *Auf LKW angelieferte Schieberkammer mit FWC-Rohrkupplungen für die gelenkige Verbindung und Leitungsdurchführungen in Edelstahl mit Losflanschen zu 2 Wasserkammern*
3. *Innenansicht Schieberkammer DN 2400 mit Revisionsöffnungen DN 800 und GFK-Gitterrost*
4. *Rohr-Batterie/Schieberkammer mit Einstiegstür in der Stirnfläche. Aufbringen der 10 cm PU-Isolierung nach Hinterfüllung bis zur Rohroberhälfte (180°) und Verlegung PE-Folie vor Zuschütten zum Schutz der Wärmedämmung.*

anhand von Polyester-Harzmusterplatten 200 x 200 x 2 mm, gefertigt aus »UP LN1/VL 50«, das als Polyesterharzsystem für die Inlinerschicht in GFUP-Schleuderrohren eingesetzt wird.

9.4.2 Rohr-Behälter aus hochverdichtetem PE-Kunststoff (PE-HD)

Monolithische Trinkwasserbehälter bis ca. 100 m³ Inhalt aus PE-HD werden seit 1999 auch im Allgäu entwickelt und produziert (Umwelttechnik Feil). Ihr Einsatzgebiet entspricht im wesentlichem dem der GFK-Behälter, also bevorzugt im schwer zugänglichem Gelände (wo Zufahrt, Gewicht und rascher Einbau durch monolithische Bauweise eine Rolle spielen) oder wenn Hubschraubertransport gefordert ist, wie dies bei Bergrestaurants der Fall sein kann. Auch bei Grundwasser-, Quellfassungen, Quellsammel-, Armaturen-, Druckbrecher-, Entleerungs-, Wasserzähler- und Bohrbrunnenvorschächte kommen PE Behälter in Frage. PE-HD-Behälter mit Hohlkammerisolierung bestehen aus einem mehrlagig gewickeltem Rohr mit je einer zusätzlichen Innen- und Außendecklage (s.a. GROMBACH et al. 2000). Die Behälter werden im Nennweitenbereich bis DN 3600 stehend oder liegend eingesetzt (Kosten 500–1500 €/m³ Inhalt). Durch variabel Rohr- und Decklagendimensionen können erhöhte statische Anforderungen erfüllt werden.

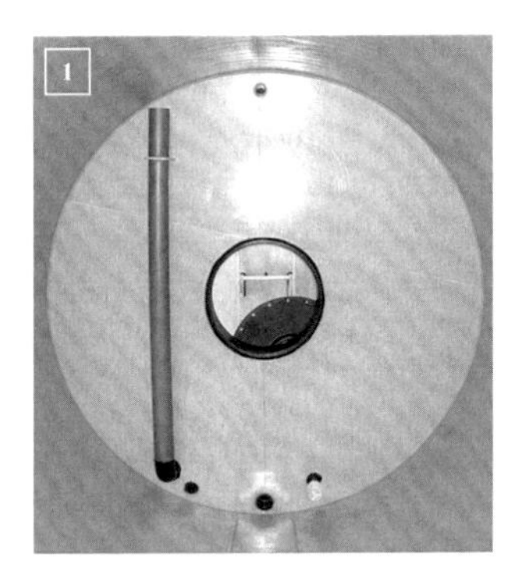

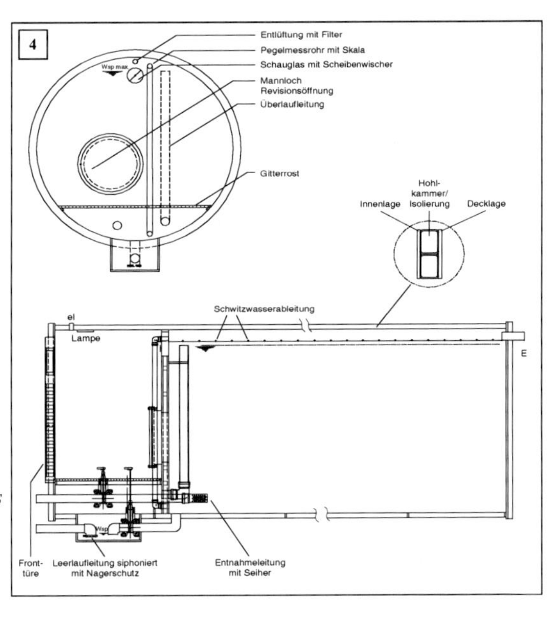

Bild 9.4.2.01: *PEHD-Trinkwasser-Rohrbehälter (Umwelttechnik Feil)*
1. Innenansicht eines PE-Speichers
2. Fertigversetzen eines PE-Behälters
3. Flugtransport eines PE-Behälters
4. PE-Behälter 50 m³ mit Schieberkammer

Geringe Setzungen können durch die Biegeweichheit des PE ausgeglichen werden. Der Wickelrohrhohlraum dient der Statik und zur Isolierung der Wasserkammer. Das im Deckenbereich anfallende Schwitzwasser wird über eine Rinne aufgefangen und in den Pumpensumpf abgeleitet. Der Zutritt erfolgt üblicherweise durch eine Edelstahltüre mit gefilterter Belüftung direkt in die variabel groß gestaltete Schieberkammer. Im Bedarfsfall kann er aber auch über einen Dom mit Mannloch (Bild 9.4.2.01) von oben erfolgen. Die Schieberkammer besteht aus einem vom Speicher abgetrennten Raum. Unter der Standfläche aus GFK oder Edelstahlgitterrost befindet sich der Pumpensumpf und die Armaturen. Der Standrost ist mehrteilig und zur Demontage und Instandhaltung der Armaturen entnehmbar. Der Einstieg in den Speicherraum erfolgt über eine Revisionsöffnung. Die Sichtüberwachung erfolgt über ein Sichtglas mit innenliegendem Scheibenwischer welches sich in der Höhe des Wasserspiegels bei Vollfüllung befindet. Dadurch kann die gesamte Wasserfläche sowie der darüber liegende Luftraum und die Zulaufleitung ausgeleuchtet werden. Der Füllstand kann über eine Pegelsäule im Speicherraum abgelesen werden. Die Speicher (Kosten 500–1500 €/m³ Inhalt) können restlos entleert werden. Der Leerlauf erfolgt siphoniert in und aus dem Pumpensumpf so, dass eine Verschmutzung über diesen Weg ausgeschlossen ist. Zusätzlich ist die Leerlaufleitung aus dem Pumpensumpf mit einem ziehbaren Nagerschutz versehen. Die Zu- und Abläufe sowie Zuleitungen für Elektrik sind im Extruderverfahren nach DVS-Richtlinien in die Behälterwandung eingeschweißt. Das verwendete für den Behälterbau verwendete Polyäthylen wird regelmäßig auf Geschmacksneutralität untersucht und entspricht der KTW Empfehlung des Bundesgesundheitsamtes und des DVGW Arbeitsblatt W 270. Polyolefine sind geeignet für einen Temperaturbereich von –40 bis +80 °C. Sie sind nicht quellfähig und nehmen somit kein Wasser auf, dienen Mikroorganismen (Bakterien, Pilzen, Sporen) nicht als Nährboden und werden von ihnen nicht angegriffen. Die Reißfestigkeit liegt nach ISO 527-1 bei über 800 %. Die Zugfestigkeit liegt bei 800 N/mm².

9.5 Metallische und andere Trinkwasserbehälter-Konstruktionen

9.5.1 Überblick

Metallische Trinkwasserbehälter-Konstruktionen sind – weltweit gesehen – in großer Zahl verbreitet, jedoch z.B. nicht in Deutschland, wenn man einmal von den »Historischen Wassertürmen« (MERKL et al. 1985) absieht. Nach dem 2. Weltkrieg sind noch einige stählerne Wassertürme in den 60er Jahren gebaut worden. Es sind jedoch danach auch einige metallische und andere Trinkwasserbehälter-Konstruktionen als erdüberschüttete und freistehende Behälter auf den »Markt« gekommen, so dass mittlerweile eine Einschätzung auf die »Gebrauchsfähigkeit«

möglich ist. So berichtete vor rd. 25 Jahren Klotz (1978) auf dem 2. Wassertechnischen Seminar der Technischen Universität München über Leichtmetallbehälter aus Aluminium, die damals schon seit geraumer Zeit gebaut wurden.
Trinkwasserbehälter aus geschweißten Leichtmetall- oder Stahlprofilen, geschraubten Emaille- bzw. Edelstahlprofilen, glasfaserverstärktem Kunststoff (GFK) sind in begrenztem Maße zur Ausführung gelangt. Abgesehen von der Wasserturmausführung aus Stahl, werden aber Behälter aus Stahlbeton – wegen ihrer vielseitigen Anwendungsmöglichkeit – in Deutschland und den angrenzenden Ländern die Regelbauweise für die Wasserspeicherung viel tausender m^3 von Trinkwasser bleiben.

9.5.2 Leichtmetallbehälter aus Aluminium

Bei dieser, vor 30 Jahren aus Österreich gekommenen Bauweise sind an die 40 Behälter zwischen 30 und 2.000 m^3, zur Ausführung gelangt. Diese Trinkwasserbehälter aus Aluminiumspeziallegierungen wurden aus trapezförmig verformten Palisadenseitenwänden, Bodenrahmen unten, Versteifungen oben für die Dachauflagerung, Stützen oder Trenn- und Leitwänden, Dachpalisadenblechen und der Bodenverblechung hergestellt, an Ort und Stelle zusammengebaut und verschweißt). Wegen ungeklärter Schadensfällen agiert die Herstellerfirma nur mehr im Schwimmbadbau und nicht mehr aktiv am »Markt für Trinkwasserbehälter-Konstruktionen«. Details mit Bildmaterial können in der Literatur (MERKL 2001, 2002) nachgelesen werden.

9.5.3 TJM-Reinwasserbehälter aus Betonkörper mit PE-HD Auskleidung und Deckenkonstruktion aus Leichtmetallprofilen mit Rilsanbeschichtung

Die Idee zu dieser Behälterbauweise lässt sich zurückführen auf die vor einem Vierteljahrhundert von der Fa. Toschi propagierten, mit Folien ausgekleideten Fertigteil-Behälter (»Böschungsbehälter«) mit Asbestzementstützen, Unterzüge und Decke aus Asbestzementplatten, kassettenförmig angeordnet (s.a. KLOTZ 1978). Das spektakulärste Objekt war ein 50.000 m^3 Großbehälter in der lybischen Wüste. Die Bauweise fand in Deutschland bis auf einige wenige Behälter in der Größenordnung 500-2.000 m^3 kaum Anklang und verschwand mit der Asbestzement-Problematik vom Markt. In Bezug auf Baustoffe und Montage wurde die Bauart neu konzipiert. Der Behälter kann als rechteckförmiger- oder Rundbehälter geplant werden. Um eine absolute Dichtheit und Korrosionsbeständigkeit zu erhalten, wird die Wasserkammer mit einer Innenauskleidung aus PE-Profilplatten, sogenannte BKU-Profile (s. Kap. 6.6.6.1) versehen. Die Deckenkonstruktion besteht aus Leichtmetallprofilen mit Rilsanbeschichtung im Rastermaß auf Leichtmetall-Pendelstützen gelagert und Deckenplatten aus asbestfreiem Faserzement Eterplan N. Auf der Bodenfläche des Behälters werden im Rastermaß Fußstücke zur Aufnahme der Leichtmetallstützen verlegt. Das Stützrohr endet in einem Kreuzkopf, der Haupt- und Querträger aufnimmt. Die werkseitige Vorfertigung der Einzelteile, sowie der schraubenlose Montagevorgang ohne Maschineneinsatz ermöglichen eine kurze Bauzeit. Ebenso kann der Personaleinsatz niedrig gehalten werden. Der größte TJM-Reinwasserbehälter wurde 1995 als angeböschter Rundbehälter mit 2 x 5.000 m^3 in Zossen bei Berlin erstellt. Interessant ist ein 1993 erfolgter Umbau eines Langsamfilters in einen 2.000 m^3 großen Reinwasserbehälter, was relativ einfach vonstatten ging, da die Betonkonstruktion mit ausreichend dimensionierter Bodenplatte vorhanden war und wegen des feingliedrigen Rasters der Stützen-/Deckenkonstruktion keine besonderen Fundamente erforderlich wurden (MERKL 2001, 2002).

9.5.4 Geschweißte Stahlbehälter für die Trinkwasserspeicherung

Metallische Behälterkonstruktionen lassen sich auf unterschiedliche Weise realisieren, entweder aus gepressten Blechen, welche verschraubt (früher vernietet) oder verschweißt werden, oder aus verschweißten gezogenen Blechen. Wasserhochbehälter aus Stahl (Eisen) wurden in größerem Umfang erstmalig bei den Wasserstationen für die Eisenbahn ab 1830 errichtet, für die öffentliche Wasserversorgung etwa 20 Jahre danach. Rund 100 Jahre später, um 1930, gelang es, die bisherige Verbindungstechnik des Nietens durch das Schweißen zu ersetzen, wodurch die infolge des Anschlussproblems vernachlässigten Rohrprofile für Tragkonstruktionen angewandt werden konnten. In den USA/Kanada führte dies zu einer Vielzahl von Wasserhochbehälter-Konstruktionen aus Stahl – als Beispiel möge der stählerne Wasserbehälter von Seattle dienen, der einen Durchmesser von 113 m, eine Höhe von 10 m und ein Fassungsvermögen von rund 100.000 m^3 aufweist – während in unserem Lande für die Trinkwasserversorgung nach dem Ersten Weltkrieg bis in die Gegenwart kaum (mit Ausnahme der »DDR-Zeit«) Wasserbehälter aus Stahl gebaut wurden, im Gegensatz zu Frankreich, Niederlande, Ungarn, um einige andere Länder zu nennen. Die Ursachen hierfür sind komplex, z.B. ist der Baustoff Stahlbeton für eine einfache Bauerstellung günstig, benötigt er als Voraussetzung im Wesentlichen nur Zement und Kiessand, was praktisch bei uns allerorten verfügbar ist. Der anspruchsvolle Markt und das Preisgefüge auf dem Trinkwassersektor reichen nicht aus für Stahlbau-Spezialfirmen, so dass Tanks (wassergefährdende Stoffe) und Behälter für die chemische Industrie oder Oel- und Gaswirtschaft weltweit das wirtschaftliche Überleben sichern müssen.
Interessanterweise sind zu »DDR-Zeiten«, etwa seit 1975, viele Stahltanks von 500-5.000 m^3 in der Wasserwirtschaft eingesetzt worden. Ein Grund für ihre Verwendung war eine Überforderung der Bauindustrie den Bedarf an Behältern aus Stahlbeton/Spannbeton abzudecken, wohingegen für Stahltanks aus der chemischen Industrie für die Speicherung von Oel, Benzin usw. genügend Ausführungskapazität

zur Verfügung stand. Für den Einsatz in der Wasserversorgung wurden Änderungen/Anpassungen hinsichtlich Einstieg und Be-/Entlüftung vorgenommen. Grundsätzlich bestehen diese Behälter aus einer Stahlbetonsohle und dem runden Stahlbehälter. Für kleinere Behälter bis etwa 1.000 m³ wurde die Behälterwand direkt auf die Stahlbetonsohle aufgesetzt und die Bodenfuge Sohle/Wand durch einen Bitumenverguss abgedichtet, wobei diese Art der Abdichtung leicht zu Undichtheiten führte. Für größere Behälter wurde auf der Betonplatte direkt eine Stahlplatte aufgelegt, auf die eine zylindrische Wandkonstruktion aufgeschweißt wurde. Dabei kam es zu erheblichen Verwerfungen der Stahlplatte, hervorgerufen durch starke Temperaturschwankungen während der Bauphase. Die Decke der Behälter ist kuppelförmig ausgebildet, mit mittigen Einstieg über Leiter bzw. Treppe, bei großen Behältern Zugang in Sohlenhöhe. Da die Wasserwerke in der DDR oft »Liegende Filter« aus Stahl verwendeten, war somit ein Großteil des Wasserwerks eine Stahlkonstruktion. Gegen Korrosion erhielten die Außenflächen einen Mehrfach-(Duplex)-Anstrich, bestehend aus Grund- und Deckanstrich für 5-10 Jahre Nutzungsdauer. Die Innenflächen erhielten ebenfalls einen Anstrich. Eine Wärmedämmung war nicht vorgesehen, da bei normgerechten Durchsätzen keine Beeinträchtigung der Wassertemperatur erfolgte, obwohl die Roh- bzw. Reinwasserbehälter in Freiaufstellung gebaut wurden.
Beispielsweise sind im Jahr 1979 für ein Wasserwerk (Bild 9.5.4.01) zwei Reinwasserbehälter mit je 1.000 m³ und ein Rohwasserbehälter mit 500 m³ Inhalt aus Stahl gebaut worden. Die Behälter standen im Jahr 1996 zur »Sanierung« an. Zum einen waren auf der Innenseite Ablösungen der Farbbeschichtung in größeren Einheiten und Korrosionserscheinungen, zum anderen auf der Außenseite ein starkes Auskreiden an den Behälterwänden zu verzeichnen. Geplant war für die Instandsetzung auf der Innenseite eine Strahlentrostung bis Sa 2,5, 40 μ Friazinc R, 3 x 100 μ Zwei-Komponenten-Epoxidharzbeschichtung Icosit K 25 dick, 1 x 40 μ Zwei-Komponenten-Epoxidharzbeschichtung Icosit K 25, ausgeführt wurde dann

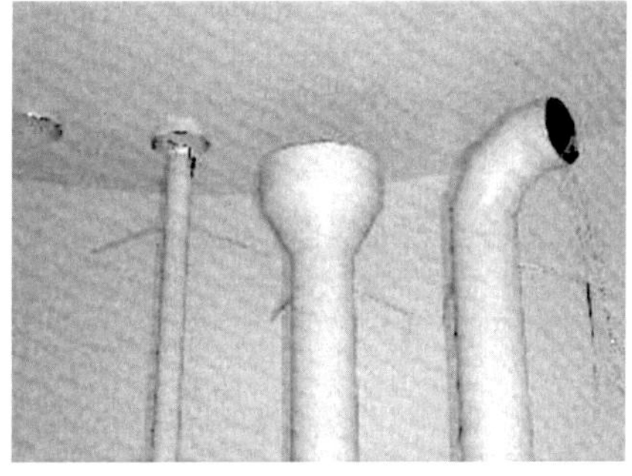

***Bild 9.5.4.01**: Stahlbehälter für Trinkwasserversorgungsanlage in den neuen Bundesländern (Roh- und Reinwasserbehälter 500 m³ und 2x1 000 m³, Bj. 1979, Sanierung 1996).*

Strahlentrostung bis Sa 2,5, 2 x 500 μ Zwei-Komponenten-Epoxiydharz Icosit TW 450, Erstanstrich RAL 1013, Deckanstrich RAL7032 und entsprechend auf der Außenseite eine Strahlentrostung bis Sa 2,5, 1 x 60 μ Friazinc R, 2 x 80 μ Zwei-Komponenten-Epoxid-Eisenglimmer Icosit EG 1, 1 x 60 μ Zwei-Komponenten-Polyurethan Icosit EG 5, Farbton RAL 1015. Die aufgetretenen Schwierigkeiten bei dieser Instandsetzungsmaßnahme können durchaus verallgemeinert werden: nämlich Einhausung zwecks Reduzierung der Staubemission, Beheizung des Innenraumes auf Grund sehr niedriger Außentemperaturen, Strahlgutentsorgung auf Grund der Belastung (Chrom, Ammonium, AOX), geringfügige Korrosionsprodukte an äußeren Schweißnähten nach wenigen Jahren. Die Gesamtkosten betrugen damals umgerechnet 155.000 €, davon entfielen auf Rüstung 12.000 €, Planen 4.500 €, Deponiekosten Strahlgut 4.500 €, so dass insgesamt ein Einheitspreis von 62 €/m³ für die 2 Rein- und den Rohwasserbehälter anfiel, der als angemessen zu bezeichnen ist. (MERKL 2001, 2002).

9.5.5 Wassertürme aus Stahl

Der nach dem ersten Weltkrieg mit der stärkeren Verbreitung der Eisenbetonbauweise erfolgte Stillstand im Stahl-Wasserturmbau erstreckte sich nicht auf die USA, wohin sich in der Folge das Schwergewicht der Entwicklung verlagerte. Von den universellen Typen der Amerikanischen Stahl-Wassertürme (s.a. Bild 1.3.8.01) kommen, abgesehen von dem Kugelbehälter, fünf Grundtypen zur Anwendung, wobei der am vielseitigsten einsetzbare Horton-Behälter in Größen von 750-12.000 m³ Fassungsvermögen hergestellt wird.
Die derzeitige Marktsituation für Wasserhochbehälter aus Stahl (Wassertürme) gestaltet sich in Deutschland als sehr schwierig. Als ein Grund hierfür kann die ausgereifte Pumpentechnik (Drehzahlregelung) genannt werden, welche die Aufstellung dieser Behälter in vielen Fällen obsolet werden lässt. Absatzperspektiven eröffnen sich derzeit in Schwellen- und Entwicklungsländern. Dort werden zur Sicherstellung der Trinkwasserversorgung Module – bestehend aus einer Wasseraufbereitung, Pumpenaggregaten und eben Wasserhochbehältern – benötigt. Diese Stahl Wasser-Hochbehälter sind – von einer erfahrenen Fachfirma produziert und geschweißt montiert – an sich absolut dicht für »immer«, wenn von Zeit zu Zeit eine Überprüfung der Oberflächen und Anstricharbeiten (nach Strahlen SA 2 ½, z.B. mehrlagig Friazinc + Icosit, Gesamt-Trockenfilmdicken min. 120 μ bis ca. 300 μ) durchgeführt werden. Stahl-Wassertürme (konservative Annahme einer Lebensdauer von 75 Jahren in den USA) haben durch einen hohen Vorfertigungsgrad kurze Bauzeiten, können architektonisch schön in fast jeder Form gebaut werden (Bild 9.5.5.01/02) und sind ggf. leicht demontierbar, wobei der Materialwert (Stahl 6-50 mm dick) die Demontagekosten deckt. Obwohl es kaum irgendwelche Einschränkungen bezüglich der Form des gewünschten Wasser-Hochbehälters gibt, werden aus wirtschaftlichen Gründen Hochbehälter aus Stahl in Kugelform nur bis

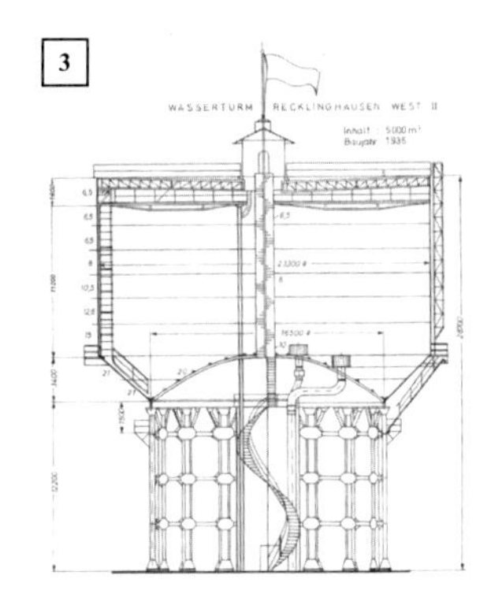

Bild 9.5.5.01:
Historische und neuzeitliche Stahlwasserhochbehälter
1. Remscheid-Neuenhof 1900 / 2. Haltingen-Weil/Rhein 1913, 3. Recklinghausen-Herten 1935 / 4 Kingston/Ontario/Kanada (Foto Dr. H. Eberl 1955)

600 m³ und elliptische Formen bis 5.000 m³ (s. WT Kingston 3.500 m³) errichtet. Die für ihre Wassertürme seit dem letzten Jahrhundert berühmt gewordene und noch heute existierende Firma F.A. Neumann Anlagentechnik (Behälterbau, Apparatebau, Stahlbau) in Eschweiler bei Aachen (gegr. 1849) hat in den letzten 20 Jahren nur mehr eine »Handvoll« von stählernen Wassertürmen im In- und

Bild 9.5.5.02/03:
Neuzeitliche Stahlwasserhochbehälter hergestellt durch F.A. Neumann, Eschweiler (Trinkwasserversorgung Bahrein)

Ausland bauen können (Bild 9.5.5.02/03). Erwähnt werden sollen hier Wassertürme mit 600 m³ Kugelbehälter für eine Floatglasanlage in Deutschland (Vegla Vereinigte Glaswerke), ein 1.500 m³ Spitzkonus für ein Chemieunternehmen in Deutschland (jeweils Sicherung Wasserversorgung im Notfall) und zwei interessante Architekturformen für die Trinkwasserversorgung von Bahrein, nämlich ein Flachkonus mit 4.550 m³ Inhalt und ein Poly-Sphäroid, ein dreikugeliger Tank mit ebenfalls 4.550 m³ Kapazität. Das heutige Ingenieurwissen macht es möglich, Stahlwasserhochbehälter in mannigfaltigen attraktiven Formen zu entwerfen und zu erstellen, um neben der wirtschaftlichen Funktion auch ein optisch ansprechendes Bauwerk zu erzielen (MERKL 2001, 2002).

9.5.6 Emaillierte Stahlbehälter

Die Technik der zylindrischen Stahl-Email-Behälter in Segmentbauweise geschraubt, hat ihren Ursprung beim Einsatz von Tanks und Silos für Kläranlagen, Biogas, Industrie und Landwirtschaft. Für die Produktlinie Trinkwasserbehälter gibt es im Verhältnis nur wenige Referenzen, in der Regel mit Speicherinhalten weit unter 1.500 m^3. Die Standardbehälter-Konstruktion ist ein frei stehender Hochbehälter, ca. 80 cm in das Erdreich eingebaut mit lastverteilenden Aussteifungswinkel bis 3 m, Isolierung mit Mineralischen Faserdämmstoff und Außenverkleidung aus Stahlblech oder Aluminiumtrapezblechen, Dachkonstruktion aus unterschiedlichen Werkstoffen je nach Angebot von auf dem Markt agierenden Firmen. Die Wassertiefen betragen bei kleineren Behältern meist 4,80 oder 3,61 m. Ausgestattet werden die Behälter mit einem Mannloch, DN 800 im untersten Schuss zur Begehung und zur Sichtkontrollmöglichkeit der Wasseroberfläche mit einer Schauglaskonstruktion im oberen Tankwandbereich. Emaillierte Stahlbleche werden in Europa in Großbritannien (Permastore), Österreich (Wolf Systembau), Tschechien und anderen Ländern nach unterschiedlichen Verfahren hergestellt. Kanten und Schraubenlöcher bedürfen bei der sog. Nassemaillierung (Permastore) einer gesonderten Beschichtung, weil eine Mitemaillierung, im Gegensatz zur Trockenemaillierung mittels elektrostatischer Aufladung, nicht möglich ist. Verwendet werden eine Silicon-Abdichtung oder eine 2-Komponenten-Epoxydharzbeschichtung. Hinzuweisen ist auf die besondere Verarbeitung und Aushärtungszeit dieser Produkte, sowie deren notwendiger Dauerhaftigkeit im Hinblick auf Korrosionsschutz, und die chemische/mikrobiologische Unbedenklichkeit, die hier eine besondere Rolle spielen, im Gegensatz zu den weit verbreiteten Tanks und Silos für andere Einsatzgebiete. Bei der Trockenemaillierung nach System Wolf (Bild 9.5.6.01) wird es technisch möglich, die abgerundeten Kanten und ausge-

***Bild 9.5.6.01:** Konstruktion Emaillierter Stahlbehälter nach System Wolf/KBU*

stanzten Flansch- und Schraubenlöcher zu emaillieren. Zur Sicherheit wird bei diesem System im Verschraubungsbereich (Behälterinnenseite) ein Edelstahl-Schutzstreifen montiert. Die verschraubte Konstruktion mit abwechselnd versetzten Blechen unterscheidet sich in der Detailqualität bei den einzelnen Behältersystembaufirmen. Es werden i.a. feuerverzinkte Siloschrauben mit einem beschichteten großen Flachkopf für die Behälter-Innenseite verwendet bzw. bei dem System KBU, Edelstahlschrauben mit Dichtscheiben und Streifenbanddichtung aus Buthylkautschuk als Quetschdichtung, so dass Emailleabplatzungen beim Festschrauben hier nicht auftreten, wie dies bei selbsteinschneidenden Schraubköpfen der Fall sein könnte. Die Nahtabdichtung mit Dichtungsmassen ist allen Ausführungen gemeinsam. Die emaillierten Segmente werden am Fußpunkt bei den meisten Behälterfabrikaten an kreisförmig gebogene Winkel geschraubt, die wiederum an der Sohlbetonplatte mit Verbundanker auf der Außenseite befestigt sind. Da die Sohlplatte im Normalfall nur auf 1 cm genau eben betoniert wird, müssen unter Umständen die Winkel unterfuttert werden. Bei einer Variante des Fußpunktes wird das unterste Segmentblech in eine 3,5 cm tiefe und 5 cm breite, in das Betonfundament eingefräste Ringnut gestellt, so dass der Boden-Wand-Anschluss immer Kontakt mit dem Betonfundament, und mit der Behälterwand hat. Die Ringnut wird mit einem Epoxidharz vergossen. Die Montage der emaillierten Stahlplatten erfolgt mittels Systemarbeitsbühnen oder Hubspindelmontage von oben nach unten. Fehlstellen (Bild 9.5.6.02) können auch bei Verwendung einer

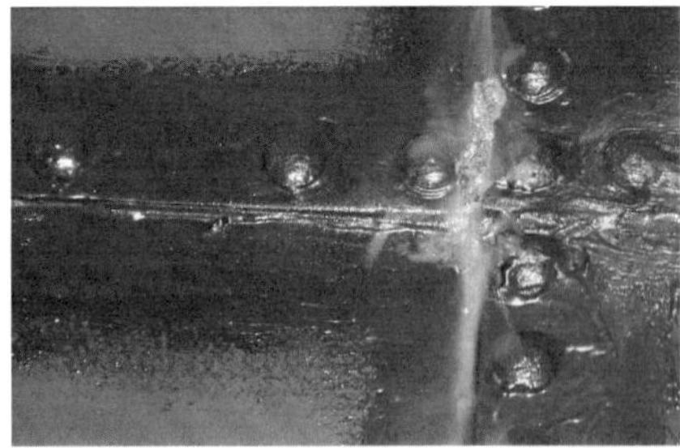

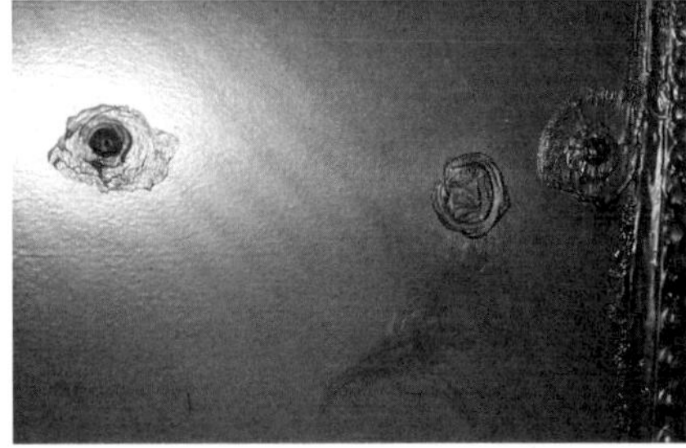

Bild 9.5.6.02: *Emaillierter Stahlbehälter (System farmatic); Beispiel mit Ausführungsmängel*

»billigen Emaille« auftreten oder beim zu starken Anziehen der Verschraubung mit der Folge eines kleinen Sprunges in der Emaille und damit einer vorprogrammierten Roststelle. Diese »Fehlstellen mit Einzel-Poren« müssen dann mit Dichtungspaste nachgebessert oder die Einzelplatte ausgewechselt werden (MERKL 2001, 2002). Wenn die Rohrinstallation in Eigenregie der Gemeinde oder durch einen ortsansässigen Installateur ausgeführt wird, sollte es natürlich auch nicht zur Verwendung unterschiedlicher Flansche (falscher Werkstoff) kommen. Die Ausführung verschraubter Stahl-Email-Behälter erfordert eine Prüfung der Emailloberfläche auf Porenfreiheit durch einen Hochspannungstest mit mindestens 1 kV Prüfspannung. Die Frage nach einer Fremd- neben der Eigenüberwachung bzw. Endabnahme sowie einer Fachinspektion nach 1-2 Jahren ist zu stellen.

9.5.7 Geschraubte Edelstahlbehälter

Geschraubte Edelstahlbehälter kommen gegenüber emaillierten Behältern manchmal in Vorzug, wenn neben der Werkstoffqualität auch der vom Weltmarkt abhängige Preis in eine interessante Wettbewerbskonstellation rückt. Für die grundsätzliche Entscheidung zur Ausführung eines metallischen oberirdischen Behälters spielen neben dem Preis oft andere Bedingungen noch eine Rolle, z.B. wenn der neue Hochbehälterstandort in der engeren Wasserschutzzone liegt, der Eingriff in den Boden möglichst gering zu halten ist, und die einzige Zufahrt zum vorgesehe-

Bild 9.5.7.01: *Montage Geschraubter Edelstahlbehälter (Trinkwasserbehälter 2x1.000 m³ in Obb.)*

Bild 9.5.7.02: *Montage Geschraubter Edelstahlbehälter (Trinkwasserbehälter 2x1.000 m³ in Obb.)*

nen Standort durch einen Golfplatz führt, womit die Notwendigkeit besteht den Baustellenverkehr möglichst gering zu halten. Als Vorteile dieser Stahl-Fertigbauweise sind anzusehen: kurze Bauzeit, wenig Baustellenverkehr im Vergleich zur Anlieferung von Beton bei Massivbau, da die Bauteile für beide Kammern einschließlich Dach mit wenigen Anfahrten an die Baustelle geliefert werden können. Zur Ausführung kamen deshalb in dem angesprochenen Beispiel zwei Edelstahl-Behälterkammern mit je 1.000 m³ Inhalt und dazwischen liegendem Bedienungsraum, mit Grundriss-Abmessungen von insgesamt 16 x 37 m. Die spezifischen Erfahrungen (MERKL 2001, 2002) aus diesem Bau können wie folgt zusammengefasst werden (Bild 9.5.7.01): Bei der Dichtheitsprüfung zeigten sich viele undichte Stellen infolge einer sparsamen Optimierung der Dichtungsmasse, hauptsächlich am Fußpunkt-Bereich und an den Stellen, wo 4 Bleche aneinander stoßen. Es waren in diesem speziellen Fall bis zu 20 Lecks pro Wasserkammer. Als Nachbesserung wurden am Fußpunkt die Anzahl der Anker verdoppelt und bei allen übrigen undichten Stellen die Schraubverbindungen gelöst, die Bleche auseinandergespreizt, die Kontaktflächen der Bleche und Schrauben neu mit Dichtungsmasse eingestrichen und wieder zusammengeschraubt. Insbesondere nach dem Auseinanderspreizen und wieder Zusammenschrauben von Blechstößen bzw. Überlappungen wurde beobachtet, dass die ursprünglich undichte Stelle nun dicht war, »einen Meter weiter« jedoch eine neue Undichtheit auftrat. Als Resümee ist feststellen, dass die Bauweise (Bild 9.5.7.02) mit geschraubten Stahlsegmenten große Sorgfalt bei der Montage erfordert. Insbesondere ist darauf zu achten, dass beim

Aufbringen der Dichtungsmasse auf die Bleche keinerlei Feuchtigkeit vorhanden ist und die Menge der Dichtungsmasse richtig gewählt wird. Nachträgliche Schadensbehebung bzw. Nachbesserungsversuche haben sich als sehr problematisch erwiesen. Bei der offiziellen Wasserprobefüllung waren die Wasserkammern zwar dicht, es zeigten sich jedoch im Betrieb innerhalb der Gewährleistung noch Undichtheiten, so dass eine konstruktive Nachbesserung erforderlich wurde in Form einer zusätzlich, geschweißten Innenverkleidung aus Edelstahlblechen zu Lasten der Auftragnehmer.

9.5.8 Geschweißte Edelstahl-Rundbehälter HydroSystemTanks (HST)

Seit dem Jahr 2000 werden geschweißte Edelstahltanks als Trinkwasserbehälter mit Speicherinhalten von 100 bis zu 500 m³ (Sondergrößen bis 3.000 m³) ausgeführt, die in scheunenartigen Gebäuden im ländlichen Bereich aufgestellt werden. Der Behälterboden wellfrei, glatt, geschweißt mit Gefälle zum Entnahmeanschluss wird wie der Behältermantel aus 4 mm starkem Edelstahlblech (1.4301, 1.4541,

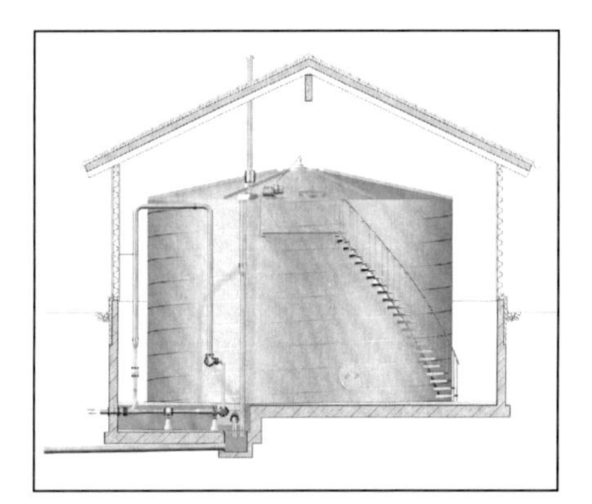

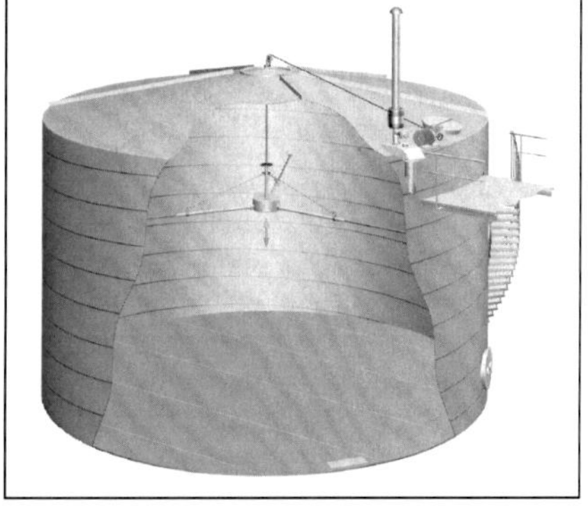

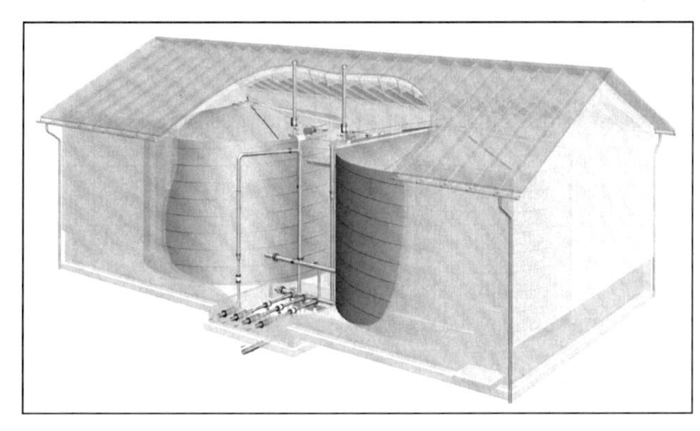

Bild 9.5.8.01:
System geschweißte Edelstahl-Rundbehälter HydroSystemTanks (HST)

1.4571) gefertigt und zwar im Wickelverfahren. Das selbsttragende Kegel- oder Kuppeldach mit Aufnahmeflansch für Behälterbeleuchtung, Reinigungssystem, Überlaufsystem, Luke, verschließbaren Domdeckel wird mit dem Behältermantel ebenso wie der Behälterbodden doppelseitig verschweißt. Die eingesetzten Bleche sind bereits gebeizt und passiviert. Somit müssen noch die Schweißnähte fachgerecht nachbehandelt werden (gebürstet und/oder gebeizt und passiviert). Vor der Endbehandlung werden alle erforderlichen Rohrleitungsanschlüsse, Mannlöcher, Öffnungen am Behälter angebracht. Vor Inbetriebnahme werden die Behälter mit speziellen Reinigungsmittel gereinigt und desinfiziert. Die Behälter werden mit Durchmessern von 2,8 bis ca. 13 m bzw. mit Höhen bis 12 m (beachte Druckschwankungen) hergestellt. Damit sind Einzelbehälter bis ca. 850 m³ Volumen realisierbar. Bei Aufstellung in Gebäuden wird der Unterbau als Betonwannenkonstruktion mit Vertiefung für Rohrinstallation und der Aufbau in Holzständerbauweise, Mauerwerk oder Beton-Sandwich-Platten mit Dachaufbau aus Dachziegel oder Blechpaneelen ausgeführt.

9.5.9 Zusammenfassende Bewertung

Fertigteil-Rundbehälter in Spannbetonbauweise (s. Abschnitt 9.2.5) sind wegen des ausgereiften schlüsselfertigen Programms immer noch eine qualitativ hochwertige, wirtschaftlich interessante Alternative zur allgemeinen Ortbeton- oder anderen Bauweisen. Schwierig wird es in einer Zeit der wirtschaftlichen Rezession und dem damit verbundenen Preisverfall für FT-Bauweisen in Stahlbeton als Rund- oder Rechteckbehälter. Hierfür gibt es eine Reihe von Gründen die in den letzten Jahrzehnten noch nicht in dem Maße zutrafen: Die Weiterentwicklung der Schalungstechniken führte zu einer deutlichen Reduzierung der Kosten bei der Ortbetonbauweise und zu einer Qualitätssteigerung bei der Oberflächenbeschaffenheit von Ortbetonwänden. Der Trend zum fugenlosen Bauen verstärkt die Forderung nach Reduzierung von Arbeitsfugen in den Bauwerken. Bewehrungsgrade von über 150 kg BSt/m³ Beton reduzieren die Wirtschaftlichkeit von FT-Behältern aufgrund der hohen Anzahl von Fugen im Hinblick auf eine doppelte Bewehrung im Stoßbereich. Eine Weiterentwicklung der Qualität der Lieferbetone verringert naturgemäß den Qualitätsvorteil von Fertigteilen. Der Einsatz von Nachunternehmern (Subunternehmer) bei Ortbetonbaustellen (Lohnleister, usw.) führt zu einer Reduzierung von Lohnkosten, so das bei den momentan wenigen Aufträgen für Behälter nur mehr Nettopreise von 300 € je m³ Fassungsvermögen erzielt werden, sicherlich keine auskömmliche Größenordnung die einer Qualitätssicherung dienen kann.
Die Schlussfolgerungen, welche Klotz vor rd. 25 Jahren auf dem 2. Wassertechnischen Seminar der Technischen Universität München zu Sonderbauweisen von Erdhochbehältern gezogen hat, decken sich im Wesentlichen mit den heutigen Vorstellungen: Zunächst stellt man fest, dass es – wegen der anspruchsvollen Aus-

führungsanforderungen in den deutschsprachigen Ländern – nicht allzu viele Ausführungsbeispiele gibt und den Konstruktionen zum Teil recht enge Grenzen gesetzt sind, die markiert werden durch eine Reihe von Gesichtspunkten, etwa den statischen Bedingungen, der Korrosionsanfälligkeit, der Baustoffe, der Möglichkeit der Bauausführung auch bei Erdüberschüttung, des speziellen Standorts oder des Platzbedarfs bei geringer Wassertiefe, der »Weltmarktpreise« (z.B. Edelstahl) bzw. des Preisverfalls (Ortbeton) usw. und natürlich einer gewissen persönlichen Einschätzung. Daher kommt es, dass alle diese Konstruktionen auf einen verhältnismäßig kleinen Anwendungsbereich zugeschnitten sind und auch die Behältergrößen nur in einem schmalen Bereich (50-1500 m^3) variieren. Trinkwasserbehälter aus Stahlbeton werden daher, einmal abgesehen von der Wasserturmausführung in Stahl, nicht zuletzt wegen ihrer vielseitigen Anwendungsformen immer die Regelbauweise für die Wasserspeicherung viel tausender m^3 von Trinkwasser in Deutschland und den angrenzenden Ländern bleiben.

10 Instandhaltung von Wasserbehältern

10.1 Begriffsbestimmungen

10.1.1 Instandhaltung, Wartung, Erhaltung, Inspektion

Mit dem Oberbegriff *Instandhaltung* sind Maßnahmenbereiche wie Wartung oder Erhaltung, Inspektion, Instandsetzung oder Sanierung verbunden. Die Reihenfolge der Maßnahmen entspricht der zeitlichen und fachlichen Betreuung von Wasserbehältern. Erst bei Feststellen von Mängeln und Schäden kommen Instandsetzungsmaßnahmen (Sanierung) in Betracht.
Wartung oder Erhaltung umfasst Maßnahmen zur Bewahrung des Soll- Zustandes. Hierzu gehört die Erstellung eines Wartungsplanes, die Vorbereitung der Durchführung, seine Umsetzung und die Rückmeldung.
Inspektion umfasst Maßnahmen zur Feststellung des Ist-Zustandes. Im Inspektionsplan werden Angaben über Ort, Zeit, Methode, Gerät und Maßnahmen geplant, die nach Durchführung der Inspektion eine Darstellung des Ist-Zustandes ermöglichen. Die Auswertung der Ergebnisse führt zu einer Beurteilung, die erlaubt, erforderliche Maßnahmen festzulegen. Zu den Bereichen »Wartung, Inspektion, Kontrolle und Reinigung« enthalten die Tabellen 10.3.01/02 entsprechende Hinweise.

10.1.2 Instandsetzung, Sanierung, Mangel, Schaden

Instandsetzung oder Sanierung umfasst Maßnahmen zur Wiederherstellung des Soll-Zustandes. Aus den Ergebnissen der vorangegangenen Inspektion wird eine Lösung abgeleitet, die unter Berücksichtigung der vorliegenden Rahmenbedingungen (Schutz- und Sicherheitseinrichtungen) die optimale Wiederherstellung des alten Zustandes bzw. eines technisch richtigen Zustandes ermöglicht. Neue Erkenntnisse und Erfahrungen haben die zu beachtenden Anforderungen an Technik, Sicherheit und Hygiene geändert, so dass ältere Behälter vielfach diesen nicht mehr genügen. Hieraus sich ergebende Mängel und in der Folge oft Schäden sind natürlich im Rahmen von Instandsetzungsmaßnahmen zu beheben. Nach

Durchführung, Prüfung und Abnahme sind die jeweiligen Maßnahmen und Ergebnisse zu dokumentieren, um ggf. Verbesserungen der Instandsetzungsmaßnahmen ableiten zu können.
Im allgemeinen liegt ein *Mangel* bei einer Werkleistung in rechtlicher Sicht (§ 633 BGB und §13 VO) vor, wenn das Bauwerk

▷ *mit Fehlern* behaftet ist, die den Wert oder die Tauglichkeit zu dem gewöhnlichen oder nach dem Vertrag vorausgesetzten Gebrauch aufheben oder mindern,
▷ nicht *die zugesicherten Eigenschaften* hat.

Diese Definitionen (EBEL 1992) erfassen überwiegend die während des Baugeschehens auftretenden Schäden vor allem im Hinblick auf die Abnahme der Bauleistung. Technisch interessieren aber auch die Schäden, deren Ursache nicht in Planung oder Baugeschehen zu suchen sind. Eine Abweichung zwischen den Anforderungen des technischen Regelwerkes und dem Ist-Zustand ist auch als Mangel zu bezeichnen. Die Nichtbeseitigung eines Mangels führt häufig zu einem Schaden.
Ein Schaden an einem Bauwerk bzw. an seinen Einbauteilen liegt vor, wenn Veränderungen der Material-Eigenschaften derart eingetreten sind, dass der Wert oder die Nutzbarkeit in Vergleich zu seiner gewöhnlichen Beschaffenheit gemindert ist und damit wirtschaftlich nachteilige Folgen verbunden sind.
Damit lassen sich drei Schadensbereiche bilden:

Bauschäden	Ursachen liegen bei Planung und Ausführung
Beschädigungen	Ursachen liegen in nicht planmäßigen Einwirkungen
Abnutzung	Ursachen liegen im Verschleiß- und Alterungsprozess.

Innerhalb der Schadensbereiche kann der Schadensumfang stark variieren.

Das Abblättern eines Anstriches stellt für einen Löschwasserbehälter zunächst nur einen Schönheitsfehler dar. Bei Trinkwasserbehältern kann dies jedoch zur Beeinträchtigung der Gebrauchsfähigkeit führen. Bei Stahlbetonbauwerken hat ein Riss im allgemeinen keine Bedeutung für die Standsicherheit, wenn er je nach umgebender Atmosphäre und Korrosionsgefahr eine Rissbreite von 0,3 mm nicht überschreitet. Die gerissene Zugzone stellt eine baustoffspezifische Eigenart dar und gehört zum Funktionsprinzip des Stahlbetons (Abnahme bei der Bemessung). Man kann daher bei gerissenen Betonbauteilen im allgemeinen nicht von einem Schaden sprechen. Ein Riss in einem Behälter kann jedoch einen erheblichen Schaden darstellen, wenn er zu einer Beeinträchtigung der Gebrauchsfähigkeit (Undichtigkeit) und langfristig zur Verminderung der Standsicherheit (Bewehrungskorrosion) führt. Gelingt es jedoch, die Rissbreiten im Bereich von 0,1 mm zu halten, so sind diese Risse in der Regel schadlos.
Im allgemeinen ist ein *Mangel die Vorstufe für einen Schaden*. Dieser kann ebenfalls lokal begrenzt (z.B. einzelne Risse) oder aber genereller Art sein (z.B. großflächige Bewehrungskorrosion infolge unzureichender Betondeckung).

Mängel und Schäden an Trinkwasserbehältern können auftreten aufgrund von:
- ▷ Fehlern in der Konzeption (z.B. Anordnung des Behältereinstiegs über der Wasserfläche),
- ▷ Mängeln an den hydraulischen Einrichtungen (z.B. fehlende Trennung von Zulauf- und Entnahmeleitung),
- ▷ Mängeln an Bauteilen (z.B. Risse in Betonwänden).

10.2 Betriebshandbuch

Ein Betriebshandbuch (Behälterbuch) hat alle zu beachtenden (aktualisierenden) Anweisungen und Berichte über Inspektionen und Instandhaltungsarbeiten zu enthalten. Im Einzelfall kann es enthalten:
- ▷ Anlagenpläne und Belastungsbeschränkungen
- ▷ Versorgungsgebiet
- ▷ Anweisungen für die Außerbetriebnahme des Wasserbehälters
- ▷ Anweisung für Reinigung und Desinfektion vor Inbetriebnahme
- ▷ Anweisung für die Bedienung von Armaturen und deren Instandhaltung
- ▷ Anweisung für die Instandhaltung aller anderen Betriebseinrichtungen des Wasserbehälters einschließlich der elektrischen und hydraulischen Ausrüstung und Fernübertragungen
- ▷ Detaillierte Angaben über Fugen-, Auskleidungs-, Beschichtungsmaterial usw.
- ▷ Berichte über Inspektionen, Instandhaltung und außergewöhnliche Vorkommnisse.

10.3 Kontrolle, Reinigung und Desinfektion

Allgemeine Forderungen zu Kontrolle wurden von HERB 1998, wesentliche Aufgaben bei der Kontrolle von Wasserbehältern und die Tätigkeitsfolge bei der Reinigung und Desinfektion von Wasserkammern von BAUR 1991, SCHULZE 1998 dargelegt. Demnach sollte bei der *Inbetriebnahme von neu errichteten Trinkwasserbehältern und sanierten Wasserkammern* in den ersten Wochen eine *engmaschige mikrobiologische Beprobung* durchgeführt werden, um eventuelle Koloniezahlerhöhungen im Trinkwasser rasch zu erkennen. Kommt es dabei zu hygienischen Problemen durch den *Einsatz ungeeigneter Materialien* oder durch eine *fehlerhafte Verarbeitung,* müssen in aller Regel diejenigen Materialien, die als Nährstoffquelle dienen, entfernt werden.
Organische Zusatzmittel in zementgebundenen Baustoffen sind in den ausgehärteten Materialien normalerweise homogen verteilt. Wenn sie als Ursache ermittelt werden, müssen in der Regel umfangreiche und kostspielige Sanierungsmaßnahmen z.B. durch Entfernung des Baustoffes oder durch Schutzmaßnahmen er-

folgen. Organische Zusatzmittel dürfen deshalb nur eingesetzt werden, wenn sie umfangreich geprüft und sämtliche Auswirkungen bekannt sind.
Falls *hygienische Probleme aufgrund von verwendeten Trennmittel* festgestellt werden, kann zunächst versucht werden, durch eine intensive *Reinigung mit heißem Wasser und Hochdruck* die Reste des Trennmittels zu entfernen. Die Entfernung der oberen Betonschichten mittels Sandstrahlen sollte erst nach erfolglosen Reinigungsversuchen mit nichtzerstörenden Maßnahmen und nach eingehenden Voruntersuchungen in Betracht gezogen werden, da diese Sanierungsmaßnahme vor allem durch die notwendige Reprofilierung der Betonoberflächen sehr teuer ist.
Sind zugelassene *organische Verpressharze* die Ursache der Verkeimungen, liegt meist eine fehlerhafte Verarbeitung vor. Falls die Harze z.B. nicht vollständig ausgehärtet sind, müssen die verpressten Stellen geöffnet und die Reste Verpressmittels entfernt werden.
Die *Auswirkungen von sauren Reinigungsmittel* mit organischen Bestandteilen sowohl hinsichtlich ihrer schädlichen Wirkung auf zementgebundene Materialien als auch bezüglich ihrer Förderung mikrobiellen Wachstums sind bereits ausreichend beschrieben worden (SCHOENEN 1986, BAUR, EISENBART 1988). Angesichts der unvermindert hohen Verbreitung dieser Reinigungsmittel sollen die damaligen Beobachtungen hier nochmals in Erinnerung gerufen werden.
Die Hersteller von zementgebundenen Baustoffen müssen den *Nachweis führen,* dass ihre *Materialien* grundsätzlich sowohl in materialtechnischer als auch in hygienischer Hinsicht zur Auskleidung von Trinkwasserbehältern *geeignet* sind. Die Verarbeitung von zementgebundenen Materialien vor Ort besitzt einen wesentlichen Einfluss auf die Güte des ausgehärteten Materials. Deshalb ist die Erstellung genauer Verarbeitungsvorschriften, in welchen Grenzen von Verarbeitungsparametern (z.B. Wasserzugabemenge, Mischintensität) und Qualitätsziele (z.B. Porosität) formuliert sein müssen, unumgänglich. Wegen des komplexen Zusammenspiels mehrerer Firmen und Arbeitsschritte wird für die Hersteller folgende *Vorgehensweise* vorgeschlagen (HERB 1998):

- ▷ Ausarbeitung einer genauen Verarbeitungsvorschrift. Hierzu gehören insbesondere Angaben zur Untergrundbeschaffenheit, Wasserzugabe, Mischung, Aufbringung und Nachbehandlung. Bei den einzelnen Verarbeitungsschritten kann es notwendig sein, die zu verwendenden Geräte zu definieren.
- ▷ Verarbeitung des Materials durch Hersteller in den Grenzen der Verarbeitungsvorschrift unter Praxisbedingungen (Beschichten eine kompletten Trinkwasserbehälters).
- ▷ Definieren von Kriterien, die das Material im Vergleichsbehälter erfüllt, als Güteparameter (z.B. Druckfestigkeit, Porosität). Diese Güteparameter müssen auf der Baustelle oder nachträglich kontrolliert werden können.
- ▷ Einarbeitung der Güteparameter in die Verarbeitungsvorschriften.
- ▷ Durchführung von Lehrgängen zur Schulung von Verarbeitungsfirmen.

Die Verarbeitungsfirmen sind letztlich für das Bauwerk verantwortlich und müssen z.B. Gewährleistungsansprüche erfüllen. Sie handeln deshalb in ihrem eigenen Interesse, wenn sie Verarbeitungsvorschriften strikt einhalten. Zudem sollten sie die folgenden Punkte erfüllen:

- ▷ Neben handwerklichen Grundvoraussetzungen und Referenzobjekten sollte der Nachweis der Eignung durch erfolgreiche Teilnahme an Lehrgängen (DVGW W 316) geführt werden.
- ▷ Der Verarbeiter sollte von den einzelnen Arbeitsschritten eine Eigenkontrolle durchführen. Eine sorgfältige Dokumentation, welche der zuständigen Bauaufsicht zugänglich sein sollte, ist unerlässlich.

Den Wasserversorgungsunternehmen oder von ihnen beauftragten *Ingenieurbüros* obliegt die Pflicht, für die öffentliche Wasserversorgung kostengünstige Lösungen anzustreben. Bei der Speicherung und beim Transport des Lebensmittels Trinkwasser müssen aber gleichzeitig hohe Anforderungen an die Bauwerke gestellt werden. Außerdem birgt jede Sanierung und Außerbetriebnahme des Behälters Gefahren für die Aufrechterhaltung der Trinkwasserversorgung. Teurere Lösungen, die einen ungestörten Betrieb über viele Jahre ermöglichen, sind deshalb billigen Lösungen, welche dafür öfter saniert werden müssen, vorzuziehen.
Nach der Vergabe der Arbeiten muss der Bauträger oder das beauftragte Ingenieurbüro den Fortgang der *Arbeiten* genau *überwachen und dokumentieren.* Dazu gehört z.B. die Kontrolle des verwendeten Materials, eine stichpunktartige Überprüfung der Verarbeitung wie z.B. die Wasserzugabemenge oder das Mischungsverhältnis bei Zwei-Komponenten-Materialien sowie die Kontrolle der Dokumentation der Verarbeiter. Um Kosten zu minimieren muss das überwachende Ingenieurbüro in der Lage sein, gezielt die für die Qualität des Bauwerkes entscheidenden Arbeitsschritte herauszufiltern. Die Endkontrolle sollte in Anwesenheit aller beteiligten Firmen nach einem vorgegebenen Ablaufplan erfolgen. Dabei werden die von den Herstellern definierten Güteparameter überprüft.
Beobachtungen in der Praxis zeigen, dass die derzeitigen Regelungen und Arbeitsvorschriften nicht ausreichen, um hygienisch-mikrobiologische Probleme, die auf Mängel beim Bau und bei der Sanierung von Trinkwasserbehältern zurückzuführen sind, jederzeit ausschließen zu können. Deshalb sind von Herstellern genauere Vorschriften zur Verarbeitung von Materialien notwendig. Die Prüfung von Testkörpern nach den KTW-Empfehlungen und nach dem DVGW-Arbeitsblatt W 270/W 347 ist nur dann sinnvoll, wenn die Materialeigenschaften der Testkörper den tatsächlichen Gegebenheiten in der Praxis entsprechen. Verarbeiter sollten von Herstellungsfirmen speziell geschult werden. Die entscheidende Aufgabe mit einer konsequenten Überwachung der Arbeiten kommt jedoch den Ingenieurbüros bzw. den Wasserversorgungsunternehmen selbst zu. Durch eine geeignete Qualifikation sollten sie in der Lage sein, gezielt die entscheidenden Arbeitsschritte zu kontrollieren.

Tabelle 10.3.01: *Wesentliche Aufgaben bei der Kontrolle von Wasserbehältern (Baur 1991)*

		Kontrolle der Wasserbehälter		
		Vor der ersten Inbetriebnahme	Bei gefüllter Wasserkammer	Bei entleerter Wasserkammer
Wasserkammer	Überprüfung auf	- Nachweis der Dichtheit - Porenarmut und Freiheit von schädlichen Rissen - Fehlstellen bei Putz, Anstrich, Beschichtung, Auskleidung - Korrosionsbeständigkeit bzw. -schutz der Einbauteile - Sauberkeit (besenrein und frei von Schalungs- und Schalölresten)	- Veränderung des Behälterinhalts, z. B. Schwimmschicht, Trübung, Ablagerungen, Beläge (Sichtkontrolle) - Dichtheit von Drucktüren - Wasserandrang in Drainagen	- Schäden und Mängel (Löcher, Risse, Ablösungen, Ausblühungen, Materialabtrag) - Funktionsfähigkeit von Türen, insbesondere Drucktüren - Dichtheit von Rohr- und Kabeldurchführungen - Geruchs-, Belags-, Bewuchsbildung auf Behälterinnenflächen - Organische und anorganische Ablagerunbgen
Betriebseinrichtung	Überprüfung auf	- Erfüllung der Unfallverhütungsvorschriften und Arbeitsschutzbestimmungen - Betriebsbereitschaft der hydraulischen, maschinellen und elektrischen Ausrüstungen - Funktionstüchtigkeit von Be- und Entlüftungseinrichtungen, der Sicherungen gegen unbefugte Eingriffe, der Anzeige und Übertragung von Meßwerten - Vorhandensein von Bedienungsanweisungen, Warn- und Hinweistafeln	- Betriebsbereitschaft der hydraulischen, maschinellen und elektrischen Ausrüstungen - Funktionstüchtigkeit von Be- und Entlüftungseinrichtungen, der Sicherungen gegen unbefugte Eingriffe, der Anzeige und Übertragung von Meßwerten, von Türen und Fenstern	- Korrosionserscheinungen - Betriebsbereitschaft der hydraulischen, maschinellen und elektrischen Ausrüstungen - Funktionstüchtigkeit von Be- und Entlüfungseinrichtungen, der Sicherungen gegen unbefugte Eingriffe, der Anzeige und Übertragung von Meßwerten, von Türen und Fenstern
Häufigkeit der Kontrolle		einmal	Mindestens einmal monatlich	Mindestens einmal jährlich

Bezüglich der wesentliche Aufgaben bei der Kontrolle von Wasserbehältern vor der ersten Inbetriebnahme, bei gefüllter und bei entleerter Wasserkammer, und die Tätigkeitsfolge bei der *Reinigung und Desinfektion von Wasserkammern* wird auf die Tabellen 10.3.01/02 verwiesen.
Im Vergleich zum Rohrnetz ist bei Behältern die im allgemeinen höhere *Verweildauer des Wassers* von Bedeutung, weil es durch Stagnation, Zutritt von Luftsauerstoff und Eintrag von Verschmutzungen über den Luftpfad zu *Veränderungen bzw. zu Beeinträchtigungen der Trinkwasserbeschaffenheit* (Sedimentation von Wasserinhaltsstoffen, Ausfällungen, Verkeimungen) kommen kann. *Außerbetriebnahme und Entleerung* sollen so erfolgen, dass weder von der Wasseroberfläche (Kahmhaut) noch vom Behälterboden (Sediment) Verunreinigungen in das Rohrnetz gelangen können. Der Behälter soll vom Netz genommen werden, bevor der Wasserstand 50 cm unterschreitet. Die Kontrolle von Behältern durch fachkundige Personen, z.B. aus Bauabteilung und Labor, ist einmal jährlich durchzuführen (DVGW-Wasserinformation Nr. 51). Neben der Begutachtung des baulichen Zustandes ist in hygienischer Hinsicht auf Geruchs-, Belag- und Bewuchsbildung auf Decken-, Wand-, Boden-, Fugenflächen sowie auf Art und Verteilung von Ablagerungen zu achten. Dem Auftreten von tierischen Organismen ist besondere Beachtung zu widmen. Ihr Vorkommen kann neben den o.a. Erkenntnissen gegebenenfalls auch indirekte Hinweise auf bauliche Mängel des Behälters geben, wenn beispielsweise Fluginsekten (Belüftung) oder erdbewohnende wirbellose Tiere auf

Tabelle 10.3.02: Tätigkeitsfolge bei der Reinigung und Desinfektion von Wasserkammern (Baur 1991)

	Reinigung und Desinfektion	
	Vor der ersten Inbetriebnahme (bzw. nach längeren Stillstandzeiten)	regelmäßig
Reinigung ohne chem. Reinigungsmittel	– Abspritzen aller Behälterinnenflächen mit Trinkwasser unter ausreichendem Druck – Ableiten des anfallenden Reinigungswassers – Spülen oder Reinigen sämtlicher Rohrleitungen	– Abspritzen aller Behälterinnenflächen mit Trinkwasser unter ausreichendem Druck – Ableiten des anfallenden Reinigungswassers – Säubern besonders verunreinigter Stellen – Reinigen von Rohrleitungen und sonstigen Einbauteilen – Säubern der Be- und Entlüftungseinrichtungen
Reinigung mit chem. Reinigungsmittel	Nur erforderlich, wenn Verunreinigungen durch Abspritzen nicht zu entfernen sind	– Schließen sämtlicher Behälterabläufe – Abspritzen aller Behälterinnenflächen mit vorschriftsmäßig verdünntem Reinigungsmittel – Einwirkungszeit – Mechanische Reinigung besonders verunreinigter Stellen – Abspritzen der behandelten Flächen mit Trinkwasser – Schadloses Entfernen des reinigungsmittelhaltigen Wassers
Desinfektion	– Absprühen oder Abspritzen der Behälterinnenflächen (Sohle stets, Wände und Decken wenn erforderlich) mit Desinfektionsmittel – Schadloses Entfernen des desinfektionsmittelhaltigen Wassers	– Absprühen oder Abspritzen der Behälterinnenflächen (Sohle stets, Wände und Decken wenn erforderlich) mit Desinfektionsmittel – Schadloses Entfernen des desinfektionsmittelhaltigen Wassers – Bei Verwendung von chem. Reinigungsmitteln kann in den meisten Fällen auf eine nachfolgende Desinfektion verzichtet werden
Probenahme	beim Füllen der Wasserkammer	beim Füllen oder nach Füllen der Wasserkammer
Häufigkeit der Reinigung	einmal	abhängig vom Ergebnis der mindestens einmal jährlich durchzuführenden Kontrolle

der Wasseroberfläche gefunden werden. Um sich einen Überblick über Menge und Zusammensetzung der Behälterablagerungen zu verschaffen, ist es zweckmäßig diese Kontrolle durchzuführen, wenn noch einige Zentimeter Wasser auf der Bodenfläche stehen lassen. So lassen sich z.B. Ablagerungen nach Menge und Verteilung am besten beurteilen und ggfs. vorhandene Kleinlebewesen besser lokalisieren.

In Trinkwasserbehältern kommt es neben anorganischen Ablagerungen, z.B. Eisen, Mangan, auch zur *Ansammlung von organischem Material und Invertebraten* mit der Folge eines Vorhandenseins von wirbellosen Tieren (Invertebraten). Die Artenliste reicht von mikroskopischen Einzellern über Rädertiere, Bärtierchen, Fadenwürmer, echte Würmer, Wassermilben bis zu Krebsen und Insektenlarven (GAMMETER et al. 2001). Die Tiere ernähren sich vom Biofilm und gelangen meist in geringer Zahl aus der Wassergewinnung (Grund-, Quell-, Talsperren- oder Seewasser) in die Aufbereitungsanlagen, wo sie sich in (Langsam-) Sandfiltern auch vermehren können. Behältersedimente stellen einen Lebensraum für Invertebraten dar, die das Trinkwasser im Verteilungssystem stärker besiedeln können, als dies nach der Aufbereitung der Fall ist. Nach heutigem Kenntnisstand sind in den Invertebraten keine auf den Menschen übertragbaren Krankheitserreger gefunden worden. Trotzdem ist das Auftreten solcher Fremdorganismen aus hygienischer Sicht unerwünscht, Massenentwicklungen können zu Störungen vor allem im Rohrnetz führen. Ein solches Trinkwasser erfüllt die DIN 2000 nicht bezüglich Ap-

petitlichkeit und Ästhetik, außerdem entspricht es gemäß Weltgesundheitsorganisation nicht dem Stand der Technik (GAMMETER et al. 2001). Durch eine alljährliche Reinigung der Wasserkammern werden die Ablagerungen so gering gehalten, dass dann keine direkten Probleme zu erwarten sind und der Sicherung der Wasserqualität in Trinkwasserbehältern genüge getan wird.
Behälter dürfen stets nur mit sauberer Kleidung und besonderen, farblich gekennzeichneten, desinfizierten Gummistiefel von für den Einsatz im Trinkwasserbereich zugelassenem Personal betreten werden. Bei allen Arbeiten im Trinkwasserbereich ist stets zu bedenken, dass es sich um einen Lebensmittelbehälter handelt und eine entsprechende hygienische Sorgfaltspflicht gilt, deren Grundsätze in einer Betriebsanweisung zusammengefasst werden sollten.
Vorbereitend ist vor dem Betreten der Wasserkammer zu prüfen, ob keine Gase oder Radonexposition in gesundheitsgefährdender Konzentration vorhanden sind, Absturzgefährdungen ausgeschlossenen sind und ob Zulauf und Entnahmearmaturen gegen versehentliches Öffnen durch Selbstverriegelung oder durch mechanischen Berührungsschutz und mit entsprechenden Hinweisschildern versehen sind. Die Arbeiten sind von einem kompetenten Mitarbeiter des Versorgungsunternehmens, auch beim Arbeiten mit Fremdfirmen, zu beaufsichtigen. *Arbeiten in Wasserkammern* gelten als gefährlich im Sinne der Unfallverhütungsvorschriften, es sind deshalb die Richtlinien für das Arbeiten in Behältern und engen Räumen, für Gefahrstoffe, Oberflächenbehandlung in Räumen und Behältern, sowie Schutzmaßnahmen wie Sicherung der Lüftung oder gegen erhöhte elektrische Gefährdung zu *beachten.*
Die *Reinigung und Desinfektion* der Wasserkammer wird entscheidend vereinfacht, wenn die Verunreinigungen nicht antrocknen. Die Restentleerung sollte daher erst unmittelbar vor dem Beginn der Reinigung beendet sein. Mechanischen Reinigungsverfahren (Tabelle 10.3.02) ist im allgemeinen vor dem Einsatz chemischer Reinigungsmitteln der Vorzug zu geben. Eine manuelle Reinigung erfolgt mit Schrubbern, Schwämmen, Bürsten, intensivem Abspritzen mit Trinkwasser unter Netzdruck, ggfs. können speziell verfahrbare Reinigungsgerüste (Stadtwerke Münster) mit rotierenden Bürsten und Wasserzufuhr über Düsen, eingesetzt werden. Beim Einsatz von Hochdruckgeräten sind die Richtlinien für Flüssigkeitsstrahler der Berufsgenossenschaft zu beachten. In jedem Fall ist die Notwendigkeit des Einsatzes chemischer Reinigungsmitteln kritisch zu hinterfragen. Die im Handel erhältlichen Reinigungsmittel sind meist Produkte auf der Basis organischer und anorganischer Säuren mit Zusätzen, die hauptsächlich zur Entfernung von Eisen-, Mangan- oder Kalkablagerungen angewandt werden und eine desinfizierende Wirkung haben. Vorteilhaft ist sicherlich ein besseres optisches Erscheinungsbild der Wasserkammer mit weniger Personalaufwand. Nachteilig ist ein Angriff bei Zementgebundenen Oberflächen durch saure Reinigungsmittel, Beschleunigung von Karbonatisierungsvorgängen bei Beton und Förderung von Korrosionsbildung auf metallischen Behälterbaustoffen. Ferner ist nicht mit Si-

cherheit auszuschließen, dass im Behälter verbleibende Reste von chemischen Reinigungsmitteln nachteilige Wirkungen auf Trinkwasser, z.B. in Form von Keimzahlerhöhungen haben können, was dann möglicherweise zu Ausfallzeiten führt. Zur abschließenden Desinfektion kann 1,5 %ige Wasserstoffperoxid- bzw. Natriumhypochlorit mit 5g/l Chlor verwendet werden. Auf die einschlägigen Sicherheitshinweise und Unfallverhütungsvorschriften wird verwiesen. Das auf der Sohle ansammelnde desinfektionshaltige Wasser muss ordnungsgemäß behandelt und abgeleitet werden. Nach ausreichender Verdünnung soll das abzuleitende Wasser einen pH-Wert 6.5-8.5, chemischen Sauerstoffbedarf < 40 mg/l, Fischgiftigkeit < 2 GF, absetzbare Stoffe < 0,3 mg/l, haben. Anschließend kann der Behälter zur Entnahme bakteriologischer Kontrollproben befüllt werden.
Ein etwas anderer Aspekt ist das *Auftreten von höheren Koloniezahlen* in einem als Gegenbehälter betriebenen Hochbehälter, bei dem es *infolge rückläufigen Wasserverbrauchs* zu längeren Aufenthaltszeiten und damit verbunden während der Sommermonate zu deutlich erhöhten Wassertemperaturen im Netz mit der Folge von Grenzwertüberschreitungen der Koloniezahlen nach TrinkwV kam. Das ungechlort verteilte Wasser enthielt zu diesem Zeitpunkt ein Nährstoffangebot mit entsprechendem Verkeimungspotential. Als Sofortmaßnahme wurde eine Wasserkammer außer Betrieb genommen, um die Aufenthaltszeit zu verringern (UHL 2001).
Grundsätzlich zeigen natürlich Veränderungen von Wassergüteparametern zwischen Aufbereitung und Verbraucher auch an, ob im Behälter Untersuchungen angesagt sind. Im Trinkwasserbehälter kommt es aber vor allem darauf an, das Wasser wie aufgezeigt vor Beeinträchtigungen zu schützen.

10.4 Mängel und Schäden bei Wasserbehältern

Mängel und Schäden können an Trinkwasserbehältern oder deren Anlageteilen das gespeicherte Trinkwasser nachteilig verändern, den Betrieb einschränken oder erschweren, die Arbeitssicherheit beeinträchtigen, unbefugte Eingriffe Dritter ermöglichen, die Standsicherheit des Bauwerkes gefährden, die Lebensdauer des Bauwerkes herabsetzen.
Die wirtschaftliche und sichere Instandsetzung des Wasserbehälters setzt voraus, dass Schadensort, Schadensart und Schadensursache zweifelsfrei ermittelt werden. Mängel und Schäden an Trinkwasserbehältern können auftreten aufgrund von planerischen, betrieblichen und baulichen Aspekten (Bild 10.4.01).

10.4.1 Konzeptionelle, planungsbedingte Mängel

Den heutigen, erhöhten Anforderungen genügen ältere Behälter vielfach nicht mehr, eine Ursache für Mängel bei neuen Behältern können aber auch Planungsfehler sein. Nachfolgende Hinweise können auch als Checkliste verstanden werden.

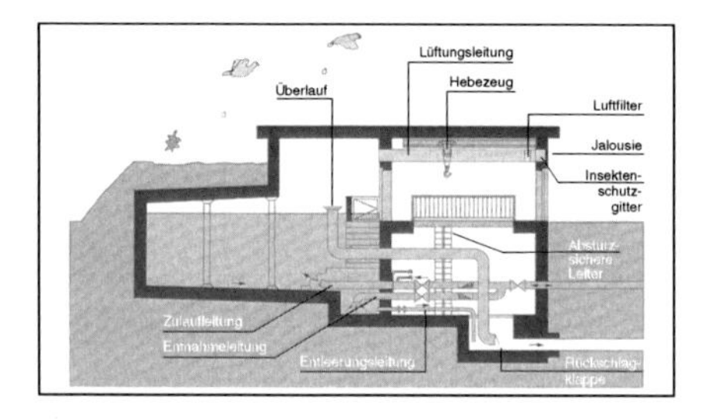

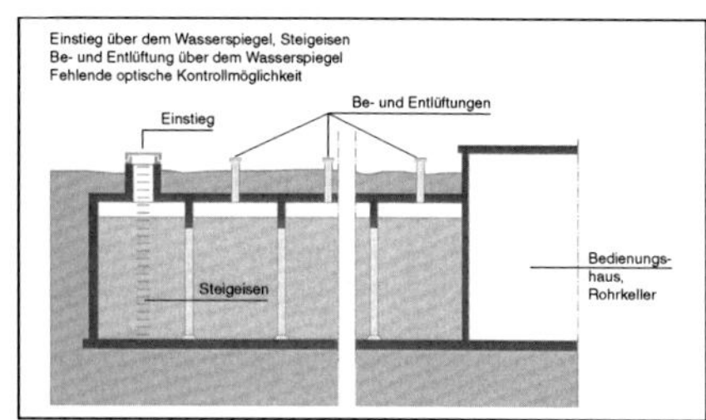

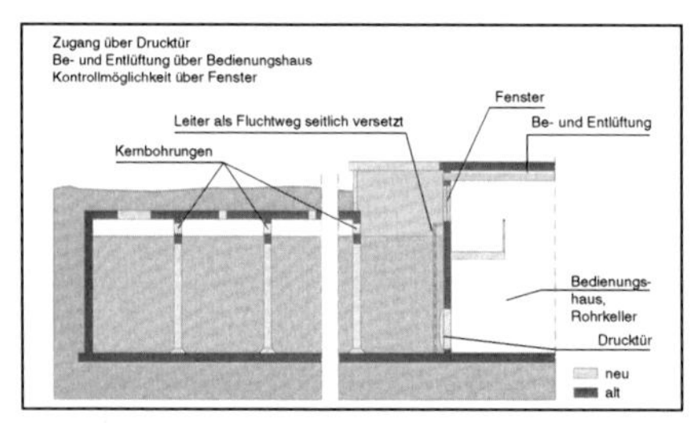

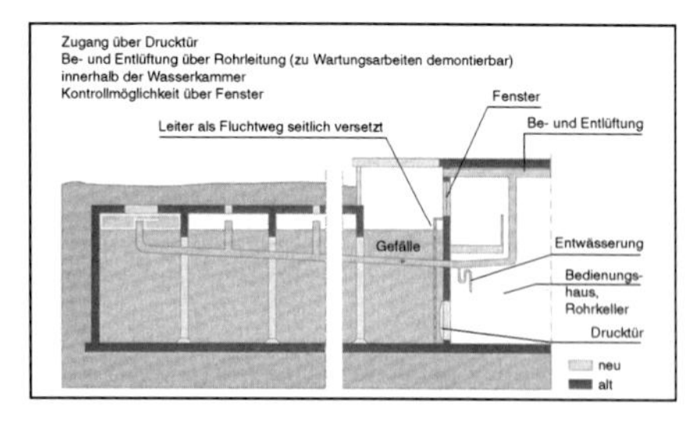

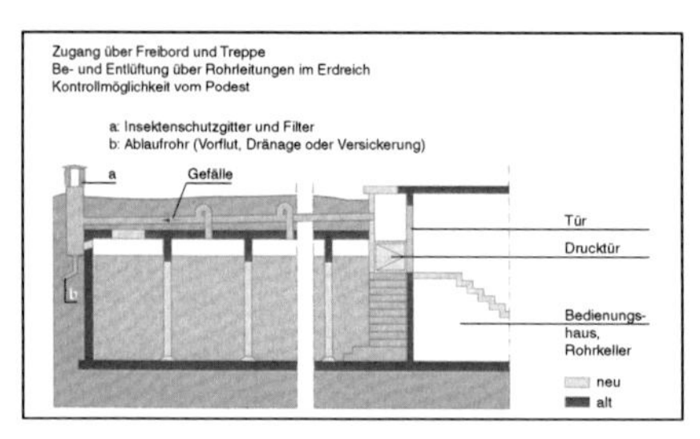

Bild 10.4.01: *Instandhaltung – Mängel und Lösungsmöglichkeiten (nach Schatz)*

Wasserkammer: Unmittelbarer Einstieg über dem Wasserspiegel; fehlende Sichtkontrolle während des Betriebes; direkter Lichteinfall; fehlende Treppen, Leitern oder Drucktüren; keine ausreichende bauliche Trennung der Wasserkammern; fehlende bauliche Trennung zwischen Wasserkammer und Bedienungshaus; Tauwasserbildung.
Bedienungshaus: Fehlendes Bedienungshaus (z.B. Einstieg über der Wasserkammer): schlecht zugängliche Betriebseinrichtungen; keine Montagehilfen im Bedienungshaus; Tauwasserbildung; Mehrfachnutzung.
Be- und Entlüftungseinrichtungen: Be- und Entlüftungsöffnungen direkt über dem Wasserspiegel; Be- und Entlüftung der Wasserkammer direkt in das Bedienungshaus; zu kleine Be- und Entlüftungseinrichtungen; fehlende Einbauten in Be- und Entlüftungseinrichtungen; Eindringen von Geruchsstoffen von außen in die Wasserkammer; keine Entwässerungsmöglichkeit der Be- und Entlüftungseinrichtungen
Außenanlagen: Mangelhafte Zufahrt; zu steile Böschungen; ungeeignete Einzäunung; ungeeignete Anpflanzungen.

10.4.2 Mängel an betrieblichen und hydraulischen Einrichtungen

Keine Trennung von Zulauf- und Entnahmeleitung; mehrere Zulaufleitungen mit unterschiedlichen Wässern; fehlende Absperrarmaturen in den Zulauf und Entnahmeleitungen; falsche Anordnung der Zulaufleitung; Armaturen innerhalb der Wasserkammer; fehlende Probeentnahme-Einrichtungen; falsche Anordnung der Entnahmeleitung; fehlender oder zu klein bemessener Überlauf; fehlende Trennung zwischen Überlauf und Entwässerungssystem; fehlender Kontrollschacht im Entwässerungssystem; Absperrarmaturen innerhalb der Überlaufleitung; fehlende oder unzureichende Entleerungsleitung; fehlende Rohrbruchsicherung; fehlende Umführungsleitung bei einkammerigen Durchlaufbehältern; ungeeignete Werkstoffe. Auch elektrische Einrichtungen, Desinfektionsanlagen, Eigenwasserversorgung, Arbeitssicherheit, Sicherung gegen unbefugte Eingriffe sind Punkte, die es zu überprüfen gilt.

10.4.3 Mängel und Schäden an Bauteilen

An die Leistungsfähigkeit der ausführenden Firmen und an die zur Anwendung kommenden Materialien müssen hohe Anforderungen (Prüfzeugnisse, KTW-Empfehlungen, DVGW Arbeitsblatt W 270) gestellt werden, damit die Qualität des Lebensmittel Trinkwasser in den Wasserkammern erhalten bleibt. Viele bauliche Mängel und Schäden entstehen, weil im Vorfeld Bauherr, Ingenieurbüro und ausführende Firmen sich nicht genügend absprechen und die Anforderungen nicht ernst nehmen, so dass Durchfeuchtungen, Undichtheiten, Risse, Hohlräume, Kiesnester, Ablösungen, Absandungen, Materialveränderungen, Belagbildung entstehen, sowie Probleme bei Bewegungsfugen und Einbauteilen in Verbund mit anderen Materialien auftreten.
An den *Innenflächen von Trinkwasserbehältern* werden immer wieder mikrobielle Beläge, sogenannte Biofilme, beobachtet. Die Biofilmbildung ist nicht nur auf den wasserberührten Teil des Trinkwasserbehälters beschränkt, sondern kann auch an der Decke und den Wänden oberhalb des Wasserspiegels auftreten. Eine übermäßige Biofilmbildung kann entstehen, wenn für den Trinkwasserbehälterbau ungeeignete Materialien verwendet werden, die den Mikroorganismen als Nahrungsquelle dienen. Häufige *Ursachen des mikrobiellen Wachstums* sind die Verwendung von biologisch abbaubaren Betontrennmitteln und Verpressmitteln (Injektionsharze), ungeeignete Dichtungsmaterialien und organische Zusatzmittel in zementgebundenen Werkstoffen.
Das folgende Fallbeispiel (HERB 1998) belegt, dass es nach der Verwendung von biologisch abbaubaren Trennmitteln im Trinkwasserbehälterbau zu großen Problemen kommen kann, obwohl das eingesetzte Material für den Trinkwasserbereich zugelassen war. Im einem neu errichteten Behälter wurden ca. zwei Jahre nach der Inbetriebnahme an der weißen mineralischen Beschichtung der Decke

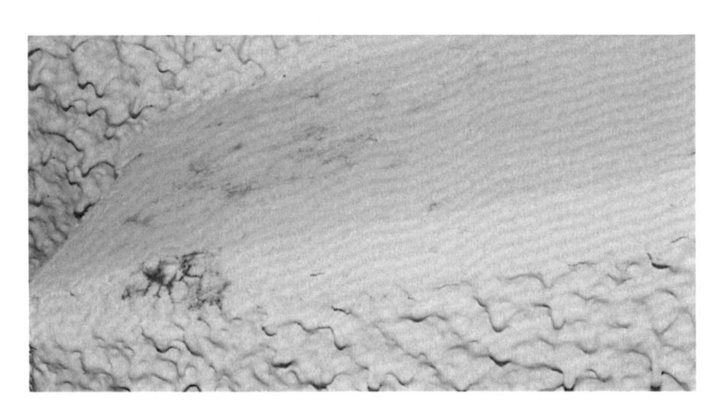

Bild 10.4.3.01:
Schwarzer Bewuchs an der Decke eines Trinkwasserbehälters

schwarze Verfärbungen beobachtet. Eine genaue Betrachtung der betroffenen Stellen ergab, dass der schwarze Bewuchs bevorzugt in Bereichen feiner Haarrisse der Beschichtung auftrat (Bild 10.4.3.01). Die Beschichtung selbst war durch die Prüfungen nach KTW und DVGW-Arbeitsblatt W 270 für den Einsatz im Trinkwasserbereich zugelassen. Die mikroskopische Untersuchung ergab, dass die schwarzen Verfärbungen durch das Wachstum mehrerer Pilze verursacht wurden und auch Bakterien traten massenhaft auf (Vergrößerung ca. 30-fach).
Wie aus der Abbildung ersichtlich ist, waren die *Mikroorganismen im Deckenbereich* vor allem zwischen dem Beton und der Beschichtung herangewachsen und wurden nur an Bereichen mit feinen Haarrissen der Beschichtung auch an deren Oberfläche sichtbar Bei der Probenahme konnten größere Stücke der Beschichtung relativ leicht vom Betonuntergrund abgelöst und mikroskopisch untersucht werden. In diesen Bereichen war das Pilzwachstum schon so weit fortgeschritten, dass zwischen Beschichtung und Beton kein ausreichender Verbund mehr vorhanden war. Die unbeschichteten Wände der Wasserkammern zeigten ebenfalls schwarzen Pilzbewuchs, während am Boden keine Verfärbungen beobachtet wurden. Das gespeicherte Trinkwasser war jedoch in hygienisch-mikrobiologischer Hinsicht einwandfrei, das heißt, es konnte mit den üblichen Methoden nach der TrinkwV keine Kontamination nachgewiesen werden. Beim Bau der Wasserkammern wurden die Schalungselemente mit einem biologisch abbaubarem *Trennmittel auf Pflanzenölbasis* behandelt, welches mit dem Prüfzeugnis nach dem DVGW-Arbeitsblatt W 270 für den Trinkwasserbereich zugelassen war. Nach der Ausschalung wurden die Betonoberflächen lediglich mit kaltem Wasser unter Hochdruck abgespritzt. Eine weitergehende Reinigung vor der Beschichtung der Decke fand nicht statt. Die Art des Wachstums der Mikroorganismen an der Unterseite der Beschichtung ließ vermuten, dass vor den Beschichtungsarbeiten nicht alle Reste des Trennmittels entfernt wurden und somit den Mikroorganismen als Nahrungsgrundlage dienten. Zur Absicherung des Befundes wurden die folgenden Wachstumsversuche mit den gewonnenen Pilzkulturen, denen das Originaltrennmittel als Nahrungsquelle angeboten wurde, durchgeführt.

Tabelle 10.4.3.1: *Wachstumsversuche mit Pilzkulturen, welche aus dem vor erwähnten Trinkwasserbehälter isoliert wurden.*

[1] nach einer Bebrütungszeit von 4 Wochen bei 20° C.
[2] nach einer Bebrütungszeit von 6 Monaten bei 20° C.

	Agarplatten	Betonprobestücke
mit Trennmittel	Wachstum[1]	Wachstum[2]
ohne Trennmittel	kein Wachstum[1]	kein Wachstum[2]

▷ Untersuchung des Wachstums auf Nähragar mit dem Trennmittel als einziger Nährstoffquelle.
▷ Untersuchung des Wachstums auf Betonprobestücken, die mit dem Trennmittel behandelt wurden. Dabei wurden auf einer Fläche von ca. 10 cm^2 Betonoberfläche 0,1 ml Trennmittel gleichmäßig verteilt. Während der Beobachtungszeit von 6 Monaten lagerten die Betonprobestücke in einer geschlossenen Glasschale zur Hälfte eingetaucht in Wasser

Die Tabelle 10.4.3.1 zeigt die Ergebnisse der Wachstumsversuche. Sowohl auf den Agarplatten als auch auf den Betonprobestücken konnten die Pilzkulturen nur wachsen, wenn das Trennmittel zugesetzt worden war. Die Ergebnisse bestätigten die wachstumsunterstützenden Eigenschaften des verwendeten Trennmittels.
Ein weiteres Beispiel (HERB 1998) verdeutlicht, das Schadensfälle auch aufgrund ungeeigneter organischer *Zusatzmittel,* welche vor allem Trockenmörteln *vor Ort* zugegeben werden, auftreten können: In einem neu errichteten Behälter war geplant, die Betonoberflächen mit einem weißen Anstrich auf Zementbasis zu versehen. Die Decke sollte jedoch eine raue Struktur bekommen, damit etwaiges Schwitzwasser leichter abtropfen konnte. Deshalb wurde unter dem Zementanstrich ein Spritzwurf vorgesehen. Das Material für den Spritzwurf wurde als Sackware angeliefert, eine örtliche Firma wurde mit der Aufbringung beauftragt. Wenige Monate nach der Inbetriebnahme zeigten sich an der Decke schwarze Verfärbungen, die sich innerhalb eines Jahres zu einem dichten Bewuchs ausweiteten (Bild 10.4.3.02). Die Wände des Behälters waren demgegenüber nicht betroffen. Zusätzlich wurde jedoch im gesamten Behälter ein muffiger Geruch wahrge-

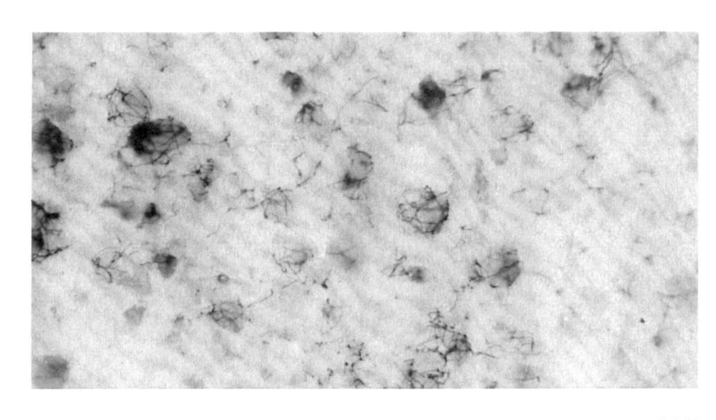

Bild 10.4.3.02: *Pilzwachstum auf der Unterseite der Beschichtung (Vergrößerung 30fach)*

nommen. Nach mikroskopischer Betrachtung der schwarzen Verfärbungen an der Decke konnte das Wachstum verschiedener Pilze als Ursache festgestellt werden. Als Nährstoffgrundlage für die Pilze wurden organische Substanzen im Spritzwurf vermutet, da dieser allein an der Decke verwendet wurde. Die Untersuchung des Spritzwurfes an der Decke ergab eine Konzentration organischer Anteile von ca. 1,7 %. Dieser Wert lag deutlich höher als bei der ursprünglichen Sackware. Schließlich hat sich herausgestellt, dass die örtliche Firma vor Ort ein organisches Zusatzmittel zur Verbesserung der Verarbeitbarkeit beigemischt hatte. Diese zumeist unkontrollierte und nicht mit den Herstellern von Beschichtungsmaterialien abgesprochene »Modifizierung« von Sackware ist unzulässig. Selbstverständlich verlieren für den Trinkwasserbereich ursprünglich geeignete Materialien ihre rechtliche Zulassung, wenn sie nicht streng gemäß den vorgegebenen Richtlinien verarbeitet werden. Im vorliegenden Fall musste die Decke zur vollständigen Entfernung des Spritzwurfes sandgestrahlt werden.
Das folgende Fallbeispiel (HERB 1998) verdeutlicht, dass zugelassene Materialien durch Mängel bei der Verarbeitung zu mikrobiologischen Problemen führen können, welche hygienische Gefährdungen und kostspielige Sanierungsmaßnahmen zur Folge haben: In einem neu errichteten Trinkwasserbehälter wurden die Löcher der *Schalungsabstandshalter mangelhaft abgedichtet,* so dass bei einer durchgeführten Dichtigkeitsprüfung ein größerer Wasserverlust festgestellt wurde. Da außerdem an den Betonwänden mehrere kleinere Risse erkennbar waren und der Behälter nicht zusätzlich beschichtet werden sollte, wurde beschlossen, die Löcher der Schalungsabstandshalter und die Risse im Beton mit einem Injektionsharz auf Polyurethanbasis zu verpressen. Schon kurz nach dem Einfüllen des Wassers wurde bemerkt, dass das gespeicherte Trinkwasser sehr stark verkeimt und trübe war. Der Behälter musste außer Betrieb genommen werden. Bei einer Besichtigung des Behälters wurden zahlreiche *schleimige Makrokolonien im Bereich der verpressten Löcher und Risse* beobachtet. Das Schadensbild zeigt Bild 10.4.3.03. Die schleimigen Beläge wurden unter dem Mikroskop als Bakterienkolonien identifiziert. Vereinzelt konnten auch bakteriovore Organismen wie z.B. Ciliaten, Amöben und Rotatorien nachgewiesen werden. Das Wachstum schleimiger Makrokolonien trat im gesamten Behälter nur an Bereichen auf, die mit dem Injektionsharz bearbeitet oder verunreinigt waren. Eine rasterelektronenmikroskopische Aufnahme zeigt, dass das Verpressmaterial sehr dicht mit Bakterien und Pilzen besiedelt war und offensichtlich wachstumsunterstützende Eigenschaften besaß (HERB 1998). Das Produkt besaß zwar ein Zulassung nach KTW, jedoch kein Prüfzeugnis nach dem DVGW-Arbeitsblatt W 270, welches die Eignung in mikrobiologischer Hinsicht prüft. Beim Aufstemmen der Mauerbereiche wurde zudem festgestellt, dass das Material nicht vollständig erhärtet war. Es lag also auch eine fehlerhafte Verarbeitung vor. Zur Sanierung wurden die verpressten Bereiche aufgebohrt und mit einem zugelassenen Zementmörtel verfüllt. Eine Aufkeimung des Trinkwassers im Behälter und ein mikrobieller Oberflächenbewuchs wurden nach der Sanierung nicht mehr festgestellt.

Bild 10.4.3.03:
Makrokolonien im Bereich abgedichteter Stellen eines Trinkwasserbehälters.

Bild 10.4.3.04:
Schadensbild bei mineralischen Innenbeschichtungen

Organische Zusatzmittel in mineralischen Beschichtungen führen neben einem erhöhten biologischen Wachstum auf der Oberfläche auch zu Veränderungen im Beschichtungsmaterial selbst, z.B. zu einer Erhöhung der Porosität und damit zu einem erhöhten Verschleiß des Beschichtungsmaterials (HERB 1997).
Interessant ist in diesem Zusammenhang, dass seit Anfang der 80er Jahre Schäden an mineralischen Innenbeschichtungen von Trinkwasserbehältern in Deutschland und auch in der Schweiz beobachtet werden. Bei dem typischen Schadensbild (Bild 10.4.3.04) handelt es sich um das Auftreten von kreisförmigen, braungefärbten Flecken im ständig wassergefüllten Bereich, die sich auch flächig über die gesamte Oberfläche sowohl bei weißen als auch bei grauen Beschichtungen verbreiten können.
Die ersten sichtbaren Veränderungen können in der Regel nach ein bis zwei Jahren auftreten. Das zementgebundene Beschichtungsmaterial weicht an diesen Stellen auf, verliert seine Alkalität von pH 12,5-13 und seine Festigkeit sinkt von 25 bis 40 N/mm^2 auf unter 5 N/mm^2. Durch eine turnusgemäße, herkömmliche Reinigung der Wasserkammern mit Hochdruckwasserstrahl wird das Material allmählich abgetragen, so dass der darunterliegende Beton zum Vorschein kommt. Über den Wissensstand der bisherigen Forschungen ist von HERB, FLEMMING, MERKL 1995, 1997 und GRUBE, BOOS 2002 zusammenfassend berichtet worden:

Die beobachteten *Schäden bei mineralischen Beschichtungen* werden aufgrund einer beschleunigten Auslaugung verursacht, die eine Zerstörung des Zementsteins zur Folge hat. Hieraus resultiert auch die mikrobielle Besiedlung der Schadstellen, da bei den Lösevorgängen auch organische Zusatzmittel bioverfügbar werden, die bei einem intakten Material fest in dem Zementgefüge eingeschlossen sind. Der Einsatz von sauren Reinigungsmitteln führt zu einer Beschleunigung der Materialzerstörung, da zementgebundene Materialien grundsätzlich säurelabil sind. Saure Reinigungsmittel sollten deshalb nur in unvermeidlichen Ausnahmefällen lokal begrenzt und in möglichst geringer Konzentration verwendet werden. Als Ursache der fleckenförmigen Aufweichung kommen sie jedoch nicht in Frage, da einige Behälter nachweislich nie sauer gereinigt wurden. Erwiesen ist der nachteilige Einfluss bestimmter organischer Zusatzmittel zwecks Verbesserung der Verarbeitungsqualität, wie z.B. Methylcellulose und Zinkstearat, auf die Dauerhaftigkeit der Materialien und der Möglichkeit einer mikrobiellen Besiedlung. Die Zusatzmittel ermöglichen einen höheren Wasser-Zement-Faktor (w/z-Wert). Methylzellulose bzw. ein zu hoher w/z-Faktor (über 0,5) erhöhen die Porosität. Eine wesentlich höhere Porosität als bei Beton muss bei mineralischen Beschichtungen nicht zwangsläufig der Fall sein, wenn eine entsprechend konsequente Verarbeitung betrieben wird. In die Diskussion über die Schadensursachen wurden auch elektrolytische Prozesse (Ionenwanderungen) gebracht, die durch elektrische Felder im Wasserbehälter je nach Potentialgefälle in gewissen Grenzen verstärkt werden (WITTMANN UND GERDES 1996). In der Schadensauslösung spielen elektrische Ströme eher eine untergeordnete Rolle, zumal es auch Konstellationen gibt, bei denen Korrosionsschäden praktisch unbekannt sind. Der möglicherweise ins Gespräch gebrachte »kathodische Korrosionsschutz für Wasserbehälter« bedarf deshalb einer kritischen Überprüfung. Vermutlich hängt dies auch damit zusammen, dass die Schweiz bezüglich Erdung in Europa einen Sonderfall darstellt, weil bis vor kurzem die erdverlegten Wasserleitungen als Erder genutzt und dementsprechend längleitfähig ausgebildet wurden. Dies Wasserleitungen stellen damit ein weitverzweigtes, niederohmig untereinander verbundenes Netz von Anoden dar, was zu hohen Makroelementströmen führt. In Ländern, wo Erdbänder und Fundamentbewehrungen als Erder eingesetzt werden, sind diese Effekte weit weniger ausgeprägt.
Die Untersuchungen in Trinkwasserbehältern belegen eindeutig, dass die Korrosionsanfälligkeit mit der Materialdicke korreliert. Kleine Unregelmäßigkeiten während der Verarbeitung führen deshalb bei dünnen Beschichtungen schnell zu einer Zerstörung über die gesamte Schichtdicke von nur 3 mm, weshalb ein Umstieg auf größere Schichtdicken (s. Abschnitt 6.6.2.1/Tabelle 6.6.2.01) in einer DVGW-Wasserinformation und im DVGW-Arbeitsblatt W 300 empfohlen wird. Aufgrund dieser Arbeitshypothesen entwickelten einige Materialhersteller mineralische Innenbeschichtungen mit einem kompakteren Gefüge, was z.B. durch die Verwendung von Mikrosilika möglich ist. Ausreichend lange positive Erfahrungen (über Jahrzehnte) liegen hierzu noch nicht vor und müssen abgewartet werden.

Angesichts der bislang erfassten Schadensfälle müssen die Vor- und Nachteile einer mineralischen Beschichtung neu betrachtet und abgewägt werden. Im Vorgriff auf Abschnitt 10.5 »Maßnahmen zur Instandhaltung« sei an dieser Stelle bereits als Konsequenz soviel gesagt: Zur Verschönerung der Wasserkammern sollen Beschichtungen im Regelfall nicht eingesetzt werden. Auch als Barriere gegen biologisch abbaubare organische Substanzen im Betonuntergrund (z.B. Trennmittel, Verpressharze) sind mineralische Beschichtungen ungeeignet, ebenso, falls Betonschäden, z.B. durch eine ungenügende Überdeckung der Bewehrung, behoben oder Wasserkammern grundlegend saniert werden müssen. Es sollten dann zementgebundene Materialien von mindestens 1-2 cm Dicke verwendet werden, was auch früher schon mit der Ausführung von »händischen Zementputz« der Fall war, die oft nach Betriebszeiten von über 80 Jahren noch ihre Aufgabe erfüllen. Neue Trinkwasserbehälter aus Stahlbeton sollten bei einer sorgfältigen Planung und Bauausführung keine zusätzliche Innenbeschichtung benötigen, wie auch im DVGW-Arbeitsblatt W 300 empfohlen wird. Wichtig ist ein Verzicht auf biologisch abbaubare Betontrennmittel und eine geeignete Zusammensetzung des Betons. Bei Betrachtung der schnellen Entwicklung auf dem Markt der organischen Zusatzmittel muss eindringlich davor gewarnt werden, einen Beton für Trinkwasserbehälter mit Zusatzmitteln, die nicht langfristig geprüft sind, zu modifizieren. Das bedeutet, dass neben den KTW-Empfehlungen und dem DVGW-Arbeitsblatt W 270 u. U. Zusatzuntersuchungen (nach HERB) notwendig werden, um das Langzeitverhalten zu erfassen.

Tabelle 10.4.3.02: *Wichtige Ursachen und Folgen vermehrter Biofilmbildung auf mineralischen Oberflächen von zugelassenen Materialien in Trinkwasserbehältern (nach Herb)*

Ursache	**Beobachtung**	**Folgen für den Betrieb**
Organische Zusatzmittel	Erhöhte Biofilmbildung nach Freisetzung der organischen Zusatzmittel als Folge der Korrosion des Zementsteins. Makroskopisch nur sichtbar durch Braunverfärbung.	Verminderte Materialtauglichkeit, ästhetische Mängel. Sanierung aus hygienischer Sicht nicht notwendig.
Vor-Ort Zumischung ungeeigneter Zusatzmittel Biologisch abbaubare Trennmittel	Erhöhte Biofilmbildung, makroskopisch sichtbar (Pilze). Erhöhte Biofilmbildung, makroskopisch sichtbar (Pilze). Überschreitung hygienischer Parameter im gespeicherten Trinkwasser nachgewiesen.	Hygienische Mängel wahrscheinlich, Sanierung notwendig Bei hygienischen Mängeln sofortige Außerbetriebnahme und Sanierung des Behälters notwendig.
Organische Verpressharze	Erhöhte Biofilmbildung, makroskopisch sichtbar (Makrokolonien, Pilze). Überschreitung hygienischer Parameter im gespeicherten Trinkwasser nachgewiesen.	Bei hygienischen Mängeln sofortige Außerbetriebnahme und Sanierung des Behälters notwendig.

In der Tabelle 10.4.3.02 sind wichtige Ursachen für Schäden durch erhöhte Biofilmbildung auf mineralischen Oberflächen und deren Folgen für den Betrieb tabellarisch zusammengefasst.
Wie schon erwähnt, stellen biologisch abbaubare Substanzen die Ursache mikrobiellen Wachstums dar. Ansätze zur Vermeidung von Schäden durch Mikroorganismen sollten deshalb Strategien zur Beseitigung dieser Nährstoffe beinhalten. Die Untersuchungen zeigen, dass biologisch abbaubare organische Stoffe im Trinkwasserbehälterbau grundsätzlich nicht eingesetzt werden dürfen, auch wenn die Materialien nicht unmittelbar mit dem Trinkwasser in Berührung kommen. Biologisch nicht oder schwer abbaubare Zusatzmittel dürfen zementgebundenen Werkstoffen nur dann zugegeben werden, wenn sie langfristig geprüft sind. Die bisherigen für den Trinkwasserbereich notwendigen Prüfungen nach den KTW-Richtlinien und dem DVGW-Arbeitsblatt W 270 beurteilen ausschließlich die gesundheitlichen Auswirkungen der Materialien auf das Trinkwasser. Ergänzende Testverfahren, die das Langzeitverhalten der Baustoffe prüfen, sind deshalb notwendig. Bei der Verwendung mehrerer organischer Zusatzmittel in Mörtel und Beton können synergistische Wirkungsmechanismen auftreten. Nicht akzeptabel ist deshalb die gängige Praxis, bei den Untersuchungen von organischen Zusatzmitteln nur den Einzelstoff in einem neutralen Mörtel zu prüfen und dann als Einzelstoff zuzulassen. Die Prüfung von Materialien wie z.B. Trennmitteln und Zwei-Komponenten-Dichtungsmaterialien, die auf der Baustelle verarbeitet werden und hier sowohl bezüglich der eingesetzten Menge als auch der Art der Verarbeitung großen Schwankungen unterliegen können, kann nur dann als sinnvoll erachtet werden, wenn die Randbedingungen bei der Prüfung auch in der praktischen Anwendung exakt eingehalten werden können. Die Regelwerke müssen deshalb durch sinnvolle materialtechnische Prüfungen, Vorgaben für Herstellung und Verarbeitung und Methoden zur Qualitätsüberwachung ergänzt werden.
Reste von Trennmitteln können durch ihre wachstumsunterstützenden Eigenschaften zum einen zu einer unmittelbaren Verkeimung des Trinkwassers und zum anderen langfristig zu Biofilmbildung auf den Oberflächen führen. Dabei kann eine sichtbare Biofilmbildung selbst noch Jahre nach der Inbetriebnahme erstmals auftreten, auch wenn zunächst keine negativen Veränderungen im gespeicherten Trinkwasser festgestellt wurden. Die bislang beobachteten Schäden belegen die Schwierigkeiten, die vor allem mit der Verwendung von biologisch abbaubaren Trennmitteln in Trinkwasserbehältern verbunden sind. Deshalb sollte im Trinkwasserbehälterbau zunächst grundsätzlich angestrebt werden, auf Schalungssysteme zurückzugreifen, die ohne Betontrennmittel auskommen. Wenn aber übliche Holzschalungen verwendet und somit Betontrennmittel notwendig werden, müssen die Produkte auf der Grundlage bisheriger praktischer Erfahrungen ausgewählt, mit großer Sorgfalt unter genauer Einhaltung der vorgeschriebenen Auftragsmengen verarbeitet und nach dem Ausschalen zum frühestmöglichen Zeitpunkt durch eine kontrollierte intensive Reinigung so weit wie möglich wieder entfernt werden. Da-

bei sollte beachtet werden, dass insbesondere biologisch gut abbaubare Trennmittel trotz der Vorlage der Prüfzeugnisse nach den KTW-Richtlinien und dem DVGW-Arbeitsblatt W 270 zu großen Problemen und kostspieligen Sanierungsmaßnahmen führen können, wenn Reste der Trennmittel auf den Oberflächen zurückbleiben. Diese Hinweise gelten ausdrücklich gleichermaßen für den Fall, dass die Oberflächen nachträglich mit einer mineralischen Beschichtung ausgekleidet werden (HERB 1999). Beim Verpressen von Rissen in Trinkwasserbehältern sollten grundsätzlich anorganische Produkte bevorzugt werden. Mit feinsten Zementemulsionen können heutzutage auch kleinere Risse geschlossen werden (GRÜBL 1992, RUFFERT 1995). Werden zugelassene organische Verpressharze verwendet, müssen vor allem bei Zwei-Komponenten-Produkten detaillierte Vorgaben für die Verarbeitung vorliegen. Die Einhaltung dieser Vorgaben muss die zuständige Bauaufsicht genau kontrollieren.

10.5 Maßnahmen zur Instandhaltung

Maßnahmen zur Behebung der Mängel und Schäden bei Wasserbehältern sind im DVGW-Merkblatt W 312-1993 prinzipiell dargestellt, weshalb hier nur einige besondere Aspekte herausgegriffen werden.

Der unmittelbare *Einstieg über dem Wasserspiegel von Wasserkammern* und *Be- und Entlüftungsöffnungen direkt über dem Wasserspiegel* sind wegen ihres Gefahrenpotentials nicht tolerierbar und in der heutigen Zeit technisch unzumutbar, obwohl sie in der europäischen Normung (aufgrund der Verhältnisse in Großbritannien) toleriert werden und bei vielen in Standardbauweise hergestellten »DDR-Wasserbehältern« noch vorhanden sind. In vielen Fällen ist ein seitlicher Zugang mittels Drucktüre nachrüstbar, ansonsten sollte der vorhandene Einstieg überbaut werden, so dass erst nach Überwindung zweier Zugangstüren ein direkter Zugriff auf das gespeicherte Wasser möglich ist, wobei durch den Vorraum hygienisch bedenkliche Stoffe, Laub oder Schmutz zurückgehalten werden können. Be- und Entlüftungsöffnungen direkt über dem Wasserspiegel sind entweder mittels einer Rohrleitung im Erdreich über der Behälterdecke zusammenzufassen und an ein seitlich vom Behälter angeordnetes Be- und Entlüftungsbauwerk anzuschließen oder die Öffnungen sind wasserdicht zu verschließen und die neue Be- und Entlüftung über einen Lüftungskanal durch das Bedienungshaus herzustellen. In den Lüftungskanal können dann Entwässerungseinrichtungen, Jalousien, Gitter und Filter nachgerüstet werden, wobei die Filter auf eine zulässige Luftgeschwindigkeit von 1 m/s bemessen sein sollten.

Bei den hydraulischen Einrichtungen sind neben fehlenden Probeentnahmen oft auch eine *zu hoch angeordnete Entnahmeleitung* zu bemängeln, so dass der Wasserspiegel des Behälters nicht tief genug abgesenkt werden kann. Wenn dies durch einen Umbau nicht zu erreichen ist, kann durch Änderung des Entnahmeformstücks (s.a. bereits früheres DVGW-Arbeitsblatt W 311, Abschnitt 13.1.2) Abhilfe geschaffen werden.

Bauliche Probleme bei Wasserbehältern entstehen vielfach mit der *Instandsetzung von Stahlbeton.* Oft sind neuerbaute Behälter bereits ein Sanierungsfall, weil sie nicht dicht sind bzw. unzulässige Rissbreiten haben. Gerade bei Behälterneubauten werden beim *Verpressen von Rissen* oft Fehler gemacht (ausfließende Epoxidharze), so dass die Wasserkammern nicht keimfrei werden. Das Füllen eines wasserführenden Risses ist ein grundsätzliches Problem. Der Grund liegt darin, dass ein kraftschlüssiges Verbinden verlangt, dass das Füllmaterial mit den nassen Rissflanken eine Haftung eingeht, deren Wert zumindest der Betonzugfestigkeit entspricht. Es gibt Epoxidharze, welche gute Haftwerte auch auf nassem Untergrund erreichen. Ihr Fließvermögen ist jedoch dann nicht ausreichend, um in feinste Risse vorzudringen. Polyurethanharze sind wohl in der Lage einen begrenzten Verbund mit einer nassen Betonoberfläche einzugehen. Ihre Wirkung beziehen sie in erster Linie aus dem Reaktionsprozess beim Kontakt mit Wasser; dabei wird Wasser, welches sich an der Kontaktfläche befindet, mit eingebunden. Durch die damit verbundene Volumenvergrößerung wird eine Hohlraumausfüllung erreicht. Eine solche Rissfüllung wirkt in der Regel nur dann abdichtend, wenn keine oder keine nennenswerten Rissbewegungen mehr stattfinden. Bei größeren Rissbewegungen treten Kräfte auf, welche die Haftfestigkeit überschreiten. Hinzu kommt, dass besonders schäumende PUR-Harze bei ständiger Einwirkung von Wasser zur Hydrolyse neigen, was mit einem Zerfall der Struktur verbunden ist. Mittlerweile sind auch neuere Entwicklungen verzeichnen (GRÜBL 1992) mit denen feuchte und wasserführende Risse kraftschlüssig mittels Injektionssystemen (Kunstharz oder mit Zement) verfüllt werden können gemäß den Zusätzlichen Technischen Vertragsbedingungen ZTV-RISS 93. Das *Zement-Injektionssystem* arbeitet mit einer speziellen Zementsuspension als Verfüllmaterial. Der verwendete Ultrafeinzement besitzt gegenüber dem normalen Zement eine drei- bis vierfach höhere Mahlfeinheit (bis 0,02 mm). Weiterhin durchläuft der Zementleim eine besondere Aufbereitung, wodurch aus dem Zementleim eine Zementsuspension wird. Ihre besonderen Eigenschaften sind, dass sie ein dem Wasser vergleichbares Fließvermögen besitzt, während einer Stunde und mehr die Fließfähigkeit kaum verändert und kein Absetzen aufweist. Mit dieser Zementsuspension und dem zugehörigen Verarbeitungssystem lassen sich Risse im Beton bis zu einer Rissbreite von ca. 0,15 mm verfüllen. Verpresssysteme mit Kunstharz sollten nur angewandt werden, wenn Prüfzeugnisse nach den Kunststoff-Trinkwasser-Empfehlungen (KTW-Empfehlungen) und DVGW-Arbeitsblatt W 270 vorliegen. Darauf zu achten ist, dass diese (abgestuften) Zeugnisse oft nur für kleinflächige Abdichtungen gelten. Zu den o.a. Ausführungen über Schadensbehebung bei zementgebunden Baustoffen (nichtzementgebundene wie Kunststoffe, keramische Stoffe, Metalle siehe bei Oberflächensystemen) sollen einige baupraktische Erfahrungswerte mitgeteilt werden, die allerdings der Fortschreibung und kritischen Überprüfung bedürfen:

Zur *Schließung von Oberflächenrissen bis 0,3 mm* wurden diese mehrfach bis zur Sättigung mit niedrigviskosen, lösemittelfreiem Epoxydharz überstrichen. Der Riss wird nicht unbedingt in seiner ganzen Tiefe gefüllt. Der ursprüngliche Querschnitt wird nur teilweise wieder hergestellt. Die Risse müssen dabei in einem trockenen und die Oberfläche in einem sauberen Zustand sein. Im Bereich der Tränkung wird sich die Oberfläche dunkel verfärben. *Beim Schließen von keilförmigen Rissen und Trennrissen bestehen die Möglichkeiten wie Verpressen, Aufschneiden und Schließen, aufgedübelte Fugenbänder, Beschichtungen, Auskleiden:* Risse werden am häufigsten durch Verpressen mit Epoxydharz und Polyurethan (Anmerkung s.o.) über Einfüllstutzen (Packer) verschlossen, wobei Drücke zwischen 3-150 bar (oft zu hoch) gegeben sind. Der Packerabstand a wird durch die Bauteildicke d bestimmt (Klebepacker a < d; Bohrpacker a < d/2). Bei Drücken bis 60 bar werden Klebepacker, darüber Bohrpacker verwendet. Der Verpressdruck muss laufend kontrolliert werden, um den Verpressvorgang zu überwachen. Eine vollständige Dichtheit wird nach der erstmaligen Injektion oft nicht erreicht, d.h. Nachinjektionen sind erforderlich. Größere Risse lassen sich einfacher mit Verpressmaterial auf Zementbasis schließen, bezüglich kleinster Risse ist hier die fortschreitende Bauentwicklung nachzufragen. Trockene Risse können an der Oberfläche durch Aufschneiden vergrößert werden, damit die Flanken der Fuge mit einer Haftbrücke versehen und die Schnittfuge mit einem dauerelastischen Material (PUR) verfüllt werden kann. Bei aufgedübelte Fugenbänder ist es oft nach einer Untergrundbehandlung wie Sandstrahlen eine Ausgleichsspachtelung zur Egalisierung der Betonoberfläche durchzuführen, damit das Fugenband wasserdicht an der Betonoberfläche anliegt. Bei einer Vielzahl von kleinen Rissen, welche die Tragfähigkeit nicht beeinflussen, kann ein Beschichten wirtschaftlicher sein als die Einzelbeseitigung der Risse. Dies gilt ebenso für ein Auskleiden mit den im Abschnitt 6.6 dargestellten Oberflächensystemen (Edelstahl usw.). Bei der *Beseitigung von Hohlräumen und Kiesnestern* ist das Ziel die Wiederherstellung einer nutzungsgerechten Betonoberfläche und die Sicherstellung eines ausreichenden Korrosionsschutzes des Betonstahls. Dies wird erreicht durch Entfernen loser Zementschlämme, lockerem, mürben oder verunreinigten Beton, losen Beschichtungen durch unterschiedliche Strahlverfahren (Dampf-, Wasser- und Sandstrahlen) bzw. Stemmen und Fräsen, dann Säubern, Vorbereiten und Trocknen der freigelegten Betonflächen und Entrosten der Bewehrung (metallisch blank), Korrosionsschutz der Bewehrung durch Wiederherstellung einer DIN gerechten Betondeckung oder Aufbringen eines Korrosionsschutzes vorzugsweise auf Zementbasis. Unter Beachtung der vom Hersteller vorgeschriebenen Verarbeitungsbedingungen (Temperatur, Feuchtigkeit, Entrostungsgrad), Aufbringen der erforderlichen Ausgleichsspachtelung aus Mörtel oder Beton zur Wiederherstellung der äußeren Form. Bei einer kleinen Anzahl von Poren mit geringer Tiefe reicht es aus, die Poren weiter zu öffnen und durch Spachtelung eine geschlossene, glatte Oberfläche herzustellen. Hohlräume an Aussparungen und Durchführungen sowie Kiesnester werden meist durch Injektionen auf Zementbasis geschlossen.

Bei der *Sanierung von Wasserkammern älterer Behälter* kann Beton nachträglich an seiner Oberfläche durch einen rein mineralischen, anorganischen, hydraulisch abbindenden Spritzmörtel vergütet werden (Abschn. 6.6). Beispielsweise kann mit dem seit über einem Jahrzehnt auf dem Markt befindlichen KERASAL-Mikrosilica-Spritzmörtelverfahren ein durch Mikrosilica vergüteter Mörtel einlagig in Schichtstärken von 15 mm bis zu 40 mm (zur Hohlraumüberbrückung) je nach Untergrund aufgespritzt und geglättet werden, so dass eine dichte, homogene Oberfläche entsteht, die eine bis zu 1,5-fach größere Druckfestigkeit als der Untergrundbeton aufweist (MERKL 1995, 1998). Analog werden bei der Sanierung von geschädigten mineralischen Innenbeschichtungen neue Wege gegangen durch die Verwendung zementgebundener, silicafume (»mit Mikrosilica«) vergüteter Dichtungsmörtel. Erfahrungen über einen genügend langen Zeitraum gibt es naturgemäß noch nicht. Dünne Beschichtungen (3 mm) sind sicherlich weniger geeignet als solche mit mindestens 1-2 cm Dicke. Nachweise einer Eignung zum Einsatz im Trinkwasserbereich nach DVGW W 347 und W 270 sind zu fordern. Sanierungsalternativen zu herkömmlichen mineralischen Beschichtungen sind Microsilica-Spritzmörtel (KERASAL-Verfahren), die Edelstahlauskleidung von Wasserkammern (Abschnitt 6.6.7) oder Kunststoff-Auskleidung. Hierzu wird auf Abschnitt 6.6 + 11 bzw. auf die Detail- und Kostenangaben in den Berichten der Technischen Universität München (MERKL 1995, 1998, 1999) verwiesen. Im Prinzip wäre auch der althergebrachte »händische Zementputz« eine ideale Lösung, wenn er noch zu bekommen (erfahrenes Personal) und zu bezahlen wäre.
Die Maßnahmen haben zum Ziel, dass der instandgesetzte Behälter die Anforderungen des DVGW-Arbeitsblattes W 300 bzw. des DVGW-Merkblattes W 312 an neue Behälter erfüllt. In Einzelfällen kann dieses Ziel nicht erreicht werden. Eine wesentliche Verbesserung des vorhandenen Zustandes ist jedoch meistens möglich. Um das Instandsetzungsziel sicher zu erreichen, ist die *Beteiligung von erfahrenen Fachleuten* empfehlenswert bei der Ermittlung der Schadensursache und bei Festlegung des geeigneten Verfahrens zur Schadensbeseitigung. Mit der Ausführung der Arbeiten sollten ebenfalls nur Firmen beauftragt werden, die vergleichbare Leistungen erfolgreich – für den Auftraggeber – erbracht haben (Referenzen). In der Regel sollten dies nach den DVGW-Arbeitsblättern W 316-1 + 2 *zertifizierte Firmen* sein.
Instandsetzungen erhöhen nicht nur die Sicherheit, sondern lassen sich vielfach wirtschaftlich rechtfertigen.

10.6 Sanierung oder Neubau

Wenn zur Erhaltung des Bauwerkes oder zur Verbesserung der Betriebsbedingungen Maßnahmen erforderlich sind, muss vor deren Realisierung eine *Grundsatzprüfung* durchgeführt werden, ob Standort (Lage und Höhe), Nutzinhalt, bauliche

Ausstattung (Anzahl der Kammern, Bedienungshaus) und die Einbindung in das Rohrnetz der aktuellen Wasserversorgungskonzeption entsprechen (DVGW-Merkblatt W 403 »Planungsregeln für Wasserrohrleitungen und Wasserrohrnetze«/ W 300).
Bei einem positiven Ergebnis der Grundsatzüberprüfung schließen sich folgende Untersuchungsschritte und Feststellungen an:

▷ Art und Ursache von Mängeln und Schäden,
▷ Erforderlicher Instandsetzungsumfang und Ermittlung der entsprechenden Kosten,
▷ Vergleich der Kosten für Instandsetzung und Neubau.

Von wesentlicher Bedeutung für die Entscheidung, ob eine Instandsetzung sinnvoll ist oder eine Erneuerung erfolgen muss, ist daher die Erfassung des Schadensumfanges.
Hierbei gilt folgende Abstufung:

Schönheitsfehler	*lästig*
Beeinträchtigung der Nutzung, Verminderung der Lebensdauer	*teuer*
Verminderung der Standsicherheit, Versagen oder Einsturz	*gefährlich.*

Die wirtschaftliche und sichere Instandsetzung eines Wasserbehälters setzt weiterhin voraus, dass
Schadensort,
Schadensart und
Schadensursache
zweifelsfrei ermittelt werden.

Typische Schadensformen lassen sich wie folgt aufzählen (LOPP ET AL 2004): fehlende Isolierungen und Wärmedämmschichten; durch Baum und Pflanzenbewuchs beschädigte Isolierung, Wärmedämmung, Fugen; bauphysikalische Grundforderungen nicht eingehalten; durch Baugrundsetzungen hervorgerufene Konstruktionsschäden; Beschädigungen bzw. falsch angeordnete Be- und Entlüftungseinrichtungen; Unbedenklichkeit und Undichtigkeit von Fugenmaterial bei Arbeitsfugen in Sohle, Wand/Sohle, Wände und Decke; unzureichende Betonqualität und Karbonatisierungstiefen die keinen Schutz der Bewehrungsstähle garantieren; frei liegende bereits korrodierte Bewehrung; undichte Rohrdurchführungen, korrodierte Formstücke, Stahltreppen, -geländer, nicht den VDE-Vorschriften entsprechende elektrotechnische Ausrüstung; nicht funktionsgerechte Einzäunungen und Eingänge. Derartige Schäden und funktionale Mängel bedürfen einer baldigen fachgerechten Beseitigung, damit keine Folgeschäden entstehen und das gespeicherte Trinkwasser keinen Qualitätsverlust erleidet. Im Vorfeld einer Sanierung sollte jedoch die Nachhaltigkeit einer Investition sowie denkbare Versorgungsalternativen (s. o.a. Grundsatzprüfung) überprüft werden. Sollte dies darauf hindeuten,

dass der ersatzweise Neubau des Behälters eine in Erwägung zu ziehende Alternative darstellt, sind unter Berücksichtigung der jeweils zu erwartenden Nutzungsdauer, die Kosten für die Sanierung und den Neubau zu ermitteln. In einer Kostenvergleichsrechnung sind beide Varianten hinsichtlich ihrer Wirtschaftlichkeit gegenüber zu stellen (s.a. BAUR 2004). Für den Kostenvergleich wasserwirtschaftlicher Maßnahmen ist die Anwendung der LAWA-Richtlinie zu empfehlen.
Von BAUR 2004 wurde detailliert auf dem 28. Wassertechnischen Seminar über ein Fallbeispiel »Sanierung oder Neubau« berichtet: Danach kann bei einem sich in Betrieb befindlichen über 100 Jahre alten Behälter in Stampfbetonweise mit 4 versetzten Wasserkammern und einer Wassertiefe von 3 m, bei dem Risse sowie Wurzeleindringungen in der Wasserkammerdecke und Außenwand festgestellt wurden, nach Wertung von 9 Varianten wie Sanierung mittels Spritzbeton- oder Edelstahlauskleidung, Neubauvarianten der Wasserkammern unter Aufrechterhaltung des Betriebs, der Teilabbruch und ein 2-kammeriger Neubau innerhalb der alten Wasserkammern wirtschaftlich sein, wenn auf der kleineren Grundfläche aber mit einer Regelwassertiefe von 5 m ein größerer Nutzinhalt und auch sonstige Modernisierungen nach DVGW-Regelwerk ermöglicht werden.

11 Schutz und Instandsetzung von Wasserkammern

11.1 Von der Historie zu heute üblichen Auskleidungen

Bereits in der Antike war die Wasserversorgung eine der großen Herausforderungen für die damaligen Baumeister. So ist u. a. aus einer Vielzahl von Bauwerken aus der Römerzeit bekannt, dass die Behälter und Leitungssysteme aus »opus caementitium«, dem so genannten Römischen Beton aus Sanden, Zuschlägen und Ziegelsplitt nach heutigem Sieblinienmuster sowie Kalk mit häufig hydraulischen Zusätzen wie z.B. Ziegelmehl oder vulkanischer Asche bestanden (Lamprecht 1979). Die Trinkwasserkontaktzonen (Wände, Boden) waren bereits zu dieser Zeit mit einer dauerhaften Auskleidung aus einem glatten Innenputz (Mörtel mit Ziegelsplitt) versehen (Bild 11.1.01).
Bis in die Mitte unseres Jahrhunderts hat sich an dieser Vorgehensweise sehr wenig geändert. Aufgrund der noch nicht vorhandenen Rütteltechnik der frühen Stampfbetonbehälter waren diese nicht dicht und die Oberflächenanforderungen an Hygiene und Dauerhaftigkeit bei weitem nicht ausreichend. Auch heute noch scheitern viele Bauvorhaben an der Kunst, einen dichten rissfreien Stahlbetonbehälter mit glatter und insbesondere dauerhafter Oberfläche herzustellen, wenngleich dies die moderne Betontechnologie und Schalungstechnik bei sorgfältiger Planung und Ausführung zulassen, wie eine Reihe von Beispielen zeigen.

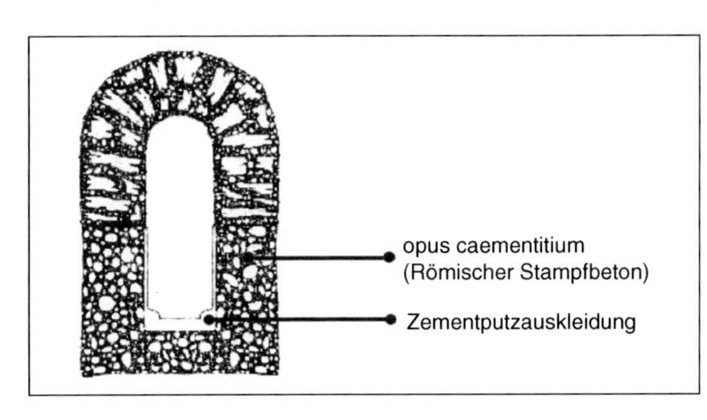

Bild 11.1.01: *Dauerhafte Zementputzauskleidung bereits in der römischen Wasserversorgung (Schnitt durch die römische Wasserleitung aus der Eifel nach Köln, 1./2. J. n. Chr.) [Lamprecht 1979]*

In der Vergangenheit wurden Betonbehälter mit einem Zementputz in Auftragsdicken von meist nicht mehr als 10 mm versehen, in den nass in nass eine Zementpuderung eingestreut und der als so genannter Glattstrich händisch geglättet wurde. Solche Ausführungen erfüllen auch heute noch in einer Reihe von alten Behältern ihren Dienst. Durch die Entwicklung von leistungsfähigen Betonzusatzmitteln und Zusatzstoffen sowie der Spritztechnologie haben sich Materialzusammensetzung und Applikation teilweise deutlich geändert. Zusatzmittel und Zusatzstoffe beeinflussen die Frisch- und Festmörteleigenschaften und erlauben die maschinelle Verarbeitung der i.d.R. speziell auf die Anwendung in Trinkwasserbehältern hin konfektionierten Beschichtungssysteme.
Der Entwicklung dünnschichtige Systeme wurde durch DVGW W 300 ein Riegel vorschoben, zementgebundene Beschichtungen mit einem Größtkorn von < 1 mm müssen eine Schichtstärke von mindestens 5 mm aufweisen. Alle anderen Systeme mit Größtkorn 2 bis 4 mm müssen mindestens eine Schichtstärke von 15 bis 20 mm aufweisen, dies aus betontechnologischen Gründen und der Dauerhaftigkeit (Hydrolysebeständigkeit) im Kontakt mit Trinkwasser. Kunststoffzusätze sollen nur in geringen Mengen zugegeben werden, damit eine Keimbildung nicht gefördert wird. Dennoch muss bei dem Einsatz dieser Stoffe ganz besondere Sorgfalt verwendet werden (DIN EN 1508). In erster Linie erleichtern Zusatzmittel die Verarbeitung der Materialien, sie sind aber auch geeignet, Verarbeitungsfehler oder Anwendungsgrenzen zu überdecken. In der allgemeinen Betoninstandsetzung haben sich heute zementgebundene Materialien mit hohen Kunststoffzusätzen (PCC Polymer-Cement-Concrete) etabliert, deren Verwendung in Trinkwasserbehältern prinzipiell möglich ist und in bestimmten Fällen auch sinnvoll sein kann, die aber mit besonderer Sorgfalt zu verarbeiten sind und häufig aufwendige klimatische Verarbeitungs- und Trocknungsbedingungen erfordern, damit die Polymerisation vollständig anlaufen kann und Verkeimungen ausgeschlossen sind. Leider gibt es genügend Beispiele mit Verkeimungsproblemen; wenn also keine technischen Gründe dazu zwingen, so sollte das Risiko der Keimbildung möglichst nicht eingegangen werden.
Offensichtlich durch Fehlschläge bei der Instandsetzung mit Beschichtungssystemen und manchen Fehlentwicklungen bei den Beschichtungsmaterialien werden heute »Behälter im Behälter« durch dichte und beständige Materialien wie Edelstahl, Keramik, Glas und Kunststoff verwendet, bei den Kunststoffen muss noch zwischen Folien und Flüssigbeschichtungen differenziert werden. Bei diesen Lösungen müssen die baupysikalischen und bauchemischen Randbedingungen gerade bei alten Behältern sorgsam bedacht werden, da hierdurch für die tragende Betonkonstruktion keine ungünstigen korrosionsfördernden Bedingungen geschaffen werden dürfen (RiLiSIB).
Seit dem Beginn der 70-er Jahre ist der Fachöffentlichkeit bewusst, dass zementgebundene Oberflächen infolge von äußeren Beanspruchungen, insbesondere Wasser, Kohlendioxid und bauschädliche Salze, nur begrenzt dauerhaft sind. Dabei

Bild 11.1.02: Beziehungen zwischen den DVGW-Regelwerken und der Betoninstandsetzungsrichtlinie des Deutschen Ausschusses für Stahlbeton

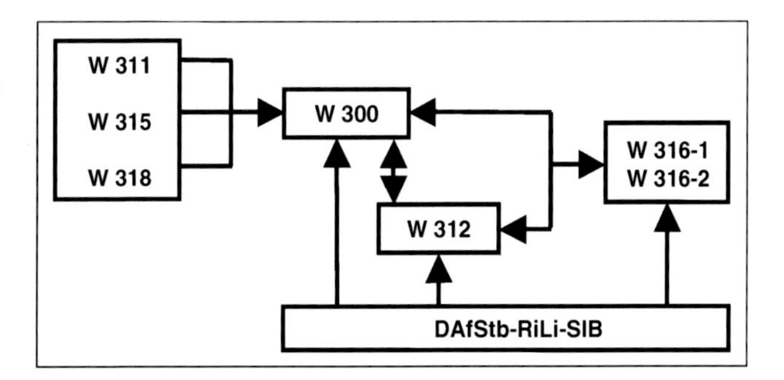

steht bei Bauwerken des Hoch, Tief- und Ingenieurbaus meist der Korrosionsschutz der Bewehrung im Vordergrund. In den letzten Jahrzehnten ist aber auch das Phänomen der Betonkorrosion wissenschaftlich untersucht und durch Modellvorstellungen belegt worden. Hierunter versteht man nachteilige Veränderungen des Betons durch chemische und/oder physikalische Einwirkungen. Im Bereich der Trinkwasserbehälter wird dieser Mechanismus auch mit Hydrolyse beschrieben, wobei hier nur der Sonderfall der chemischen Zersetzung des Zementsteins unter Wassereinwirkung gemeint ist.
Heute verfügt man über umfassende Technische Regelwerke für die allgemeine Betoninstandsetzung (DAfStb-RiLiSIB), die in der DIN 18 349 VOB Verdingungsordnung für Bauleistungen – Teil C: Allgemeine Vertragsbedingungen für Bauleistungen (ATV); Betonerhaltungsarbeiten verankert ist. Selbstverständlich gelten diese Regelwerke immer auch im Bereich der Trinkwasserbehälter und sind neben dem DVGW-Regelwerk zu beachten, sofern die dort geregelten Planungsgrundsätze anzuwenden sind und solange sie die besonderen Verhältnisse in einem Trinkwasserbehälter während der Bauausführung und die Hygieneanforderungen an die Materialien berücksichtigen. Sie bildet die Grundlage für die neuen DVGW-Regelwerksblätter W 300, W 312 und W 316, wenn Aspekte der Instandsetzung von Betonbauteilen betroffen sind. Bild 11.1.02 gibt einen orientierenden Überblick über die Beziehungen zwischen den neuen DVGW-Regelwerken und der Richtlinie für Schutz und Instandsetzung von Betonbauteilen des Deutschen Ausschusses für Stahlbeton (RiLiSIB).

11.2 Planungsgrundsätze

11.2.1 Planungsabläufe

DIN 31 051 und DIN EN 13 306 gliedern die Instandhaltung in vier Grundmaßnahmen und definieren Begriffe des allgemeinen Sprachgebrauchs (Bild 11.2.01). DVGW W 312 befasst sich vorrangig mit der Instandsetzung von Trinkwasserbehäl-

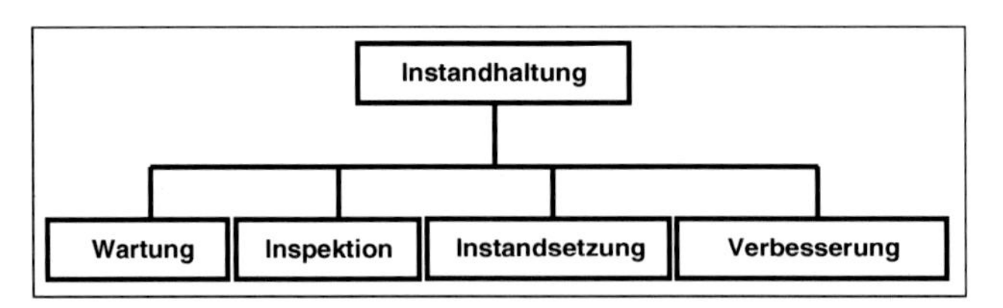

Bild 11.2.1.01: *Unterteilung der Grundmaßnahmen zur Instandhaltung*

tern. Da jedoch in DIN EN 1508 und auch in W 300 die generelle Forderung aufgestellt wird, dass nach Abschluss von Erneuerungsarbeiten soweit ökonomisch und technisch möglich die gleichen Anforderungen wie an einen neuen Behälter zu erfüllen sind, schließen umfassende Instandsetzungsmaßnahmen vielfach auch Verbesserungsmaßnahmen mit ein.

Die Schäden an Trinkwasserbehältern treten in der Regel nicht kurzfristig auf. Es handelt sich meist um langfristige chemische Veränderungen an den Materialien oder bei Rissen um Baugrundverformungen. Daher müssen zeitliche Veränderungen in einem Behälter, wie sie bei der Wartung, Inspektion, Kontrolle, Reinigung oder bei Reparaturen aufgezeigt werden, wenn möglich erfasst werden, um Prognosen über den bisherigen zeitlichen Verlauf des Schadensfortschritts und über die Dauerhaftigkeit der vorgesehenen Instandsetzungsmaßnahmen treffen zu können. Es empfiehlt sich daher ähnlich wie bei anderen komplexen baulichen Anlagen mit langfristigem Instandhaltungsbedarf wie z.B. Brücken, im Betriebshandbuch umfassende Dokumentationen und Routinen anzulegen, in denen alle Instandhaltungsmaßnahmen chronologisch und nach Ort und Ausführungsschritten archiviert werden. Es stellt bei der Bauzustandsanalyse und dem Instandsetzungsplan eine wichtige Grundlage für die Materialauswahl und die Festlegung von Instandsetzungsprinzipien dar.

Bereits DIN EN 1508 legt in groben Zügen maßgebliche Planungsabläufe fest, die durch W 300 und auf der Grundlage der Richtlinie des Deutschen Ausschusses für Stahlbeton (RiLiSIB) noch differenzierter gestaltet werden. Die prinzipiellen Zusammenhänge und Abläufe sind in Bild 11.2.1.02 dargestellt. Anhand einer Beurteilung des Ist-Zustandes sind die Ursachen von Mängeln oder Schäden von dem sachkundigen Fachmann (der sachkundigen Fachfrau) schriftlich anzugeben. Aus den Ermittlungen des Ist- und Sollzustandes und den Anforderungen an einen vergleichbaren neuen Behälter ist das Instandsetzungskonzept zu entwickeln.

Für jedes Instandsetzungsvorhaben ist ein Instandsetzungsplan aufzustellen, der die Grundsätze für die Instandsetzung, die Anforderungen an die Ausführung und erforderlichenfalls Fragen des Brandschutzes (z.B. in der Vorkammer) berücksichtigt. Dabei ist zu überprüfen, ob die den Grundprüfungen zugrunde gelegten Randbedingungen (z.B. Lagerungsbedingungen, Prüfklima) die Verhältnisse des vorliegenden Falles grundsätzlich abdecken.

Andere Maßnahmen, die im Zusammenhang mit der Instandsetzung stehen und die die Dauerhaftigkeit der Instandsetzungsmaßnahme wesentlich beeinflussen, z.B.

die Betoninstandsetzung vor der Auskleidung mit Edelstahl oder Kunststoff, Außenabdichtung und Wärmedämmung, Erdüberdeckung oder Drainage sind im Instandsetzungsplan zu berücksichtigen. Ebenso sind besondere Belastungen wie außergewöhnliche mechanische Beanspruchungen oder Besonderheiten bei Betriebszuständen (Mischwässer, Wasserwechsel, etc.) zu beschreiben.
Thematisch legt das DVGW Arbeitsblatt W 312 für jede Wartungs-, Inspektions-, Verbesserungs- und Instandsetzungsmaßnahme die wesentlichen Planungsabläufe und Verantwortlichkeiten fest. Bild 11.2.1.03 gibt eine grobe Übersicht über die erforderlichen Planungsabläufe und Planungsanforderungen einerseits und die behandelten Bauteile und Anlagen eines Trinkwasserbehälters andererseits.

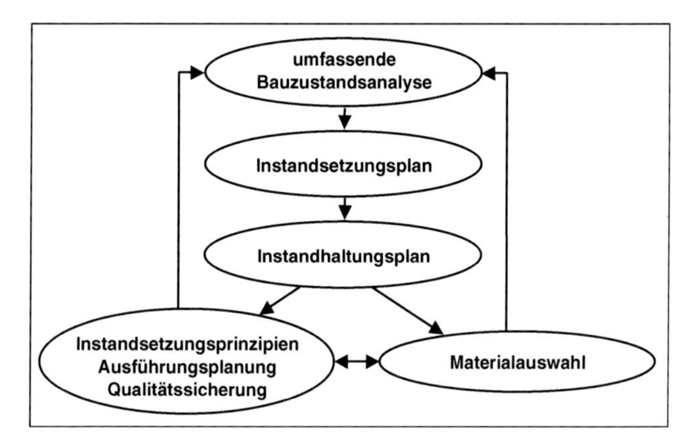

Bild 11.2.1.02:
Schematische Darstellung eines Planungsablaufs

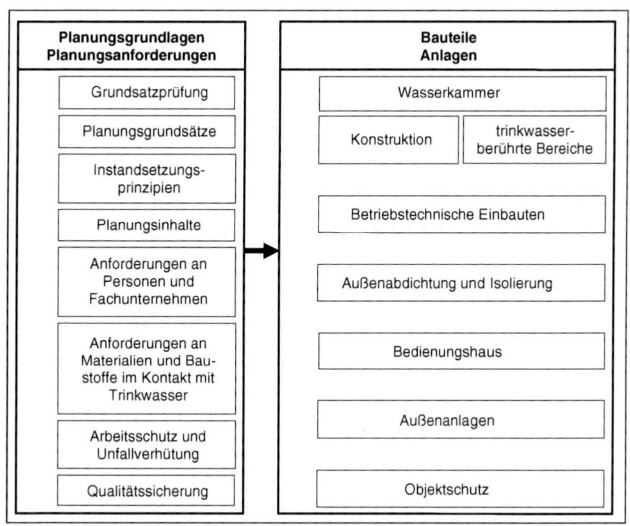

Bild 11.2.1.03:
Planungsabläufe und -anforderungen für Bauteile und Anlagen in Wasserbehältern nach DVGW Arbeitsblatts Entwurf W 312 (Grobübersicht)

Grundsätzlich ist bei der Wasserkammer zwischen der Konstruktion hinsichtlich der baulichen Durchbildung, der Standsicherheit und Dichtigkeit und den trinkwasserberührten Bereichen zu differenzieren.
Trinkwasserberührte Bereiche sind die Wasserkontaktzonen und die über Kondenswasser in Kontakt stehenden Bereiche der Wände, der Behälterdecke sowie Zugänge zu Be- und Entlüftungen. Zu beachten gilt, dass auch bei Arbeiten außerhalb der Wasserkammer, bei denen der unmittelbare Kontakt mit Trinkwasser nicht ausgeschlossen ist, z.B. Arbeiten an Rohrdurchdringen an der Vorkammer, Rissverpressungen an Wänden bzw. an der Behälterdecke oder bei denen der indirekte Kontakt über z.B. die Be- und Entlüftung nicht ausgeschlossen ist, die hygienischen Anforderungen an die Materialien eingehalten werden müssen.
Für Betonbauteile ist prinzipiell die DAfStb-Richtlinie Schutz und Instandsetzung von Betonbauteilen zu beachten (RiLiSIB). In der technischen Regel W 312 werden darüber hinaus im Hinblick auf die besonderen Randbedingungen in Trinkwasserbehältern (Temperatur, Feuchte, Tauwasser) und Hygieneanforderungen die Instandsetzungsprinzipien zur Herstellung dauerhafter Oberflächen sowie Anforderungen an Materialien und Bauausführung in Wasserbehältern geregelt. Gleiches gilt für Hinweise bei der Instandsetzung betriebstechnischer Einrichtungen und Außenanlagen mit z.B. Stahl- oder Kunststoffoberflächen. Für Stoffe, Stoffsysteme und Ausführungsverfahren im ständigen Kontakt mit Trinkwasser ist deren grundsätzliche Eignung für die besonderen Bedingungen und Hygieneanforderungen nach dem DVGW-Regelwerk nachzuweisen.
Für die gewählte Ausführung ist ein Instandhaltungsplan zu erstellen, der Angaben zu Instandhaltungsmaßnahmen wie z.B. planmäßigen Inspektionen, Wartungen, begrenzte Reparaturen, planmäßigen Erneuerungen oder Austausch, Reinigung (mechanische Beanspruchung der Beschichtung), zulässigen Zeiträumen (Leerstand der Wasserkammer) für die Austrocknung des Untergrunds oder Beschichtungsmaterial, Desinfektionsmittel- und Verfahren enthält. Art, Umfang, Ort, Prüf- oder Verfahrensmethoden, Häufigkeit oder zulässige Materialien sind differenziert vorzugeben. Der Instandhaltungsplan ist wesentlicher Bestandteil des Behälterbuchs.

11.2.2 Grundsatzprüfung

Vor jeder Instandsetzungsplanung zur Erhaltung des Bauwerks oder zur Verbesserung der Betriebsbedingungen muss eine Grundsatzprüfung (s.a. Kap. 10) den Nachweis erbringen, ob Standort (Lage und Höhe), Nutzinhalt, bauliche Ausstattung (Anzahl der Kammern, Bedienungshaus) und die Einbindung in das Rohrnetz der aktuellen Wasserversorgungskonzeption entsprechen (DVGW W 403/400-1). Bei positivem Bewertungsergebnis der Grundsatzprüfung ist nach den Planungsgrundsätzen nach W 312 zu verfahren.
Eine Grundsatzprüfung ist immer dann angeraten, wenn umfangreiche und/oder komplizierte Instandsetzungsmaßnahmen erforderlich werden, da bei sachgerech-

ter und dauerhafter Instandsetzung nach dem Stand der Technik mit nennenswerten Kosten zu rechnen ist, die je nach Behältergröße und Aufwand auch in die Nähe einer Neubaumaßnahme gelangen können. Im Vergleich zum Neubau entstehen teilweise erhebliche Mehrkosten durch die Baustelleneinrichtung und Logistik.

11.2.3 Beurteilung der Standsicherheit

W 312 regelt die Instandhaltung von Wasserbehältern und Türmen in der Trinkwasserversorgung aus Beton und Stahlbeton, unabhängig davon, ob die Standsicherheit betroffen ist oder nicht. Nachweise zur Standsicherheit werden dort nicht geregelt, dafür ist aber schon an anderer Stelle (RiLiSIB) definiert, dass für Instandsetzungsarbeiten in jeder Phase, auch während der Ausführung, festgelegt sein muss, wer die Fragen der Standsicherheit verantwortlich beurteilt und wer die dazu erforderlichen Maßnahmen plant und ausführt. Nur in Verbindung damit dürfen die im Anwendungsbereich angeführten Arbeiten, auch wenn sie die Standsicherheit nicht direkt betreffen, ausgeführt werden.
Als leicht anschauliches Beispiel für Fragen der Standsicherheit gilt das Freilegen der Bewehrung bei der Untergrundvorbereitung durch Strahlen einer Behälterdeckenuntersicht. In sehr vielen Trinkwasserbehältern stellt sich gerade hier das Problem der Bewehrungskorrosion infolge von zu geringer Betonüberdeckung und/oder Karbonatisierung des Betons dar. DIN 1045-1 regelt dazu, dass zur Sicherstellung des statisch erforderlichen Verbundes zwischen Bewehrung und Beton die Betondeckung mindestens dem Stabdurchmesser der Betonstahlbewehrung (d_s) entsprechen muss. Selbstverständlich dürfen ungünstige Abweichungen aus Vertiefungen und porösen oder minderfeste Schichten nicht der Betondeckung zugerechnet werden.
Beim partiellen Freilegen der Bewehrung zur Entfernung von morbidem Beton und Korrosionsprodukten sowie zum Aufbringen eines Korrosionsschutzes muss im Einzelfall geprüft werden, ob aus Standsicherheitsgründen vollflächig oder abschnittweise ausgeführt werden darf.
Zum Schutz der Bewehrung gegen Korrosion wird in den meisten Fällen die Expositionsklasse XC 2 (Bewehrungskorrosion ausgelöst durch Karbonatisierung – nass, selten trocken) maßgebend sein (DIN 1045). In diesem Fall muss die Betondeckung ≥ 20 mm betragen. Sind wechselnd nasse und trockene Verhältnisse nicht auszuschließen, etwa in ungünstigen Bereichen von Be- und Entlüftungen oder hinter Hohlräumen von dichten Auskleidungen, so beträgt die erforderliche Betondeckung ≥ 25 mm (Expositionsklasse XC 4).

11.2.4 Hinweise zu Planungsinhalten für Ausschreibung und Vergabe

Bauzustandsanalyse, Instandsetzungs- und Instandhaltungsplan sind grundsätzlich Bestandteil der Ausführungsplanung. Für Instandsetzungsplanungen in der Wasserkammer ist eine aktuelle Wasseranalyse beizufügen, sie soll möglichst die Trinkwasserqualität in der Kammer widerspiegeln. Werden Wässer aus verschiedenen Gewinnungsanlagen gleichmäßig oder zeitlich wechselnd in der Wasserkammer gespeichert (DVGW-EW 216), so sind möglichst die ungünstigsten Randbedingungen zur Beurteilung der Beständigkeit der Materialien im Kontakt mit Trinkwasser anzugeben.

Eine möglichst detaillierte Bauwerksbeschreibung soll Aufschluss geben über

- ▷ die Baugeschichte, damit eine Abschätzung zu verwendeten Materialien, Bauverfahren und Bauweisen ermöglicht wird,
- ▷ vorangegangene Instandsetzungen, Umbauten, Erweiterungen,
- ▷ die baulichen Durchbildungen der Konstruktionsbauteile (z. B. Wände, Boden, Decke),
- ▷ Materialien und/oder Schichtabfolgen der Auskleidungen in der Wasserkammer,
- ▷ Zeitangaben zu Materialien zur Abschätzung ggf. gesundheitsgefährdenden Stoffe, z.B. Asbest,
- ▷ Bauwerksabdichtungen, Isolierungen, Dränung, Erdüberdeckung,
- ▷ ggf. Besonderheiten.

Die Ausführungsplanung muss die Untersuchungsergebnisse und Festlegungen des Instandsetzungsplans berücksichtigen und sofern dies dort noch nicht geschehen ist hinsichtlich der Materialien und Ausführungsschritte umsetzen. Dabei ist zu beachten, dass viele Materialien für die Auskleidung von Trinkwasserbehältern eigene Randbedingungen aufweisen, die eine Vergleichbarkeit verschiedener Produkte nicht zulassen. Es ist daher erforderlich, die Anforderungen, die zur Auswahl des Instandsetzungsprinzips und zur Festlegung von Materialien geführt haben, in der Planung niederzulegen und für Bieter, Ausführende, Planer und Überwachende kenntlich zu machen (s.a. Kap. 12).

Besonderes Augenmerk ist auf Festlegungen von Anforderungen an die dauerhafte Oberfläche zu richten. Über die generelle Forderung hinaus, dass trinkwasserberührte Oberflächen dauerhaft, glatt, poren- und lunkerfrei, für die betrieblichen und nutzungsbedingten Verhältnisse verschleißbeständig sein müssen (DIN EN 1508) (TRWS W 300), sind Festlegungen an die Oberflächentextur und Farbe sowie deren Gleichmäßigkeit in der Fläche erforderlich, um eine Synthese zwischen der Erwartungshaltung des Betreibers, den Gesundheitsbehörden und den material- und verfahrensbedingten Möglichkeiten herzustellen. Dies gelingt am Besten durch das Anlegen von Musterflächen, die auch als Referenzflächen für die Abnahme dienen.

Die Instandsetzung von Trinkwasserbehältern unterscheidet sich in vielen Gesichtpunkten deutlich von allgemeinen Instandsetzungsaufgaben:

- ▷ Die Temperaturen liegen im unteren Bereich der Mindestanwendungstemperatur für bestimmte Baustoffe. Hierdurch können Reaktionen und Härtungszeiten verzögert oder behindert werden.

- ▷ Es besteht immer die Gefahr der Tauwasserbildung. Dies muss bei der Materialauswahl, der Applikation und den Ausführungsschritten berücksichtigt werden.
- ▷ Es liegen erschwerte Baustellenbedingungen vor. Material- und Gerätetransport, Förderung von Frischmörtel und Logistik müssen darauf abgestellt werden. Die Arbeiten erfolgen in einem geschlossenen Raum mit i.d.R. einem Zugang. Hier müssen u. a. umfangreiche Unfallverhütungsvorschriften beachtet werden (DVGW-Informationen Nr. 57).
- ▷ Die Betoninstandsetzung muss in weiten Bereichen allen allgemeinen Anforderungen (RiLiSIB) an z.B. Untergrundvorbereitung und Schutz der Bewehrung vor Korrosion folgen, darüber hinaus die Anforderungen an Hygiene und Dauerhaftigkeit im ständigen Kontakt mit Trinkwasser erfüllen.
- ▷ Hinsichtlich der Ausführungsschritte und Materialien ist vielfach zwischen Boden, Wände/Stützen und Decke zu differenzieren. Die Materialien müssen bei verschiedenen Applikationsverfahren (Auftrag im Spritzverfahren an Wänden und Decke, manueller Auftrag am Boden) gleiche Anforderungen erfüllen.
- ▷ Bei dem Behälterboden müssen erhöhte Anforderungen an Ebenheit und Gefälle berücksichtigt werden. Das Gefälle soll 1 % bis 2 % zur Entleerungseinrichtung betragen.
- ▷ Instandsetzungsmaßnahmen im Trinkwasserbehältern erfordern besondere Instandsetzungsprinzipien zur Herstellung dauerhafter Oberflächen.

Instandsetzungsmaßnahmen sollten daher nicht nach fertigen Leistungen, sondern chronologisch nach Ausführungsschritten ausgeschrieben werden, wobei technische Anforderungen wie Haftzugfestigkeit, Schichtdicken, Überarbeitungsfristen, Nachbehandlungsfristen (frühester Beginn, Ende), Nachbehandlungsart, klimatische Randbedingungen falls erforderlich für die einzelnen Ausführungsschritte festgelegt werden sollten.
Wichtiger Planungsinhalt ist die Planung, Steuerung und Dokumentation der Qualitätssicherungsmaßnahmen der Bauausführung. Bereits in der Ausschreibung sind Art und Umfang der Untersuchungen und Dokumentationen festzulegen, Schnittstellen und Verantwortlichkeiten zwischen Eigen- und Fremdüberwachung, Bauleitung und Bauherrenvertretung zu regeln.

11.3. Anforderungen an die Ausführung

11.3.1 Grundsätzliche Anforderungen an Personen und Fachunternehmen

Auf der Grundlage der Technischen Regel DVGW Arbeitsblatt W 316 und W 316-2 zertifiziert der DVGW Fachunternehmen für die Instandsetzung von Trinkwasserbehältern.

Die Zertifizierung der Fachunternehmen und des Fachpersonals stellt neben den Anforderungen an Materialien und Bauausführung gemäß W 300 oder W 312 das wichtigste Bindeglied zur Sicherstellung der dauerhaften trinkwasserhygienischen und technischen Eigenschaften bei seiner Instandsetzung dar. Prinzipiell dürfen gemäß DIN 2000 bei Betrieb und Instandhaltung von Wasserversorgungsanlagen nur sachkundige Personen beauftragt werden, die den Nachweis erbracht haben, dass sie für diese Aufgaben erforderliche Kenntnisse und Erfahrungen besitzen.
In W 316 wurde ein sehr umfangreiches Instrumentarium zur Zertifizierung der Fachunternehmen implementiert. Wie Breitbach (2004) auf dem 28. Wassertechnischen Seminar an der Technischen Universität München berichtete, müssen insgesamt 8 »Hürden« zur Erlangung der Firmenzertifizierung genommen werden, wobei jeweils die Meßlatte weit über den Anforderungen anderer Instandsetzungsbereiche gelegt wurde. Dies erfolgte wohlgemerkt nur, weil hier ganz besondere Qualifikationen hinsichtlich der Hygieneanforderunge, der Dauerhaftigkeit und der Verarbeitung der Materialien zwingend als erforderlich erachtet wurden.
Zertifizierte Unternehmen müssen über eine eigene umfassende gerätetechnische und prüftechnische Ausrüstung verfügen, damit alle erforderlichen Arbeitsabläufe sichergestellt sind und das Arbeitsunterbrechungen z.B. beim Ausfall von Geräten nicht zu Schäden oder zu betriebstechnischen Unterbrechungen führen. Ferner müssen entsprechende personelle Voraussetzungen über das erforderliche qualifizierte Fachpersonal hinaus nachgewiesen werden.
An die Fachkraft und die Fachaufsicht werden gemäß W 316 weitaus höhere Anforderungen gestellt als an das Fachpersonal für anderweitige hochwertige Instandsetzungsmaßnahmen, z.B. Ingenieurbauwerke. Sowohl die Fachkräfte als auch die Fachaufsicht müssen als Zugangsberechtigung zur Qualifikation W 316-2 über einen so genannten SIVV-Schein (Lehrgang gemäß dem Ausbildungsbeirat beim Deutschen Beton- und Bautechnik-Verein e. V. »Schützen, Instandsetzen, Verbinden und Verstärken von Betonbauteilen«) verfügen, der die prinzipielle Eignung für Betoninstandsetzungsarbeiten beinhaltet. Der SIVV-Schein darf zum Beginn der Qualifikationsmaßnahme nach W 316 nicht älter als 3 Jahre sein und er muss alle 3 Jahre durch eine Nachschulung erneuert und vorgelegt werden.
Bild 11.3.1.01 zeigt die 8 Elemente auf dem Weg zur Firmenzertifizierung nach W 316. Die Qualifikation der Fachkräfte umfasst einen einwöchigen Lehrgang mit zweitägigem Praxisteil, innerhalb dessen insbesondere Spritzprobeflächen in Nass- und Trockenspritzverfahren mit unterschiedlichen Materialien abgeliefert werden müssen. Der Lehrgang ist mit einer schriftlichen Prüfung und der Beurteilung der Musterflächen abzuschließen.
Die Qualifikation der Fachaufsicht erfolgt durch einen zweitägigen Intensivlehrgang. Weiter umfasst die Zertifizierung des Fachunternehmens einen intensiven Überprüfungstermin durch die DVGW-Experten im Unternehmen selbst, bei dem die personellen Voraussetzungen und gerätetechnischen Ausrüstungen sowie die Betriebsabläufe zu einem Qualitätsmanagementsystem auditiert werden.

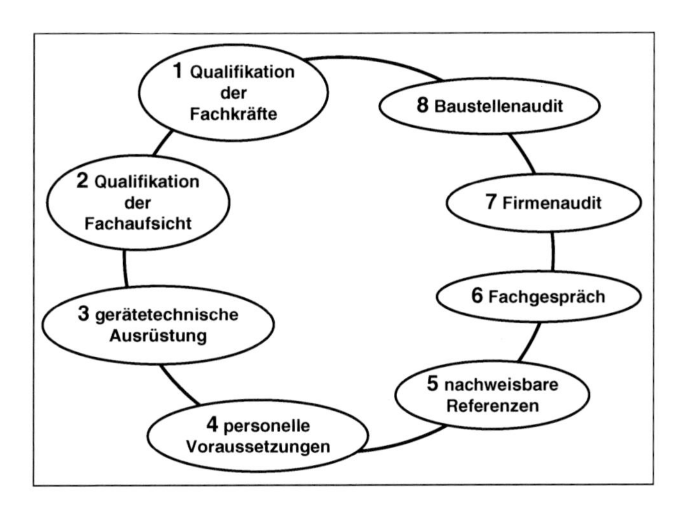

Bild 11.3.1.01:
8 Elemente zur DVGW-Zertifizierung als Fachunternehmen nach DVGW W 316 [Breitbach 2004]

Im Rahmen eines Baustellentermins muss das Fachunternehmen nachweisen, dass es zur Ausführung dauerhafter Oberflächen im Trinkwasserbereich gemäß W 300 befähigt ist, dass die Arbeitsabläufe reibungsfrei und nach innerbetrieblichen Vorgaben erfolgen, die Baustelleneinrichtung einschließlich der Unfallverhütungsvorschriften mangelfrei und die Qualitätssicherung lückenlos ist.
Letztlich muss das Fachunternehmen mindestens 5 nachweisliche Referenzen von Betreibern in den zurückliegenden 3 Jahren vorlegen können.
Das nach DVGW W 316 zertifizierte Unternehmen ist insbesondere auch verpflichtet, die Überprüfung der Qualifikation und die Überwachung von externem Personal oder von Subunternehmern durchzuführen.

11.3.2 Aufgabenbereiche der Fachunternehmen

Die erforderlichen fachspezifischen Qualifikationskriterien nach W 316 finden sich in Tabelle 11.3.2.01. Das DVGW-Arbeitsblatt W 316 berücksichtigt vorrangig die Instandsetzung von erdberührten Wasserbehältern und Türmen in der Trinkwasserversorgung aus Beton und Stahlbeton. Für andere Wasserbehälter ist dieses

Tabelle 11.3.2.01:
Aufgabenbereiche der Fachunternehmen gemäß W 316-1

1	Bauzustandsanalyse
2	Untergrundvorbehandlung
3	Füllen von Rissen und Hohlräumen
4	Abdichtungsarbeiten
5	Betoninstandsetzung
6	Verstärken von tragenden Bauteilen gemäß DIN 18 551
7	Herstellung dauerhafter Oberflächen in Wasserkammern
8	Korrosionsschutz

Regelwerk sinngemäß anzuwenden, allerdings muss die Übertragbarkeit im Einzelfall überprüft werden.
Mit Ausführungen an Betonbauteilen und damit verbundene Aus- und Einbauten im Kontakt mit Trinkwasser oder bei denen der Kontakt mit Trinkwasser nicht ausgeschlossen ist, z.B. Vorkammer, Außenwände und Behälterdecke e.t.c. soll nur ein nach DVGW-Arbeitsblatt W 316-1 zertifiziertes Fachunternehmen beauftragt werden.

11.3.3 Fachkraft und Fachaufsicht

Der Qualifikation des Fachpersonals wird im Rahmen der Zertifizierung besonderes Augenmerk gewidmet, da jeder Behälter seine Besonderheiten aufweist, die durch geschultes Personal vor Ort zielsicher erkannt und durch geeignete Maßnahmen berücksichtigt werden müssen. Hierbei stehen Faktoren wie die Hygiene, Dauerhaftigkeit, Materialeigenschaften und Arbeitsicherheit im Vordergrund. Tabelle 11.3.3.01 vermittelt einen Überblick über den Grobstoffplan für die Qualifikationsmaßnahmen.

Tabelle 11.3.3.01: *Stoffplan für die Qualifizierung des Fachpersonals W 316*

1	Anforderungen an Trinkwasserbehälter, Hygiene, Trinkwasser
2	Bauzustandsanalyse
3	Arbeitsvorbereitung, Baustelleneinrichtung, Umgang mit betriebstechnischen Einrichtungen, Nachbarkammer
4	Arbeitssicherheit, Unfallverhütungsvorschriften
5	Untergrundvorbereitung, Korrosionsschutz, Reprofilierung, Egalisierung
6	Technische, hygienische und wirtschaftliche Anforderungen am Instandsetzungsmaterialien
7	Betontechnologische Grundsätze und Dauerhaftigkeit zementgebundener Oberflächen
8	Herstellen dauerhafter Oberflächen mit verschiedenen Spritztechnologien
9	Rissverpressung, Füllen von Hohlstellen, Fugen

Darüber hinaus werden von den Fachkräften praktische Qualifikationen abverlangt. Im Rahmen des einwöchigen Lehrgangs W 316-2 werden die Fachkräfte im Umgang mit

- ▷ verschiedener Spritzverfahren (Nassspritzverfahren, Trockenspritzverfahren),
- ▷ verschiedenen Schichtdickensystemen (dickschichtig, dünnschichtig),
- ▷ verschiedenen Beschichtungsmaterialien,
- ▷ Injektionssystemen und mit
- ▷ Fugenkonstruktionen

vertraut gemacht Abb. (11.3.3.01). Abschließend erfolgt eine Bewertung durch die Fachbetreuer des Kurses.

Bild 11.3.3.01:
Herstellung dauerhafter Oberflächen unter Übungsanleitung bei der Qualifizierung der Fachkraft nach W 312 [Breitbach 2004]

11.3.4 Baustellenaudit

Durch die Überprüfung auf der Baustelle soll das Fachunternehmen den praktischen Nachweis liefern, das es zur ordnungsgemäßen und reibungsfreien Durchführung auch anspruchsvoller Instandsetzungsmaßnahmen in Trinkwasserbehältern in der Lage ist. Hierzu wird die gesamte Baustelleneinrichtung inklusive der logistischen Erfordernisse überprüft. Ferner werden die Schutzmaßnahmen zur Nachbarkammer, Vorkammer oder anderen Bereichen, z.B. der Be- und Entlüftung beurteilt. Es müssen alle geeigneten hygienischen Maßnahmen einschließlich der Hygiene des Personals vor Ort ergriffen worden sein. Insbesondere werden alle Aspekte der Arbeitssicherheit, Unfallverhütung und der sachgerechten Lagerung von Baustoffen, Hilfsstoffen und umweltgefährdenden Stoffen überprüft. Auf der Baustelle müssen alle Unterlagen angetroffen werden, die zum sachgerechten Ablauf der Instandsetzungsmaßnahme erforderlich sind, wie Bauzustandsanalyse, Instandsetzungsplan, Ausführungsplanung und Technische Merkblätter zu allen vorgesehenen Materialien. Es sind entsprechende Dokumentationen zum Schadenskataster, zu Untersuchungsbereichen und deren Ergebnisse, zu Arbeitsabschnitten und zu bauphysikalischen Messungen anzulegen. Die Dokumentation muss durchgängig verifizierbar und rückverfolgbar sein und es muss eine Ankopplung zu der Planung im Betrieb vorliegen. Alle Elemente einer Qualitätssicherung (Lieferscheine, Chargennummern, Liefermengen, Verfallsdaten, Rückstellproben...) müssen lückenlos rückverfolgbar sein und müssen in dem Organisationsablauf des Unternehmens implementiert sein.
Wichtiges Kriterium ist der reibungsfreie Arbeitsablauf bei der Applikation von Beschichtungssystemen. Hierdurch muss sichergestellt werden, dass ungewollte Einflüsse aus z.B. Befüllung, Mischen, Dosieren, Fördern und Verarbeitung nicht zu Abweichungen in der späteren Materialbeschaffenheit der Beschichtung führen, z.B. Schwankungen im Wasser-Zementwert oder der Porosität. Tabelle 11.3.4.01

Tabelle 11.3.4.01: *Kriterien zur Überprüfung der Baustelle nach W 316*

1	Baustelleneinrichtung und Hygiene
2	Sicherheit auf der Baustelle
3	Ausführung von Instandsetzungsarbeiten
4	Dokumentation und Qualitätssicherung auf der Baustelle

Tabelle 11.3.5.01 *Kostenrahmen für die Erstzertifizierung nach W 316 (Fallbeispiel)*

Pos.	Leistungsbeschreibung	Menge	E.P. €	G.P. €
1	Kosten Neuantrag beim DVGW	1 psch	3.750	3.750
2	Kurs Fachaufsicht	1 psch		450
3	Kurs Fachkraft	1 psch	1.480	1.480
4	Gehalt Fachaufsicht während Kurs	2 Tage	250	500
5	Lohnkosten während Kurs	1 Woche	800	800
6	Reisekosten Fachaufsicht			500
7	Reisekosten Fachkraft			500
8	SIVV Kurs FA u. FK	2 psch	1.178	2.356
9	Lohnkosten FA während SIVV	2 Wochen	1.000	2.000
10	Lohnkosten FK während SIVV	2 Wochen	800	1.600
8	Vorbereitung der Zertifizierung	1 Mann/Monat	4000	4000
	Summe			**17.936**

liefert einen groben Überblick über die wesentlichen Kriterien der Baustellenüberprüfung. Diese werden im Einzelfall auf das Bauwerk, dem zum Zeitpunkt des Audits vorgefundenen Bearbeitungsstand und die zur Ausführung gelangte Instandsetzungsvariante abgestimmt.

11.3.5 Kosten einer Erstzertifizierung

Die Kosten einer Erstzertifizierung (Stahl 2004) können sich gemäß Tabelle 11.3.5.01 zusammensetzen:
Hinzukommen die Kosten für den Erhalt der Zertifizierung. Letztendlich müssen die Kosten auf die Leistungen umgelegt werden. Über die längere Lebensdauer der Instandsetzungen amortisieren sich die Kosten um ein Vielfaches.

11.4 Qualitätssicherung

11.4.1 Eigen- und Fremdüberwachung der Bauausführung

Mit der Ausführung sollen zertifizierte Fachunternehmen nach DVGW W 316 beauftragt werden. Die Ausführungsarbeiten müssen einer Fremdüberwachung unterliegen, die mindestens die Kontrolle der Dokumentationen zu den Ausführungsschritten aus der Eigenüberwachung des Ausführenden und die Abnahmekriterien Haftzugfestigkeit und Porosität umfasst. Art und Umfang der Fremdüberwachung

richten sich nach dem Grad der Vorschädigung der Wasserkammer, den anzuwendenden Instandsetzungsprinzipen, der Komplexität der Konstruktion und Anzahl und Größe von Einzelflächen beziehungsweise Verarbeitungsflächen. Als Anhaltswert sollten je 1.000 m³ Fassungsvermögen mindestens 12 Probenahme- oder Prüfflächen vorgesehen werden (je 3 für Decke und Boden und mindestens 6 an Wänden/Stützen) (ZTV-SIB 90). Der Umfang der durchzuführenden Prüfungen richtet sich dann nach dem Ergebnis von repräsentativen Einzelprüfungen. Werden nicht ausreichende Messwerte vorgefunden, so ist durch Einengung der Ergebnisse zu klären, ob es sich um einen fehlerhaften Bereich handelt oder ob die Maßnahme insgesamt fehlgeschlagen ist. Bei sehr großen Einzelflächen kann unter Berücksichtigung der Ausführungsflächen und unter statistischen Gesichtspunkten der Prüfumfang entsprechend reduziert werden.
Die Kosten für die Fremdüberwachung müssen mit mindestens 1 bis 2 % der Gesamtmaßnahme angesetzt werden, sofern der Planer oder Auftraggeber keine straffere Überwachung festlegt und keine negativen Untersuchungsergebnisse zu dem zuvor beschriebenen Handlungsschema führen. Die Kosten müssen bei der Vergabe berücksichtigt werden ebenso wie eine klare Vereinbarung, was im Falle des nicht Erreichens von Anforderungen zu geschehen hat: Sanierung der Sanierung oder Erneuerung.

11.4.2 Eignungsprüfung und Fremdüberwachung der Materialien

Die Eignung der verwendeten Materialien sowie deren technische Kennwerte und Verarbeitungseigenschaften muss im Rahmen einer Grundprüfung nachgewiesen werden. In (DVGW W 300) werden hierzu für die Stoffgruppen Zementputze, Zementgebundene Beschichtungen, Kunststoffmodifizierte Beschichtungen (PCC), Estrich und Verlege- und Fugenmörtel Prüfgrundsätze zum Nachweis des Hydrolysewiderstands vorgeschrieben. Für Eignungsversuche zu

- ▷ Verarbeitungsschritten, z.B.
  - Anforderungen an den Untergrund,
  - Mindestanwendungstemperatur,
  - zulässige Feuchtesituation,
  - Aushärtezeiten,
  - Überarbeitungszeiten,
  - spätester Beginn der Nachbehandlung,
  - Mindestdauer der Nachbehandlung,
  - früheste Erstbefüllung
- ▷ Technische Kennwerte, z.B.
  - Festigkeitsentwicklung,
  - Haftzugfestigkeit,
  - Porosität

sind für jedes Material durch den Hersteller die Randbedingungen und Einsatz-

grenzen festzulegen. Es ist im Einzelfall sicherzustellen, dass Art und Umfang der Prüfungen mit den prinzipiellen Gegebenheiten in Trinkwasserbehältern und mit den vorgegebenen Einsatzgrenzen des Herstellers in Einklang stehen.
Alle verwendeten Materialien müssen neben der Eigenüberwachung des Herstellers einer Fremdüberwachung durch eine neutrale Stelle unterliegen. Die für die Dauerhaftigkeit und Hygiene wesentliche Kennwerte und Stoffe müssen regelmäßig überprüft werden.

11.4.3 Ausführungsanweisung der Material- und Systemhersteller

Für jedes Material, jeden Systemaufbau und jede Bauweise muss vom Hersteller eine ausführliche Ausführungsanweisung vorgelegt werden, die detailliert alle Ausführungsschritte erfasst und den zulässigen Anwendungsbereich genau abgrenzt.

11.4.4 Grundsätzliche Anforderungen an Instandsetzungsmaterialien

Vor jeder Beschichtung oder Auskleidung der tragenden Betonkonstruktion der Wasserkammer müssen alle erforderlichen Instandsetzungsprinzipien gemäß (DVGW-TRWS W 300) und (RiLiSIB) durchgeführt werden, die zur Sicherstellung der Betondeckung und dem Schutz der tragenden Bewehrung vor Korrosion und damit zur langfristigen Sicherstellung der Standsicherheit erforderlich sind.
Beschichtungen und nicht dichte Auskleidungen wie z.B. Fliesen sind grundsätzlich nicht geeignet, lokale Undichtigkeiten wie Risse oder Kiesnester innenseitig abzudichten. Hierzu bedarf es z.B. einer Rissverpressung gemäß (RiLiSIB) oder der Anordnung von Fugenbändern, wobei im Einzelfall die Hygieneanforderungen an dem Materialien selbst sicherzustellen sind oder die Gefahr der Keimbildung durch sichere Überdeckung mit anderen Materialien langfristig ausgeschlossen werden kann. Andere Hohlstellen wie Kiesnester, Risse oder nicht vollfugig vermörtelte Fugen sollen möglichst verfüllt werden, um Keimbildungen im Untergrund durch Wasser mit langen Verweilzeiten oder Kontakt der Wasserkammer nach außen (Erdreich, Erdüberdeckung) zu unterbinden.
Ältere Trinkwasserbehälter besitzen häufig keine oder eine nicht mehr funktionsfähige äußere Bauwerksabdichtung. Es ist hinsichtlich der Planung und Ausführung von Beschichtungen und Auskleidungen mit rückwärtiger Durchfeuchtung infolge Diffusion und Feuchte-/Wasserzutritt infolge von Undichtigkeiten (Risse, Kiesnester, Hohlstellen, Fugen) zu rechnen. Bei der Betoninstandsetzung der Konstruktion ist die Korrosionsgefahr für die tragende Bewehrung zu berücksichtigen. Dieser Grundsatz ist von der Art der Auskleidung (wasserundurchlässige Beschichtungen, wasserdichte Auskleidungen) unabhängig.
An Trinkwasserbehälter werden besonders hohe Anforderungen an Dichtheit und Dauerhaftigkeit gestellt. Zusätzlich müssen die trinkwasserberührten Oberflächen hohe Hygiene- und Oberflächenanforderungen erfüllen. Alle nichtmetallischen

Baustoffe und Bauhilfsstoffe müssen den Kunststoff-Trinkwasser-Empfehlungen (KTW) entsprechen. Zusätzlich muss in mikrobieller Hinsicht die Eignung gemäß W 270 nachgewiesen sein. Bei zementgebundenen Werkstoffen ist das DVGW-Arbeitsblatt W 347 zu beachten. Zur Sicherstellung dieser Kriterien ist eine geeignete Materialauswahl zwingend erforderlich. Die Materialien müssen so verarbeitbar sein, dass eine dauerhaft glatte und möglichst porenfreie Oberfläche entsteht, damit sie leicht zu reinigen ist und ein Bakterienwachstum vermieden wird.
Es ist darauf zu achten, dass einzelne Materialien keine Begrenzung der Dauerhaftigkeit der gesamten Instandsetzungsmaßnahme darstellen, z.B. Dichtungsstoffe, Fugenmörtel bei Fliesen, Mörtel für Hohlkehlen, Estriche. Die Materialien zur Beschichtung/Auskleidung der Wasserkammer müssen so geplant und ausgeführt werden, dass über die planmäßige Nutzungsdauer

- ▷ sachgerechte Wartungen und Reparaturen,
- ▷ Inspektionen der Beschichtung/Auskleidung und der tragenden Konstruktion

möglich sind.

An das Erscheinungsbild der Oberflächen sind entsprechend dem Lebensmittel Trinkwasser adäquate ästhetische Anforderungen zu stellen. Zusätzlich sollen die Oberflächen in Textur und Farbe ein so gleichmäßiges Erscheinungsbild aufweisen, dass aus Hygienegründen bei Kontrollen Verschmutzungen, Beläge oder Biofilme leicht erkennbar werden oder z.B. der Reinigungserfolg leicht überprüfbar ist.
Es muss sichergestellt werden, dass über die planmäßige Nutzungsdauer keine Hinterläufigkeiten durch Undichtigkeiten entstehen können, die zur Keimbildung beitragen, da diese Bereiche durch Desinfektionsmaßnahmen nicht erreicht werden können. Bei der Ausführungsplanung und Bauausführung muss großen Wert darauf gelegt werden, dass keine Bereiche mit langen Verweilzeiten des Trinkwassers erzeugt werden, z.B. Spalte an Klemm- oder Flanschverbindungen.
Alle verwendeten Materialien müssen im Kontakt mit Trinkwasser korrosionsbeständig sein. Korrosion ist gemäß DIN 50 900 als Zerstörung von Werkstoffen durch chemische oder elektrochemische Reaktionen mit Bestandteilen der Umge-

Bild 11.4.4.01
Bindemittelverlust durch Hydrolyse an einer Beschichtungsoberfläche

Bild 11.4.4.02:
Aufweichung und »braune Flecke« an einer Beschichtungsfläche; die Beschichtung ist leicht mechanisch ablösbar

bung definiert. Dieser Mechanismus beschränkt sich nicht auf Metalle, sondern ist auf mineralische und anorganische Baustoffe gleichfalls anzuwenden.
Die Materialien müssen, sofern dies aufgrund ihrer chemischen Zusammensetzung in Betracht kommt, hydolysebeständig und bei polymeren Stoffen verseifungsbeständig sein. Unter Hydrolyse versteht man allgemein die chemische Zersetzung eines Stoffes unter Wassereinwirkung (Bild 11.4.4.01 und Bild 11.4.4.02), unter Verseifung die Spaltung eines Polymers durch Laugen, Säuren oder Enzyme (RiLiSIB).
Nicht durch chemische Beanspruchungen ausgelaugter Beton hat aufgrund der stark basischen Wirkung des Porenwassers im Zementstein, die durch Lösung von Calziumhydroxid und Alkalien entsteht, einen ph-Wert von etwa ph 12,5. Im Kontakt mit zementgebundenen Baustoffen müssen Materialien aus diesem Grund selbstverständlich alkalibeständig sein.
Materialien müssen alterungsbeständig sein im Kontakt mit Trinkwasser, Reinigungsmittel und Desinfektionsmittel. Unter Alterung versteht man allgemein nicht umkehrbare Änderungen der Gebrauchseigenschaften eines Baustoffs unter Umwelt-(Umgebungs-)faktoren. Bei Kunststoffen äußert sich der Mechanismus durch Versprödung und damit Zunahme der Empfindlichkeit von mikroskopischen oder makroskopischen Rissbildungen (Bild 11.4.4.03). Kunststoffe dürfen kein

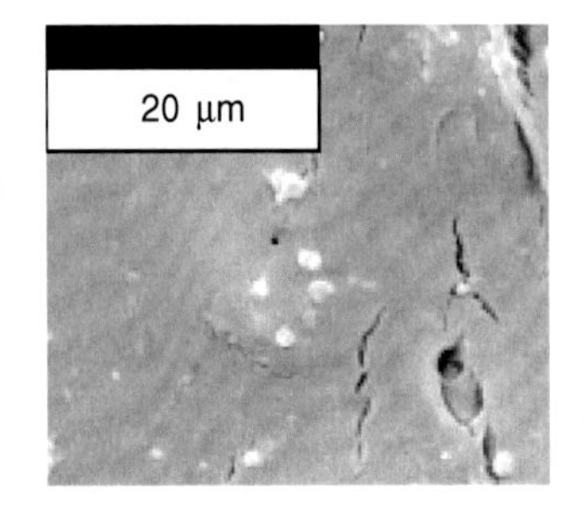

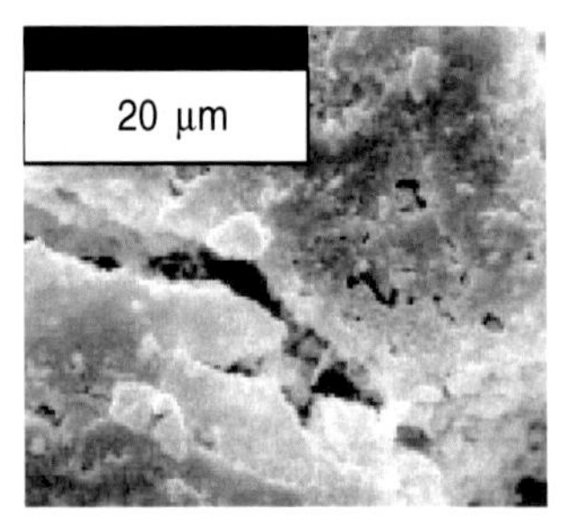

Bild 11.4.4.03:
Versprödung einer Kunststoff-Folie nach rd. 20 Jahren Einsatz in einem Trinkwasserbehälter
links: trinkwasserberührte Seite leicht porös
rechts: Rückseite stark porös

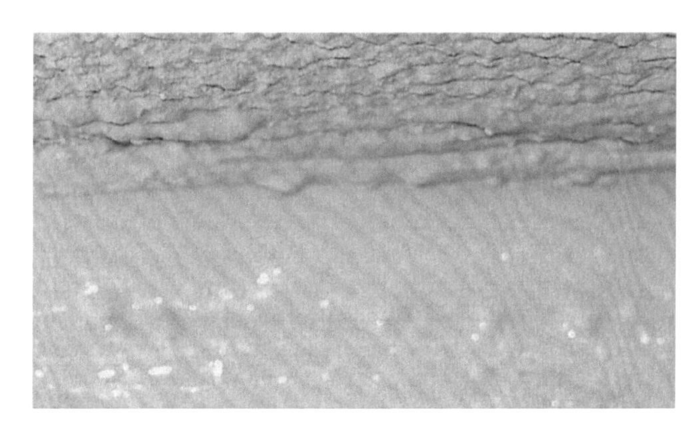

Bild 11.4.4.04:
Quellen und Blasenbildung an einer elastischen Fugendichtmasse nach wenigen Monaten Einsatz in einem Trinkwasserbehälter

ausgeprägtes Quellverhalten aufweisen (Bild 11.4.4.04) und nicht zu Osmoseerscheinungen (Blasen) führen.
Instandsetzungsmaterialien müssen den Nachweis erbringen, dass sie im ständigen Kontakt mit Trinkwasser bzw. den betriebsbedingten Beanspruchungen und als Teil der Instandsetzungsvariante unter den mechanischen, bauphysikalischen und bauchemischen Beanspruchungen dauerhaft sind. Dabei ist im Einzelfall zwischen der Beanspruchung durch das Trinkwasser, der Beanspruchung aus dem Untergrund und bei Instandsetzungsvarianten mit Hohlräumen mit korrosionsfördernden Medien zu unterscheiden; die ungünstigste Situation bzw. Superposition wird maßgebend.
Im Kontakt unterschiedlicher Materialien dürfen keine nachteiligen oder schädlichen Wechselwirkungen hervorgerufen werden, z.B. Farbveränderungen bei Beschichtungen auf Beton mit Hochofenzementen oder Kontaktkorrosion unterschiedlich edler Metalle. Auf keinen Fall darf Kontaktkorrosion durch Kontakt von Bewehrungsstahl mit edlerem Metall (Edelstahl) erzeugt werden. Daher sollen z.B. Fugenbleche aus Schwarzstahl bestehen. Bei kraftschlüssigen Anschlüssen von z.B. Leitern oder Unterkonstruktionen bei Edelstahlauskleidungen mit Dübeln muss dafür Sorge getragen werden, dass kein Kontakt mit dem Bewehrungsgeflecht hergestellt wird. Ähnliche Überlegungen müssen auch beim nachträglichen Durchbohren von Durchdringungen angestellt werden. Angebohrte Bewehrung muss so geschützt werden, dass dauerhaft elektrochemische Reaktionen nicht auftreten können.
Gemäß (RiLiSIB) dürfen durch eine Beschichtung oder andere Instandsetzungsmaßnahmen im Beton der zu schützenden bzw. instand zu setzenden Bauteile keine bauphysikalisch oder chemisch ungünstigen Verhältnisse geschaffen werden, die Folgeschäden verursachen können. Dieser Umstand muss grundsätzlich bei jeder Instandsetzung eines Trinkwasserbehälters beachtet werden, da i.d.R. keine oder eine mangelhafte Außenabdichtung vorliegt und Transportvorgänge in Betonbauteilen nicht verhindert werden können.

11.5 Dauerhaftigkeit zementgebundener Werkstoffe im ständigen Kontakt mit Trinkwasser

11.5.1 Porenraum im Zementstein

Hydratation des Zements

Aus der Reaktion zwischen Zement und dem Anmachwasser entstehen sogenannte Hydratphasen, die das Erstarren und Erhärten des Zementsteins bewirken. Der gesamte Hydratationsverlauf läßt sich prinzipiell in 4 Stadien untergliedern (Locher 1979). Unmittelbar nach der Wasserzugabe beginnt die Hydratationsreaktion, die am Anfang nur zu einem sehr geringen Ansteifen führt. Calciumsulfate gehen teilweise und Alkalisulfate fast vollständig in Lösung. Es liegt bis zu 10 min ein plastisch labiles Gefüge vor. Daneben kommt es zur Bildung erster Calcium-Silicat-Hydratphasen (CSH-Phasen), die den Erstarrungsbeginn herbeiführen und letztendlich für die Festigkeit des Zementsteins maßgeblich werden. In der Zeit zwischen etwa 1 Stunde und 2 Tagen beginnen weitere Hydratphasen zu wachsen, die dann das Porengefüge zwischen den CSH-Phasen langsam füllen. Diese Hydratationsprodukte sind in dieser Zeit noch zu klein, um den Raum zwischen den Zementpartikeln auszufüllen und ein festes Gefüge aufzubauen (Bild 11.5.1.01).
Durch größere Kristalle, vorrangig CSH-Phasen (Bild 11.5.1.02) und Calziumhydroxid (Bild 11.5.2.03) baut sich nach rd. 7 h ein Grundgefüge mit einer Frühfestigkeit auf. Danach entwickelt sich langsam das stabile Gefüge. Mit der Gefügeentwicklung wird der Porenraum langsam geschlossen. Das Gefüge weist nach rd. 7 d noch fast 50 % Porenraum auf, während optimal hergestellter Zementstein erst nach 90 d Wasserlagerung einen Porenraum < 15 % aufweist.
Für die vollständige Hydratation des Zementes wird Wasser chemisch gebunden und zu bestimmten Teilen als so genanntes Gelwasser eingelagert. Diese »exakte«

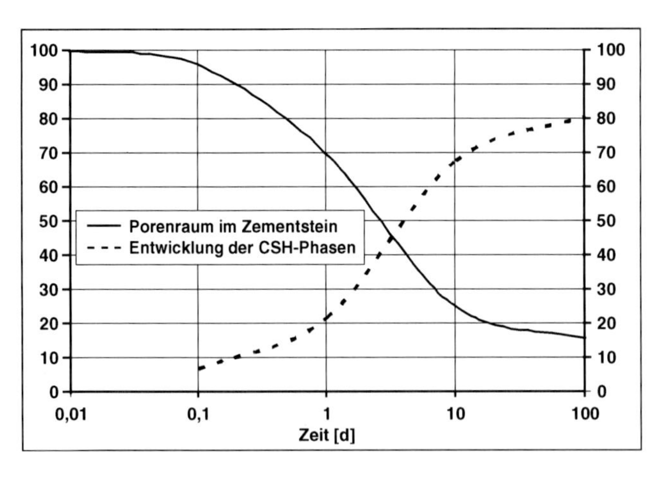

Bild 11.5.1.01:
Entwicklung von Porenraum und Cacium-Silicat-Hydrat-Phasen (CSH)
(Vereinfachte Darstellung ohne andere Hydratphasen)

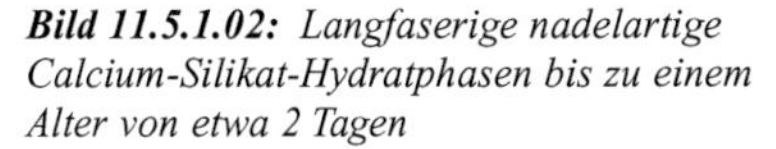

Bild 11.5.1.02: *Langfaserige nadelartige Calcium-Silikat-Hydratphasen bis zu einem Alter von etwa 2 Tagen*

Bild 11.5.1.03: *Plattige Calciumhydroxid-Kristalle nach einigen Stunden*

Wassermenge beträgt 38 % der Zementmasse, entsprechend einem Wasser-Zementwert w ≤ 0,38. Für die Praxis kann als Faustformel ein Mindest-w/z-Wert von 0,40 angesetzt werden. Mit diesem w/z-Wert sind jedoch Mörtel und Betone ohne besondere Verflüssiger nicht verarbeitbar. Daher ergeben sich baupraktische Wasser-Zementwerte zwischen 0,45 und 0,60. In W 300 wird daher gefordert, dass für zementbebundene Baustoffe im Kontakt mit Trinkwasser sowohl für den Neubau als auch für Instandsetzungsstoffe w/z ≤ 0,50 betragen muss.

Porenraum des Zementsteins

Kapillarporenfreier, vollständig hydratisierter Zementstein enthält rd. 27 % Gelporen und rd. 73 % Zementgel (Bild 11.5.1.04). Mit zunehmendem w/z-Wert entstehen automatisch Kapillarporen, die die Dichtigkeit und Festigkeit herabsetzen. Dies ist ein zementchemischer Vorgang und kann z.B. durch erhöhtes Verdichten

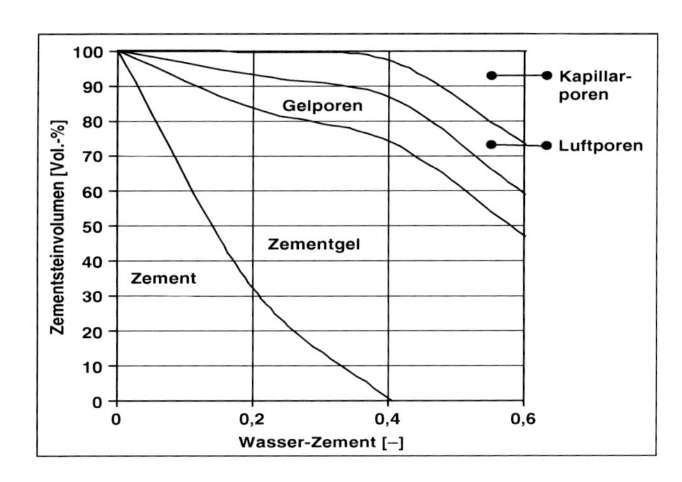

Bild 11.5.1.04: *Zusammensetzung des Zementsteinvolumens in Abhängigkeit vom w/z-Wert*

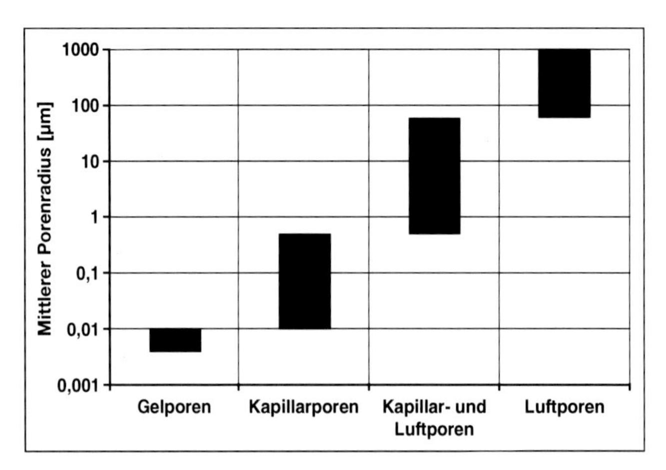

Bild 11.5.1.05: *Einteilung des Porenvolumens des Zementsteins nach Luftporen, Kapillarporen und Gelporen (Wichtung aus Literaturwerten)*

nicht unterbunden werden. Unterhalb von w/z = 0,4 liegt im Zementstein unhydratisierter Zement vor. Der Anforderung, den w/z-Wert auf ≤ 0,50 zu begrenzen, liegt die Annahme zugrunde, dass der Kapillarporenanteil im Zementstein auf etwa 10 bis 15 % begrenzt wird.
Im Zementstein verbleiben je nach w/z-Wert unterschiedlich große Porenanteile. Bild 11.5.1.05 gibt eine Übersicht über die Spannweiten der Porenradien für die verschiedenen Porenarten. Der Großteil der Luft- und Verdichtungsporen weist Porenradien deutlich über 0,5 mm auf und ist für die Hydrolyseprozesse im Zementstein nicht maßgeblich; kapillare Transportvorgänge finden über diese Poren nicht statt. Die Kapillarporen sind etwa 1000fach größer als die Gelporen und sind u. a. verantwortlich für alle Dauerhaftigkeitsaspekte des Betons (Stark et al 2002). Um die Zementkörner bildet sich mit dem Wasser das Zementgel aus. Die Hydratationsprodukte wachsen in einen Wassersaum hinein, nach vollständiger Hydratation nimmt das Gel einen etwa doppelt so großen Raum ein wie das ursprüngliche Zementkorn. Bild 11.5.1.06 gibt eine grobschematische Übersicht über Stoff- und Porenraum des Zementsteins und die Grenzfläche für Hydrolyse und lösendem Angriff im Zementstein. Das Zementgel ist eigentlich die festigkeitsgebende Komponente. Etwa 75 % bestehen aus CSH-Kristallen unterschiedlicher Größe und Länge und etwa 25 % sind Gelporen. Über die Kapillarporen werden Stoffe (Wasser, Gase) an die Gelporen herangeführt. Wenn Kapillarporen in ausreichender Menge und mit genügend großem Porenradius vorhanden sind, so führt dies zu chemischen Reaktionen im Zementgel. Die Beständigkeit des Zementsteins hängt einzig von der Frage ab, ob und in welchen Mengen und in welchem Zeitraum kalklösende Wässer die Gelporen erreichen. Dabei spielt nicht nur das Kapillarporenvolumen eine Rolle, entscheidend ist auch, dass die Kapillarporen möglichst kleine Porenradien aufweisen. Vergleichbare Transportvorgänge finden auch in der Kontaktzone zwischen Zementstein und Zuschlagskörnern statt. Es dürfen

Bild 11.5.1.06: Prinzipdarstellung zur Grenzfläche von Hydrolyse und lösendem Angriff

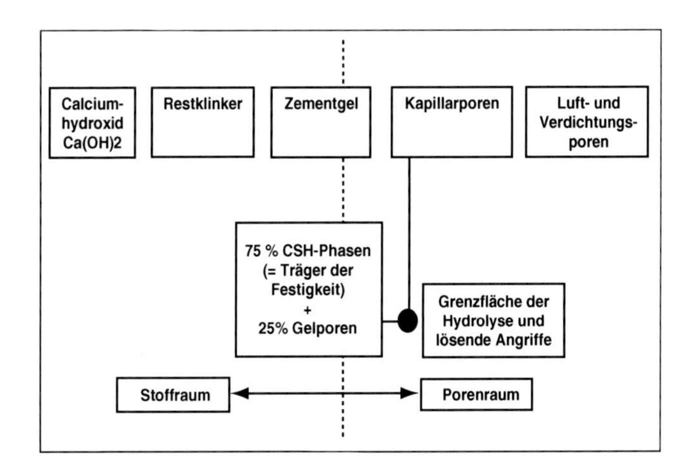

daher bei der Betrachtung der Hydrolysebeständigkeit Zuschlag und Sieblinie nicht außer Acht gelassen werden. Die innere Oberfläche des Zuschlages muss entsprechend klein gehalten werden und die Sieblinie muss betontechnologischen Grundsätzen folgen. Es empfehlen sich daher möglicht gedrungene bis runde Zuschläge, die stetig abgestuft zusammen gesetzt sein müssen.
Hydrolyse nennt man die chemische Spaltung durch Wasser. Calciumhydroxid ist dabei das am leichtesten lösliche Hydratationsprodukt im Zementstein. Langfristig wird der Zementstein ausgelaugt und der ph-Wert herabgesetzt.
Die Dichtigkeit des Zementsteingefüges kann durch die Wahl des Zementes stark beeinflußt werde. Je höher die Mahlfeinheit ist, um so dichter lagern sich Zementpartikel ineinander (Packungsdichte) und führen zu einem dichten Gefüge. Der Hüttensand in einem CEM III (Hochofenzement) entwickelt einen etwa doppelt so großen Gelporenraum gegenüber einem CEM I (Portlandzement). Damit reduziert sich auch das Kapillarporenvolumen in ähnlichem Ausmaß (Bild 11.5.1.07).

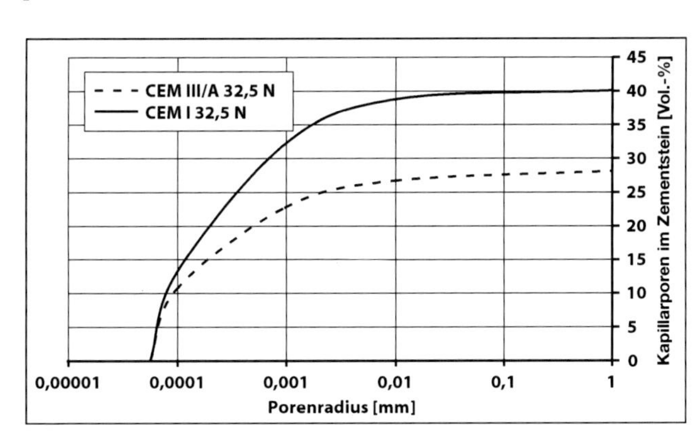

Bild 11.5.1.07: Kapillarporen im Zementstein für unterschiedliche Zementarten (exemplarisches Beispiel)

Nachbehandlung *(= Hydratationsgrad)*
Alle Dauerhaftigkeitsaspekte des Betons hängen von der Dichtigkeit der Zementsteinmatrix ab. Dies gilt insbesondere für die oberflächennahen Bereiche bis etwa 5 mm. Eine entsprechend hohe Dichtigkeit der Zementsteinmatrix kann aufgrund der Zementchemie nur erreicht werden, wenn der w/z-Wert möglichst gering gehalten wird und über den gesamten Zeitraum der Hydratation permanent dem Zement eine ausreichende Feuchtigkeit angeboten wird. Bild 11.5.1.01 verdeutlicht, dass der optimale Zeitraum für die Nachbehandlung 90 d, mindestens aber 28 d beträgt.
Nur bei einem 100-%igem Hydratationsgrad, der genau genommen nur durch 90-tägige Wasserlagerung erzielt wird, kann bei einem w/z-Wert von < 0,5 der Kapillarporenanteil auf etwa 15 Vol.-% begrenzt werden (Bild 11.5.1.08). Besonders beachtet werden muss, dass ein frühes Austrocknen bzw. Unterangebot an Wasser in den ersten Stunden nach der Applikation und vor dem Beginn planmäßiger Nachbehandlungsmaßnahmen bestimmte Hydratentwicklungen nicht oder sehr spät einsetzen lässt und dann eine hohe Porosität erzeugt wird. Dieser Effekt kann später Auslöser für lokale Aufweichungen oder Braunfärbungen sein, da über die Porosität im jungen Mörtelalter und den Trocknungsprozess an der Oberfläche Eisenionen des Zementes (z. B. Chromatreduzierer) an die Oberfläche gelangen können. Der in der Praxis erzielbare Hydratationsgrad liegt bei den üblichen Nachbehandlungszeiten bei etwa 90 %. W 300 empfiehlt, die Nachbehandlungsfristen gegenüber der DIN 1045-3 zu verdreifachen, sie betragen damit je nach Betonzusammensetzung 2 bis 3 Wochen. Dabei ist darauf zu achten, dass die Nachbehandlung für jede Teilfläche oder jede Beschichtungslage spätestens 2 Stunden nach der Applikation beginnen muss. Optimale Nachbehandlungsbedingungen sind relative Luftfeuchtigkeiten ≥ 85 % und < 95 %; auf keinen Fall darf sich auf der frischen Oberfläche ein Wasserfilm bilden. Es wird hier deutlich, dass dies in der Praxis häufig nicht beachtet wird oder aus technischen Gründen nicht umge-

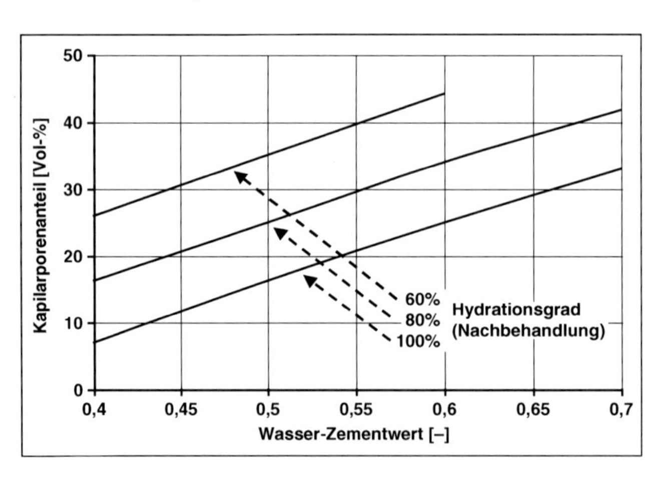

Bild 11.5.1.08:
Kapillarporenanteil in Abhängigkeit vom w/z-Wert und dem Hydratationsgrad (= Nachbehandlung)

Bild 11.5.1.09:
Wasserdurchlässigkeit des Zementsteins in Abhängigkeit vom w/z-Wert und dem Hydratationsgrad [Locher 1979]

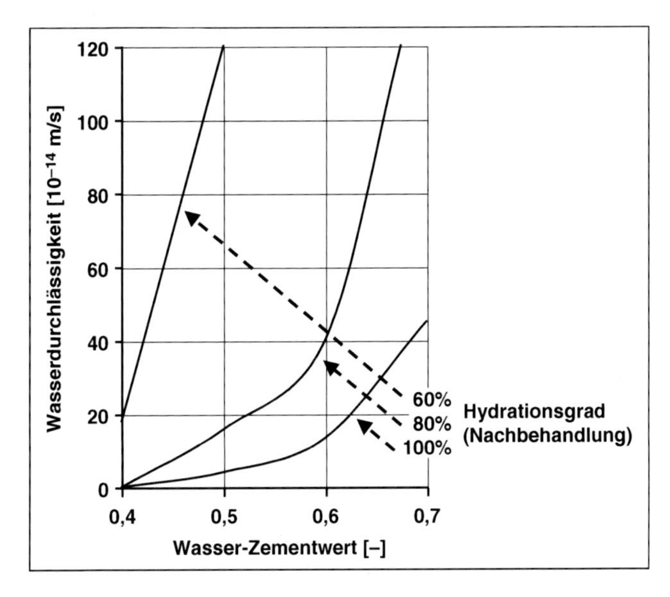

setzt werden kann, etwa bei einer Trocknung des Behälters. Bild 11.5.1.08 zeigt, dass es wenig Sinn macht, sich alleine sklavisch an der Forderung nach einem möglichst geringen w/z-Wert zu orientieren, ohne die Randbedingungen für die Nachbehandlung zu beachten.

In diesem Zusammenhang muss auch die Anforderung an die zulässige Gesamtporosität zementgebundener Werkstoffe gemäß W 300 betrachtet werden. Unter optimalen Lagerungsbedingungen unter Wasser darf die Gesamtporosität nach 28 d $\leq$ 12 Vol.-% und nach 90 d $\leq$ 10 Vol.-% betragen.

Bei der Überprüfung der Porosität einer Beschichtung im Behälter müssen entsprechende Abstriche an die Laboranforderungen für die Nachbehandlung gemacht werden. Es ist auch nicht unerheblich, ob die Probe an der nachbehandelten Behälteroberfläche oder in tieferen Schichten entnommen wird.

Mit zunehmendem Kapillarporenanteil sind die Poren im Zementstein miteinander verbunden (offenes Porensystem). Oberhalb eines Kapillarporenanteils von etwa 25 Vol.-% steigt die Wasserundurchlässigkeit stark an. Zementstein mit einem w/z-Wert von etwa 0,6 hat einen so großen Kapillarporenanteil, dass er auch bei 100-%igem Hydratationsgrad wasserdurchlässig bleibt (Bild 11.5.1.09).

11.5.2 Hydrolysebeständigkeit

Nach W 300 muss für Zementputze, zementgebundene Beschichtungen, Verlege- und Fugmörtel von Fliesen, Kunststoffmodifizierte Mörtel (PCC) und Estriche im Rahmen eines Eignungsnachweises der so genannte Hydrolysewiderstand nachge-

wiesen werden. Die Prüfungsgrundlagen und Randbedingungen werden im Anhang A 10 der Technischen Regel beschrieben.
Bei porösen Baustoffen kann mithilfe der Quecksilberporosimetrie das Gesamtporenvolumen und die Porenradenverteilung bestimmt werden. Das Verfahren ist in DIN 66 133 »Bestimmung der Porenvolumenverteilung und der spezifischen Oberfläche von Feststoffen durch Quecksilberintrusion« zwar beschrieben, doch können einige wesentliche Parameter das Prüfergebnis beeinflussen. Bei der Methode wird die Tatsache genutzt, dass Quecksilber eine nicht benetzende Flüssigkeit darstellt und bestimmte Porenradien nur mit bestimmten Drücken verfüllbar sind. Es wird das Quecksilber mit stetig wachsendem Druck bis 2.000 bar in die Mörtelprobe gepresst und die zugehörige Volumenänderung gemessen. Zur Berechnung der Porositäten wird der Randwinkel, den das Quecksilber auf thermisch unbeanspruchtem Zementstein bildet (δ = Randwinkel = 141,3°) und seine Oberflächenspannung (σ = Oberflächenspannung = 0,485 N/m) angesetzt. Die Prüfung ist temperaturabhängig und solle bei + 20 °C erfolgen. Mit p = Druck und r = Porenradius lässt sich nun der gefüllte Porenradius berechnen:

$$p \cdot r = 2\sigma \cdot \cos \delta$$

Die Ergebnisse werden in Vol.-% auf die Einwaage bezogen. Hierzu muss die Trockenrohdichte möglichst exakt ermittelt werden. Bei den handelsüblichen Prüfgeräten können jedoch nur kleine Probengeometrien verwendet werden. Da die Prüfungen kosten- und zeitaufwendig sind, muss die Probennahme, z.B. im Behälter oder an der Prüffläche und später im Labor an der Probe selbst sehr sorgfältig vorgenommen werden, so dass sie möglichst repräsentativ ist. Je nach Beschaffenheit der Beschichtung kann die Präparation (gebrochen, gesägt, gebohrt) der Probe einen Einfluss auf das Ergebnis nehmen. Luft- und Verdichtungsporen und auch grobe Kapillarporen werden durch die Messung nicht erfasst, da sie zunächst fast

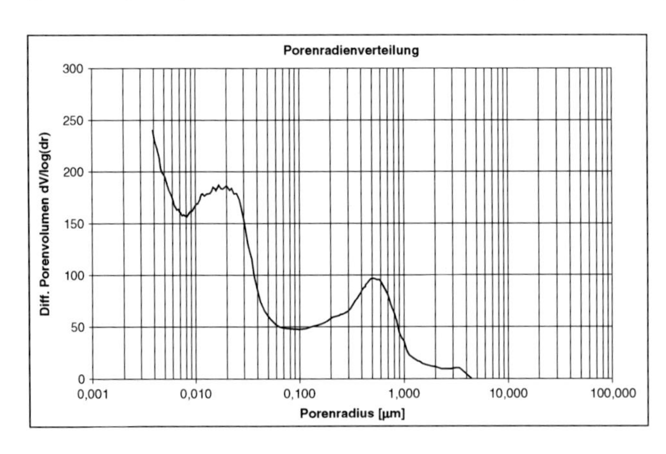

Bild 11.5.2.01: *Porenradienverteilung nach der Quecksilberporosimetrie an einer Behälterprobe (Fallbeispiel mit einer Gesamtporosität von 12 Vol.-%)*

Bild 11.5.2.02: Volumenanteil an Porenklassen (exemplarische Beisiele)

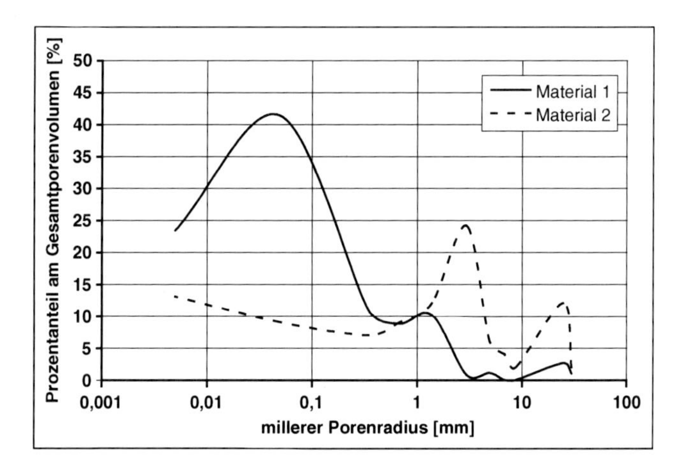

drucklos mit Quecksilber gefüllt werden. Wegen der aufzubringenden Drücke ist das Verfahren bei leicht zusammendrückbaren Stoffen, etwa Kunststoffe im Mörtel oder bei dünnwandigen Poren, die aufbrechen können, nicht anwendbar.
Als Fallbeispiel zeigt Bild 11.5.2.01 die Porenradienverteilung einer Mörtelprobe aus einem Behälter. Die Gesamtporosität beträgt 12 Vol.-%. Es sind 2 relative Maxima in einem Bereich von rd. 0,02 µm und bei rd. 0,5 µm vorhanden. Bild 11.5.2.02 zeigt als durchgezogene Kurve die prozentuale Verteilung der Porenradien am Gesamtporenvolumen der Probe und zum Vergleich eine andere Materialprobe mit fast gleichem Gesamtporenvolumen, jedoch deutlich anderer Porenradienverteilung im groben Porenbereich. Es ist leicht einzusehen, dass die Festlegung der zulässigen Gesamtporosität in W 300 nur ein grober Richtwert für die Beurteilung der Hydrolysebeständigkeit darstellt, der allerdings über Reihenuntersuchungen im Rahmen eines durch den DVGW gefördertem Forschungsvorhaben abgesichert ist. Für eine technische Beurteilung ist die Porenradienverteilung erforderlich, da hieran beurteilt werden kann, ob der Großteil der Porenradien sich im Bereich der feinen Kapillarporen $\leq$ 0,1 µm befindet oder im gröberen Radienbereich.
Hydrolyseerscheinungen sind nicht immer wie in den Bildern 11.4.4.01 und 11.4.4.02 mit dem unbewaffneten Auge an der Oberfläche erkennbar. Da es sich um lösende Angriffe auf den Zementstein handelt, die durch Druckunterschiede und Auslaugungen im Porensystem durch die Füllstandsschwankungen verstärkt werden, liegt in aller Regel ein tiefergehender Schadensprozess vor. In wesentlichen wird zunächst das chemisch nicht gebundene und im Überschuss im Zementstein vorhandene Calciumhydroxid gelöst. Erst wenn das Alkalidepot aufgezehrt ist greift das Wasser dann die Hydratphasen an. Mit der Auslaugung ist eine Zunahme der Porosität und eine Abnahme der Festigkeit des Betons/Mörtels verbunden. Bild 11.5.2.03 zeigt an einem Fallbeispiel, das eine Porositätszunahme bis in eine Tiefe von etwa 30 mm verfolgbar ist, bis die Porosität des Kernbetons

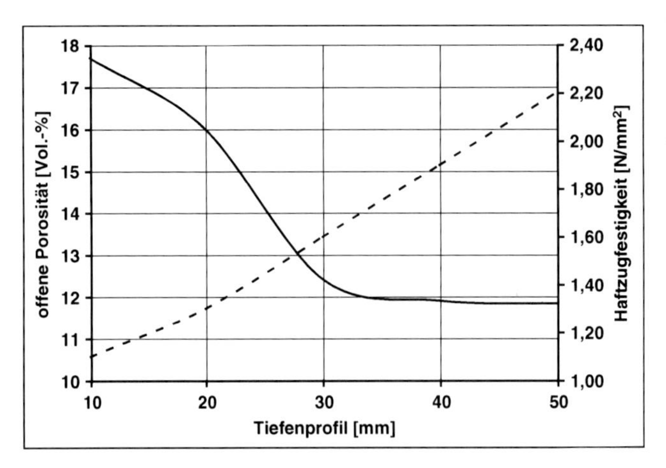

Bild 11.5.2.03: Tiefenprofilabhängiger Einfluss zwischen Porosität und Haftzugfestigkeit infolge Hydrolyse

erreicht wird. Hier wurde die offene Porosität gemäß DIN EN 993-1 verwendet, damit größere Betonvolumina geprüft werden können. Bei diesem Verfahren werden die Proben im Hochvakuum unter Wasser gelagert. Damit erhält man das wasserzugängliche Porenvolumen. Die Haftzugfestigkeit nimmt in analoger Weise mit abnehmender Porosität zu. Aus solchen Untersuchungen kann je nach der Wahl des Instandsetzungsprinzips und -materials im Vorfeld der erforderliche Betonabtrag technisch begründet festgelegt werden. Dies ist in vielen Fällen sehr sinnvoll, da die Untergrundvorbereitungsmaßnahmen einen nicht unerheblichen Kostenfaktor darstellen und Nachträge hierdurch vermieden werden können.
GRUBE UND BOOS berichten im 25. Wassertechnischen Seminar 2001 über vergleichbare Zusammenhänge zwischen der Gesamtporosität nach dem Quecksilber-

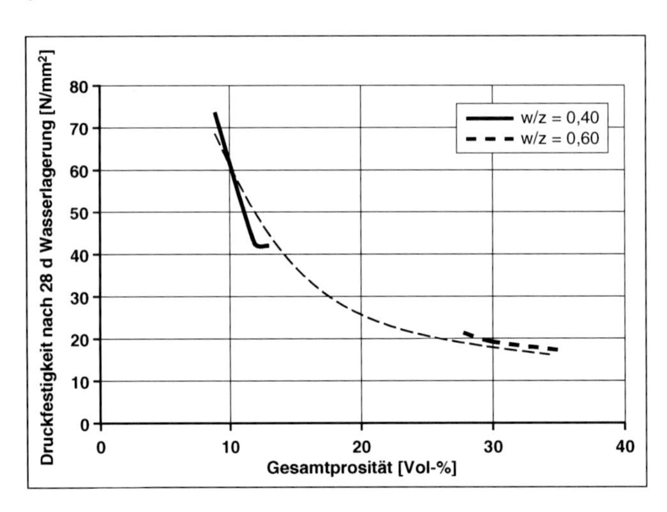

Bild 11.5.2.04: Einfluss von Druckfestigkeit und Wasser-Zementwert auf die Gesamtporosität (nach Grube und Boos)

Tabelle 11.5.2.01: Anforderungen an die Porosität von Beschichtungsmaterialien

	Eignungsprüfung gemäß W 300	**Richtwerte für die Fremdüberwachung**
Probenherstellung	im Labor mit Geräten und Verarbeitungsverfahren des Anwenders*	Applikation im Behälter mit vorgesehenem Verfahren
Herstellungs- und Erhärtungsbedingungen Lagerungsbedingungen	10 °C / 90 % rel. LF / 28/90 d Wasserlagerung	Behälterklima / Nachbehandlung nach Vorgaben, dann Behälterklima
Prüfzeitpunkt	28/90 d	14 d oder 28 d
Anforderung an die Gesamtporosität	28 d = 12 Vol.-% 90 d = 10 Vol.-%	28 d = (12 ± 3) Vol.-%
* nicht des Materialherstellers, sofern nicht als System vorgegeben		

Druckporosimetrieverfahren und der Druckfestigkeit nach 28 d Wasserlagerung (Bild 11.5.2.04). Hier wurde zusätzlich der Wasser-Zementwert variiert (Laborproben mit w/z = 0,4 und 0,6; mit der strichlierten Linie werden beide Extremas graphisch verknüpft). Es wird deutlich, dass die anzustrebende Gesamtporosität von 10 Vol.-% betontechnologisch nur mit einem sehr geringen w/z-Wert erreicht werden kann, dabei jedoch das Niveau der Druckfestigkeit sehr hoch liegt. Dies muss bei alten Behältern mit geringen Untergrundfestigkeiten in Einklang gebracht werden, was jedoch im Gegensatz zu der erforderlichen Anpassung von Festigkeit und E-Modul steht.
In W 300 sind die Anforderungen an die Eignungsprüfung der Materialien festgelegt. Hier werden richtigerweise obere Grenzwerte in Abhängigkeit von der Lagerungsbedingung gesetzt. Für die Fremdüberwachung müssen allerdings Toleranzen für die Klimabedingungen im Behälter, die Nachbehandlung und die Verarbeitung zugestanden werden. Tabelle 11.5.2.01 gibt eine Übersicht über die Randbedingungen der Prüfungen als Eignungsprüfung gemäß W 300 und aus der Erfahrung mit der Fremdüberwachung und mit Gutachten Richtwerte für die Fremdüberwachung.

11.6 Bauzustandsanalyse vor der Instandsetzung

11.6.1 Unterschied zu Maßnahmen der Instandhaltung

Bevor für eine Trinkwasserbehältersanierung Entscheidungen über Instandsetzungsprinzipien oder Materialauswahl getroffen und Grundlagen für die Ausführungsplanung festgelegt werden können, muss zunächst eine umfassende Bauzustandsanalyse durchgeführt werden.
In vorangegangenen Abschnitten finden sich bereits unter dem Aspekt der Instandhaltung grundlegende Hinweise zu Mängeln. Schäden und Maßnahmen der Instandhaltung, die auf die Beurteilung von Schäden oder Veränderungen an beste-

henden und weitgehend intakten Wasserkammern im Hinblick auf möglichst lebensdauerverlängernde Maßnahmen abzielen (vgl. z.B. Abschnitt 10.5 oder Abschnitt 11.2.1). Der Übergang von Instandhaltungs- zu Instandsetzungsmaßnahmen kann fließend sein, wenn bei der Instandhaltung Mängel und Schäden in Betracht kommen, die grundlegende Instandsetzungsmaßnahmen erfordern.
Bei der Bauzustandsanalyse vor einer geplanten Instandsetzung sind sehr viel weitergehende Untersuchungen zur baulichen Durchbildung, dem Untergrund und zu bauphysikalischen und -chemischen Verhältnissen erforderlich.

11.6.2 Grundsätze

Der Zustand des Trinkwasserbehälters ist mit den Anforderungen zu vergleichen, die gemäß W 300 an einen neuen Trinkwasserbehälter gestellt werden (DIN EN 1508). Jeder Trinkwasserbehälter weist seine Besonderheiten hinsichtlich der Konstruktion und Nutzungsgeschichte auf. Art und Umfang der erforderlichen Untersuchungen in situ, der Materialprüfungen und bauphysikalischen Zusammenhänge müssen auf

- ▷ das angestrebte Instandsetzungsprinzip,
- ▷ die Materialauswahl oder -eingrenzung,
- ▷ die Anforderungen des Betreibers,
- ▷ das Reinigungs- und Desinfektionsverhalten des Betreibers,
- ▷ die Trinkwasserbeschaffenheit

abgestimmt sein. Daher empfiehlt es sich, vor der Planung einer Bauzustandsanalyse einen Trinkwasserbehälter in seiner Gesamtheit als bauliche Anlage und Wasserkammer mit seinen Mängeln und Schäden in Ruhe zu betrachten (Bild 11.6.2.01), Fachgespräche mit dem Betreiber zu führen und erst dann Festlegungen

Bild 11.6.2.01: *Systematische Untersuchung eines Trinkwasserbehälters vor der Instandsetzung*

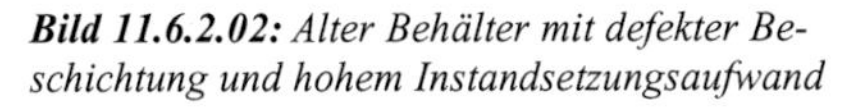

Bild 11.6.2.02: *Alter Behälter mit defekter Beschichtung und hohem Instandsetzungsaufwand*

Bild 11.6.2.03: *Neuer Behälter mit Farbunterschieden infolge der Betonierlagen*

zu Art, Ort und Umfang der erforderlichen Untersuchungen zu treffen. Dies spart in vielen Fällen Zeit und Geld und führt zu einem verwertbaren Ergebnis.
Die erforderlichen Untersuchungsschritte sind auch auf die Komplexität eines Behälters hinsichtlich z.B. unterschiedlich verwendeter Baustoffe, Geometrien oder Versprünge und den abzusehenden Instandsetzungsaufwand auszurichten (z.B. Bild 11.6.2.02). Dabei ist im Vorfeld zu klären, ob unterschiedliche Instandsetzungvarianten grundsätzlich in Frage kommen. Es sind Überlegungen zur Restnutzungsdauer einer Altbeschichtung oder zum Belassen alter Untergründe (Putze, Estrich) anzustellen.
Auch bei neuen Behältern stellt sich oft das Problem der »Sanierung von Baumängeln«, obwohl in der Planung alles daran gesetzt wurde, einen Betonbehälter mit glatter dichter dauerhafter Oberfläche im belassenen Zustand zu erstellen. Häufige Probleme sind in der mangelnden Abstimmung mit der Betontechnologie und in der Fehleinschätzung begründet, dass ein Trinkwasserbehälter ein einfaches wasserundurchlässiges Ingenieurbauwerk darstellt. Es beginnt schon damit, dass gegenüber anderen vergleichbaren Bauwerken aus Hygieneanforderungen eine farblich homogene Sichtbetonoberfläche gefordert werden muss (Negativbeispiel Bild 11.6.2.03). Die Expositionsklassen der DIN 1045 führen bei wasserundurchlässigen Bauwerken mit dem entsprechenden chemischen Angriff aus dem Trinkwasserbehälter zwangsläufig zu Betonen mit einer hohen Betonfestigkeitsklasse (mindestens C 30/37) und entsprechendem E-Modul. Damit besteht bei fugenlos hergestellten Wasserkammern eine hohe Rissgefahr. Auf die Probleme der Rissverpressung wurde bereits in Abschnitt 10.5 eingegangen. Erschwerend kommt jedoch bei neuen Behältern hinzu, dass die Risse aus statischen Gründen und zum Schutz der Bewehrung nach der RiLiSIB verfüllt werden müssen und gleichzeitig eine wasserdichte und hygienisch einwandfreie Wasserkammer gefordert werden muss.
Wer die Bauzustandsanalyse und den Instandsetzungsplan aufstellt, muss im Einzelfall geprüft werden. Wichtig ist in jedem Fall, dass

▷ beide Maßnahmen (Bauzustandsanalyse und Instandsetzungsplan) vor der Auftragsvergabe erfolgen,
▷ beide Maßnahmen von einem sachkundigen Planer haftungsrechtlich verantwortlich und schriftlich niedergelegt werden,
▷ der sachkundige Planer im Rahmen der Ausführung steuernd mitwirkt (z. B. notwendige Ergänzungen oder Festlegungen nach Freilegung des Untergrundes).

Eine Typisierung der Bauzustandsanalyse durch Prüfungsformulare oder Aufgabenkataloge oder eine rasterhafte Erfassung von Schadensausprägungen oder technischen Kennwerten führt nicht immer zum Ziel, da die Bauzustandsanalyse eine Synthese zwischen den planmäßigen Eigenschaften bei der Erstellung, den betriebsbedingten Einflüssen in der Vergangenheit und den zeitgemäßen Anforderungen des Betreibers herbeiführen muss. Dennoch sind systematische Formulare sehr hilfreich, damit keine Einflussgrößen unberücksichtigt bleiben und damit für das Behälterbuch systematische Grundlagen geschaffen werden. Tabelle 11.6.2.01 liefert einen Auszug aus einer mehrseitigen Formularvorlage.
Die Bauzustandsanalyse ist eine wichtige Voraussetzung für die richtigen Maßnahmen und Lösungen für die auszuführenden Instandsetzungsarbeiten. Es soll in der Regel nicht so sein, dass erst bei den Arbeiten z.B. Untergrundfestigkeiten oder Risse festgestellt werden oder dass bei abweichenden Planungsvorrausetzungen andere Materialien aufgebracht werden.
Durch frühzeitige Untersuchungen und die Abwägung der betrieblichen Besonderheiten z.B. der Wasserqualität, ist die Bauzustandsanalyse eine
▷ wichtige Voraussetzung für die optimale Qualität,
▷ wichtige Voraussetzung für die Lebensdauer der Instandsetzung.

Für die Ausführungsplanung soll die Bauzustandsanalyse Grundlagen liefern für Art und Umfang der erforderlichen Maßnahmen und Ausführungsschritte wie z.B. der erforderlichen Betonabtrag (Altbeschichtungen, Untergrundbeton), erwartbare Untergrundhaftzugfestigkeit und Elastizitätsmodul, Risslängen oder bauphysikalische Rahmenbedingungen.
Da die Zustandsanalyse im Vorfeld zur Festlegung der Ausführungsplanung dient, können anhand abweichender Gegebenheiten, die während der Arbeiten im Behälter angetroffen werden, z.B. klimatische Bedingungen, Durchfeuchtungen, Wassereintritt, Risse, Kiesnester, Arbeitsfugen, die getroffenen Festlegungen frühzeitig hinterfragt werden. Daher ist die Bauzustandsanalyse auch eine wichtige Voraussetzung für die Anmeldung von Bedenken oder für Sondervorschläge.
Das wahre Schadensausmaß und die Untergrundbedingungen werden erst während der Bauausführung, z.B. beim Abstrahlen von Altbeschichtungen, ersichtlich. Es muss dabei während der Arbeiten festgestellt werden, ob z.B. der Abtrag ausreichend ist, ob ggf. poröser Beton vorliegt, ob ursprünglich Risse an der Oberfläche von Beschichtungen andere Ursachen haben, oder ob ggf. Bewegungsfugen erfor-

Tabelle 11.6.2.01: *Formblatt zur Bauzustandsanalyse*
Herausgeber: Gütegemeinschaft Schutz und Instandsetzung von Trinkwasserbehältern e.V. (S.I.T.W.)

Zustandsanalyse Trinkwasserbehälter der Gütegemeinschaft SITW (Auszug)

Pos.	Gegenstand der Prüfung	Prüfverfahren	Bauteil	Prüfergebnis (Quantitative Angabe)	Angabe über Lage der festgestellten Dinge oder Bemerkungen

Oberflächenbeschaffenheit:

Zustandsanalyse Trinkwasserbehälter

Feststellung des Istzustandes zur Beurteilung der Gebrauchsfähigkeit

SITW
Gütegemeinschaft Schutz und Instandsetzung von Trinkwasserbehältern

Baustelle:	Kst.	Bauteil:
Auftraggeber:		
Fachkraft SITW		Firma:
Fremd-Überwachung:		
VA/Düsenführer:		
Prüfer:	Prüfdatum	

1.	**Substanzaufbau** (von innen nach außen) Die Reihenfolge der aufeinanderfolgenden Schichten wird alphabetisch vor der Schichtstärke angegeben.	**Boden**	**Wände**	**Säulen**	**Decke**	**Bemerkungen** z.B. Bindemittelangabe oder Produkt	Beispiel-antworten
		Schichtstärke in mm					
1.1	**Anorganische**						
1.1.1	Edelstahl						
1.1.2	Estrich						
1.1.3	Fliesen						
1.1.4	Glas						
1.1.5	Spachtel / Ausgleichsschicht						
1.1.6	Stahlbeton						
1.1.7	Stampfbeton						c 400
1.1.8	Zementgebundene Beschichtung						
1.1.9	Zementgebundener Anstrich						
1.1.10	Zementglattstrich						a 2
1.1.11	Zementputz						b 15
1.1.12							
1.1.13							
1.2	**Organische**						
1.2.1	Acryl						
1.2.2	Bitumen						
1.2.3	Chlorkautschuk						
1.2.4	E P						
1.2.5	Organische Beschichtung						
1.2.6	Polyester						
1.2.7	P U						
1.2.8							
1.2.9							
1.3.	**Sonstige**						
1.3.1	Folienauskleidung						
1.3.2	Gewebeverstärkung						
1.3.3							
1.3.4							
...	...						

2. **Oberflächenbeschaffenheit: ...**
3. **Risse: ...**
4. **Mechanische und geometrische Eigenschaften: ...**
5. **Chemische Eigenschaften: ...**
6. **Betriebseinrichtungen: ...**
7. **Hygienische Kontrolle: ...**

derlich werden. Aus diesem Grund müssen die im Vorfeld festgestellten Mängel und Schäden während der Ausführungsschritte fortgeschrieben werden.
Eine Bauzustandsanalyse erfasst den Zustand des Behälters zu einem bestimmten Zeitpunkt. Viele Vorgänge sind aber zeitabhängig und von lang anhaltender Natur, z.B. Aufweichung des Betons, Rissbildungen aus Setzungen, Treiberscheinungen durch Aussinterungen. Es ist ebenso wichtig wie sinnvoll, ältere Unterlagen über die Vormaßnahmen (wie lange zurück, welche Materialien, ggf. Besonderheiten schon damals?) einzusehen und auch den örtlichen Wassermeister über scheinbar unwichtige Reparaturen zu befragen (Korrosion der Treppe, häufige Verkeimungen, immer kürzere Intervalle der Reinigung und Desinfektion).

11.6.3 Schadenkataster

Vor und während der Arbeiten soll ein Schadenskataster angelegt werden. Hierzu ist eine möglichst maßstäbliche Abwicklung des Behälters zeichnerisch zu erstellen. Diese Vorarbeit ist natürlich auch für die Tagesberichte für die Ausführungsarbeiten erforderlich. Dabei ist größter Wert auf eine gut ersichtliche Zuordnung angrenzender Bauteile zu legen. So sollen z.B. Wand-/Sohlplattenanschlüsse oder Wand-/Deckenanschlüsse zeichnerisch aneinander stoßen, damit man z.B. Rissfortpflanzungen oder Materialaufweichungen verfolgen kann. Stützen und Durchdringungen sind vollständig zu erfassen. Ziel des Katasters ist es,

- ▷ Schäden oder Schadensbereiche maßstäblich zu ermitteln,
- ▷ Aussagen über die Schadensursachen zu gewinnen (z. B. gleichmäßige Bewehrungskorrosion an der Decke oder nur an einer bestimmten Stelle),
- ▷ Schäden nach der Untergrundvorbereitung (Sandstrahlen, Beschichtungsabtrag) erneut zu erfassen, um ggf. festzustellen, dass Schäden aus dem Untergrund herrühren),
- ▷ Grundlagen für das Aufmass zu schaffen,
- ▷ Grundlagen für eine spätere Schadens- oder Mängelbeurteilung zu liefern,
- ▷ eine Dokumentation für das Behälterbuch zu schaffen.

Damit die zuvor genannten Ziele sinnvoll erreicht werden können, sollten Schadenskataster farbig angelegt werden. Hierzu ist eine Legende zu den ermittelten Schadensmerkmalen und zu der Untersuchungsabfolge festzulegen. Mögliche Ergänzungen und Nachträge, die sich im Rahmen der Ausführungsarbeiten ggf. ergeben können, sollten bereits vorgesehen werden.

11.6.4 Schadensausprägungen

Hydrolyse und Fleckenbildung

Die häufigsten Schadensausprägungen sind Schäden an Beschichtungen und an Betonbauteilen, die sich als Abplatzungen, Auslaugungen (Hydrolyse) und Flecken-

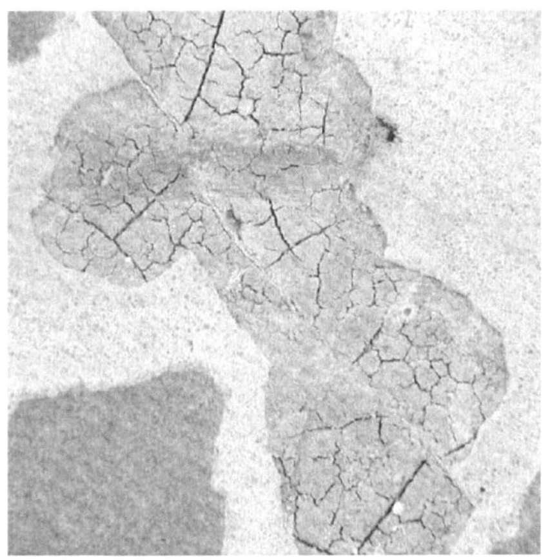

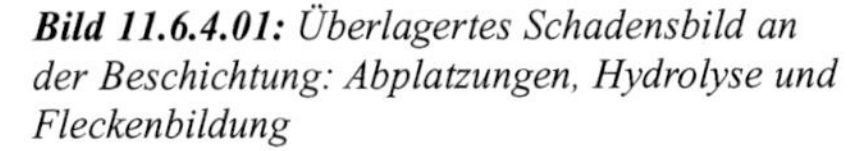

Bild 11.6.4.01: *Überlagertes Schadensbild an der Beschichtung: Abplatzungen, Hydrolyse und Fleckenbildung*

Bild 11.6.4.02: *Fleckige Schadbereiche im mikroskopischen Bereich mit netzartigen Rissen*

bildungen darstellen (Bild 11.6.4.01). Dabei treten diese Schadensbilder oft an gleicher Stelle oder im Behälter verteilt überlagert auf. Nicht immer sind die Schäden mit bloßem Auge zu erkennen. Insbesondere bei Fleckenbildungen können unterschiedliche Auslöser in Betracht kommen, z.B. Ablagerungen, Wechselwirkungen aus dem Untergrund oder Hydrolyseerscheinungen. Letztere sind für die Dauerhaftigkeit der Beschichtung wichtig und liefern Hinweise für die Anforderungen an eine Neubeschichtung (Bild 11.6.4.02). Bei genauerer Betrachtung stellt man an meist braunen Flecken netzartige Rißstruktutren in der Beschichtung fest.

Korrosion der Bewehrung

Die Korrosion der Bewehrung muss sorgfältig untersucht werden. Dabei sind zwei Gesichtspunkte von Bedeutung:

1. Korrosion der oberflächennahen Bewehrung (Matten, Bügel)
   Häufig wird eine flächige Korrosion an der Bewehrung zur z.B. Rissbreitenbeschränkung beobachtet. Meistens liegt eine ungenügende Betondeckung vor. Der Grad der Korrosion und die Ausbreitung in der Fläche müssen eindeutig bestimmt werden, da ansonsten Folgeschäden unmittelbar nach der Instandsetzung auftreten werden. Es müssen auch die Ausführungen der Abschnitte 11.2.3 Beurteilung der Standsicherheit und 11.7.2.1 Instandsetzungsprinzip Wiederherstellung der Betondeckung beachtet werden. In diesem Zusammenhang wird noch einmal darauf hingewiesen, dass für diesen Fall nicht alle Instandsetzungsmaterialien zulässig und geeignet sind.
2. Korrosion der Hauptbewehrung an statisch tragenden Bauteilen (Deckenuntersichten, Vouten, Stützen).

Bild 11.6.4.03: *Flächige Bewehrungskorrosion infolge geringer Betondeckung*

Bild 11.6.4.04: *Lokale Bewehrungskorrosion mit starkem Querschnittsverlust im Bereich einer Undichtigkeit*

Hier ist der Querschnittsverlust zu ermitteln und ggf. eine statische Berechnung erforderlich. Bei Bedarf ist eine statische Verstärkung durch das Anordnen einer nachträglichen Bewehrung mit Spritzbeton möglich.
Die Betondeckung und die Qualität derselben muss festgestellt werden. Es ist auch zu überprüfen, ob und inwieweit sich die Korrosion in den noch nicht sichtbaren Bereich fortsetzt.
In jedem Fall muss die Ursache geklärt werden (falscher Einbau der Bewehrung, zu geringe Betondeckung, Risse oder Abplatzungen durch z.B. Überbeanspruchung oder Zwang…).
Für den Korrosionsschutz der Bewehrung gelten die Vorgaben z.B. zum Normenreinheitsgrad der üblichen Regelwerke zur Betoninstandsetzung (RiLiSIB). Es sollen aber aufgrund der hygienischen Anforderungen im Trinkwasserbehälter möglichst mineralische Korrosionsschutzsysteme verarbeitet werden. Wie bereits zuvor beschrieben, herrscht jedoch gerade an den betroffenen Stellen (Decke) immer Tauwasseranfall vor. Beim Korrosionsschutz (Reinigung, Verarbeitung) muss durch z.B. Klimatisierung sichergestellt werden, dass eine trockene Situation herrscht.

Hohlstellen, Kiesnester

Kiesnester, grobe Poren und Lunker (Bild 11.6.4.05) oder andere Formen von Hohlstellen an der trinkwasserberührten Oberfläche oder im Untergrund, z.B. hohlliegende Beschichtungen, Fliesen,…) müssen sehr genau erfasst und kartiert werden. Sie stellen die größte Gefahr für die Undichtigkeit des Behälters, für seine Standsicherheit und Dauerhaftigkeit und besonders für die Einhaltung der Hygiene dar.

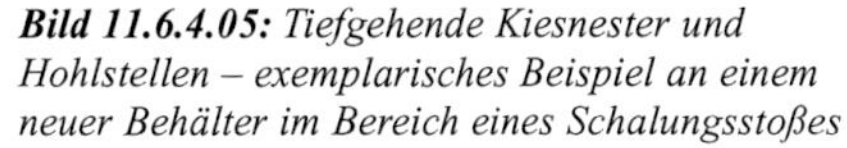

Bild 11.6.4.05: *Tiefgehende Kiesnester und Hohlstellen – exemplarisches Beispiel an einem neuer Behälter im Bereich eines Schalungsstoßes*

Bild 11.6.4.06: *Betonierfuge in einer schräg angebohrten Voute am Boden-Wandanschluss eines alten Behälters*

Risse und Fugen

Risse und Fugen sind gerade bei älteren Behältern oder Wassertürmen nicht immer oberflächig erkennbar. Oft handelt es sich um Betonierfugen z.B. am Sohl-Wandanschluss oder Vouten (Bild 11.6.4.06), um Arbeitsabschitte (Betonierlagen, anbetonierte Wandabschitte) oder um Flankenablösungen von z.B. Beton an Stahldeckenträger oder Mauerwerk an Beton. Infolge der vorangegangenen Instandsetzungsmaßnahmen wurde im Bereich der Risse häufig Bausubstanz herausgenommen und mit einer Mörtel- bzw. Betonplombe überdeckt, so dass die Risswurzel vielfach nicht mehr erkennbar ist.

Sichtbare Risse müssen nach dem Bauteil (Decke, Wand, Stütze…) und dort nach ihrer Lage festgestellt werden. Häufig sind die Risse nach der Untergrundvorbereitung an der groben Betonstruktur nicht mehr erkennbar. Dann hilft das vornässen der Fläche, beim Abtrocknen zeichnen sich die nassen Rissflanken wider ab. Sie müssen weiterverfolgt werden entweder in den Untergrund (Bohrkerne) oder in die angrenzenden Bauteile. Es ist zu unterscheiden, ob es sich um Einzelrisse, verzweigte Risse, zufällig orientierte Risse, parallele Risse… handelt. Die Risstiefe muss festgestellt werden (das ist häufig schwierig oder nicht möglich, soll aber mit »geschickt« angeordneten Bohrkernen versucht werden).

Es muss die Rissweite und die Rissweitenänderung festgestellt werden. Meist sind die Rißweiten in Behältern sehr klein, die Rissüberbrückungsfähigkeit der Beschichtungssysteme aber auch. Daher muss sehr früh auf die Gefahr einer erneuten Rissbildung in der Beschichtung hingewiesen werden, oder es müssen z.B. rissverteilende Maßnahmen durch Bewehrungsanordung getroffen werden.

Falls erforderlich muss die Rissweitenänderung unter Betriebsbedingungen (Füllstandsänderungen, Temperaturänderungen, Zeit) erfasst werden. Dies kann im Betrieb im Behälter nicht durch Gipsmarken erfolgen. Ggf. sind dünne Zementscheiben oder Glasscheiben sinnvoll.

Bei der Rissverpressung sind für elastische Systeme, z.B. Polyurethane (PUR) Rissweitenänderungen von ± 10 % zulässig, bei der Zementleiminjektion (ZL) ± 5 %.

Bei einer Rissweite von z.B. 0,1 mm bedeutet dies für
zulässige Rissweitenänderung PUR: ± 0,01 mm
zulässige Rissweitenänderung ZL: ± 0,005 mm

Bei einer Rissweite von z.B. 0,5 mm bedeutet dies für
zulässige Rissweitenänderung PUR: ± 0,05 mm
zulässige Rissweitenänderung ZL: ± 0,025 mm

Diese Überlegungen gelten natürlich auch für die Rissüberbrückungsfähigkeit von Beschichtungen.
In jedem Fall muss die Rissursache geklärt werden (falscher Einbau der Bewehrung, zu geringe Betondeckung, Risse oder Abplatzungen durch z.B. Überbeanspruchung oder Zwang, Verformungen des Behälters oder einzelner Bauteile, zu geringe Wärmedämmung ...).
Für die Festlegungen zur Rissverpressung muss zwischen wasserführenden Rissen (Bild 11.6.4.07) und nutzungsbedingt trockenen Rissen (Bild 11.6.4.08) unterschieden werden. Bei neuen Behältern treten häufig Risse aus Hydrataionswärme und Schwinden auf, die sehr kleine Rissweiten aufweisen. Aufgrund der hohen Alkalität des jungen Betons tritt eine Selbstheilung der Risse in kurzen Zeiträumen auf. Diese feinen Risse können aber nur mit niedrigviskosen Kunststoffen injiziert werden. Es muss daher immer abgewogen werden, ob eine zeitlich begrenzte Undichtigkeit des Behälters in Kauf genommen werden soll, bevor umfangreiche Verpressarbeiten mit einem nicht vermeidbaren Restrisiko angegangen werden. Bei

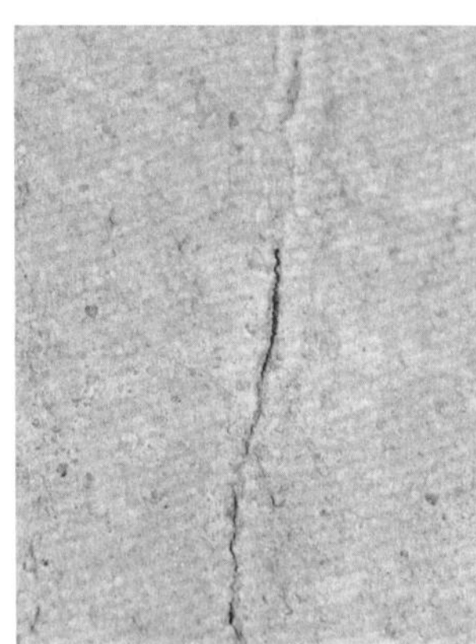

◄◄ ***Bild 11.6.4.07:***
Wasserführender Riss an der Außenwand eines neuen Behälters

◄ ***Bild 11.6.4.08:***
Alter ausgesinterter Riss – keine oder nur geringe Rissweitenänderungen

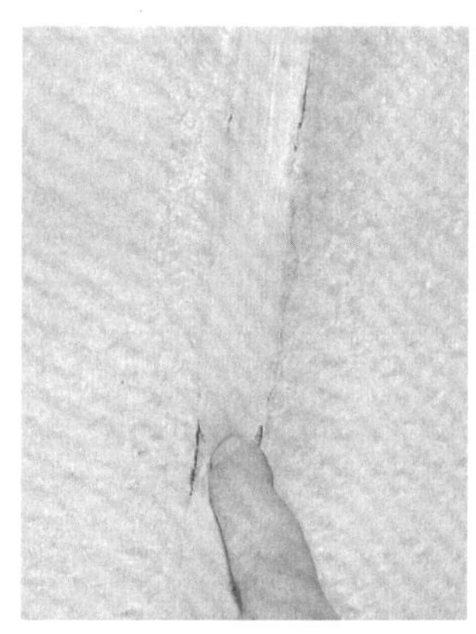

Bild 11.6.4.09: ▶
Sichtbare Flankenablösung einer elastischen Fuge im Fliesenbelag

Bild 11.6.4.10: ▶▶
Störung der Flankenhaftung von elastischen Fugen häufig nur unter mechanischer Beanspruchung erkennbar

alten Rissen stellt man häufig die Versinterung fest, so dass auch hier eine Verpressung sehr wohl abgewogen werden muss.
Bei planmäßigen Fugen findet man nicht selten elastische Fugenmassen vor. Dies betrifft häufig Fliesenauskleidungen, da bei Fliesenbelägen nach den Regeln der Technik solche Fugen vorgesehen sind. Sie sollten aber tunlichst vermieden werden, besser ist die Anordnung einer breiten Mörtelfuge, wobei begrenzte Rissbildungen in Kauf genommen werden müssen. Bei den elastischen Fugen gelten die gleichen Überlegungen zur Fugenweitenänderung. Es müssen daher breite Fugen bis 20 mm angelegt werden, damit Fugenweitenänderungen von ± 0,2 mm sicher übertragen werden können. Flankenablösungen sind häufig anzutreffen, auch wegen der Gefahr der Tauwasserbildung während der Ausführung (Bild 11.6.4.09). Nicht zu unterschätzen ist der zweiachsiale Spannungszustand der Dichtmasse unter Wasserdruck und Fugenweitenänderung. Dies sollte bei jeder Fuge vermieden werden. Häufig sind Flankenablösungen nicht erkennbar, wenn die Fuge sich im Druckzustand befindet. Hier hilft der einfache Daumenversuch (Bild 11.6.4.10). Besser geeignet sind elastische Fugenbänder, die beidseitig der Fugenflanken starr mit dem Untergrund verbunden werden.
Hohlräume unter Fugenkonstruktionen sollten immer geschlossen werden, z.B. mit einem Quellmörtel, damit in den Hohlstellen eine Keimbildung unterbunden wird.

Organische Bestandteile

Untergründe sollen neben den Anforderungen an die Oberflächenfestigkeit möglichst frei sein von organischen Bestandteilen, sofern nicht wasserdichte Instandsetzungsmaterialien zur Anwendung gelangen sollen. Häufig werden bei alten Wasserkammern mit Zementputzbeschichtungen im Untergrund Holzreste aus der Brettschalung angetroffen, da die Untergrundvorbereitung mittels Sandstrahlen oder Hochdruckwasserstahlen noch nicht verbreitet oder erfunden war. Man ist aber auch bei neueren Behältern vor Fundstücken verschiedenster Art nicht sicher

◄◄ ***Bild 11.6.4.11:***
Einschluss von organischen Bestandteilen (Holz) im Betonuntergrund

◄ ***Bild 11.6.4.12:***
Lokale Aussinterungen im Bereich von Hinterläufigkeiten oder rückwärtigen Hinterfeuchtung am Beispiel einer Fliesenfuge

(Bierflaschen, Zigaretten, Polystyrolreste, Bauschaum, e.t.c.), da die Bauausführenden sich i.d.R. nicht über die besondere Bedeutung eines Trinkwasserbehälters im Klaren sind.

Aussinterungen

Aussinterungen in der Form von z.B. tropfenförmigen Nasen aus Kalk oder Salzen, flächige weißliche Oberflächenverfärbungen oder Ablagerungen in Rissen, Spalten, Hohlräumen sind immer ein Hinweis auf rückwärtige Durchfeuchtung und wechselnde Transportvorgänge (Bild 11.6.4.12). Werden diese bei den Untergrundarbeiten vorgefunden, so ist dies zu dokumentieren und der Fachaufsicht bzw. den Bauherrn unmittelbar mitzuteilen. Die Ursachen können in Undichtigkeiten des Behälters, in Schäden an der Außenabdichtung, in verdeckten Hohlräumen oder nicht funktionstüchtigen Schichtaufbauten bzw. Dampfdiffusionsbremsen im Beschichtungsaufbau liegen.

Rückwärtige Beanspruchungen

In Hohlstellen oder hinter Diffuionssperren/-bremsen können sich ein korrosionsförderndes Milieu oder hoher Kristallisationsdruck aufbauen. Diffusionssperren können z.B. Edelstahl und Kunststofffolien sein, Diffusionsbremsen z.B. Dichtbeschichtungen (Schlämmen), Schichtaufbauten mit hydrophober Wirkung oder Fliesenbeläge.
Beispielhaft zeigt Bild 11.6.4.13 die Öffnung einer Folienauskleidung. Im Gegensatz zu üblichen Bauzustandsanalysen werden hier Untersuchungen des Betonuntergrunds zu korrosionsfördernden Stoffen (bauschädliche Salze) erforderlich. Im Betonuntergrund (Bohrkernuntersuchung) wurden stark erhöhte Konzentrationen an Sulfat festgestellt. An der Rückseite der Folie selbst haftete ein dicker kalk- und sulfatreicher Aussinterungsbelag.
Unterschiedliche Schichtaufbauten müssen bis auf den tragfähigen Untergrund durch Kernbohrungen erfasst werden. Beispielhaft zeigt Bild 11.6.4.14 einen

Bild 11.6.4.13 links: Öffnung einer Folienauskleidung. Oben: Betonuntergrund mit Bohrkernentnahme. Unten: Rückseite der Folie mit dickem kalk- und salzhaltigem Aussinterungsbelag

Bild 11.6.4.14 rechts: Feststellung von Schichtenaufbau und Hydrolyse der einzelnen Schichten am Beispiel eines Fliesenbelags: poröses Mörtelbett, Altbeschichtung mit groben Luft- und Verdichtungsporen, keine Haftung zum Untergrundbeton

Bohrkern aus einem Fliesenbelag, hinter dem sich ein poröses Mörtelbett auf einem luft- und verdichtungsporenreichen Altputz befindet, der wiederum geringe bis keine Haftung zum Untergrund aufweist.

Carbonatisierung

Unter Carbonatisierung versteht man stark vereinfacht die Reaktion von Zement mit dem Kohlendioxid (CO_2) der Luft. Dabei wird der ph-Wert des Betons unter 8 herabgesetzt und die Passivierung der Bewehrung aufgehoben. Der Bewehrungsstahl kann rosten.

Dies tritt bei ständig wassergesättigten Bauteilen so gut wie gar nicht auf, da das Porensystem mit Wasser gefüllt und für den Gastransport verschlossen ist. Daher werden in den Behältern häufig sehr geringe Carbonatisierungstiefen ermittelt.

Eine Besonderheit stellen jedoch die Decken dar. Über dem Wasserspiegel befindet sich Kondenswasser (sogenanntes entionisiertes Wasser). Dieses Wasser setzt insbesondere unter Anwesenheit von Kohlensäure aus dem Trinkwasser den ph-Wert des Betons ebenfalls bis auf 6 zurück. Wenn nun hier eine neue mineralische Beschichtung aufgebracht wird, so führt das ph-Wertgefälle dazu, dass Bindemittel aus Mörtel entzogen werden und in das Porenwasser des Altbetons diffundieren kann (Konzentrationsausgleich). Dort wird Kalk aber nicht chemisch gebunden, sondern nur eingelagert (Realkalisierung).

Nach dem Abbinden der Beschichtung und dem Befüllen des Behälters erfolgen je nach den klimatischen Verhältnissen Transportvorgänge, die den Kalk lösen und in

der Grenzschicht zur neuen Beschichtung anreichern. Kalk erfährt bei der Kristallisation eine Volumenzunahme von rd. 30 % und kann im Zusammenwirken mit Zwängungsspannungen zum Ablösen der Beschichtung führen.
An dieser Stelle sollte der ph-Wert des Betons ermittelt werden. Es empfiehlt sich aber immer, den Deckenbeton einige Millimeter abzustrahlen, auch wenn die erforderlichen Haftzugwerte gegeben sind.

11.6.5 Technische Anforderungen

11.6.5.1 Druckfestigkeit und Elastizitätsmodul

Die Bestimmung der Festigkeit des Betonuntergrundes hat verschiedene Gründe:

- ▷ Mit zunehmender Betondruckfestigkeit erhöht sich die Beständigkeit des Betons gegen Trinkwasser. Die Ursache liegt darin, dass mit zunehmendem Zementgehalt und abnehmendem w/z-Werte der Kapillarporenanteil im Beton immer kleiner wird.
- ▷ Mit der Betondruckfestigkeit ist der Elastizitätsmodul des Betons verknüpft. Mit steigender Festigkeit nimmt auch der E-Modul zu. Dies ist zur Festlegung der späteren Beschichtung wichtig. Wenn möglich soll bei Beschichtungen die Putzer-Regel angewendet werden »von hart nach weich«, also sollen die Festigkeit und der E-Modul der Beschichtung gleich oder etwas kleiner sein als der Untergrundbeton. Damit werden Zwängungsspannungen aus Temperaturänderungen oder Feuchteänderungen in der Kontaktzone der Beschichtung zum Untergrundbeton reduziert.

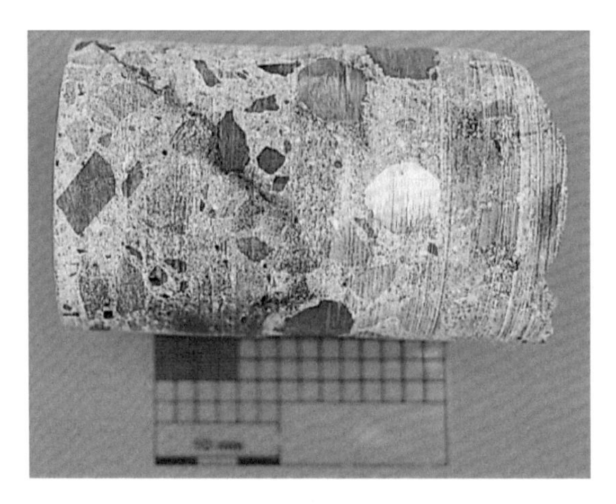

Bild 11.6.5.1.01: *Betongefüge eines neuen Behälters mit verzweigten Rissen bis auf die tragende Bewehrung – gut abgestufte Sieblinie*

11.6.5.1.02: *Betongefüge eines Bohrkerns aus einem älteren Behälter – splittige Zuschläge mit hohem Mörtelanteil*

Bild 11.6.5.1.03: Rechenwerte des Elastizitätsmoduls nach DIN 1045 im Vergleich zu üblichen Behälterbetonen (Ergebnisse aus repräsentativen Fallbeispielen)

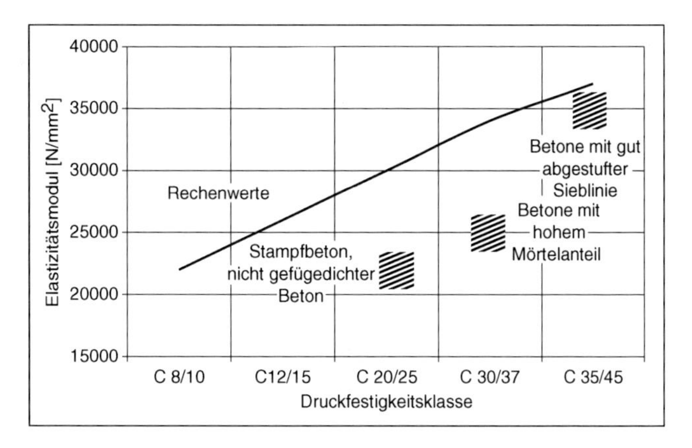

Für Untergründe, die geringe Festigkeiten aufweisen sind ggf. Mörtel mit angepasstem E-Modul zu verwenden und hierzu besondere bauwerksbezogene Überlegungen im Instandsetzungskonzept anzustellen. Die Bilder 11.6.5.1.01 und Bild 11.6.5.1.02 zeigen exemplarisch, wie groß die Unterschiede bei den in Trinkwasserbehältern anzutreffenden Betoneigenschaften sein können. Dabei ist zwischen Stampfbeton und Verdichtungsbeton sowie zwischen Betonzusammensetzungen mit gut abgestufter Sieblinie und solchen mit hohem Mörtelanteil zu differenzieren.

Es ist daher für die Materialauswahl häufig erforderlich, Druckfestigkeit, Elastizitätsmodul und Haftzugfestigkeit zu ermitteln. Dies insbesondere dann, wenn bei alten Behältern Betone mit einem hohen Mörtelanteil verwendet wurden. Dann ist erfahrungsgemäß der Elastizitätsmodul wesentlich niedriger als der Rechenwert der Norm (Bild 11.6.5.1.03). Bei älteren Behältern kann der E-Modul im Bereich der Rechenwerte für eine Betonfestigkeitsklasse C 12/15 bis C 30/37 schwanken. Für wasserundurchlässige Bauwerke legen DIN 1045 (alt) sowie DBV-Merkblatt wasserundurchlässige Baukörper aus Beton fest »Sieblinie des Zuschlages zwischen A 32 und B 32, Zementgehalt > 350 kg/m³«. Damit ergibt sich fast zwangsläufig ein Beton mit niedrigem E-Modul in Trinkwasserbehältern. Dies ist u. a. auch erforderlich zur Begrenzung Rissneigung.

Werden Beschichtungen zur Wiederherstellung der Betondeckung erforderlich, so müssen diese der Beanspruchungsklasse M 3 (RiLiSIB) entsprechen. Dann müssen sie u. a. über Nachweis des statischen und dynamischen E-Moduls und zur Festigkeit verfügen.

Zwar treten im Behälter vergleichsweise geringe Temperaturdifferenzen auf, es handelt sich jedoch häufig um große Bauteilabmessungen. In sehr vielen Fällen führen zu »harte« Beschichtungen zu Ablösungen. Altbeschichtungen müssen bei solchen Untergründen auf Ablösungen und Hohlstellen, z.B. durch Abklopfen, untersucht werden.

Bei der Ermittlung der Festigkeit muss in einem Behälter mit »Spürsinn« vorgegangen werden. Aus Kosten- und Zeitgründen kann eine Untersuchung nur stichprobenartig erfolgen, sie muss dennoch repräsentativ sein und muss insbesondere an kritischen Stellen erfolgen. So müssen Arbeitsfugen oder Bereiche, in denen erwartungsgemäß die Verdichtung des Betons nur unter Erschwernissen erfolgen kann, besondere Beachtung geschenkt werden. Beispiele hierzu sind der Boden-Wandanschluss, Stützenfüße oder Vouten.

11.6.5.2 Haftzugfestigkeit

Die Zugfestigkeit des Betons beträgt überschläglich zwischen rd. 5 und 10 % der Druckfestigkeit. Dieser Zusammenhang wurde z.B. durch (Rüsch 1975) anhand umfangreicher Untersuchungen mathematisch genau beschrieben, für die Praxis wurden Überschlagswerte in Abhängigkeit von der Druckfestigkeitsklasse angegeben (Bild 11.6.5.2.01).
Nach den Technischen Regelnwerken (W 300) und (RiLiSIB) wird für Betonuntergrund und Beschichtungsaufbau für die Haftzugfestigkeit gefordert:

▷ Mittelwert der Haftzugfestigkeit $\geq 1{,}5$ N/mm²
▷ Kleinster Einzelwert $> 1{,}0$ N/mm²

Die Anforderungen an die Haftzugfestigkeit des Untergrundes und der späteren Beschichtung sind Mindestwerte. Sie beruhen auf Erfahrungswerten und sollen sicherstellen, dass eine ausreichende Scherfestigkeit in der Verbundebene sowie eine ausreichende Adhäsionsfestigkeit bei rückwärtiger Durchfeuchtung und Dampfdruck gewährleistet sind. Aus mechanischen Überlegungen und zur Auswahl von geeigneten und auf den Untergrund abgestimmten Materialien sollten die Haftzugwerte mit der Zugfestigkeit des Untergrundbetons korrelieren. Es ist daher sehr sinnvoll, diesen Kennwert nicht alleine als einen Schwellenwert zu begreifen. Wie Bild 11.6.5.2.01 zu entnehmen ist, muss für intakte Betone der Betondruck-

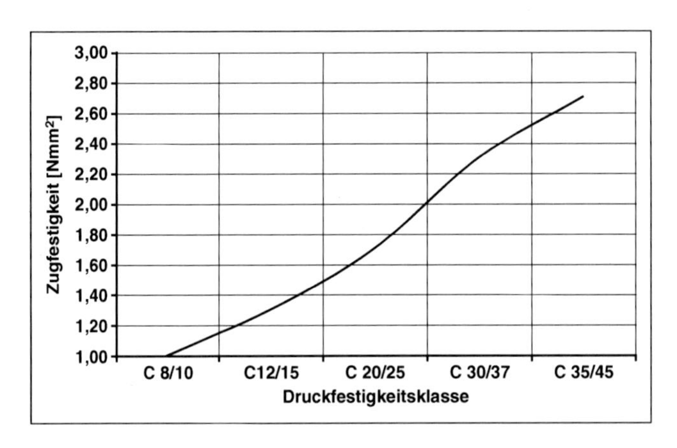

Bild 11.6.5.2.01: *Richtwerte für den Zusammenhang zwischen Zug- bzw. Haftzugfestigkeit und Druckfestigkeit des Betons*

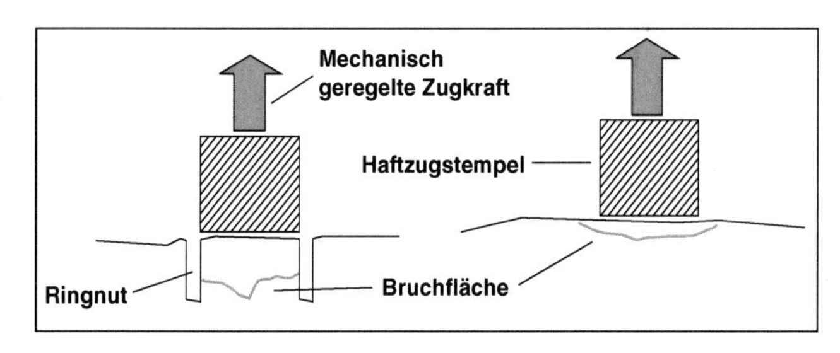

Bild 11.6.5.2.02: Prinzipdarstellung zur Ermittlung der Haftzug- und der Abreißfestigkeit

festigkeitsklassen C 20/25 bis C 30/37 ein Haftzugfestigkeitsniveau von 1,70 N/mm² bis 2,20 N/mm² erwartet werden.
Die Haftzugfestigkeit intakter fester Betonuntergründe ist sehr viel höher als die Anforderungen als Mindestwerte, dies gilt natürlich auch für geeignete Beschichtungsmaterialien. Haftzugwerte auf dem Niveau der Mindestwerte deuten darauf hin, dass

▷ beim Betonuntergrund durch Hydrolyse ausgelaugte Oberflächenzonen vorliegen,
▷ ein Betonuntergrund mit nicht ausreichender Festigkeit vorliegt (Gefüge, Zuschlagsfestigkeit),
▷ der Betonuntergrund nicht ausreichend verdichtet und/oder nachbehandelt worden ist,
▷ die Beschichtung nicht sachgerecht appliziert worden ist (w/z-Wert, Nachbehandlung, Verdichtung,...).

Es ist daher angeraten, die Haftzugfestigkeit des Untergrundes tiefenprofilabhängig zu ermitteln, da zur Eingrenzung der zuvor genannten Einflüsse die Kernbetonhaftzugfestigkeit von Interesse ist.
Prinzipiell ist zwischen der Abreißfestigkeit und der Haftzugfestigkeit zu unterscheiden (Bild 11.6.5.2.02). Beide Verfahren werden häufig gleichwertig angegeben, dies ist aber nach den Technischen Regelwerken nicht der Fall.
In der DAfStb-Richtlinie Schutz und Instandsetzung von Betonbauteilen (RiLiSIB) ist das Prüfverfahren exakt beschrieben. Bei Betonuntergründen und harten Beschichtungen ist danach eine Ringnut zu verwenden, diese muß bei Beschichtungen über die Adhäsionsebene hinweg gehen. Die Kraftsteigerungsrate beträgt geregelt 100 N/s. Bei weichen Beschichtungen ist nach dem Aufkleben der Stempel die Beschichtung scharfkantig entlang des Haftzugstempels bis auf den Untergrund zu durchtrennen, die Kraftsteigerungsrate beträgt dann geregelt 300 N/s.
Nur mit dem Einbohren der Ringnut wird ein idealer Zugzustand erzeug. Wird die Bohrnut bei der Applikation versehentlich mit Kleber »verstopft«, so wird alleine aufgrund der Geometrieverhältnisse das Messergebnis um bis zu 15 % verfälscht.
Sehr häufig wird im Vorfeld der Instandsetzungsmaßnahmen nicht festgelegt, nach welchen Kriterien der Umfang der Prüfungen für die Bauzustandsanalyse und die

Bauausführung festgelegt werden soll. Wichtig ist, dass dies überhaupt geschieht, der spätere Streit ist andernfalls programmiert, da die Haftzugfestigkeit eine der wenigen technisch eindeutigen Parameter für den Erfolg der Instandsetzungsmaßnahme darstellt.

Nach (ZTV-SIB 90) ist Umfang der Prüfungen ist so zu wählen, dass Lage und Ausdehnung der Bereiche mit den geringsten Festigkeitswerten erkennbar werden. Werden bei der Prüfung der Oberflächenzugfestigkeit Einzelwerte unterhalb des kleinsten zulässigen Einzelwerts gefunden, ist durch mindestens zwei Einzelprüfungen in örtlicher Nähe (Entfernung etwa bis zu 1 m) festzustellen, ob es sich um Ausreißer handelt. Sind die zusätzlichen Werte einwandfrei, wird der zuvor gefundene Wert verworfen. Bleibt der Wert bestehen, ist durch ein geeignetes Flächenraster der fehlerhafte Bereich einzugrenzen.

Sinnvolle Vorgehensweise ist ein flächenbezogener Prüfumfang mit Einzelflächen (differenziert nach Bauteilen wie Wände, Decken, Boden), bis rd. 250 m^2 sollen mindestens 3 Einzelprüfungen erfolgen. Schadensausprägungen und bauliche Durchbildungen sind darüber hinaus sinnvoll abzugleichen, ggf. muss der Prüfumfang deutlich erhöht werden.

Im Trinkwasserbehälter ist besonderes Augenmerk dem Kleber für die Stempel zu widmen. Die meisten Kleber haben eine Mindestanwendungstemperatur von + 8 °C und reagieren nicht vollständig aus oder nur sehr langsam! Damit können weiche oder elastische Kleber durch die Einschnürung zu Schälspannungen in Beschichtungen führen und das Messergebnis negativ beeinflussen.

Die Haftzugstempel müssen vor dem Aufbringen des Klebers entsprechend der Behältertemperatur angepasst werden, damit kein Tauwasser ausfällt. In jedem Fall können die Klebeflächen schnell kontaminiert werden, sie müssen unmittelbar vor dem Aufbringen des Klebers mit Schleifpapier »bruchfrisch« angeschliffen werden. Gleiches gilt für die Klebeflächen des Untergrundes oder der Beschichtung. Es empfiehlt sich, Haftzugstempel und Klebeflächen mit dem Heißluftfön entsprechend vorzutempern, gleichzeitig wird die Reaktion des Klebers beschleunigt.

Der Kleber kann im flüssigen Zustand insbesondere aufgrund der langen Reaktionszeiten in den Untergrund eindringen und dort zu einer Verfestigung führen. Dann wird eine Scheinfestigkeit erzeugt. Daher sollte man sich das Bruchbild sehr genau ansehen. Eine einfache Leuchtlupe reicht schon aus, um den Kleber in den Poren sichtbar zu machen

11.6.5.3 Bauphysikalische Kennwerte

Die genauere Kenntnis über Art, Ort, und Intensität von Tauwasseranfall in der Wasserkammer hat unmittelbare Auswirkungen auf die Materialauswahl und die Beschichtungsarbeiten.

Häufig werden Behälter in der kalten Jahreszeit beschichtet, weil die Betreiber dann am ehesten die Kapazität zurückfahren können. Bild 11.6.5.3.01 zeigt, wie eng die klimatischen Verhältnisse im Behälter und der Taupunkt zusammen liegen

Bild 11.6.5.3.01: Taupunkttemperaturen für repräsentative Klimabedingungen in einem Trinkwasserbehälter

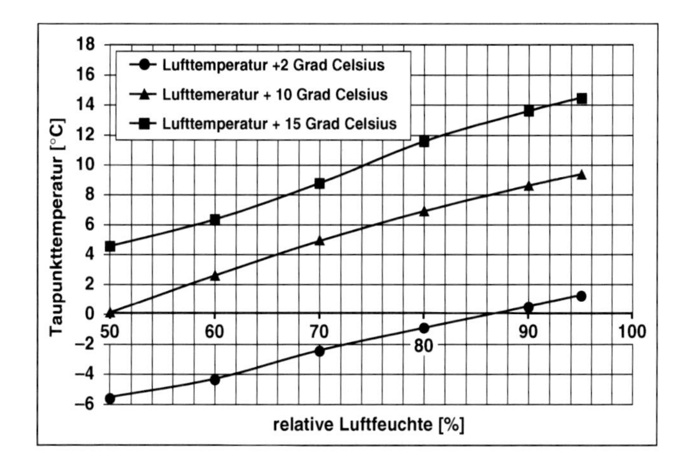

können. Tauwasser tritt hier eben nicht wie bei freibewitterten Baustellen nur an bestimmten ungünstigen Tagen oder Tageszeiten auf. Tauwasser tritt insbesondere häufig nur an bestimmten Stellen im Behälter auf, da auch die Konvektion der Luft (Luftströmung) eine Rolle spielen kann. Daher muss das Messen von Temperatur und Luftfeuchte an mehreren Stellen im Behälter erfolgen, um den ungünstigsten Bereich festzulegen.

Sehr wichtig ist es, den Taupunktabstand, also die Temperaturdifferenz festzustellen, die zum Tauwasserausfall führen wird, da bereits in der Nähe des Taupunktes die Luftfeuchtigkeit fast 100 % beträgt. Bei Kunststoffgebundenen Stoffen (Flüssigkunststoffe, PCC) muss die Bauteiltemperatur mindesten 3 K unter dem Taupunkt liegen (RiLiSIB). Es ist empfehlenswert, diese Festlegung auf alle frisch zu verarbeitenden Materialien zu übertragen, sofern die bauphysikalischen Randbedingungen dies zulassen.

Bei üblicher Betriebstemperaturen von 10 °C und einer relativen Luftfeuchtigkeit von 90 % tritt an allen nichtsaugenden Oberflächen mit einer Oberflächentemperatur < 8,4 °C immer Tauwasser auf. Steigt die Luftfeuchtigkeit auf 95 %, so tritt dies bei einer Temperatur < 9,3 °C ein. Das Beispiel zeigt unter Berücksichtigung eines erforderlichen Taupunktabstandes von bis zu 3 K, dass Tauwasser fast immer im Betriebszustand auftreten muss.

Wird für den Einsatz feuchteempfindlicher Materialien eine Trocknung des Behälters in Betracht gezogen, so tritt bei einer Lufttemperatur von 15 °C und einer relativen Luftfeuchtigkeit von 70 % Tauwasser an Oberflächen mit einer Temperatur von < 9,6 °C Tauwasser auf und bei von 80 % bei einer Temperatur von < 11,7 °C. In einem solchen Fall muss durch ausreichende Konvektion und durch Messung der Klimadaten z.B. im Bereich von Sohle und Wand sichergestellt werden, dass kein Tauwasser auftritt oder durch Messung der Bauwerksfeuchtigkeit, dass hier eine ausreichende Untergrundtrocknung ermöglicht worden ist.

Untemperierter Luftzutritt über die Be- und Entlüftung führt bei einer Zulufttemperatur von + 2 °C und einer relativen Luftfeuchtigkeit von 90 % an Oberflächen mit etwa 0 °C zum Tauwasserausfall.
Es muss auch bedacht werden, dass durch die Beschichtungsarbeiten sehr viel Wasser in den Behälter eingebracht wird und dass sich die Luftfeuchtigkeit deutlich erhöht, sobald nur die ersten Flächen beschichtet worden sind.
Auch wenn ein Trinkwasserbehälter »ständig« mit Wasser gefüllt ist, so unterliegt er bei regelmäßiger Benutzung verhältnismäßig gleichen Füllwasserschwankungen. Beton verfügt über ein Kapillarporensystem bis hin zu sehr kleinen Porenradien. Aufgrund der teilweise erheblichen Druckschwankungen durch die Füllstandsveränderungen wird Wasser in die Poren gepresst und kann nur sehr langsam über den Weg der Diffusion wieder entweichen. Die spontane Wasseraufnahme kann in wenigen Stunden zur Sättigung des Porensystems mit Wasser führen. Aufgrund der hohen Luftfeuchtigkeit oberhalb des Wasserspiegels wird der Beton hier langsam aber stetig über die Diffusion mit Wasser gefüllt, aber i.d.R. nicht vollständig gesättigt. Bei einem entleerten Behälter mit Luftentfeuchter und Heizung ist zur Austrocknung in den Bereich der üblichen Feuchtegehalte ein Zeitraum von mehreren Wochen erforderlich. Daher führen solche Maßnahmen nur zu einer scheinbaren Trocknung der ersten wenigen Millimeter an der Betonoberfläche.

11.7 Putze, Beschichtungen und Auskleidungen

11.7.1 Materialspezifische Anforderungen

Neben den hygienischen Anforderungen müssen an die Instandsetzungsmaterialien grundsätzliche Anforderungen gestellt werden (W 300) bzw. (RiLi-SIB). In Tabelle 11.7.1.01 werden die in W 300 aufgeführten Materialien/Bauweisen nach ihrer begrifflichen Zuordnung zusammengestellt.
Diese betreffen im Wesentlichen die Mindestschichtdicke, bei zementgebundenen Materialien das Größtkorn in Verbindung mit dem Mindestschichtdicken und die Zugabe von Betonzusatzmitteln und Betonzusatzstoffen. Bei den Gesteinskörnungen ist darauf Wert zu legen, dass eine betontechnologische Sieblinie mit geringer innerer Oberfläche aus mehreren Fraktionen stetig zusammengesetzt wird. Die Zuschlagsart beeinflusst die Haftzug- und Kohäsionsfestigkeit des Beschichtungssystems. Kalk- und kieselsäurehaltige Zuschläge unterstützen durch chemisch-mineralogische Reaktionen den Verbund zum Zementstein. Kalkhaltige Zuschläge können das Alkalidepot der Beschichtung erhöhen und zu einem gleichmäßigeren Materialabtrag bei Hydrolysevorgängen beitragen, sie dürfen aber nicht zu einem vorzeitigen Versagen der Beschichtung führen.
Zusatzmittel und Zusatzstoffe können organischer und anorganischer Natur sein, so dass hierüber keine hygienische Bewertung der Materialien möglich ist. Bei ze-

Tabelle 11.7.1.01: Nomenklatur der Instandsetzungsstoffe nach W 300

	Oberbegriff für Materialien/Bauweisen gemäß W 300	**Systembeschreibung**
1	Zementputz	Wasserundurchlässiger Zementputz DIN 18 550 Mörtelgruppe P III b oder Spritzmörtel DIN 18 551 w/z ≤ 0,50 Betonzusatzmittel und Betonzusatzstoffe bis 50 g/kg Zement zulässig Mindestschichtdicke: 15 bis 20 mm
2.1	Zementgebundene Beschichtung – dünnschichtig	Speziell zusammengesetzte Zementmörtel Betonzusatzmittel und Betonzusatzstoffe bis 50 g/kg Zement zulässig w/z ≤ 0,50 Größtkorn bis 1 mm Schichtdicke mindestens das 3-fache des Größtkorns Mindestschichtdicke: 5 mm
2.2	Zementgebundene Beschichtung – dickschichtig	Speziell zusammengesetzte Zementmörtel Betonzusatzmittel und Betonzusatzstoffe bis 50 g/kg Zement zulässig w/z ≤ 0,50 Größtkorn 2 bis 4 mm Schichtdicke mindestens das 3-fache des Größtkorns Mindestschichtdicke: (15 ± 5) mm
3	Kunststoffmodifizierte Beschichtung (PCC Polymer-Cement-Concrete)	Speziell zusammengesetzte Zementmörtel Betonzusatzmittel und Betonzusatzstoffe zulässig, Kunststoffgehalt ≤ 10 % der Zementmasse w/z ≤ 0,50 Mindestschichtdicke: = 5 mm
4	Estrich	Wasserundurchlässiger Zementputz DIN 18 550 Mörtelgruppe P III b oder Spritzmörtel DIN 18 551 w/z ≤ 0,50 Betonzusatzmittel und Betonzusatzstoffe zulässig bis 50 g/kg Zement zulässig
5	Verlege- und Fugenmörtel Fliesen	Dichtgesinterte keramische Fliesen und Platten nach DIN EN 187 oder DINEN 121 Speziell zusammengesetzte Zementmörtel Betonzusatzmittel und Betonzusatzstoffe bis 50 g/kg Zement zulässig w/z ≤ 0,50
6	Kunststoffbeschichtungen	Spezielle Flüssigkunststoffbeschichtungen
7	Kunststoffauskleidungen	Formteile (Platten) oder Folie
8	Edelstahlauskleidungen	Formteile (Bleche) nichtrostender Stahl DIN 17 440 bzw. DIN EN 10 088, Werkstoff-Nr. 1.4571

mentgebundenen Werkstoffen muss W 347 beachtet werden. Alle Ausgangsstoffe (Zement, Gesteinskörnungen, Wasser, Zusatzstoffe, Zusatzmittel) müssen neben den Anforderungen der DIN 1045 auch die des DVGW-Arbeitsblatts W 347 erfüllen. Metallbauteile, z.B. Edelstahlauskleidungen, Formstücke, Leitern, Geländer, Entnahmeeinrichtungen, müssen aus nichtrostendem Stahl nach DIN 17 440 bzw. DIN EN 10 088, Werkstoff-Nr. 1.4571 oder höherwertig hergestellt sein. Der Verbund zum Beton z.B. bei Durchdringungen soll durch Sand-Wasserstrahlen verbessert werden. Kunststoffe (z. B. Folien), zementgebundene Baustoffe mit hohem Kunststoffanteil (z.B. kunststoffmodifizierte Beschichtungen), Hilfsstoffe und Abddichtungsstoffe, Fugenbänder e.t.c. müssen den Nachweis erbringen, dass sie hydrolysebeständig und verseifungsbeständig sind.

11.7.2 Instandsetzungsprinzipien

11.7.2.1 Wiederherstellung bzw. Erhöhung der Betondeckung

Das Prinzip beruht auf der Herstellung einer tragfähigen und schubfesten Betondeckung mit zementgebundene Beschichtungen (Bild 11.7.2.1.01). Zur Sicherstellung des Verbunds der Bewehrung muss die Betondeckung mindestens dem Stabdurchmesser der tragenden Bewehrung entsprechen. Die nachträglich aufgebrachte zementgebundene Beschichtung muss der Beanspruchungsklasse M 3 (RiLiSIB) hinsichtlich der Nachweise für Tragfähigkeit und Gebrauchstauglichkeit entsprechen. Danach müssen diese Materialien in der Eignungsprüfung umfangreiche Nachweise insbesondere zur Festigkeit, Haftzugfestigkeit, Elastizitätsmodul, Wasserdampfdurchlässigkeit, kapillare Wasseraufnahme, Quellen- und Schwinden und Beständigkeit in der Calciumhydroxidlösung erfüllen.

11.7.2.2 Verstärkung von Betonbauteilen

Das Prinzip beruht auf der Herstellung einer statisch tragfähigen unbewehrten, stahlbewehrten oder faserverstärkten zementgebundenen Beschichtung mit Verbund zum Kernbeton. Die Anforderungen des Abschnitts 11.7.2.1 gelten sinngemäß. Es ist Beton der Normenreihe DIN 1045 oder Spritzbeton nach DIN 18 551 nach betontechnologischen Grundsätzen zu verwenden, er muss der Beanspruchungsklasse M 3 entsprechen.

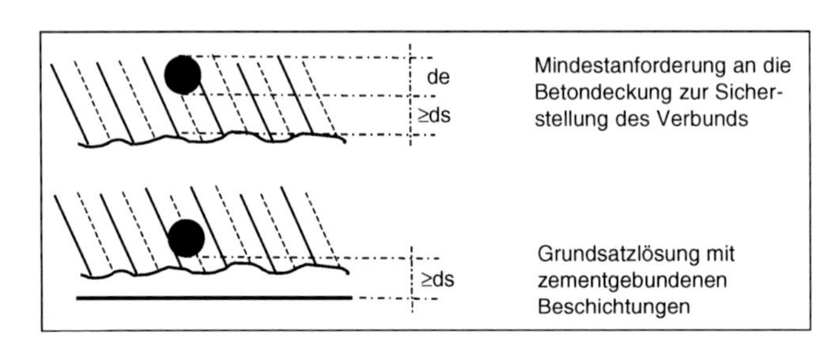

Bild 11.7.2.1.01: *Instandsetzungsprinzip Erhöhung der Betondeckung*

Bild 11.7.2.3.01:
Instandsetzungsprinzip Widerherstellung des Korrosionsschutzes durch alkalisches Milieu

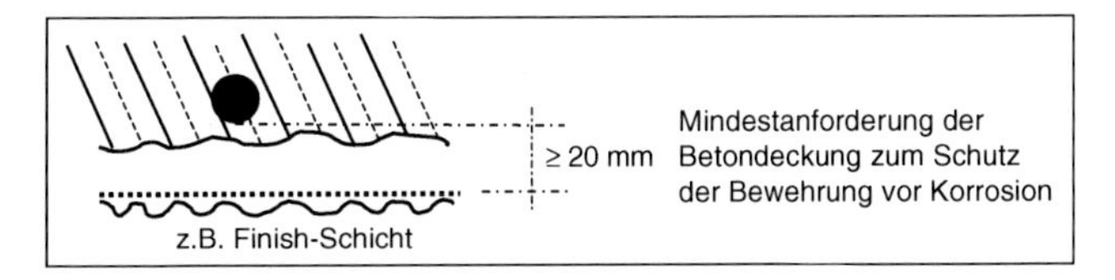

Hinweise zur statischen Berechnung sind nicht Gegenstand von W 312. Sofern keine lokalen Beeinträchtigungen vorliegen ist grundsätzlich zu prüfen, ob im Vergleich mit einer Reduzierung äußerer Beanspruchungen, z.B. Minderung der Auflasten aus der Erdüberdeckung durch Wärmedämmung, Leichtzuschläge oder eine Überdachung, die Verstärkung die technisch und wirtschaftlich richtige Lösung darstellt.

11.7.2.3 Wiederherstellung des Korrosionsschutzes durch alkalisches Milieu

Das Prinzip beruht auf der erneuten Bildung einer Passivschicht auf der Stahloberfläche (Repassivierung) durch eine zementgebundene Beschichtung mit hohem Karbonatisierungswiderstand. In Wasserkammern bietet sich der Korrosionsschutz durch Wiederherstellung des alkalischen Milieus als flächige Beschichtung oder als örtliche Ausbesserung an. Korrosionsschutz durch Begrenzung des Wassergehaltes, Beaufschlagung mit kathodischem Fremdstrom oder Beschichtung der Stahloberflächen ist in Trinkwasserbehältern nicht möglich oder nur unter erschwerten Bedingungen ausführbar.
Zum Schutz der Bewehrung gegen Korrosion wird in den meisten Fällen die Expositionsklasse XC 2 (Bewehrungskorrosion ausgelöst durch Karbonatisierung – nass, selten trocken) maßgebend sein. In diesem Fall muss die Betondeckung > 20 mm betragen (Bild 11.7.2.3.01).
Unterliegt der Beton wechselnd nassen und trockenen Verhältnissen, so beträgt die erforderliche Betondeckung > 25 mm (Expositionsklasse XC 4).
Als Zement für den Instandsetzungsmörtel soll gemäß (DIN 1945) Portlandzement CEM I verwendet werden. Der Instandsetzungsmörtel muss eine ausreichende Alkalität aufweisen (ph 12,5). In bestimmten Fällen setzen Zusatzstoffe, z.B. Silikastaub, oder Zusatzmittel, z.B. Kunststoffdispersionen, den ph-Wert des Mörtels herab. Dadurch reduziert sich die Zeitspanne bis zum Erreichen des für die Bewehrungskorrosion kritischen ph-Werts von etwa ph 8. Der Instandsetzungsmörtel muss einen ausreichenden Karbonatisierungswiderstand aufweisen, um für die planmäßige Nutzungsdauer eine Repassivierung der Bewehrung sicherzustellen. Die Karbonatisierungstiefe darf nach Ende der planmäßigen Nutzungsdauer die Bewehrung nicht erreichen. Eine ggf. günstige Wirkung weiterer Oberflächenschichten darf gemäß (RiLiSIB) nicht in Rechnung gestellt werden.
Das Instandsetzungsprinzip darf nur angewendet werden, wenn die Karbonatisierungstiefe nicht um mehr als 20 mm hinter der Bewehrung vorgedrungen ist. Dies ist in Trinkwasserbehältern selten der Fall.

Bei der Wiederherstellung der Betondeckung durch z.B. eine Beschichtung sind die betontechnologischen Anforderungen so zu beachten, dass eine dichte und dauerhafte Oberfläche entsteht. Wird aus optischen Gründen und zum raschen Ableiten von Kondenswasser eine strukturierte Finish-Schicht (Tropfenstruktur) aufgebracht, bei der zur Applikation diese Grundsätze verlassen werden, z.B. durch Erhöhen des Wasser-Zementwertes, so darf diese Schichtdicke weder zur Erhöhung der Betondeckung noch zum Schutz der Bewehrung vor Korrosion herangezogen werden. Ähnliche Überlegungen müssen ggf. bei Ausgleichsschichten mit z.B. geringer Festigkeit zur Anpassung an Untergründe mit geringer Festigkeit angestellt werden. Kann nicht ausgeschlossen oder durch Kontrolle sichergestellt werden, dass eine durchgängige dichte Betondeckung hergestellt werden kann, wie z.B. bei Fliesenmörtel, so kann auch hier diese Schicht nicht als Betondeckung betrachtet werden.
Lokale Ausbesserungen kommen nur infrage, wenn örtlich begrenzte Bereiche mit Korrosion, kritischen Karbonatisierungstiefen oder geringen Betondeckungen vorliegen. Es muss danach in jedem Fall ein flächig ausreichender Abstand der Karbonatisierungstiefe nach Ablauf der Nutzungsdauer sichergestellt werden, so dass aus diesem Grunde dennoch häufig eine flächige Beschichtung erforderlich wird.

11.7.2.4 Erhöhung des Widerstands trinkwasserberührter Flächen mit diffusionsoffenen Materialien

Das Prinzip beruht auf der Herstellung wasserundurchlässiger Oberflächen mit Instandsetzungsmaterialien, die nach der

- ▷ Grundsatzlösung W 1: vergleichbare oder ähnliche Diffusionseigenschaften aufweisen wie der Betonuntergrund (Bild 11.7.2.4.01),
- ▷ Grundsatzlösung W 2: im Vergleich zum Betonuntergrund diffusionshemmende Eigenschaften aufweisen (Bild 11.7.2.4.02).

Beton besitzt ein fein verzweigtes Porensystem, über das Wasser kapillar oder durch Diffusion transportiert werden kann. Selbst wenn bei wasserundurchlässigem Beton durch betontechnologische Maßnahmen die Kapillarporen so minimiert werden, dass Wasser in flüssiger Form nur bis zu einer begrenzten Tiefe eindringt, so kann Wasserdampf durch das Bauteil diffundieren.
Das Porensystem der Betonbauteile ist durch die Wasserbeaufschlagung im trinkwasserberührten Bereich wassergesättigt. Im Bereich über dem Wasserspiegel ist ein hoher Sättigungsgrad anzutreffen. Aufgrund mangelnder oder nicht mehr funktionsfähiger Außenabdichtung oder an Trennwänden zur Nachbarkammer liegt zusätzlich eine rückwärtige Durchfeuchtung vor. In dem Porenwasser gehen Stoffe aus dem Beton in Lösung.
Während der Instandsetzungsmaßnahme selbst und später bei Leerständen der Wasserkammer infolge Wartung, Reinigung, Desinfektion oder Reparaturen erfolgt eine Austrocknung des Betons bzw. der Beschichtung/Auskleidung im ober-

Bild 11.7.2.4.01:
Instandsetzungsprinzip Erhöhung des Widerstands trinkwasserberührter Flächen mit diffusionsoffenen Materialien Grundsatzlösung W 1: z.B. flächige zementgebundene Beschichtung

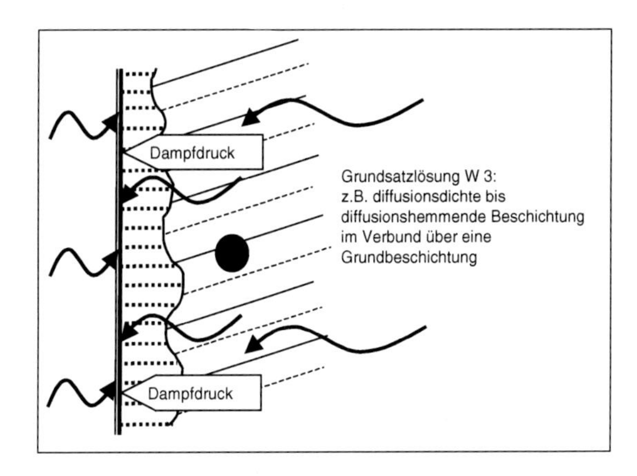

Bild 11.7.2.4.02:
Instandsetzungsprinzip Erhöhung des Widerstands trinkwasserberührter Flächen mit diffusionshemmenden Materialien Grundsatzlösung W 2: z. B. Fliesenauskleidung

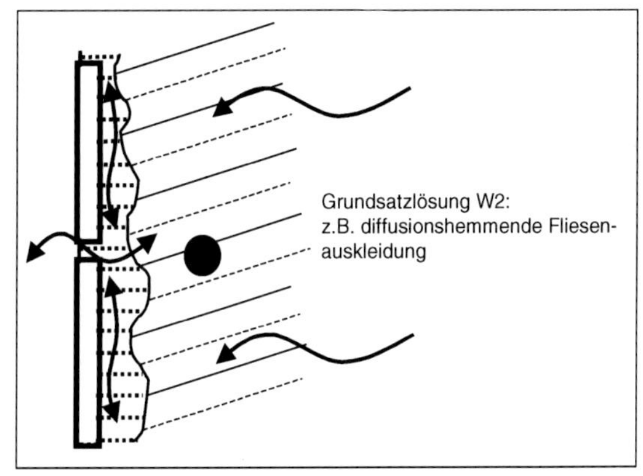

flächennahen Bereich. Hierdurch werden Diffusionsvorgänge im Porensystem eingeleitet, die zu einem nicht unerheblichen Dampfdruck führen können. Durch Verdunstung kristallisieren lösliche Stoffe an der Oberfläche aus, es bilden sich typische Aussinterungen. In Poren, Lunkern, Schichtrissen, Spalten e.t.c. kann sich jedoch ein erheblicher Kristallisationsdruck aufbauen, der zu Ablösungen führen kann. Als Grundsatzlösung W 1 bietet sich daher eine möglichst diffusionsoffene Beschichtung an, damit Dampfdruck und Kristallisationsdruck nicht zu Ablösungen und Blasenbildung führen.
Bei der Grundsatzlösung W 2 mit diffusionshemmenden Materialien wie z.B. Fliesen oder Dichtbeschichtungen treten Diffusionsprozesse und Wasserwechselprozesse lokal begrenzt in erhöhter Intensität und Progressivität an Fugen oder Fehlstellen auf. Wenn das Alkalidepot aufgezehrt ist erfolgt der Zementsteinverlust progressiv. Lokale Aussinterungen im Fugenmörtel zeugen häufig von alternierenden Transportvorgängen aus der Wasserkammer.

Im Instandsetzungsplan muss dies berücksichtigt werden. Es muss ein Nachweis erbracht werden, dass keine bauphysikalisch oder chemisch ungünstigen Verhältnisse geschaffen werden, die Folgeschäden verursachen können. Wenn die Gefahr der Hydrolyse besteht muss beachtet werden, dass z.B. Fugenmörtel oder dünne Dichtbeschichtungen nur ein sehr geringes Alkalidepot aufweisen und entsprechend schnell ausgelaugt werden können.

11.7.2.5 Erhöhung des Widerstands trinkwasserberührter Flächen mit diffusionsdichten Materialien

Das Prinzip beruht auf der Herstellung wasserdichter Oberflächen mit Instandsetzungsmaterialien, die nach der

- ▷ Grundsatzlösung W 3: im flächigen Verbund ggf. mit einem Grundputz mit dem Konstruktionsbeton aufgebracht werden (Bild 11.7.2.5.01),
- ▷ Grundsatzlösung W 4: über einen Hohlraum keinen flächigen Verbund zum Konstruktionsbeton aufweisen (Bild 11.7.2.5.02).

Prinzipiell gelten für das Instandsetzungsprinzip W 3 die bauphysikalischen und bauchemischen Randbedingungen der Grundsatzlösung W 1. Das Aufbringen einer flächig diffusionsdichten bis diffusionshemmenden Beschichtung, z.B. Epoxidharzbeschichtung, verschließt das Porensystem des Betons. Es kann sich ein nicht unerheblicher Dampfdruck aufbauen, der zu Blasen und Ablösungen an der Beschichtung führen kann. Beim Instandsetzungskonzept und der Ausführungsplanung sind Trocknungsgrad des Beschichtungsuntergrunds, bauphysikalische Bedingungen und Festigkeits- und Filmbildungsentwicklung des Beschichtungsmaterials so aufeinander abzustimmen, dass Blasen und Ablösungen ausgeschlossen werden können. Blasen entstehen häufig, wenn die Beschichtung ihre Festigkeit noch nicht erreicht hat, während Ablösungen später langsam durch Adhäsionsstörungen fortschreiten können.

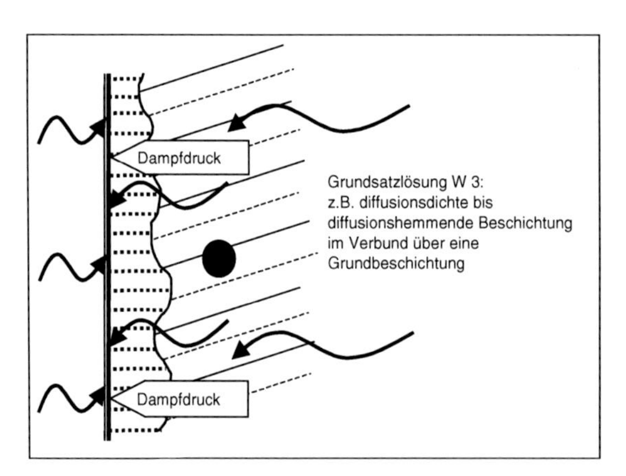

Bild 11.7.2.5.01:
Instandsetzungsprinzip Erhöhung des Widerstands trinkwasserberührter Flächen mit diffusionsdichten Materialien im Verbund zum Beton Grundsatzlösung W 3: z.B. Kunststoffbeschichtung

__Bild 11.7.2.5.02:__
Instandsetzungsprinzip Erhöhung des Widerstands trinkwasserberührter Flächen mit diffusionsdichten Materialien ohne Verbund zum Beton Grundsatzlösung W 4: z. B. Auskleidung Edelstahl

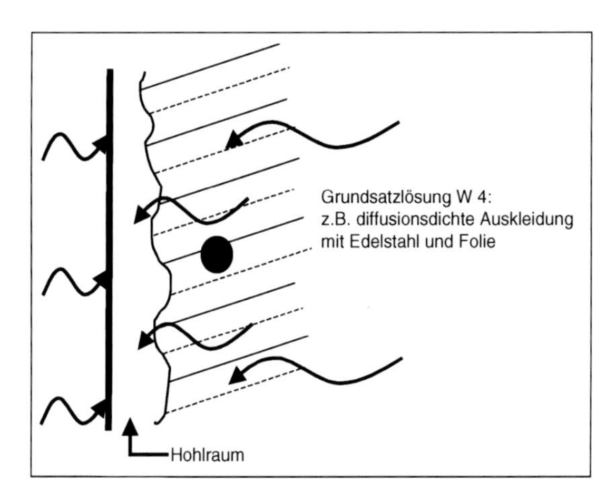

Für das Austrocknen des Betons sind entsprechende Fristen vorzusehen, der Trocknungszustand muss abhängig von der Wahl des Trocknungssystems und der Behältergeometrie (Konvektion) an den kritischen Stellen überwacht werden.
Es empfiehlt sich eine tiefenprofilabhängige Feuchtebestimmung mit der Calciumcarbit-Methode (CM-Gerät), da der Untergrundbeton nur sehr langsam und nur wenige Millimeter tief trocknet. Der Taupunktabstand muß bei der Applikation mindestens 3 K betragen.
In der Regel wird eine Grundbeschichtung erforderlich:

1. ggf. aufgrund der Instandsetzungsprinzipien Erhöhung der Betondeckung oder Wiederherstellung des Korrosionsschutzes,
2. zum Verschluss von Poren und Lunkern, da hier Fehlstellen in der Deckbeschichtung nicht ausgeschlossen werden können,
3. zur Vermeidung von z.B. Hohlstellen, Kiesnestern und Klüftungen, da hier ggf. lösliche Stoffe angereichert werden und auskristallisieren können und zu Ablösungen führen können,
4. zur Sicherstellung einer gleichmäßigen Schichtdicke und zur Vermeidung von Zwängungsspannungen in der Verbundebene zum Grundputz.

An die Grundbeschichtung müssen die Anforderungen an Festigkeit, Haftung zum Untergrund und an die Hydrolysebeständigkeit gemäß (RiLiSIB) gestellt werden, da bei Fehlstellen oder Beschädigungen vergleichbare lokale Beanspruchungen auftreten können wie bei dem Instandsetzungsprinzip W 2.
Hinsichtlich der Nachbehandlung und der Festigkeits- und insbesondere Dichtigkeitsentwicklung des Grundputzes sind die Angaben der Eignungsprüfung und der Ausführungsanweisung des Herstellers konsequent zu beachten, bevor die Trocknung des Untergrundes für den Beschichtungsauftrag einsetzen darf.

Für das Instandsetzungsprinzip W 4 gelten ebenfalls alle erforderlichen Grundsätze zur Erhöhung der Betondeckung und der Widerherstellung des Korrosionsschutzes. Darüber hinaus muss im Instandsetzungsplan der Nachweis erbracht werden, dass keine bauphysikalisch oder chemisch ungünstigen Verhältnisse geschaffen werden, die Folgeschäden verursachen können.
Durch die Anordnung einer difussionsdichten Ebene ohne Verbund kann über den Hohlraum das ansonsten immer nahezu wassergesättigte Porensystem des Betons austrocknen. Dadurch werden ideale Randbedingungen zur Bewehrungskorrosion geschaffen, nämlich mäßig feucht (XC 3) bzw. wechselnd nass und trocken (XC 4 / DIN 1045). Es können Sauerstoff und ggf. Kohlendioxid in den Beton gelangen, zusätzlich betonangreifende Medien wie z.B. Sulfate, Nitrate oder Chloride aus durch die Austrocknung angeregte Transportvorgänge.
Es muss auch eine Potentialverschiebung der Bewehrung in Betracht gezogen werden. Hinsichtlich der erforderlichen Betondeckung zum Schutz der Bewehrung vor Korrosion ist zu beachten, dass durch die Verschiebung der Expositionsklassen XC 2 nach XC 4 sich die erforderliche Betondeckung von 20 mm auf 25 mm erhöht (DIN 1045). Diese Vorgänge werden z.B. bei alten Betonbehältern mit von Hause aus hoher Porosität oder bei durch Hydrolyse geschädigten Oberflächen noch begünstigt.
Im Instandsetzungsplan müssen beim Instandsetzungsprinzip W 4 bauphysikalische und bauchemische Veränderungen am Betonuntergrund und das korrosive Milieu an der rückwärtigen Auskleidung berücksichtigt werden. Betonkonstruktion und Auskleidung sind entsprechend zu schützen. Es ist zu prüfen, inwieweit eine Bauwerksabdichtung und ggf. eine Wärmedämmung erforderlich werden. Dies gilt insbesondere an den Übergangsbereichen zu den Instandsetzungsprinzipien W 4 zu W 1 (oberhalb des Füllstands bzw. am Wand-/Deckenabschluss). Hier sind Detaillösungen zu Anschlüssen (und Verwahrungen) sorgfältig zu planen.
Im Kontakt von unterschiedlichen Materialien untereinander dürfen keine nachteiligen oder schädlichen Wechselwirkungen hervorgerufen werden. Auf keinen Fall darf Kontaktkorrosion durch Kontakt von Bewehrungsstahl mit edlerem Metall (z.B. Edelstahl) erzeugt werden.

11.7.2.6 Anwendungsbereiche von Instandsetzungsmaterialien

In W 300 werden derzeit geläufige Instandsetzungsmaterialien nach Oberbegriffen differenziert, wobei kein Anspruch auf Vollständigkeit erhoben werden kann und Übergangsbereiche zwischen einzelnen Stoffgruppen möglich sind. Als Richtwerte liefert Tabelle 11.7.2.6.01eine qualitative Zuordnung von Stoffgruppen zu den Anwendungsbereichen nach betontechnologischen Instandsetzungsprinzipien. Die Tabelle 11.7.2.6.01 berücksichtigt ausdrücklich nicht eine Bewertung der Hygieneanforderungen und der Beanspruchbarkeit durch betonangreifende Wässer.
Zementputze können alle erforderlichen Instandsetzungsprinzipien gleichzeitig erfüllen. Sie können auch als Grundputz oder zur Sicherstellung der Instandset-

Tabelle 11.7.2.6.01 Qualitative Zuordnung von Stoffgruppen zu Instandsetzungsprinzipien für gängige Ausführungsvarianten

Beschichtungen und Auskleidungen Oberbegriffe [RILISIB]	**Instandsetzungsprinzipien**					
	B	**K**	**W 1**	**W 2**	**W 3**	**W 3**
Zementputze	X	X	X	(X[1])	(X[1])	(X[1])
Zementgebundene Beschichtungen	–	(X[2])	X	(X[1])	(X[1])	(X[1])
Kunststoffmodifizierte Beschichtungen (PCC)	–	(X[2])	X	X	(X[3])	–
Kunststoffbeschichtungen	–	–	–	–	X	–
Kunststoff-Folien/-Kunststoff-Formteile	–	–	–	–	–	X
Edelstahlauskleidungen	–	–	–	–	–	X
Fliesenauskleidungen	–	–	–	X	–	–
Glasauskleidungen	–	–	–	X	–	–

Instandsetzungsprinzipien

B Erhöhung der Betondeckung bzw. Verstärkung

K Korrosionsschutz durch Widerherstellung des alkalischen Milieus

W 1 Erhöhung des Widerstands durch wasserundurchlässige Materialien mit vergleichbaren oder ähnlichen Diffusionseigenschaften wie der Betonuntergrund

W 2 Erhöhung des Widerstands durch wasserundurchlässige Materialien mit im Vergleich zum Betonuntergrund diffusionshemmenden Eigenschaften

W 3 Erhöhung des Widerstands durch wasser– und diffusionsdichte Materialien im flächigen Verbund (ggf. mit einem Grundputz) mit dem Konstruktionsbeton

W 4 Erhöhung des Widerstands durch wasser- und diffusionsdichte Materialien mit einen Hohlraum und ohne flächigen Verbund zum Konstruktionsbeton

[1] als Grundputz oder zur Sicherstellung der Instandsetzungsprinzipien B bzw. K
[2] Nachweise zur Herstellung des alkalischen Milieus
[3] wenn Instandsetzungsprinzipien B bzw. K nicht erforderlich

zungsprinzipien B und K bei z.B. Fliesen, Kunststoffbeschichtungen oder Edelstahlauskleidungen dienen.

Zementgebundene Beschichtungen sind nicht ohne besondere Nachweise für die Erhöhung der Betondeckung geeignet. Für den Korrosionsschutz durch Widerherstellung des alkalischen Milieus werden Nachweise empfohlen. Sie können auch als Grundputz oder zur Sicherstellung des Instandsetzungsprinzips K verwendet werden.

Kunststoffmodifizierte Beschichtungen (PCC) können für das Instandsetzungsprinzip Erhöhung der Betondeckung nicht verwendet werden, und es ist ein Nachweis für die Eignung als Korrosionsschutz durch alkalisches Milieu erforderlich. Sie empfehlen sich hauptsächlich für die Instandsetzungsprinzipien W 1 und W 2. Falls die Instandsetzungsprinzipien B und K nicht erforderlich sind, können sie auch als Grundputz für das Instandsetzungsprinzip W 3 dienen.

Kunststoffbeschichtungen erfüllen das Instandsetzungsprinzip W 3. Für ggf. weitere Instandsetzungsprinzipien oder den Grundputz bieten sich Zementputze oder Zementgebundene Beschichtungen an.

Kunststoff-Folien oder -Formteile sowie Edelstahlauskleidungen erfüllen das Instandsetzungsprinzip W 4. Falls erforderlich müssen die Instandsetzunsprinzipien B und K durch Zementputze oder Zementgebundene Beschichtungen sichergestellt werden.
Fliesen- oder Glasauskleidungen erfüllen das Instandsetzungsprinzip W 2. Falls erforderlich müssen die Instandsetzunsprinzipien B und K durch Zementputze oder Zementgebundene Beschichtungen sichergestellt werden.

11.8 Instandsetzungsdetails und Fallbeispiele

11.8.1 Untergrundvorbereitung

Für die Baupraxis existieren in den Technischen Regelwerken für die Haftzugfestigkeit nur Mindestanforderungen. Dagegen gibt es für die Rauhigkeit und Textur keine eindeutig festgelegten Anforderungen. Hier behilft man sich mit Formulierungen wie »Enfernen von losen minderfesten oder öligen Bestandteilen« und »freilegen des groben Zuschlagskorns«. Dabei sind drei wesentliche Aspekt gemeint:

1. Alle die Adhäsionsfestigkeit beeinträchtigenden Substanzen müssen entfernt werden wie Zementschlämme, nicht ausreichend feste Altbeschichtungen, Schalöle oder andere filmbildende Substanzen.
2. Die so genannte Matrix, das sind alle Bestandteile des Betons mit einem Größtkorn von 2 bis 4 mm (Bild 11.8.1.01), soll aus der Oberfläche entfernt werden, da die Betonfestigkeit maßgeblich durch das Korngerüst der groben Zuschläge bestimmt wird.
3. Die groben Zuschläge müssen an der Oberfläche angerauht werden, damit chemisch-mineralogische Reaktionen statt finden können und neben der durch Verzahnung herbeigeführte physikalische Adhäsion die viel wichtigere chemische Adhäsion sichergestellt wird.

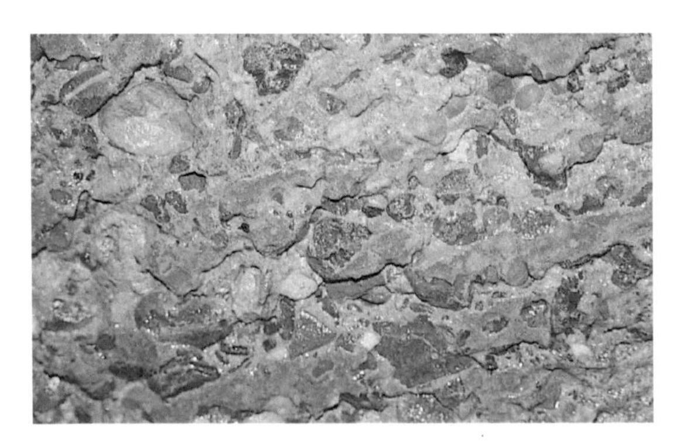

Bild 11.8.1.01: *Untergrundvorbereitung des Betons – Freilegen des Größtkorns > 2 bis 4 mm*

Tabelle 11.8.1.01: *Verfahren und Anwendungszweck von Strahlverfahren für die Untergrundvorbereitung (RiLiSIB)*

Anwendungszweck	**Strahlverfahren**		
	Druckluftstrahlen mit festem Strahlmittel	Feuchtstrahlen mit festem Strahlmittel	Hochdruck-wasserstrahlen > 60 N/mm^2
Entfernen der Reste von Beschichtungen sowie oberflächige Verunreinigungen	X	X	X
Entfernen von Zementschlämmen und minderfesten Schichten	X	X	X
Abtragen von schadhaftem Beton/Betonersatz sowie Freilegen der Bewehrung	(X)[1]	(X)[1]	(X)[3]
Entfernen von Rostprodukten an freiliegender Bewehrung und anderen Metallteilen	X	(X)[2]	(X)[2]
Säubern des Betonuntergrundes von Wasser, Staub und losen Teilen	–	–	–

[1] Grad des Betonabtrags ist abhängig von Druck und von Art und Menge des Strahlmittels
[2] Reste von Beschichtungen können nicht immer entfernt werden
[3] Grad des Betonabtrags ist druckabhängig

Daraus ergeben sich Konsequenzen für die Bauausführung. Das Verfahren ist für die erforderliche Untergrundvorbereitung je nach Instandsetzungsprinzip und Materialauswahl entsprechend auszuwählen oder besser noch vorzugeben. In Tabelle 11.8.2.01 werden den üblichen Strahlverfahren entsprechende Anwendungsbereiche zugeordnet (RiLiSIB). Es empfiehlt sich immer Musterflächen getrennt nach Bauteilen und ggf. Materialien auszuschreiben und Handlungsmuster für Mehr- oder Minderabtrag vorzusehen.
Übliche Ausschreibungstextmuster wie »Untergrundvorbereitung bis auf den tragfähigen Untergrund durch Sandstrahlen oder gleichwertig« sind nicht ausreichend, es muss schon das gewollte definiert werden. Es ist ein Unterschied, ob an einer stahlgeschalten Decke mit hohen Festigkeiten das Zuschlagskorn freigelegt werden soll oder an einer Behälterwand. Durch die unterschiedlichen Strahlverfahren werden auch unterschiedliche Texturen erzeug. Hochdruckwasserstahlen entfernt leichter die Matrix und erzeugt je nach der Beschaffenheit des Betons grobe Untergründe, die mit entsprechendem Aufwand und Kosten wieder egalisiert werden müssen. Demgegenüber führt das Sandstrahlen zu einem eher gleichmäßigen Betonabtrag und insbesondere zur Erzeugung bruchfrischer Oberflächen am groben Zuschlagskorn. Die Tabelle macht auch deutlich, dass gerade an das Freilegen der Bewehrung und das Entfernen von Rostprodukten unterschiedliche Erwartungen gestellt werden müssen. Wenn also hohe Anteile

an korrodierter Bewehrung zu bearbeiten sind, empfiehlt sich das Sandstrahlverfahren.
Bei allen Strahlverfahren ist eine Nachbearbeitung durch Säubern unbedingt erforderlich. Meistens erfolgt dies mittels Wasserstrahl. Es ist jedoch ein Trugschluss zu glauben, damit würden reaktionsfreudige Untergründe geschaffen. Wenn z.B. an Decken hohe Haftzugfestigkeiten erforderlich werden, dann darf zwischen dem Strahlen als Untergrundvorbereitung und der Beschichtung möglichst wenig Zeit verstreichen, da die quarzitischen Zuschlagsoberflächen mit Wasser und Bindemittelresten rasch wieder reagieren. In qualifizierten Ausschreibungen sollte darauf hingewiesen werden, insbesondere dann, wenn Strahlarbeiten getrennt vergeben oder als Subunternehmerleistung erbracht wird.
Durch Hochdruckwasserstrahlen wird unter wesentlich höherem Druck als durch den Füllwasserstand im Behälter Wasser in das Porensystem des Betons eingebracht. Hierdurch kann im Untergrund Calciumhydroxid gelöst werden, das sich beim Abtrocknen an der Oberfläche anreichert. Dieser Vorgang muss mit dem bloßen Auge nicht erkennbar sein, führt aber zu Adhäsionsstörungen bei der Beschichtung. Auch aus diesem Grunde muß großer Wert darauf gelegt werden, dass Untergrundvorbereitungs- und Beschichtungsarbeiten übergangslos geplant und ausgeführt werden.
Die Rauhigkeit kann an senkrechten Flächen oder über Kopf nicht nach dem so genannten Sandflächenverfahren ermittelt werden, wobei eine definierte Menge Quarzsand mit der Körnung 0,1 bis 0,3 mm kreisrund auf einer rauen Oberfläche verteilt wird und sich aus dem Durchmesser und dem Sandvolumen die mittlere Höhe als Rautiefe anschätzen läßt. Tabelle 11.8.1.02 gibt eine Orientierung der Rautiefe nach der RiLiSIB. Danach sollte eine ausreichend gestrahlte Fläche eine Rautiefe von 1 bis 2 mm aufweisen. Dies kann auch an Wänden oder der Decke mittels einer feinen Messnadel oder mit einem Zementleim-Sandgemisch in ähnlicher Weise wie das Sandflächenverfahren festgestellt werden, welches unmittelbar danach mit Wasser abgewaschen werden kann.

Bild 11.8.1.02: *Abkapselung und Rissverteilung von nicht erreichbaren Hohlräumen in einer Kappendecke (Fallbeispiel)*

In machen Fällen kann die Untergrundvorbereitung nicht zugängliche Bereiche nicht erreichen oder zu einem Standsicherheitsproblem führen. Als Beispiel zeigt Bild 11.8.1.02 eine Behälterdecke, die als so genannte Kappendecke aus Stahlträgern mit betonier-

Tabelle 11.8.1.02
Richtwerte für die Rauhtiefe nach RiLiSIB

Rautiefe	Definition
Rt = 0,2 mm	glatter nicht gestrahlter Beton
Rt = 0,5 mm	gesandstrahlter Beton
Rt = 1,0 mm	rauer, abgewitterter oder gestrahlter Beton
Rt = 1,5 mm	gestrahlter Untergrund, Waschbeton

ten Feldern erstellt wurde. Mit den üblichen Strahlverfahren war es nicht möglich, die Flanken zwischen den Stahlträger ausreichend zu öffnen. Manuelle Verfahren durch Ausstemmen schieden hier aus, da damit die Standsicherheit der Decke gefährdet war. In besonderen Fällen ist es daher überlegenswert, eine bewehrte selbsttragende Beschichtung vorzusehen, wobei dann für eine ausreichende Bewehrungsverankerung und eine Bewehrungsüberlappung zum Abtrag von Zwängungsspannungen Sorge zu tragen ist. Selbstverständlich gelten dann auch die Anforderungen an die Instandsetzungsprinzipien zur Betondeckung und zum Korrosionsschutz.

11.8.2 Bauwerksabdichtung

11.8.2.1 Grundlagen

Die Abdichtung von Rissen, Trennfugen, porösem Beton und Hohlräumen in Trinkwasserbehältern stellt ganz besondere Anforderungen an die Materialien. Der Untergrund ist immer sehr feucht bis nass, Rissweitenänderungen sind häufig nicht auszuschließen und die Bauteiltemperaturen im Querschnitt sind im Bereich der Mindestanwendungstemperaturen von Rissfüllstoffen. Rissverläufe sind konstruktionsbedingt nicht immer unmittelbar ersichtlich, z.B. an Wand-Sohlanschlüssen, Gewölbekesseln und Vouten oder es liegen Hinterläufigkeiten vor. Vielfach schwanken die Rissweiten sehr stark oder gehen einher mit Klüftungen, so dass eine Vorinjektion mit anderen Materialien erforderlich werden kann, damit sich ein gleichmäßiger Injektionsdruck aufbauen kann. Die richtige Wahl des Injektionsmaterials mit dem zugehörigen Verfahren ist für den Erfolg der Maßnahme entscheidend (Breitbach 1991, Breitbach 1992, Breitbach 1993). Ziel der Instandsetzung ist in aller Regel das Abdichten der Schwachstellen, nicht jedoch das dehnfähige und kraftschlüssige Verbinden von gerissenen Bauteilen. Die kraftschlüssige Verbindung, also das Widerherstellen einer monolithischen Verbindung mit voller statischer Wirkung kann bei den vorliegenden Feuchteverhältnissen nur mit einem Zementleim bzw. einer Zementleimsuspension erfolgen. Eine kraftschlüssige Verbindung setzt die genaue Kenntnis der Rissursachen und im Vorfeld deren dauerhafte Behebung voraus, andernfalls tritt der Riss an den alten Rissflanken oder in deren Nähe erneut auf.
Nachfolgende Tabelle 11.8.2.1.01 gibt in Anlehnung an (RiLiSIB) eine Übersicht über die heute üblichen Materialien und deren mögliche Anwendungsbereiche in Trinkwasserbehältern. Es ist zu beachten, dass die Materialien über einen KTW-Nachweis verfügen müssen. Wenn die Materialien in umittelbaren Kontakt mit dem Trinkwasser treten können, sind W 270 bzw. W 347 unbedingt zu beachten,

Tabelle 11.8.2.1.01: Anwendungsbereiche der Rissfüllstoffe für die Anwendung in Trinkwasserbehältern

Merkmal	**Zementleim** **(ZL)**	**Zementleim-suspension** **(ZS)**	**Polyurethan** **(PUR)**	**Acrylatgel** **(AC)**
Rissweite	≥ 0,80 mm	≥ 0,25 mm	≥ 0,30 mm	≥ 0,10 mm
Rissweitenänderung während der Erhärtungsphase	nicht zulässig	nicht zulässig	*	*
Rissweitenänderung nach der Erhärtungsphase	*	*	0,01 mm	0,05 mm
Niedrigste Anwendungstemperatur	+ 5 °C	+ 5 °C	+ 6 °C	+ 1 °C
Nachinjektion	zulässig	zulässig	zulässig	zulässig
Vorangegangene Maßnahme	nicht zulässig bei vorange-gangeren In-jektion mit EP oder PUR	nicht zulässig bei vorange-gangeren In-jektion mit EP oder PUR	nicht zulässig bei vorange-gangeren In-jektion mit ZL, ZS oder EP	alle zulässig

* keine Anforderungen

oder sie sind mit einer mindestens 10 mm dicken mineralischen Beschichtung zu überdecken (W 347). In der Regel liegen kleine Rissweiten vor und die Risse werden mit einem Beschichtungssystem überdeckt, so dass die Kontaktfläche mit dem Trinkwasser sehr klein ist. Bei der Injektion tritt jedoch Injektionsmaterial über Risse, Dämmmaterial oder Packer aus. Es ist bei kunststoffhaltigen Systemen unbedingt darauf zu achten, dass durch ausreichende Dämmung die Verunreinigung der Oberflächen möglichst unterbunden wird und nach der Injektion eine tiefgreifende Untergrundreinigung durch Strahlen erfolgt.
Werden Bauteile rückwärtig zur Wasserkammer durch Injektion abgedichtet, z.B. Trennwände zur Nachbarkammer, Außenwände oder Behälterdecken, so muss unbedingt der Austritt des Füllguts zum Trinkwasser vermieden werden. Hierzu bedarf es einer sachkundigen Rissbeurteilung und Bauwerksanalyse, eines besonders geschulten Personals und einer entsprechenden gerätetechnischen Ausrüstung, die die Beobachtung des Injektionsdruckes bzw. des Druckabfalls erlaubt.
Bei Injektionsstoffen kann der so genannte Chromatographieeffekt auftreten. Bis zur vollständigen Aushärtung können bei manchen Materialien einzelne Komponenten z.B. durch den porösen Beton schneller aufgenommen werden als andere oder durch Wasseraufnahme verdünnt werden. Damit verschiebt sich das stöchiometrische Verhältnis der Komponenten untereinander und die vollständige Härtung kann behindert werden. Dies kann technische und hygienische Probleme zur Folge haben.
Das Erreichen möglichst feinverzweigter Risse und Risswurzeln mit Füllgut hängt von verschiedenen Parametern ab. Es muss ein Druckaufbau möglich sein, dass heißt die Risse müssen an der Oberfläche dicht verschlossen werden und der Druck darf nicht an der Rückseite oder durch Hohlstellen verpuffen. Die Partikel

bzw. Moleküle müssen so fein sein, dass die entsprechenden Rissweiten durchströmt werden können. Dabei kann der Gewölbeeffekt auftreten, bei dem sich die Teilchen verkeilen und durch den Scheindruck der Erfolg der Maßnahme falsch beurteilt wird. Das Verhältnis der Oberflächenspannungen von Untergrund (Beton) und Füllgut zueinander entscheidet darüber, ob sich ein konkaver oder konvexer Meniskus aufbaut. Im einen Fall wird das Wasser an den Rissflanken unterwandert und vor sich hertransportiert und verstopft die Risswurzeln; im anderen Fall wird das Wasser an die Risswandung gepresst und kann zu Adhäsionsstörungen führen. Die Viskosität darf bei feinen Rissen nicht wesentlich über derjenigen von Wasser liegen. Es sollt daher darauf geachtet werden, dass Injektionsmaterialien sehr behutsam eingesetzt werden und dass in Trinkwasserbehältern möglichst eine Probeinjektion mit Erfolgskontrolle über einen Bohrkern vorgesehen wird.

11.8.2.2 Fallbeispiel: Dauerhafte Abdichtung mit Acrylatgel

Bautafel	
Standort/Betreiber:	Wasserwerk Severin II GEW Rheinenergie AG, Köln
Behälterfunktion:	Reinwasserbehälter
Instandsetzungsprinzip:	Flächeninjektion zur äußeren Vergelung
Baujahr:	vor 1900
Fassungsvermögen:	20.000 m³ (2 Kammern)
Quelle: mit freundlicher Interstützung der Gütegemeinschaft Schutz und Instandsetzung von Trinkwasserbehältern e.V. S.I.T.W., Berlin ausführendes Unternehmen: de Graaff Bau GmbH, Bonn	

Baubeschreibung

Das Wasserwerk Severin II der GEW RheinEnergie AG liegt im Südteil der Stadt Köln (Bild 11.8.2.2.01). Die beiden Wasserkammern wurden vor 1900 als Stampfbetonbehälter mit einem gemeinsamen Fassungsvermögen von rd. 20.000 m³ erstellt. Die Tonnengewölbe lagern auf Stützenwänden mit insgesamt 190 Einzel-

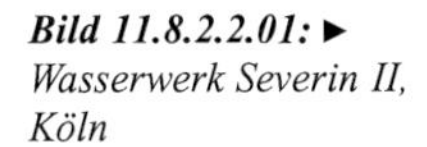

Bild 11.8.2.2.01: ► *Wasserwerk Severin II, Köln*

Bild 11.8.2.2.02: ►► *Gewölbe und Stützenkonstruktion aus Stampfbeton*

stützen (Bild 11.8.2.2.02). Die Erdüberdeckung beträgt in den Kesseln bis zu 2 m. Die äußeren Abmessungen des Behälters betragen etwa 75 m x 90 m. Dehnungsfugen im heutigen Sinne wurden nicht angeordnet.

Bauzustandsanalyse

Fehlende und zerstörte Deckenbereiche infolge von Schäden durch Bombentreffer wurden nach dem Krieg mit Vergussbeton plombenartig geschlossen. Alle Decken- und Wandbereich wiesen Risse mit einer Gesamtrisslänge von rd. 3.650 m auf, von denen nur ein geringer Teil temperaturbedingte Rissweitenänderungen aufwies. Alle sichtbaren Risse wurden nach dem Krieg starr abgedichtet.
Bereits 1977 war an wasserberührten Flächen die Mörtelauskleidung weitgehend ausgelaugt bzw. nicht mehr vorhanden, so dass der Konstruktionsbeton ungeschützt freilag. Mit Hochdruckwasserstrahlen (rd. 650 bar) wurden ein Großteil der Risse durch Punktstrahlen aufgeweitet und morbide Betonoberflächen durch Flächenstrahlen bis auf den tragfähigen Untergrund abgetragen. Dies stellte 1977 eine der ersten systematischen Anwendungen des Hochdruckwasserstrahlens in der Betoninstandsetzung für Rissöffnungen und flächigen Materialabtrag dar. Wände und Gewölbedecken sowie Böden wurden nach unbefriedigenden Erfahrungen mit Kunststoff-Innenbeschichtungen anschließend mit einer rein mineralischen Beschichtung versehen.
Nach der erfolgreichen Inneninstandsetzung zeigten sich überwiegend an Übergängen der Gewölbekessel zu den Stützen Aussinterungen, die auf rückwärtige Durchfeuchtung und Undichtigkeiten zurückzuführen sind. Kleine und bewegungsfreie Risse und Hohlräume können sich durch Kalkhydrat im Laufe der Zeit verschließen. Wenn die Aussinterungen sich als ablaufende Nasen und Stalaktiten ausprägen, dann tritt Wasser von außen in die Kammer ein und der Kristallisationsdruck kann zu Folgeschäden an der Konstruktion und der Beschichtung führen.

Instandsetzungsplan

Im Jahre 2001 erfolgte die Sanierung der Risse und Hohlstellen. Aus Kostengründen schied das Freilegen der Gewölbe und eine Außenabdichtung aus. Das Problem läßt sich technisch auch nicht durch einen dichte Innenabdichtung lösen, da hierdurch die bauphysikalischen und bauchemischen Verhältnisse ungünstig verändert werden und eine rückwärtige Durchfeuchtung zu Hinterläufigkeiten oder flächigen Ablösungen führen kann.
Der Instandsetzungsplan sah eine Vergelung von Rissen und Hohlräumen mit einem Polyacrylatgel vor, das über entsprechende Nachweise für die Verwendung im Trinkwasserbereich verfügt (Bild 11.8.2.2.03). Entsprechend der Rissharakteristik und der Rissweiten sowie der Klüftigkeit und Porosität des Betons wurden Injektionskanäle linienartig oder rasterförmig von der Innenseite der Kammer aus angelegt. Die Bohrungen erfolgten zur Schleierinjektion durch die Konstruktion, damit sich ein rückwärtiger Dichtschleier aufbaut. Diese Möglichkeit hängt von

Bild 11.8.2.2.03: ▶
Gerät zur Injektion mit zweikomponentigem Acrylatgel

Bild 11.8.2.2.04: ▶▶
Bohren der innenseitigen Kanäle

Bild 11.8.2.2.05:
Anordnung der Bohrkanäle zur Abdichtung der Gewölbekessel

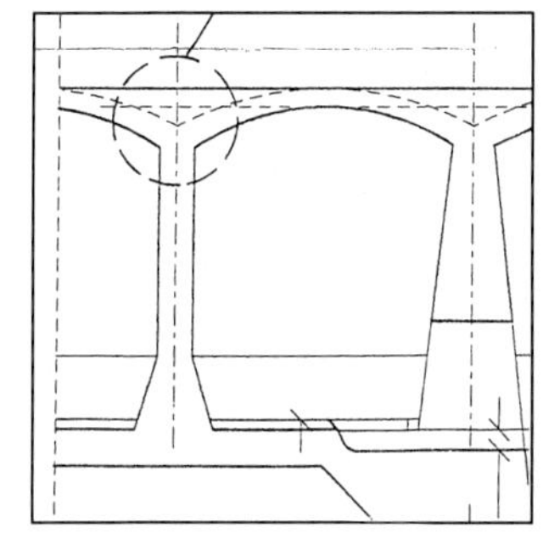

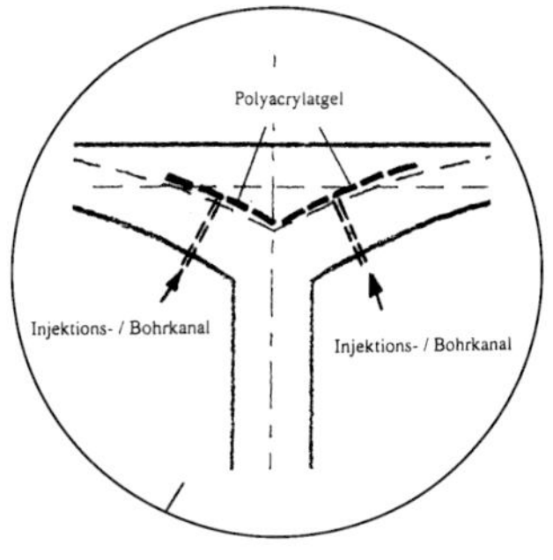

der Zusammensetzung und Dichtigkeit des Verfüllmaterials ab und muss im Vorfeld durch Vorversuche abgeklärt werden, da sich bei losem Material kein Druck im Bohrkanal aufbauen kann und sich das Injektionsgut unkontrolliert in der Kesselschüttung verteilen würde (Bild 11.8.2.04). Der Bohrkanal wird für die Injektion an der Innenseite mit Bohrpackern versehen. Insgesamt wurden rd. 300 m Risse und über 150 Einzelflächen erfolgreich abgedichtet.
Das Injektionsharz weist vor der Reaktion eine Viskosität vergleichbar dem Wasser auf, und kann somit unter Druck dem Weg des Wassers im Bauteil folgen. Es werden kleinste Rißweiten ebenso erreicht wie grobe Kiesnester und Hohlstellen, da der Injektionserfolg über die Parameter Druck, Füllgutmenge je Zeiteinheit und Reaktionsgeschwindigkeit individuell gesteuert werden kann. Aufgrund seiner Reaktionsfähigkeit mit Wasser haftet es auf feuchten und nassen Untergründen, es ist im ausreagierten Zustand dauerhaft gummielastisch und damit rissüberbrückend und dehnfähig. Ein großer Vorteil des Materials liegt auch in seiner Nachinjizierbarkeit. Bei erneutem Auftreten von Undichtigkeiten oder wenn bei der ersten Injektion nicht alle Hohlräume erreicht wurden, kann problemlos nachverpresst werden, da sich Alt- und Neumaterial miteinander verbinden. Das Material ist auch in sehr geringen Schichtstärken wasserdicht.

11.8.3 Zementgebundene Beschichtungen

11.8.3.1 Auftragsverfahren

DIN 1045 differenziert nach dem Größtkorn zwischen Mörtel und Beton. Mörtel sind Betone mit einem Größtkorn von 4 mm und Betone solche mit größerem Größtkorn je nach gewählter Sieblinie. Spritzbeton ist ein Mörtel oder Beton, der im Spritzverfahren aufgetragen und dabei verdichtet wird, er kann gemäß DIN 18 551 »Spritzbeton« zur Verstärkung und Instandsetzung von Betonbauteilen verwendet werden. Die betontechnologischen Grundsätze der DIN 1045 müssen insbesondere hinsichtlich der Betonzusatzmittel und Betonzusatzstoffe eingehalten werden. Die heute in Trinkwasserbehältern verwendeten Zementmörtel erfüllen überwiegend diese Anforderungen. Sie sind hinsichtlich der Regelungen der DIN 18 551 nach dem Trockenspritzverfahren und dem Nassspritzverfahren als gleichwertig zu betrachten.
Bei der Spritztechnologie wird der Mörtel unter hohem Druck in einem Schlauch gefördert und mit hoher Geschwindigkeit gegen die Auftragsfläche geschleudert. Durch den Aufprall erfolgt eine Verdichtung des Materials. Da der Mörtel entsprechend mischbar und über Schläuche förderbar sowie sofort standfest sein muss, müssen Mischungszusammensetzung und Auftragsverfahren aufeinander abgestimmt sein. Oft hängt das optimale Beschichtungsergebnis sowohl hinsichtlich der glatten und dichten Oberfläche als auch im Bezug zu den Dauerhaftigkeitsanforderungen (Wasser-Zementwert und Porosität) eng mit dem Misch- und Spritzgerät zusammen (Kombination von Beschichtungssystem und Auftragsverfahren). Manche Materialien sind mit anderen Verfahren nicht ausführbar. Bei den Angaben der Materialhersteller zu technischen Kennwerten muss im Einzelfall geprüft werden, unter welchen Randbedingungen diese ermittelt wurden und ob bzw. in wie weit die Angaben auf das anzuwendende Verfahren übertragbar sind. Es reicht daher nicht aus, bei der Materialauswahl ein Beschichtungssystem eines Herstellers alleine in Betracht zu ziehen.
Für die Applikation von zementgebundenen Beschichtungen kommen prinzipiell 3 verschiedene Auftragsverfahren in Frage (Tabelle 11.8.3.01). Die Verfahren eignen sich für alle geneigten Flächen einschließlich Arbeiten »über Kopf«, an Bodenflächen, Kleinflächen oder Hohlkehlen muss die Beschichtung häufig im Estrichverfahren händisch verarbeitet werden. In Tabelle 11.8.3.02 werden Erfahrungswerte aus der Praxis für den Auftrag einer 15 mm dicken zementgebundenen Beschichtung als Anhaltswerte angegeben. In allen Fällen läßt sich bei sachgerechter Verarbeitung eine dauerhafte Oberfläche erzeugen. Allerdings werden durch die Wahl des Auftragsverfahren der Ausführung Grenzen gesetzt, z.B. Förderlänge und Fördermenge. Hierbei ist auch der Standort des Misch/ Pumpenaggregats zu beachten, wenn bergauf oder bergab gefördert werden muss. Bei der Förderung bergab besteht immer eine erhöhte Gefahr des Entmischens beim Naßspritz- und Nassdünnstromverfahren, bergauf werden entsprechende Förderdrücke erforderlich. Der

Tabelle 11.8.3.01: Prinzipien der Auftragsverfahren nach der Spritztechnologie DIN 18 551

Auftragsverfahren	Definition	Förderart
Nassspritzverfahren (Dichtstromverfahren)	– Förderung des fertig angemischten Frischmörtels mit einer Schneckenpumpe – an der Spritzdüse kann ein flüssiger Beschleuniger zugegeben werden	– mechanisch
Trockenspritzverfahren (Dünnstromverfahren)	– Förderung des Mörteltrockengemischs mittels Druckluft – an der Spritzdüse werden Anmachwasser und ggf. flüssige Zusätze zugegeben	– pneumatisch
Nass-Dünnstrom-verfahren	– Förderung des fertig angemischten Frischmörtels mittels Druckluft – an der Spritzdüse kann ein u.U. flüssiger Beschleuniger zugegeben werden	– pneumatisch

Tabelle 11.8.3.02: Erfahrungswerte für Auftragsverfahren der Spritztechnologie bei einer Schichtdicke von 15 mm

Parameter	Einheit	Nassspritz-verfahren	Trockenspritz-verfahren	Nass-Dünnstrom-verfahren
Ideale Förderlänge	[m]	< 40	> 40 bis 400	> 40 bis 500
Mögliche Materialfördermenge/h	[kg]	300	1.000	1.000
Variable Materialmenge	–	ja	ja	nein
Kontinuierliches Spritzen möglich	–	ja	ja	nein
Erforderliche Arbeitsgänge	–	2-3	1	1
Luftbedarf	[m^3/min]	1-1,5	5	8
Luftdruck	[bar]	2-5	2,5-3	6-7
Misch-/Reifezeiten nötig	–	ja	nein	ja
Materialaustrittgeschwindigkeit	[m/s]	15-25	25-45	25-45
Materialverbrauch	–	niedrig	hoch	mittelhoch
Rückprall je nach Anwendungs-bedingungen	[%]	10	50-80	50
Spritzbild ohne Nachbearbeitung	–	fein	mittel	mittel
Energiebedarf	–	niedrig	hoch	hoch
Reinigungsaufwand Maschine und Schläuche	–	hoch	niedrig	hoch
Staubentwicklung	–	niedrig	hoch	mittelhoch
Belüftungsaufwand	–	niedrig	hoch	mittelhoch
Maschinenanschaffungskosten	[1.000 €]	10	15	50
Personalaufwand	–	niedrig	hoch	hoch
Arbeitsaufwand für das Herstellen einer glatten Oberfläche	–	niedrig	hoch	hoch

Rückprall (nicht haftender Mörtel) ist bei den Spritzverfahren unvermeidlich. Beim Spritzen ist die Spritzdüse möglichst rechtwinklig zur Auftragfläche zu führen, so dass ein gleichmäßig dicker und verdichteter Auftrag gewährleistet ist. Der zweckmäßige Abstand der Düse richtet sich nach der Austrittgeschwindigkeit des

Mörtels. Es muss unbedingt darauf geachtet werden, dass z.B. beim mehrlagigen Auftrag der Rückprall nicht bereits anhaftenden Mörtel ablöst. Ferner muss der Mörtel beim Austritt aus der Düse gleichmäßige Konsistenz und Mischung aufweisen, damit Mörtelklumpen nicht zu kraterartigen Einschlägen führen, die zu Adhäsionsstörungen und Auflockerungen führen. Solche Effekte sind nach der Ausführung nicht ohne weiteres erkennbar.

11.8.3.2 Fallbeispiel: Zementmörtelauskleidung eines alten Behälters

Bautafel	
Standort/Betreiber:	WV Schongau HB Forchert
Behälterfunktion:	Hochbehälter
Fassungsvermögen:	250 m^3 (2 Kammern)
Instandsetzungsprinzipien:	– Korrosionsschutz der Stahlträger – Wiederherstellung der Betondeckung – Erhöhung des Widerstands trinkwasserberührter Flächen mit diffusionsoffenen Materialien
Baujahr:	1903
Quelle:	mit freundlicher Interstützung der Gütegemeinschaft Schutz und Instandsetzung von Trinkwasserbehältern e.V. S.I.T.W., Berlin ausführendes Unternehmen: AQUA Stahl GmbH, Garching

Baubeschreibung

Es handelt sich um einen erdüberdeckten Betonbehälter aus Stampfbeton mit Zementmörtelauskleidung mit Glattstrich. Im Behälter sind Stützwände mit Bogenkonstruktion angeordnet, auf denen eine Kappendecke aus Stahlträgern mit Betonausfachungen gelagert ist. Die Grundrissabmessungen betragen rd. 9,9 m x 7,0 m je Kammer (Bild 11.8.3.2.01).

Bild 11.8.3.2.01: *Wasserkammer mit Stützwänden und Stahlträgerdecke – eindringendes Wasser mit Aussinterungen an den Deckenauflagern*

Bauzustandsanalyse

Die maßgeblichen Ergebnisse der systematischen Bauzustandsanalyse lassen sich wie folgt zusammenfassen:

- ▷ Oberfläche im ständig wasserbenetzten Bereich aufgeweicht und wasserdurchlässig
- ▷ Altbeschichtung mit flächigen Hohlstellen und vom Wasser hinterläufig
- ▷ Betondeckung im Stampfbeton: Boden > 70 mm

Wände 35-66, vereinzelt um 20 mm
Stützen 40-50 mm

- ▷ Karbonatisierungstiefe:
  Bodenfläche: 2-3 mm
  Wand : 2-4 mm
  Stütze: 2-4 mm
- ▷ Zerstörungsfreie Druckfestigkeit (Schmidtscher Hammer):
  Boden 36-46 N/mm²
  Wand: 0-42 N/mm²
- ▷ Haftzugfestigkeit des Stampfbetons entspricht nicht mehr den heutigen Anforderungen (< 1 N/mm²) und kann auch nicht mehr erreicht werden; eine Instandsetzung ist nur außerhalb der geltenden Normen möglich.
- ▷ Massive Korrosion der Untersichten der Doppel-T-Träger an der Decke.
- ▷ Beibehaltung der vorhandenen bauphysikalischen Verhältnisse (Abdichtung, Diffusion etc.)
- ▷ Überprüfung der chemischen Wasseranalyse ergab, dass kein zementsteinangreifendes Wasser gespeichert wird und eine Auskleidung mit zementgebundenen Materialien möglich ist.
- ▷ Korrosion der vorhandenen Rohrleitungen
- ▷ Korrodierte Entlüftungsöffnungen direkt über Wasserspiegel
- ▷ Nicht ablaufendes Restwasser im Grundablass erschwert die Reinigung.

Das optische Erscheinungsbild der Wasserkammer ist für die Kontrolle des gespeicherten Wassers während des Betriebes sowie der Bausubstanz und für das Erkennen von Ablagerungen nicht ausreichend (Bild 11.8.3.2.02, Bild 11.8.3.2.03, Bild 11.8.3.2.04).

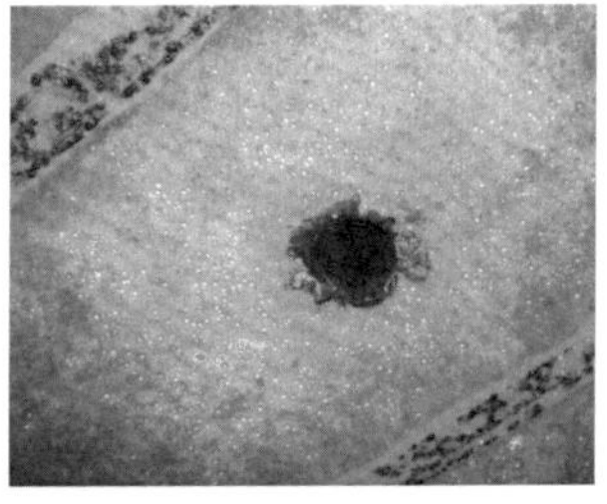

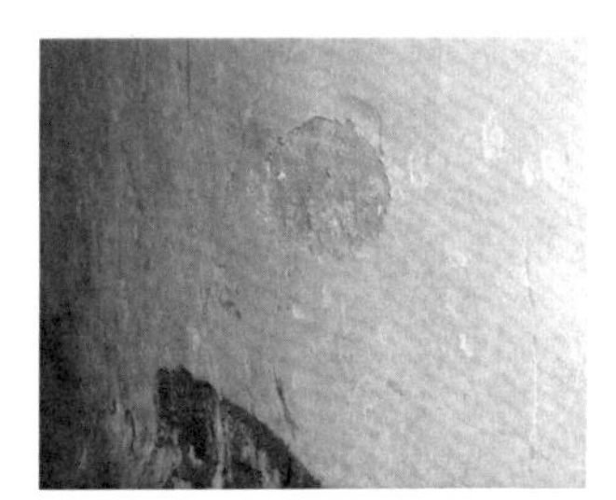

Bild 11.8.3.2.02: ► *Mit Korrosionsprodukten versetztes Restwasser im Sumpf des Grundablasses*

Bild 11.8.3.2.03: ►► *oben: Entlüftungsrohr und korrodierte Stahlträger*

Bild 11.8.3.2.04: ►► *unten: Abplatzungen an der Wandbeschichtung*

Instandsetzungsplan

Zur Erzielung einer dauerhaften Oberfläche müssen alle sichtbaren und erreichbaren Hohlstellen (Risse, Kiesnester, Auflockerungen, Auswaschungen,...) im Untergrund durch Verpressen gefügedicht geschlossen werden. Unterschiedliche Porositäten führen zu Transportvorgängen, wobei z.B. Kalk oder Salze hinter einer Beschichtung angereichert werden und diese u. a. auch zu Adhäsionsstörungen führen können. Es wird daher erforderlich, alle Oberflächen mit einer beständigen dauerhaften zementösen Beschichtung zu versehen. Gemäß DIN EN 1508 soll, sofern keine technischen Gründe, z.B. die Dauerhaftigkeit im Kontakt mit dem lokalen Trinkwasser, dagegensprechen, möglichst eine zementgebundene Beschichtung (Zementmörtel) vorgesehen werden.
Alle sichtbaren bzw. bisher sanierten Risse sind exakt zu kartieren. Die Altbeschichtungen an Decke, Wänden und Stützen sind zu entfernen. Alle kartierten oder nach der Untergrundvorbereitung sichtbaren Risse der Decke und den Wänden sind zu verpressen. Es ist eine Zementleimsuspension zu verwenden. Als Verdämmmaterial ist ein zementöses System vorzusehen.
Der Beton ist bis auf den tragfähigen Untergrund, mindestens jedoch 5 mm abzutragen. Dies gilt insbesondere für die Decke und die Stützen. In Bereichen mit Kiesnestern, Klüftungen oder haufwerksporigem Beton ist der Beton vorsichtig bis auf das grobe Zuschlagskorn freizulegen. In diesen Bereichen ist der Beton mit einem Feinspritzmörtel (Größtkorn 1 mm) satt vorzuspritzen, der Mörtel ist händisch einzubügeln und die Oberflächen sind eben auszugleichen.
Die Haftzugfestigkeit des Untergrundes nach dieser Vorbereitung ist in einem engen Raster nachzuweisen. Bei sehr ungünstigen Untergrundverhältnissen ist die Abtragstiefe ggf. aufgrund der Messwerte zu erhöhen.
Es ist ein mineralischer Spritzbeschichtungsmörtel mit einem Größtkorn von 4 mm in einer Mindestschichtdicke von 15 mm aufzubringen. Die Oberfläche muss möglichst glatt, porenarm und lunkerfrei sein. Der Beschichtungsmörtel soll den E-Modul von 25.000 N/mm^2 nicht überschreiten. Ein entsprechender Nachweis des Herstellers ist erforderlich.
Aufgrund der sehr großen Unterschiede der Festigkeiten im Bauwerk und der absehbaren großen Schichtdickenunterschiede kann eine schichtenweise Abstufung der Festigkeit durch unterschiedliche Materialien nicht erfolgen (Zunahme der Festigkeit vom Untergrund nach Außen), da die lokalen Zwängungsspannungen zu Rissen oder Ablösungen führen können.
Die Untersichten der Stahlträger sind dauerhaft vor Korrosion zu schützen. Dabei ist der Übergang von Flansch und Steg zum Beton besonders kritisch zu beachten, da dieser nicht zugänglich ist. Die Eisenträger werden daher rechts und links v-förmig geöffnet, um die Randbereiche zu erreichen und eine Verzahnung herzustellen. Dann werden die Eisenträger mit einer Betonüberdeckung von 50 mm mit Spritzmörtel im Trockenspritzverfahren überdeckt. Dadurch sind die Träger dauerhaft realkalisiert und gegen Korrosion geschützt. Durch die Verzahnung im An-

schlußbereich und dem monolithischen Verbund rechts und links der Mörtelbettauflage ist ein dauerhafter Verbund gewährleistet.
Besteht die Gefahr einer späteren Rissbildung entlang der Stahlträger, so empfiehlt es sich, vollflächig eine leichte Bewehrungsmatte mit einem Abstand von 10 mm von der Unterkante Stahlträger mit Betonanker zu unterspannen. Die Bewehrungsmatte dient keinen statischen Zwecken, sondern der Rissbreitenbeschränkung bzw. Spannungsübertragung über die Stahlflansche der Träger. Es sind mindestens 5 Befestigungsanker je m^2 anzuordnen. Parallel der Stahlträger müssen die Befestigungsanker einen Mindestabstand von 10 cm aufweisen. Die Bewehrungsmatte ist mit einem Zementputz möglichst porenfrei mit einer ersten Lage von 20 mm einzubetten.
Abschließend ist eine 2. Lage 10 mm dick aufzubringen. Die Oberfläche soll spritzrau zum schnelleren Abführung von Tauwasser ausgeführt werden. Die Ausnehmung am Wand-Deckenanschluss ist vollfugig zu verfüllen.
Aufgrund rückseitiger Durchfeuchtung muß die Auskleidung diffusionsoffen sein. Zur Erleichterung der Kontrolle und Reinigung als auch zur optischen Gestaltung soll eine besonders glatte, helle und dauerhafte Oberfläche hergestellt werden. Die Bodenfläche sollte zusätzlich rutschfest werden und mit Gerüst befahrbar sein. Aufgrund der massiven Auslaugung der vorhandenen Auskleidung, die auf eine starke Hydrolyse schließen lässt, sollte die Auskleidung besonders hydrolysebeständig sein. Das einzubauende Oberflächenschutzsystem sollte keine organischen Zusätze oder Zusatzmittel enthalten, um das Risiko von unerwünschten Nebenwirkungen auszuschließen.
Die Lebensdauer der Instandsetzung sollte 30 bis 50 Jahre betragen; für eine nachfolgende Instandsetzung sollte die Oberfläche überarbeitbar sein und die dann abzutragende Substanz problemlos entsorgbar bleiben. Die Option einer Dauer-Chlorung für den Bedarfsfall sollte erhalten bleiben. Die Installation sollte erneuert werden; dabei müssen die Potentialverhältnisse der Werkstoffe berücksichtigt werden.
Die Dauerhaftigkeit einer zementgebundenen Auskleidung wird durch die Hydrolyse bestimmt. Je dichter die Auskleidung ist und je mehr Alkalidepot vorhanden ist, desto dauerhafter ist eine Auskleidung. Zusatzstoffe, welche die Verarbeitung erleichtern haben oft unerwünschte Nebenwirkungen, die die Dauerhaftigkeit reduzieren. Für die Herstellung einer hydrolysebeständigen Auskleidung ist ein Zementmörtel mit einer Porosität < 12 %, bei einem Maximum der Porengrößenverteilung von etwa 0,1 µm erforderlich. Dies ist über den Wasser-Zementwert $w/z < 0,5$ erreichbar. Außerdem ist ein möglichst großes Alkalidepot herzustellen. Dies kann u.a. über die Schichtdicke erreicht werden. Ein Zementmörtel mit einem w/z Wert < 0,5 ist ohne Zusatzmittel im Naßspritzverfahren nicht verarbeitbar. Da keine Zusatzmittel verwendet werden sollen, bleibt für den Materialauftrag nur das Trockenspritzverfahren. Für die Verdichtung des Stampfbetones und für die Herstellung der Verzahnung muß der aufzutragende Mörtel mit hoher Geschwin-

digkeit in die Substanz eingebracht werden. Dabei soll ein monolithischer Verbund erzeugt werden. Dies ist über die mechanische Verzahnung sowie über eine zementgebundene Haftbrücke erreichbar. Beim Naßspritzverfahren muß eine Haftbrücke manuell hergestellt werden. Beim Trockenspritzverfahren entsteht diese Haftbrücke mit höherer Qualität automatisch, da beim Aufprall des Mörtels zu Beginn der Zuschlag zurückprallt und nur der Zementleim auf der Oberfläche haftet. Erst wenn die Zementleimschicht so dick ist, dass das Zuschlagskorn eingebettet wird und kleben bleibt, baut sich die Schicht weiter auf.

11.8.3.3 Fallbeispiel: statische Ertüchtigung eines alten Behälters mit Zementmörtel

Bautafel	
Standort/Betreiber:	Wasserbehälter Rosenberg, Stadtwerke Bielefeld
Behälterfunktion:	Trinkwasserbehälter
Instandsetzungsprinzip:	- Statische Ertüchtigung - Korrosionsschutz der Stahlträger - Wiederherstellung der Betondeckung - Erhöhung des Widerstands trinkwasserberührter Flächen mit diffusionsoffenen Materialien
Baujahr:	–
Fassungsvermögen:	350 m^3 (2 Kammern)
Quelle: mit freundlicher Interstützung der Gütegemeinschaft Schutz und Instandsetzung von Trinkwasserbehältern e.V. S.I.T.W., Berlin ausführendes Unternehmen: Flint Bautenschutz GmbH, Detmold	

Baubeschreibung

Der Wasserbehälter wurde zunächst mit Quellwasser eines Brunnens in der Nähe beschickt und diente der Wasserversorgung von Brackwede, einem damals eigenständigen Ort, der heute zum Stadtgebiet Bielefeld gehört. Die Quelle wurde 1976 aufgegeben. Heute wird der Wasserbehälter aus 2 neueren Wasserwerken der Stadtwerke Bielefeld gespeist. Er dient nach wie vor der Wasserversorgung der Brackweder Bevölkerung.

Der Wasserbehälter besteht aus 2 Kammern. Die Bausubstanz besteht aus einem haufwerkporigen Stampfbeton. Die Wände weisen einen veränderlichen Querschnitt auf. Die Wandstärke am Fußpunkt beträgt ca. 1,5 m. Die Decken werden von Kappengewölben gebildet, die sich auf Mittelwänden abstützen. Der Boden ist ebenfalls lediglich aus Stampfbeton hergestellt worden.

Die Wasserkammern haben jeweils ein Volumen von ca. 175 m^3. Der Wasserbehälter ist ca. 1 m erdüberdeckt, so dass ein vom Außenklima unabhängiges Behälterklima entsteht.

Bauzustandsanalyse

Die Wasserkammern waren mit einem Zementputz ausgekleidet. Die Oberfläche bildete eine Zementbügelschicht. Diese war an den Kappengewölben noch intakt und wies eine gute Oberflächenfestigkeit auf. Die wasserberührten Wandflächen wiesen eine Aufweichung des Putzes auf, die bis in eine Tiefe von ca. 15 mm reichte. Am Boden befand sich ein Estrich, der ebenfalls Aufweichungserscheinungen aufwies. Ursache hierfür waren offensichtlich betonaggressive Bestandteile des Wassers aus früheren Jahren. Es ist davon auszugehen, dass sich die Wasserqualität im Laufe der Nutzungsdauer geändert hat.
Die Anlagentechnik war ebenfalls veraltet und sollte erneuert werden.

Instandsetzungsplan

Die Innenauskleidung der Trinkwasserkammern sollte mit einem rein mineralischen Material ausgekleidet werden, dass folgende Bedingungen erfüllte:

1. Ertüchtigung der alten Bausubstanz
2. Herstellung einer Oberfläche, die den Erfordernissen des Trinkwasserbehälters nach Wasserundurchlässigkeit, Schutzfunktion für das Trinkwasser und gute Reinigungsfähigkeit entspricht.

Als Beschichtungsmaterial wurde ein silicavergüteter Zementmörtel gewählt. Die Auftragsschicht wird so behandelt, dass eine glatte Oberfläche entsteht, die mit der ursprünglichen gebügelten Putzschicht vergleichbar ist. Somit ist diese Sanierungsmethode den Eigentümlichkeiten dieses alten Bauwerks angemessen.
Die Umstände der Baustelle waren in jeder Hinsicht als kompliziert zu bezeichnen. In den Behälterkammern stellte sich eine Radonbelastung heraus. Des Weiteren sammelte sich im unteren Teil der geleerten Wasserkammer jeweils eine starke Konzentration von CO_2-Gasen. Dieses Gas wurde von der jeweils im Betrieb befindlichen Nachbarkammer durch die regelmäßige Befüllung eingetragen. Außerdem durften aufgrund der exponierten Lage des Trinkwasserbehälters unmittelbar vor den Städtischen Kliniken Rosenhöhe in Bielefeld weder Schadstoff- noch Geräuschemissionen entstehen. Das Platzangebot für eine Baustelleneinrichtung war auf ein absolutes Minimum eingeschränkt. Rings um die Baustelle befinden sich sehr stark frequentierte Parkplätze. Eine Staubbelästigung durfte schon aus diesen Gründen nicht entstehen. Der vorhandene, schadhafte Putz wurde durch Sandstrahlen abgetragen (Bild 11.8.3.3.01). Hierbei stellte sich heraus, dass eine Abtrags-

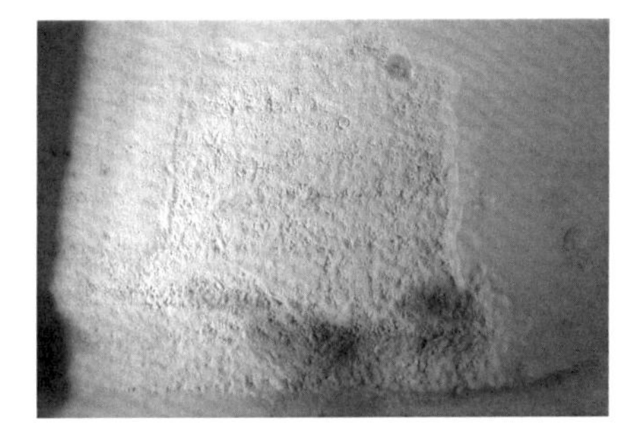

Bild 11.8.3.3.01: *Sichtbar unterschiedliche Untergrundverhältnisse nach dem Sandstrahlen*

tiefe bis zu 15 mm erreicht werden mussten, um auf einen Untergrund zu gelangen, der unter Aufwendung zusätzlicher Maßnahmen als tragfähig gelten konnte. Eine Haftzugfestigkeit von 1,5 N/mm² konnte im Mittel nicht erreicht werden.
Als zusätzliche Maßnahme wurde ein Vorspritzmörtel aufgebracht, der eine geringere Festigkeit und damit auch höhere Elastizität als das Endbeschichtungsmaterial aufweist. Hierdurch entsteht ein Spannungsausgleich zwischen dem minderfesten Untergrund und dem sehr festen Schlussbeschichtungsmaterial.
Eine weitere Möglichkeit einen nicht tragfähigen Untergrund dennoch zu beschichten, besteht darin, eine selbstständig, statisch bewehrte Spritzmörtelschale nach dem Spritzbetonverfahren herzustellen. Hierbei ist es notwendig, dass Beschichtungsmaterial in einer ausreichenden Schichtstärke aufzubringen, um die Bewehrung ausreichend einzubetten und darüber hinaus eine ausreichende Betonüberdeckung für ständig wasserberührte Bereiche herzustellen.
Hierbei wird, nachdem sämtliche schadhaften und losen Oberflächenbestandteile der vorhandenen Beschichtung durch Sandstrahlen entfernt wurden, eine Baustahlgewebematte kraftschlüssig mittels Verbundklebeanker mit dem konstruktiven Beton des Bauwerks verankert. Hierauf wird im Abstand von ca. 1 cm zum Untergrund eine entsprechend der Statik notwendige Bewehrung befestigt. Erst nachdem die Bewehrung schwingungsfrei mit ca. 5 Ankern/m² befestigt worden ist, kann sie mit Spritzbeton eingebettet werden (Bild 11.8.3.3.02). Es ist darauf zu achten, dass kein Rückprall hinter der Bewehrung eingebaut wird. Dieses würde zu Fehlstellen und Haftungsminderungen führen.
Auf diese Weise entsteht zunächst eine Einbettungsmörtelschicht, die dafür sorgt, dass die Bewehrung gänzlich mit Spritzbeton eingehüllt ist. Die Oberfläche wird spritzrauh belassen. Hierauf wird dann das eigentliche Beschichtungsmaterial aufgebracht. Es entsteht eine Schichtstärke von ca. 2 cm entsprechend der Methode Spritzbeton nach DIN 18 551. Durch die hohe Aufprallkraft entsteht eine sehr gut verdichtete Beton-/Mörtelschicht, die in der Oberfläche geglättet wird, um den hygienischen Anforderungen des Trinkwasserbehälters entsprechen zu können. Die Forderungen des DVGW-Merkblattes W 300 nach Festigkeit und Porosität werden auf jeden Fall erreicht. Auf diese Art entsteht eine sehr glatte Oberfläche mit einer sehr hohen Standdauer und -festigkeit.

Bild 11.8.3.3.02: Einbettung der statischen Bewehrungsmatte mit Spritzmörtel

Die Gewölbe wurden mit dem gleichen Verfahren beschichtet, jedoch wurde hier die Oberfläche nicht geglättet, sondern spritzrauh belassen. Hierdurch sollen Abtropfpunkte für Kondensat entstehen. Kondensat ist bekanntlich ein sehr weiches Wasser, das dazu neigt, tief in mineralische Untergründe einzudringen und freie Kalkbestandteile auszulösen. Um die Verweildauer des Wassers an der Decke so gering wie möglich zu halten, soll die Oberfläche viele Abtropfpunkte aufweisen und eine Durchfeuchtung der Oberfläche gar nicht erst zulassen.

Bild 11.8.3.3.03: *Händische Oberflächengestaltung einer modern Beschichtung nach historischem Vorbild*

Auf der Bodenfläche wird das Material drucklos im Estricheinbauverfahren aufgebracht. Die gute Verdichtung und die glatte Oberfläche wird durch eine maschinelle Bearbeitung mit Flügelglättern erreicht.

Die Anlagentechnik wurde ausschließlich in Edelstahl ausgeführt. Hier wurde so vorgegangen, dass die Rohrleitungen der Schieberkammer, die ausgewechselt werden mussten, einschl. der Wanddurchführungen vor Beginn der Beschichtungsarbeiten eingebaut worden sind. Die Kernbohrungen zur Aufnahme der Wanddurchführungen wurden anschließend mit einem schwindfreiem (quellfähigem) Vergussbeton verfüllt. Hierdurch wurde der wasserdichte Einbau der Wanddurchführungen gewährleistet. Nach Einbau der Wanddurchführungen konnte das Beschichtungsmaterial unmittelbar bis an die Rohrleitungen angeschlossen werden. Die Ausrüstung der Wasserkammer mit der Anlagentechnik wurde nach Fertigstellung der Innenauskleidung und ausreichender Aushärtzeit durchgeführt.

Die neu entstandene Oberfläche wird mit der Hand geglättet (Bild 11.8.3.3.03) und entspricht dem ehemals vorhandenen Bügelputz in Bezug auf Dichtigkeit, Glätte und Festigkeit. Somit wurde ein 102 Jahre alter Behälter mit Materialien, die dem heutigen Stand der Technik entsprechen, mit einem dem Alter des Behälters angepassten Verfahren saniert. Durch die Erneuerung der Anlagentechnik wurde, in Verbindung mit dem Instandsetzungsverfahren der Innenflächen und der Bausubstanz, ein alter Behälter für die Anforderungen der zukünftigen Nutzung optimal ausgerüstet.

11.8.3.4 Fallbeispiel: Herstellen einer dauerhaften Oberfläche an einem Behälterneubau

Baubeschreibung

- ▷ Neubau eines Stahlbetonhochbehälters, bestehend aus 4 Rundkammern, kleeblattförmig um das Schieberhaus angeordnet.
- ▷ 4 x 750 m³ Speicherinhalt
- ▷ Rundbehälter Durchmesser je 14,00 m, Höhe je 6,40 m je 1 Stütze

Bautafel	
Standort/Betreiber:	HB Wildberg
Behälterfunktion:	Hochbehälter
Instandsetzungsprinzip:	Herstellung einer dauerhaften Oberfläche
Baujahr:	Neubau
Fassungsvermögen:	3.000 m³ (4 Kammern)
Quelle: mit freundlicher Interstützung der Gütegemeinschaft Schutz und Instandsetzung von Trinkwasserbehältern e.V. S.I.T.W., Berlin ausführendes Unternehmen: AQUA Stahl GmbH, Garching	

Bauzustandsanalyse

Der Behälter war als reinbelassene Betonoberfläche mit einer Schalungsbahn konzipiert (Bild 11.8.3.4.01). An den Oberflächen zeigten sich nach dem Ausschalen faltenartige Abdrücke aus der Schalungsbahn (Bild 11.8.3.4.02). Nach dem Entfernen der Zementschlämpe und dem Öffnen von oberflächennahen Poren durch Sandstrahlen zeigt sich eine flächig porige Betonoberfläche (Bild 11.8.3.4.03). Die

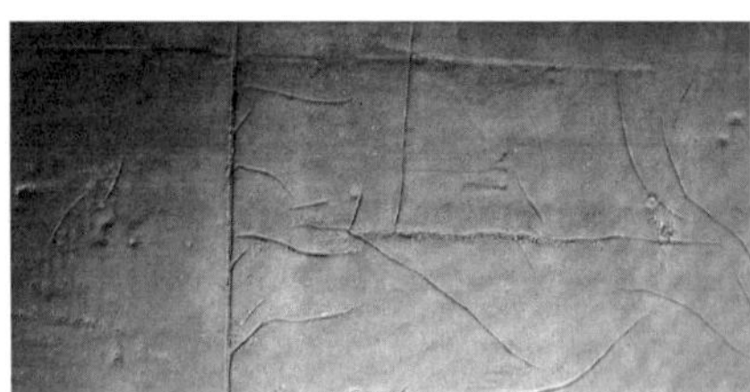

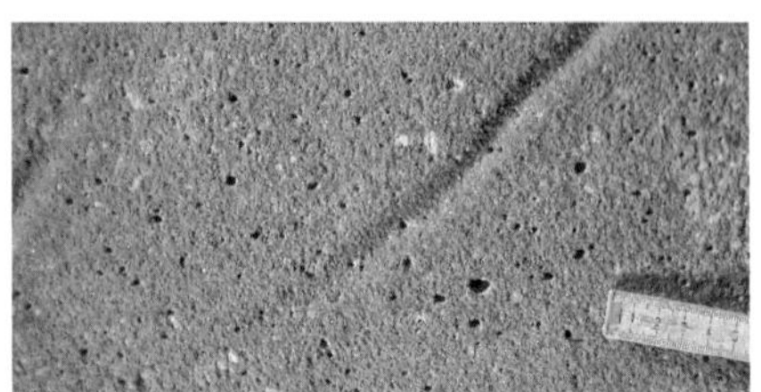

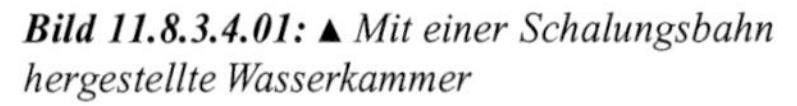

Bild 11.8.3.4.01: ▲ *Mit einer Schalungsbahn hergestellte Wasserkammer*

Bild 11.8.3.4.02: ► *oben: Faltenartige Abdrücke der nicht sachgerecht verspannten Schalungsbahn*

Bild 11.8.3.4.03: ► *mitte: Porige Oberfläche nach dem Entfernen der Zementschlämpe durch Sandstrahlen*

Bild 11.8.3.4.04: ► *unten: Fremdstoffe im Beton*

Schalungsanker (Spannschlösser) waren nicht dicht und eben verschlossen. An der Oberfläche lagen zudem Fremdstoffe vor (Bild 11.8.3.4.01).

Instandsetzungsplan

Zur Erzielung einer dauerhaften Oberfläche müssen alle erreichbaren Hohlstellen im Untergrund gefügedicht geschlossen werden. Es wird daher erforderlich, zumindest die trinkwasserberührten Bereiche mit einer beständigen Beschichtung zu versehen.

Ggf. minderfeste Oberflächen müssen entfernt und oberflächennahe Poren und Lunker geöffnet werden. Hierzu sind die Oberflächen z.B. im Sandstrahlverfahren abzutragen. Visuell erkennbare Poren und Lunker sind manuell zu öffnen, sofern dies durch die Untergrundvorbereitung nicht ausreichend erzielt werden konnte.

Die Abtragsstärke muss anhand einer Musterfläche vor Beginn der Arbeiten durch Beprobung festgelegt und während der Bauausführung überwacht werden.

Es ist vollflächig ein Beschichtungssystem in einer Schichtstärke von mindestens 5 mm aufzutragen, dabei ist sicherzustellen, dass der w/z-Wert $\leq$ 0,5 beiträgt. Die Schichtstärke ist abhängig vom gewählten Größtkorn der Beschichtung, sie soll das 5-fache des Größtkorns betragen, damit ein gefügedichter Beschichtungsmörtel erzeugt werden kann. Das System muss der Technischen Regel W 300 genügen. Es ist bei der Ausführung zu beachten, dass der Untergrundbeton eine geringes Wasseraufnahmevermögen besitzt. Es ist mit Tauwasser einerseits und mangelnder Hydratation andererseits zu rechnen. Beide Einflüsse sind während der Ausführung durch geeignete Maßnahmen auszuschließen. Die Kennwerte werden anhand einer mit der vorgesehenen Verarbeitungstechnik hergestellten Musterfläche festgestellt und während der Bauausführung überwacht (Vergleichsprüfungen).

Die Oberfläche muss glatt und frei von Poren und Lunkern hergestellt werden. Die Oberfläche kann aufgrund der Applikationstechnik eine Textur (z.B. Orangenhaut) aufweisen, muss dennoch glatt sein. Vor der Ausführung ist eine Referenzfläche herzustellen, die Oberflächenqualität wird während der Bauausführung überprüft.

Es wird nachträglich eine Hohlkehle am Wand-Sohlanschluss angeordnet, um die Dichtheit zu erhöhen und um gerade an diesem sensiblen Punkt die Verweilzeit von Reinigungs- und Desinfektionsmitteln zu veringern.

Die Ausführung der Arbeiten verlangt entsprechende Kenntnisse des ausführenden Unternehmens weshalb Fachfirmen heranzuziehen sind, die der Technischen Regel DVGW W 316 »Instandsetzung von Trinkwasserbehältern – Qualifikationskriterien für Fachunternehmen« genügen.

11.8.3.5 Fallbeispiel: Sanierung der Becken einer Mikrosiebanlage

Baubeschreibung

Die Rundhalle mit einem Durchmesser von rd. 32 m besitzt ein zentrales Quellbecken/Quelltopf. Ringförmig sind für die Mikrosiebung 12 Becken trapezförmig

Bautafel	
Standort/Betreiber:	Zweckverband Bodensee-Wasserversorgung
Behälterfunktion:	Mikrosiebanlage Sipplinger Berg
Instandsetzungsprinzip:	- Korrosionsschutz der Bewehrung durch Begrenzung des Wassergehaltes im Beton - Herstellung einer dauerhaften Oberfläche
Baujahr:	- 1968
Quelle: mit freundlicher Interstützung der Gütegemeinschaft Schutz und Instandsetzung von Trinkwasserbehältern e.V. S.I.T.W., Berlin ausführendes Unternehmen: Bauschutz GmbH, Asperg	

angeordnet. Die Becken besitzen Grundrissabmessungen von rd. 5 m x 5,2 m und eine Höhe von rd. 2,70 m. Die Becken wurden bei der Erstellung mit einer rd. 20 mm dicken Putzbeschichtung versehen.

Bauzustandsanalyse

Die Zementputzschicht war partiell abgesprengt und lag hohl. In diesen Bereichen war eine ausgeprägte Bewehrungskorrosion vorhanden. Risse waren in erwähnenswertem Umfang nicht vorhanden. Die schadfreien Bereiche wiesen eine ausreichende Untergrundfestigkeit auf.

Instandsetzungsplan

Nach der Untergrundvorbehandlung durch Sandstrahlen, öffnen der Schadstellen und Freilegen der korrodierten Bewehrung erfolgt der Auftrag eines Korrosionsschutzes und Betonersatz mit DVGW W 270-Nachweis. Die Beschichtung besteht

Bild 11.8.3.5.01:
Filterbecken nach der Instandsetzung

aus einer mineralischen Spritzbeschichtung in 10 mm Dicke und einer mineralischen gespritzten Oberflächenschutzbeschichtung in 3 mm Dicke. Zur besseren Reinigungsfähigkeit erfolgte auf Wunsch des Auftraggebers eine farbige wasser- und reinigungsmittelbeständige einkomponentige Beschichtung auf Acryl-Dispersionsbasis mit KTW-Empfehlung und DVGW W 270-Nachweis. Durch die Beschichtung konnte auf eine Oberflächenverfestigung durch Verkieselung verzichtet werden (Bild 11.8.3.5.01).

11.8.4 Epoxidharzbeschichtung

Bautafel	
Standort/Betreiber:	Privatkellerei Languth Erben GmbH
Behälterfunktion:	Wässriges Lebensmittel im sauren ph-Bereich
Instandsetzungsprinzip:	– Erhöhung des Widerstands trinkwasserberührter Flächen mit diffusionsdichten Materialien im flächigen Verbund
Baujahr:	–
Fassungsvermögen:	– 100 m³
Quelle: mit freundlicher Interstützung der Gütegemeinschaft Schutz und Instandsetzung von Trinkwasserbehältern e.V. S.I.T.W., Berlin ausführendes Unternehmen: munk+schmitz GmbH & Co. KG, Köln	

Baubeschreibung
Der erdüberdeckte Rechteckbehälter mit mäandrierenden Gängen aus Stahlbeton besitzt die Grundrissabmessungen von rd. 5 m x 6 m und eine Höhe von rd. 4,30 m.

Bauzustandsanalyse
Der Behälter war mit einer Auskleidung aus Glasfliesen versehen worden. Die Glasfliesen wiesen Risse, Abplatzungen, Fehlen von Fliesenteilen und insbesondere der Fugenmörtel auch Hinterläufigkeiten. Nach dem Entfernen der Auskleidung zeigten sich teils gravierende Schadensausprägungen an der tragenden Stahlbetonkonstruktion in der Form von Rissen und Bewehrungskorrosion.

Instandsetzungsplan
Die Altauskleidung ist komplett und Kleberreste sind vollständig zu entfernen. Die Untergrundvorbereitung ist durch Strahlen bis auf den tragfähigen Untergrund vorzunehmen. Hohlstellen sind zu öffnen und korrodierte Stähle freizulegen. Die Stähle sind mit dem Normenreinheitsgrad Sa 2 ½ zu strahlen und mit einem mineralischen Korrosionssschutzsystem zu beschichten. Die Betonoberfläche ist zu reprofilieren und durch Kratzspachtelung mit einem PCC-System zu egalisieren. Hierzu wurde zunächst ein Haftvermittler aufgebracht. Abschließend wurde eine glatte Feinmörtelschicht aufgebracht. Hierbei müssen die erforderlichen Randbedingungen für die spätere Flüssigbeschichtung beachtet werden. Kanten, Ecken

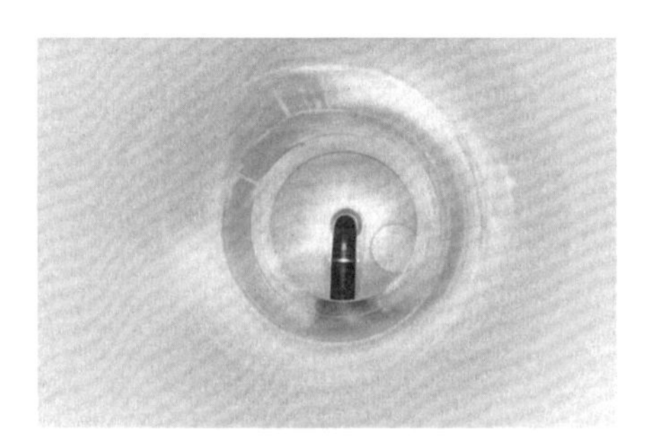

Bild 11.8.4.01: *Granulat-Zwischenspeicher mit Epoxidharzbeschichtung*

Bild 11.8.4.02: *Stahlbehälter (Schnellreaktor) mit einem Fassungsvermögen von 25 m³*

und Anschlüsse werden gerundet ausgeführt und dürfen keine Grate oder Lunker aufweisen. Die Feinmörtelschicht muss ganz besonders glatt, poren- und lunkerfrei sein und die Festigkeitsanforderungen als Tragschicht für die Beschichtung erfüllen. Alle verwendeten Untergrundmaterialien bis zur Tragschicht müssen den KTW-Empfehlungen und W 347 entsprechen. Die bauphysikalischen Randbedingungen während der Ausführung und Erhärtung sind zu protokollieren und nach den Herstellerangaben strikt einzuhalten.
Nach Erreichen der Untergrundfeuchtigkeit der Tragschicht von < 4 M.-% wurde eine Epoxidharzbeschichtung in einem Arbeitsgang mittels einer 2-Komponenten-Heißspritzanlage dickschichtig mit einer Schichtdicke von > 400 µm appliziert. Der Beschichtungsablauf garantiert eine lückenlose dichte und nach der Aushärtung glatte glasartige reinigungsfreundliche Oberflächenstruktur. Die Beschichtung weist eine hohe mechanische und chemische Beständigkeit auf. Für die Beständigkeit gegen Desinfektionsmittel liegen Prüfungen vor. Die Farbgebung erleichtert die Kontrolle des Behälters.
Die Kosten des Beschichtungssystems liegen über denjenigen einer z.B. reinen mineralischen Beschichtung. Wenn jedoch besondere Anforderungen an die mechanische Beanspruchbarkeit, oder chemische Beständigkeit bei z.B. Rohwässern gestellt werden, so erweist sich das System unter Beachtung der Standzeit und der Instandsetzungsintervalle als wirtschaftliche Lösung. Als Beispiel für die Beschichtung von Stahlbehältern zeigen Bild 11.8.4.01 und Bild 11.8.4..02 einen Granulat-Zwischenspeicher und einen Schnellreaktor mit einem Fassungsvermögen von 25 m³ (Verbandsgemeindewerke Konz).

11.8.5 Folienauskleidung

Baubeschreibung

Der erdüberdeckte Rechteckbehälter besitzt die Grundrissabmessungen von rd. 22 m x 5.6 m und eine Höhe von rd. 4,30 m je Kammer.

Bautafel	
Standort/Betreiber:	Wasserversorgung Stadt Kissingen
Behälterfunktion:	Hochbehälter Wildfuhr
Instandsetzungsprinzip:	- Erhöhung des Widerstands trinkwasserberührter Flächen mit diffusionsdichten Materialien ohne Verbund
Baujahr:	- 1980
Fassungsvermögen:	- 1.000 m³ (2 Kammern)
Quelle: mit freundlicher Interstützung der Gütegemeinschaft Schutz und Instandsetzung von Trinkwasserbehältern e.V. S.I.T.W., Berlin ausführendes Unternehmen: von der Forst Oberflächenbehandlung GmbH, Pfarrweisach	

Bauzustandsanalyse

Die Decke der Kammern war schalungsrauh ohne Beschichtung. Wände und Böden waren mit einem defekten und aufgezehrten Chlorkautschukanstrich versehen. An den Decken lagen punktuell Korrosionsschäden an der Bewehrung vor. An den wasserberührten Flächen wurden keine Risse oder Undichtigkeiten beobachtet.

Instandsetzungsplan

An den Decken sind alle korrodierten Bereiche freizulegen. Es liegen vielfach Korrosionsverfärbungen aus nicht entfernten Drahtresten vor. Der Untergrund ist durch Strahlen vorzubereiten. Schadstellen sind zu reprofilieren und korrodierte Bereiche nach dem Instandsetzungsprinzip Wiederherstellung des Korrosionsschutzes zu behandeln. Die Deckenuntersichten sind mit einem flächigen Spritzmörtel (PCC) zu versehen.

Wände und Sohle werden mit Wasserstrahlen behandelt. Altbeschichtungen sind zu entfernen, damit eine Untersuchung des Betonuntergrundes möglich wird. Risse oder korrodierte Bereiche wurden nicht vorgefunden, andernfalls wäre eine Betoninstandsetzung nach (RiLiSIB) zwingend erforderlich geworden. Es wurde ein PP-Vlies zur Überbrückung von Unebenheiten und zur Drainage eingebaut. Das

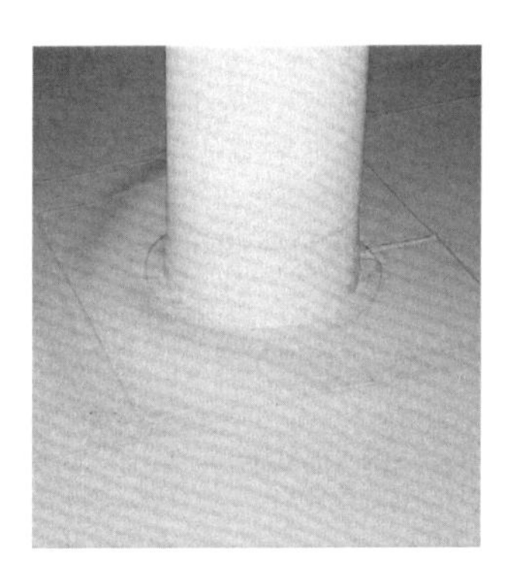

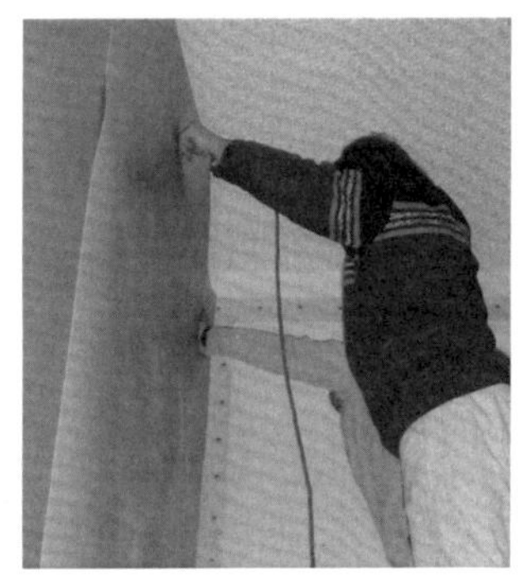

Bild 11.8.5.01: ► *Detail eines Boden/ Wandanschlusses (Hochbehälter Wildfuhr, Bad Kissingen)*

Bild 11.8.5.02: ►► *Detail des Folieneinbaus an der Wand (Hochbehälter Wildfuhr, Bad Kissingen)*

◄◄ ***Bild 11.8.5.03:***
Verschweißen der Nähte (Hochbehälter Wildfuhr, Bad Kissingen)

◄ ***Bild 11.8.5.04:***
Detail oberer Anschluss (Saugbehälter Weiherhof, Zirndorf)

Vlies dient auch als elastische Unterlage zur Reduzierung punktueller mechanischer Beanspruchungen bei z. B. Wartung und Reinigung. Abschließend wurde eine Kunsstofffolie (TPO) eingebaut. Bild 11.8.5.01 zeigt das Detail eines Boden-Wandanschlusses mit überlappenden Stößen, Bild 11.8.5.02 den Einbau an der Wand. Die Folien werden an den Nähten (Bild 11.8.5.03) und am oberen Abschlussprofil (Bild 11.8.5.04) dicht verschweißt.

11.8.6 Wasserturm mit Edelstahlauskleidung

Bautafel	
Standort/Betreiber:	Wallhausen
Behälterfunktion:	Wasserturm
Instandsetzungsprinzip:	– Betoninstandsetzung vor der diffusionsdichten Auskleidung mit Edelstahl – Erhöhung des Widerstands trinkwasserberührter Flächen mit diffusionsdichten Materialien ohne Verbund
Quelle: mit freundlicher Interstützung der Gütegemeinschaft Schutz und Instandsetzung von Trinkwasserbehältern e.V. S.I.T.W., Berlin ausführendes Unternehmen: Merlin Malerwerkstätten GmbH, Herrieden	

Baubeschreibung

Der Wasserturm aus Stahlbeton auf einer Anhöhe bei Wallhausen hat eine Gesamthöhe von 37 m. Der Durchmesser im Bereich der Wasserkammern beträgt 10 m und der des Schaftes 4 m.

Bauzustandsanalyse

Der Beton zeigte an der Außenfassade die typischen Betonschäden infolge von Bewehrungskorrosion auf. Die Betonflächen im Innern der Wasserkammern zeigten zusätzlich wasserführende Risse. Die Betondeckung innen und außen betrug rd. 20 bis 30 mm, lag jedoch punktuell oft bei nur 5 mm. Die Karbonatisierungsfront war außen bei etwa 10 bis 12 mm und innen zwischen 8 und 13 mm angelangt. Die Betondruckfestigkeit wurde im Bereich eines C 30/37 festgestellt.

Instandsetzungsplan

In den Wasserkammern erfolgte eine analoge Betoninstandsetzung nach den Instandsetzungsprinzipien

▷ Erhöhung der Betondeckung
▷ Wiederherstellung des Korrosionsschutzes durch alkalische Mittel

Die wasserführenden Risse wurden dehnfähig mit einem Polyurethanharz abgedichtet. Die Wasserkammerdecke erhielt eine 35 mm dicke Spritzmörtelbeschichtung zur Erhöhung der Betondeckung und des Korrosionsschutzes der Bewehrung. Darauf erfolgte eine 4 mm dicke Feinschicht mit Oberflächenstrukturierung. Die Wasserkammern wurden abschließend mit einer Edelstahlauskleidung versehen (Bild 11.8.6.01). Ergänzende Maßnahmen waren die Erneuerung des Blitzschutzes und Fliesenarbeiten in den Treppenhäusern und im Eingang.

Bild 11.8.601: ▲ *Auskleidung der Wasserkammern mit Edelstahl*

Bild 11.8.6.02: ▶ *Künstlerische Farbgestaltung eines Wasserturms nach Darius Kowalik*

Die Fassade wurde nach den Instandsetzungsprinzipien der (RiLiSIB) instand gesetzt. Es erfolgte ein Abstrahlen mit Feststoff. Nach dem Freilegen korrodierter Bewehrung und dem Aufbringen des Korrosionsschutzes mit Reprofilierung erfolgte eine Dünnbeschichtung mit erhöhter Dichtigkeit zur Begrenzung des Wassergehaltes und zur Erhöhung des Karbonatisierungswiderstands. Abschließend erfolgte ein wasserabweisender Farbanstrich nach der künstlerischen Gestaltung von Darius Kowalik (Bild 11.8.6.02).

11.9 Besonderheiten bei Instandsetzungsmaßnahmen

11.9.1 Einhausung und Klimatisierung lokaler Arbeitsbereiche

Problemstellung
Die Instandsetzungsarbeiten an der Decke einer Filterhalle müssen bei laufendem Betrieb aller offenen Schnellfilterbecken erfolgen. Dazu werden die Filterbecken mit einem über 22 m frei tragenden fahrbahren Arbeitsgerüst überspannt und alle Arbeitsbereiche müssen staub- und luftdicht eingehaust werden. Die lokale Einhausung muß staubdicht für das Druckluftstrahlen, das Spritzverfahren und gasdicht für die Kunststoffmaterialien ausgeführt werden. Zusätzlich müssen die erforderlichen klimatischen Bedingungen für die Verarbeitung, Härtung und Nachbehandlung der Materialien sichergestellt werden (Bild 11.9.1.01).

Baubeschreibung
Die 156 m lange Schnellfilterhalle wird von einer 29 m breiten Spannbeton-Gewölbekonstruktion überspannt. Die Deckenuntersicht wurde als Sichtbetonflächen mit Brettstruktur erstellt. Sie war mit einer dünnen Schlämme versehen. Seit der Errichtung war keine Sanierung erfolgt.

Bild 11.9.4.01:
Deckenuntersicht der instand gesetzten Filterhalle

Bautafel	
Standort/Betreiber:	Zweckverband Bodensee-Wasserversorgung
Behälterfunktion:	Schnellfilteranlage Überlingen-Nesselwangen
Instandsetzungsprinzip:	– Korrosionsschutz der Bewehrung durch Begrenzung des Wassergehaltes im Beton – Herstellung einer dauerhaften Oberfläche
Baujahr:	– 1968
Quelle: mit freundlicher Interstützung der Gütegemeinschaft Schutz und Instandsetzung von Trinkwasserbehältern e.V. S.I.T.W., Berlin ausführendes Unternehmen: Bauschutz GmbH, Asperg	

Bauzustandsanalyse

Aufgrund der permanenten Beaufschlagung von Kondenswasser war die Betonoberfläche der Hallendecke stark angegriffen. Die Schlämme war fast vollständig entfernt. Flächig lagen Bewehrungskorrosion mit einhergehenden Hohlstellen, Ablösungen und Absprengungen des Betons vor. Risse waren in erwähnenswertem Umfang nicht vorhanden. Die schadfreien Bereiche wiesen eine ausreichende Untergrundfestigkeit auf.

Instandsetzungsplan

Aufgrund der einseitigen Feuchtebeanspruchung der Deckenkonstruktion erfolgt der Korrosionsschutz der Bewehrung durch die Begrenzung des Wassergehaltes im Beton durch das flächige Aufbringen eines Oberflächenschutzsystems.
Nach der Untergrundvorbehandlung durch Sandstrahlen, öffnen der Schadstellen und Freilegen der korrodierten Bewehrung erfolgt der Auftrag einer korrosionsinhibierenden wässrigen Imprägnierung. Bei Betonausbrüchen, Öffnungen und Freilegungen wurden mit einem Betonersatzsystem nach der Liste der geprüften Stoffe der BASt geschlossen. Zur Begrenzung der Betonfeuchte wird eine zweilagige ECC-Schlämme als Feinspachtel aufgetragen, in die frische 2. Schicht wird Quarzsand (Durchmesser ≥ 1 mm) als Haftvermittler eingeblasen. Die Beschichtung besteht aus einer Grundbeschichtung und einer Deckbeschichtung mit einem silica- und kunststoffvergüteten Mörtel sowie einer gespritzten Finish-Schicht in Orangenhautstruktur. Abschließend wird die Deckenuntersicht mit einer farblosen lösemittelfreien wasserabweisenden Imprägnierung versehen.

11.9.2 Chlorkautschukbeschichtung

Problemstellung

Organische Anstriche sind bei ordnungsgemäß hergerichteten Untergründen und sachgerechter Verarbeitung ein optimaler Schutz für trinkwasserberührte Bauteile. Sie wurden in der Vergangenheit vielfach und werden heute mit Erfolg angewendet,

Bautafel	
	Untersuchungen an verschiedenen Behältern im Versorgungsgebiet der Stadtwerke Wiesbaden
Quelle: mit freundlicher Interstützung der Gütegemeinschaft Schutz und Instandsetzung von Trinkwasserbehältern e.V. S.I.T.W., Berlin ausführendes Unternehmen: IWP Bauingenieurgesellschaft mbH, Büttelborn Laborberichte der Stadwerke Wiesbaden	

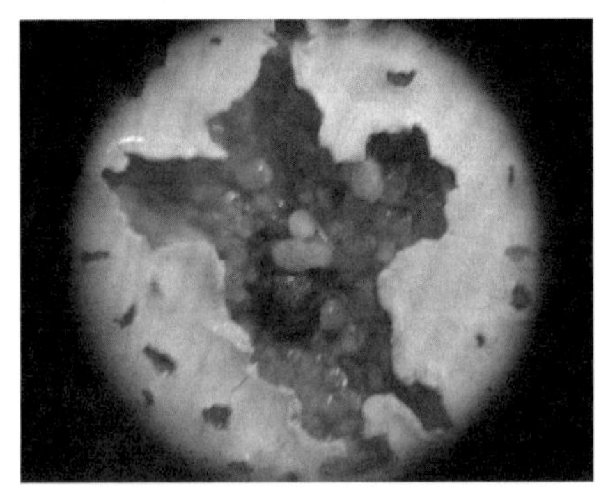

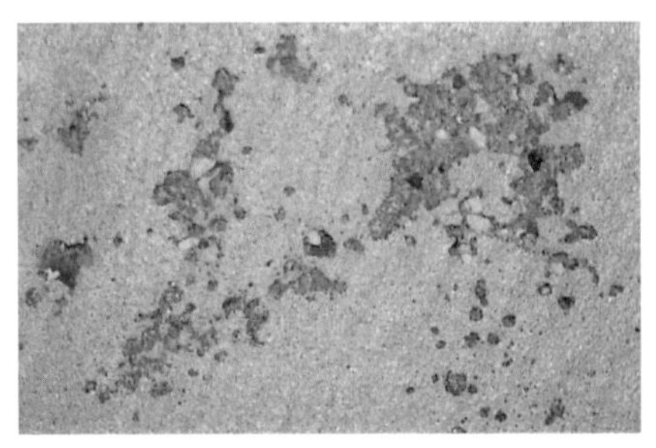

sie bergen allerdings das Risiko der hygienischen Beeinträchtigung des Trinkwassers durch Lösemittel oder Kunststoffe. In bestimmten Fällen, z.B. bei Rohwässern, sind sie eine technisch und wirtschaftlich erforderliche Lösung, wenn mineralische Systeme nicht mehr beständig auszuführen sind.

Die deutlich höhere Beständigkeit von Chlorkautschuk-Beschichtungen gegenüber dem Zementstein kann vielfach an Fehlstellen beobachtet werden (Bild 11.9.2.01). Hinter punktförmigen Fehlstellen zeigt sich der tiefgreifende Zementsteinverlust an der mineralischen Oberfläche durch die Hydrolyse.

Wenn im Laufe der Jahre die Beständigkeit der Beschichtung aufgezehrt ist, so zeigen sich am mineralischen System bereits flächige und tiefgreifende Substanzverluste, sie stellen dann den eigentlichen Sanierungsbedarf dar (Bild 11.9.2.02).

Untersuchungen haben gezeigt, dass Chlorkautschukanstriche selbst noch nach mehreren Monaten organische Lösemittel an das Trinkwasser abgeben

▲▲ ***Bild 11.9.2.01:*** *Mikroskopische Aufnahme einer punktförmigen Fehlstelle in einer Chlorkautschuk-Beschichtung – tiefgreifender Zementsteinverlust*

◄ ***Bild 11.9.2.02:*** *Flächige Schäden an Beschichtung und mineralischem Untergrund nach langer Betriebsdauer*

können. Die vorgefundenen Konzentrationen überschreiten deutlich die zulässigen Grenzwerte. Die Chlorkautschukanstriche sollten daher in Anlehnung an die KTW-Empfehlungen hinsichtlich der Abgabe organischer Stoffe an des Trinkwasser geprüft werden.

Analyse

Etwa 2 Monate vor der Inbetriebnahme wurde der neue Behälter mit einem Chlorkautschuk-Anstrich versehen. Schon bald nach der Inbetriebnahme des neuen Behälters wurden von den Verbrauchern Geschmacks- und Geruchsbeeinträchtigungen festgestellt. Nach Angaben des Herstellers besteht der Anstrich aus rd. 24 % Farbpigment, 24 % Chlorkautschuk und 52 % Lösemittel. Das Lösemittel soll sich aus 63 % Petroaromate, 31 % Benzolhomologe und 6 % Testbenzien zusammen setzen. Eine bei Bedarf anzuwendende und zugehörige Verdünnung besteht hauptsächlich aus Petroaromate und zu etwa 12 % chlorierten Aromaten.
Der für Trinkwasser zugelassene Anstrich wird in der Regel in drei Schichten mit einem Gesamtverbrauch von rd. 0,5 kg/m^2 aufgetragen. Da die beschichtete Oberfläche je Behälterkammer rd. 500 m^2 beträgt, ergibt sich ein Farbverbrauch von rd. 250 kg mit einem Lösemittelgehalt von etwa 130 kg. Es ist durchaus denkbar, dass sich innerhalb von 8 Wochen diese Lösemittelmengen nicht vollständig verflüchtigt haben, zumal das Lösemittel auch in das Porensystem des Betons eindringt, durch den filmartigen Verschluss des Anstrichs eingekapselt wird und dort zu einer lang andauernden kontinuierlichen Abgabe führt.

Ergebnisse

Eine sehr aufwendige Analyse führt zu folgenden Ergebnissen: In einer Trinkwasserprobe konnten wenige Wochen nach Inbetriebnahme des Behälters insgesamt acht Konzentrationen an CaH_2 Alkylbenzole, deutliche Mengen an Ethylbenzol sowie p-, m- und o-Xylol und Spuren von mehreren isomeren C_4H_9 Alkylbenzole nachgewiesen werden. Alle Verbindungen wurden auch in einer Probe der Chlorkautschukfarbe mit Hilfe der Dampfraumanalyse (headspace) vorgefunden. Das Gaschromatogramm des Wassers aus dem Zulauf zeigt dagegen keine Beeinträchtigungen. Es kann also mit Sicherheit davon ausgegangen werden, dass die im Wasser vorgefundenen Verunreinigungen aus dem Anstrich stammen. Anhand der Siedepunkte, die mit der gaschromatographischen Retentionszeiten in etwa parallell verlaufen, konnten zwei Lösemittelbestandteile unterschieden werden:

▷ Benzolhomologen Ethylbenzol und p-, m- , o-Xylol mit einem Siedepunkt von etwa + 140 °C,
▷ Petroaromate C_3H_7-Alkylbenzole einem Siedebereich von etwa + 160 °C bis + 180 °C.

Dieses Ergebnis stimmt mit den Herstellerangaben zur Zusammensetzung überein. Stimmt die Zusammensetzung der Farbprobe mit der Trinkwasserprobe I nach

wenigen Wochen nach Inbetriebnahme noch gut überein, so zeigt eine weitere Probe II vier Monate später wesentlich höhere Anteile an schwerflüchtigen C_3H_7-Alkylbenzolen. Offenbar werden die niedrigsiedenden C_2H_5-Alkylbenzole aufgrund ihres höheren Dampfdrucks zunächst bevorzugt abgegeben, mit zunehmender Betriebsdauer verlagert sich der Schwerpunkt der Lösemittelbelastung hin zu höhermolekularen Verbindungen.
Von praktischer Bedeutung ist die absolute Abgabe der Stoffe in das Trinkwasser. Der Alkylaromatgehalt am Auslauf des Behälters nahm im viermonatigen Untersuchungszeitraum von rd. 160 µg/l auf Werte unter 10 µg/l ab. Es traten starke Schwankungen innerhalb der Messreihe auf, die auf Änderungen des Wasserdurchsatzes und der unterschiedlichen Verweilzeiten im Behälter zurückgeführt wurden. Zur Beurteilung der Werte ist zu berücksichtigen, dass Konzentrationen unter 100 µg/l im allgemeinen geruchlich nicht mehr wahrnehmbar sind.
Sehr hohe Konzentrationen bis zu 800 µg/l traten in der stillgelegten Kammer bei geringer Füllung und stehendem Wasser auf. An den Wänden konnte zeitweise ein starker Bewuchs mit schleimbildenden Mikroorganismen beobachtet werden.
Eine mikrobielle Massenmehrung bei frischgestrichenen Behältern ist nach (Schoenen 1978 und 1981) sowie (Rogenkamp 1982) auf das hohe Nährstoffangebot durch austretende Kohlenstoffverbindungen zurückzuführen. Sofern das Trinkwasser nicht desinfiziert wird, kann der Bewuchs an frischen Chlorkautschukanstrichen etwa ein Jahr lang anhalten. Nach dieser Zeit ist der Anstrich offenbar an mikrobiell verwertbaren Stoffen verarmt.

11.9.3 Desinfektion

Problemstellung
Säureempfindliche Beschichtungen und Einbauten aus Edelstahl erforderten die Verwendung eines säure- und chloridionenfreien Reinigermaterials.

Baubeschreibung
Die beiden Kammern des Trinkwasserbehälters haben jeweils ein Volumen von 10.000 m^3, einen rechteckigen Grundriss (84 m x 20 m) und eine Höhe von 6 m. Die Wasserkammern waren mit einer zementgebundenen Dichtungsschlämme versehen, die Einbauten bestehen aus Edelstahl.

Bauzustandsanalyse
Die Beschichtung zeigte an keiner Stelle Mängel oder Schäden. An der Wassergrenze waren farbliche Veränderungen durch Eisen-/- zu erkennen. Ebensolche Ablagerungen befanden sich auf dem Boden und auf den Edelstahleinbauten (Rohre, Einstiegleiter). An den Wänden und auf Teilen der Edelstahleinbauten waren Ätz- bzw. Korrosionserscheinungen aufgrund früherer Verwendungen von säurehaltigen Reinigern zu erkennen.

Bautafel	
Standort/Betreiber:	Stadtwerke Saarbrücken
Behälterfunktion:	Hochbehälter Gehlenberg
Instandsetzungsprinzip:	- pH-Wert-angepasste Desinfektionsreinigung von Trinkwasserkammern nach Vorgabe des DVGW-Merkblattes W 318
Baujahr:	- 1985
Fassungsvermögen:	- 20.000 m³ (2 Kammern)
Quelle: mit freundlicher Interstützung der Gütegemeinschaft Schutz und Instandsetzung von Trinkwasserbehältern e.V. S.I.T.W., Berlin ausführendes Unternehmen: CARELA®-R. Späne GmbH, Rheinfelden	

Instandsetzungsplan

Voraussetzung für die Anwendung des Reinigers ist die Zulassung nach DVGW-Arbeitsblatt W 319 (Bild 11.9.3.01). Die Maßnahme hatte den DVGW Arbeitsblättern W 291 und W 318 zu entsprechen. Durchführung der Maßnahme erfolgt ohne Einbringen von Gerüsten, anderen Einbauten oder schweren Gerätschaften (Hochdruckaggregat, Pumpe o.ä.)

Erforderliche Arbeitsschritte sind: Projektvorbereitung, Behälterkontrolle nach DVGW Merkblatt W 318, Reinigungs- und Desinfektionsarbeiten, Spülwasserbeseitigung, Entnahme und bakteriologische Untersuchung von Wasserproben, Sonderleistungen (Arbeitsrapport, Baureinigung).

Die entleerte Speicheranlage wurde nur mit desinfizierten Stiefeln und geeigneter Schutzkleidung betreten. Decke, Wände und Boden wurden intensiv mit keim-

Bild 11.9.3.01: *Applikation bei der Reinigung*

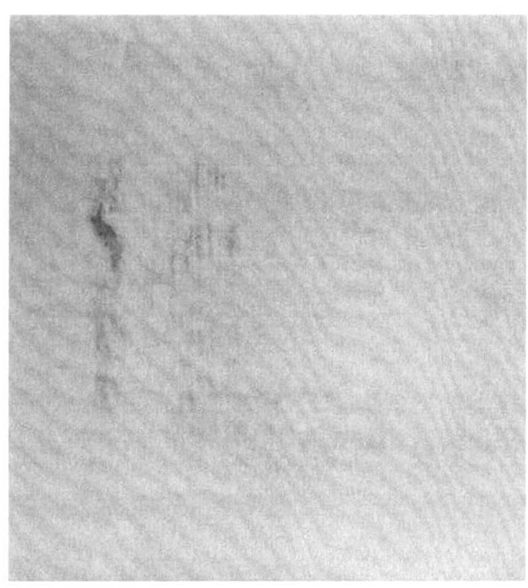

Bild 11.9.3.02: *Oberfläche nach der Reinigung*

freiem Trinkwasser mit Leitungsdruck benetzt. Lose Ablagerungen und vorhandener Bodenschlamm wurden ausgespült. Der neutrale, pulverförmige Desinfektionsreiniger wurde zunächst in der fünffachen Menge an keimfreiem Trinkwasser gelöst. Über ein Niederdrucksprühgerät, das außerhalb der Kammer aufgestellt wurde, Verbindungsschlauchmaterial und eine Teleskop-Sprühlanze, mit der immer vom Fußboden aus gearbeitet werden kann, wurde das verwendete Mittel auf Decke und Wände aufgetragen (Bild 11.9.3.01). Dieses Einsprühen erfolgte mit einem Arbeitsdruck von ca. 1 bar nebelfrei von oben nach unten, die anschließende Einwirkzeit betrug 20 Minuten. Der Materialbedarf lag bei ca. 1 kg Neutralreinigerlösung pro 7-10 m^2 zu behandelnder Fläche. Nach der genannten Einwirkzeit wurden die starken Beläge an der Wassergrenze im oberen Behälterbereich mit einem Teleskopwischer entfernt und ebenso wie die gelösten Ablagerungen mit starkem Wasserstrahl gründlich abgespült (Bild 11.9.3.02). Eine weitere Nachbehandlung der Spülwässer vor Ablassen in die Kanalisation war nicht notwendig. Für die Reinigungsmaßnahme benötigte man einschließlich der Vor- und Nacharbeiten ca. 10 Stunden je Behälterkammer. Nach der Reinigungsmaßnahme wurde der Trinkwasserbehälter mit Trinkwasser befüllt und eine Wasserprobe gezogen. Die Analyse der Probe war negativ und der Behälter konnte wieder an Netz gehen.

12 Ausschreibung und Vergabe

12.1 Grundzüge des Vergaberechts

12.1.1 Grundsätze und Ziele

Das öffentliche Auftragswesen ist durch zahlreiche Regelungen auf europäischer und, in Umsetzung dessen, auf nationaler Ebene geprägt, so dass zunächst ein Blick auf diejenigen Grundsätze und Ziele, die das gesamte Vergaberecht kennzeichnen, lohnenswert ist. Auf die Frage wann es sich um ein öffentliches Auftragswesen handelt wird an späterer Stelle näher eingegangen [Cohrs 2004]:

Transparenzgebot
Das Transparenzgebot stellt eines der zentralen Vergabeprinzipien dar. Es fordert klare und nachvollziehbare Verfahren und vorhersehbare Entscheidungskriterien, so dass jeder potentielle Bieter beurteilen kann, wie seine Chancen bei einer Teilnahme stehen. Des weiteren sind alle Bieter über das Ergebnis der Submission zu informieren, damit jeder Bieter die Entscheidungsprozesse des Auftraggebers nachvollziehen kann. Das Transparentgebot findet seine Fortsetzung in der Wahrung des sog. »Vier-Augen-Prinzips« während des gesamten Vergabeverfahrens, d.h. der Auftraggeber ist verpflichtet ausreichend Mitarbeiter zur Verfügung zu stellen, um alle anfallenden Verfahrenshandlungen rechtzeitig und unter gegenseitiger Kontrolle durchführen zu können. Findet die weitergehende Angebotsprüfung durch Dritte (z.B. Ing.-Büro) statt, so ist es sinnvoll von den Verdingungsunterlagen eine Sicherungskopie anzufertigen und diese bei einer getrennten Stelle zu Beweiszwecken zu hinterlegen. Der gesamte Prüfungsvorgang ist nachvollziehbar zu dokumentieren.

Fairer Wettbewerb
Das Gebot des fairen Wettbewerbes fordert, dass jedes Unternehmen, ganz gleich aus welchem Mitgliedsstaat der EU es kommt, unter den gleichen Voraussetzungen am Wettbewerb teilnehmen darf. Verboten sind vermeidbare rechtliche und oder faktische Maßnahmen, durch die ein Unternehmen an der Teilnahme gehindert wird (z.B. Bieterkreisbeschränkung auf Region oder Unternehmensgröße).

Mittelstandsförderung
Der Auftraggeber ist verpflichtet gemäß den Verdingungsordnungen (VOB/A, VOL/A) sowie des GWB soweit dies technisch und wirtschaftlich sinnvoll ist die Leistungen in Teil- und Fachlose aufzuteilen.

Verwirklichung des freien europäischen Binnenmarktes
Zahlreiche Vorschriften des Vergaberechtes dienen der näheren Ausformung der Ziele des EG-Vertrages, die auf die Beseitigung jeglicher Handelshemmnisse innerhalb der EU gerichtet sind. Konkretisiert werden vor allem die Grundfreiheiten, die den freien Verkehr von Waren, Personen, Dienstleistungen und Kapital gewährleisten sollen. Durch europaweite Ausschreibungen ohne Diskriminierung ausländischer Unternehmen soll das Vergaberecht einen wesentlichen Beitrag zur Verwirklichung des Binnenmarktes leisten.

Sparsamkeit bei der Verwendung öffentlicher Mittel
Durch die gesetzliche Ausgestaltung des Vergabeverfahren soll sichergestellt werden, dass derjenige Bieter den Zuschlag erhält, der das wirtschaftlichste Angebot abgegeben hat.

12.1.2 Rechtliche Grundlagen

EG-Recht: Das europäische Recht bildet zugleich den Ausgangspunkt als auch den Rahmen des heutigen Vergaberechtes. Ganz gleich, ob es sich um europaweit auszuschreibende Beschaffungen oder um nationale Submissionen handelt, stets sind die allgemeinen Rechtsgrundsätze des Gemeinschaftsrechtes sowie die Vorschriften des EG-Vertrages zu beachten. Die wesentlichen Aspekte sollen daher nachfolgend kurz benannt werden:

▷ *EG-Primärrecht:* EG-Vertrag (unmittelbare Rechtswirkung auf Dritte)
a) Grundfreiheiten (Art. 21 bis 57 EG), wie freier Waren-, Personen-, Dienstleistungs- und Kapitalverkehr, sowie Freizügigkeit der Arbeitnehmer und Niederlassungsfreiheit
b) Diskriminierungsverbot (Art. 12 EG), sowohl die offene Diskriminierung (Bezug auf die Staatsangehörigkeit) als auch die versteckte Diskriminierung (Normen, Richtlinien, die zwar eine Gleichbehandlung suggerieren, deren Voraussetzungen jedoch von Inländern leichter zu erfüllen sind)

▷ *EG-Sekundärrecht:* Vergaberichtlinien (rechtlich nicht direkt bindend, müssen in nationales Recht umgesetzt werden)
Die EU-Kommission war der Auffassung, dass die Vorgaben im EG Vertrag hinsichtlich des Vergaberechtes nicht ausreichend waren und hat zur näheren Ausgestaltung folgende Richtlinien erlassen:

a) Baukoordinierungsrichtlinie (BKR); sie betrifft die Ausschreibungen von Bauleistungen, wenn der Auftragswert den Schwellenwert von 5,0 Mio. € überschreitet
b) Lieferkoordinierungsrichtlinie (LKR); betreffend die Ausschreibung von Lieferungen bei Auftragswerten von über 200.000,– €
c) Dienstleistungsrichtlinie (DLR); sie betrifft die Ausschreibung von Dienstleistungen bei Auftragswerten von ebenfalls 200.000,– €
d) Sektorenrichtlinie (SKR); Gegenstand ist die Vergabe von Bau-, Liefer- und Dienstleistungsaufträgen im Bereich der Sektoren der Strom-, Gas-, Wärme-, Wasserversorgung, des Verkehrs und der Telekommunikation
e) Rechtsmittelrichtlinien (RML und RMLS)

Nationales Recht: Um eine Rechtswirkung zu erlangen bedürfen die EG-Richtlinien einer Umsetzung in nationales Rechtes. Dies geschieht mit den folgenden Rechtsgrundlagen:

▷ *Gesetz gegen Wettbewerbsbeschränkungen (GWB)*
1999 wurde das Vergaberecht aus dem Haushaltsrecht herausgelöst und in das Kartellrecht integriert. Die wesentlichen Bestimmungen des Vergaberechtes finden sich nunmehr im 4. Teil des GWB wieder (§§97-129). Zur Konkretisierung der nunmehr gesetzlichen Vorschriften wird wie bisher auf die Verdingungsordnungen verwiesen.

▷ *Verordnung für die Vergabe öffentlicher Aufträge (VgV)*
Die Verordnung für die Vergabe öffentlicher Aufträge trat am 01. Februar 2001 als Nachfolger der Vergabeverordnung in Kraft und stellt die Verbindung zwischen dem vierten Teils des GWB und den verschiedenen Verdingungsordnungen her. Die Ermächtigungsgrundlage ergibt sich aus § 97 Abs. 6 und § 127 GWB.

▷ *Verdingungsordnungen*
Die Verdingungsordnungen stellen keine Rechtsverordnungen, sondern eine Art Verwaltungsvorschriften dar. Sie werden in den Verdingungsausschüssen beschlossen, die sich aus Vertretern von Bund, Ländern, Gemeinden, Verbänden und Gewerkschaften zusammensetzen. Es existieren drei Verdingungsordnung:
a) Verdingungsordnung für Bauleistungen (VOB)
b) Verdingungsordnung für Leistungen (VOL)
c) Verdingungsordnung für freiberufliche Leistungen (VOF)
Mit Tafel 12.1.2.01 soll nochmal eine Übersicht über die Rechtsgrundlagen des Vergaberechtes gegeben werden [Cohrs 2004].

Das bisher dargestellte Vergaberecht entfaltet seine Wirkung allerdings nur bei Auftragssummen, die oberhalb der Schwellenwerte liegen und bei den Aufträgen, wo der Auftraggeber gemäß GWB zur Einhaltung des Vergaberechtes gezwungen ist. Unterhalb der Schwellenwerte gilt ausschließlich nationales Vergaberecht, wel-

Tafel 12.1.2.01: Übersicht über rechtliche Grundlagen [Cohrs 2004].

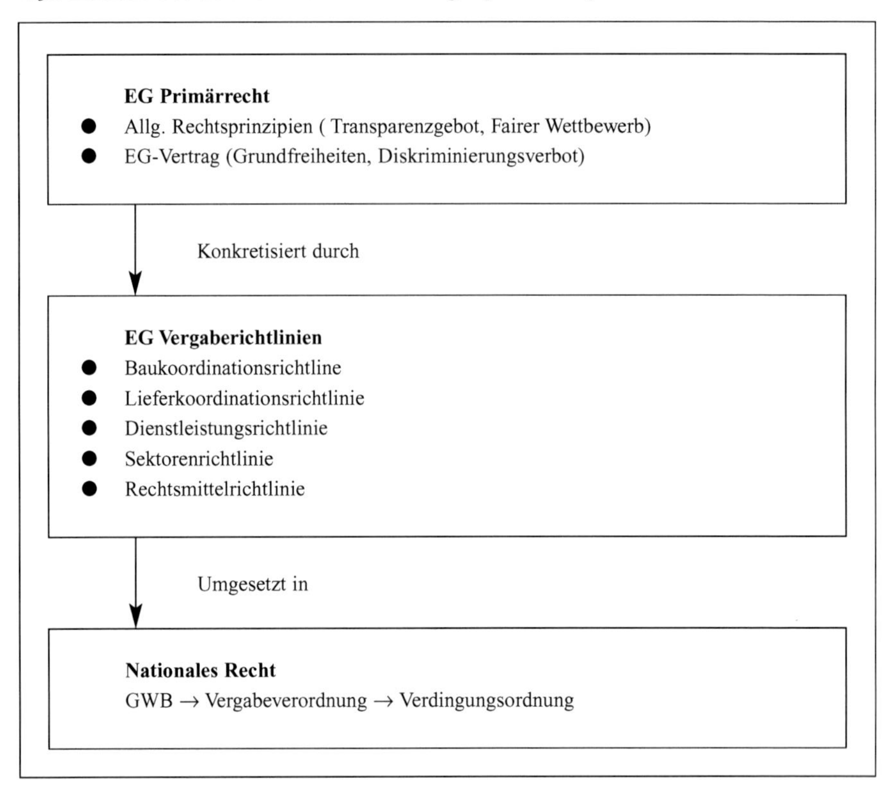

ches sich im wesentlichen aus dem Haushaltsrecht ableitet. Konkret bedeutet dies, dass öffentliche Auftraggeber in der Regel über das Haushaltsrecht des Dienstvorgesetzten (z.B. Bundeshaushaltsverordnung, Gemeindehaushaltsverordnung des Landes Hessen, etc.) zur Einhaltung der Verdingungsordnungen explizit angehalten bzw. verpflichtet sind. Da es sich bei den Haushaltsordnungen um Verwaltungsvorschriften handelt, besteht für Dritte kein Rechtsanspruch auf Anwendung der Verdingungsordnungen, d.h. dass z.B. eine Baufirma von einem öffentlichen Auftraggeber nicht verlangen kann, dass er die VOB/A anwendet.
Die Tatsache, dass es sich beim Haushaltsrecht um Verwaltungsvorschriften handelt, führt auch dazu, dass z.B. Stadtwerke, die eigenständige GmbH's der öffentlichen Hand sind, nicht dem Haushaltsrecht unterliegen und somit keinen Vorschriften hinsichtlich der Vergabegewohnheiten unterliegen. Es sei denn es bestehen vertragliche Verpflichtungen gegenüber der öffentlichen Hand bzw. die Stadtwerke selbst geben sich eigene Vergaberichtlinien. Das nachfolgende Ablaufdia-

Tafel 12.1.2.02: Vorgehensweise zur Auftragsvergabe [Cohrs 2004].

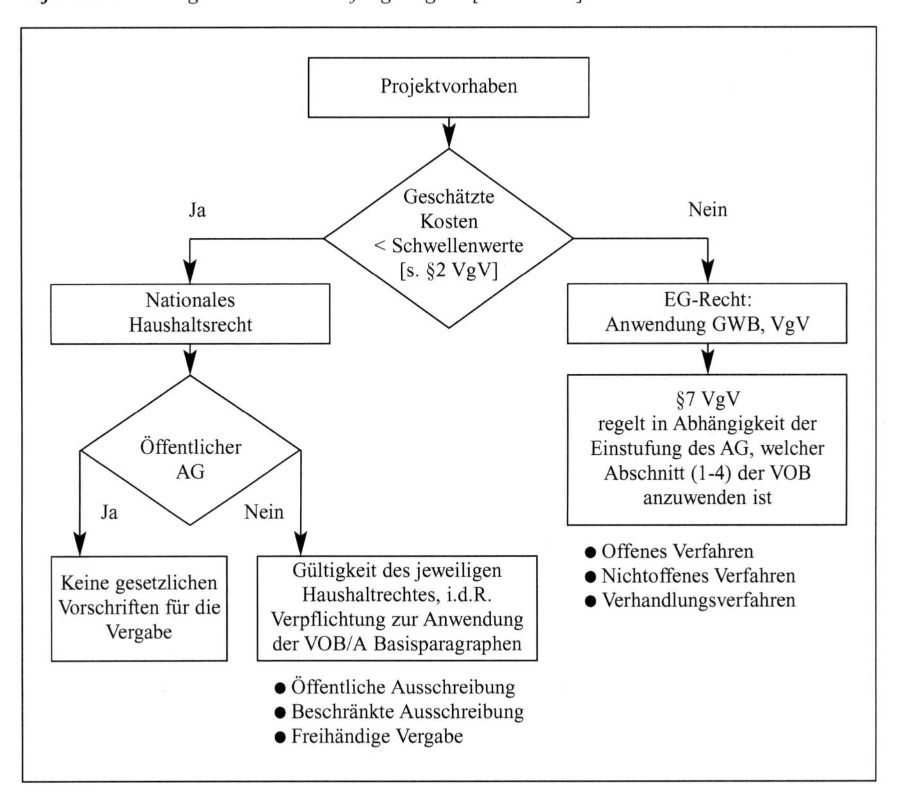

gramm versucht die erforderlichen »Fragestellungen bzw. Vorgehensweisen« im Zusammenhang mit einer beabsichtigten Auftragsvergabe am Beispiel einer Baumaßnahme darzustellen:

12.2 Vergabeverfahren

Die Vergabe erfolgt in verschiedenen Vergabeverfahren. Das bundesdeutsche Recht kennt bisher 3 Arten von Vergabeverfahren: die öffentliche Ausschreibung, die beschränkte Ausschreibung und die freihändige Vergabe. Unterhalb der Schwellenwerte finden diese Vergabeverfahren auch weiterhin Anwendung.
Bei Auftragswerten oberhalb der Schwellenwerte finden aufgrund der EG-Richtlinien für die Vergabeverfahren andere Bezeichnungen Anwendung, wobei es jedoch trotz weitgehender Übereinstimmung auch einige Unterschiede gibt.

Offenes Verfahren / Öffentliche Ausschreibung
Das offene Verfahren bzw. die öffentliche Ausschreibung ist ein förmliches Verfahren, bei dem der Auftraggeber in einer öffentlichen Bekanntmachung alle an dem Auftrag Interessierten auffordert, die Vergabeunterlagen anzufordern und Angebote abzugeben. Bei diesen Verfahren wird ein größtmöglicher Wettbewerb sowie die Gleichbehandlung potentieller Bieter gewährleistet.
§3 Nr. 2 VOB/A legt fest, dass eine öffentliche Ausschreibung stattfinden muss, wenn nicht die Eigenart der Leistung oder besondere Umstände eine Abweichung rechtfertigen. Bei europaweiten Vergaben ist das offene Verfahren ebenfalls die Regel.

Nichtoffenes Verfahren / beschränkte Ausschreibung
Die beschränkte Ausschreibung ist ebenfalls ein förmliches Verfahren, bei dem jedoch der Auftraggeber nur einer beschränkten Anzahl von Unternehmen die Verdingungsunterlagen mit der Aufforderung zur Abgabe eines Angebotes zusendet. Der Wettbewerb beschränkt sich somit nur auf diese Unternehmen.
§3 Nr. 3 VOB/A führt die Fälle auf, bei denen eine beschränkte Ausschreibung zulässig ist.
Neben den Einschränkungen des §3 Nr. 3 setzt die beschränkte Ausschreibung eine umfassende Marktkenntnis des Auftraggebers voraus, ist diese nicht vorhanden, so ist eine vorgeschaltete Markterkundung mittels öffentlichem Teilnahmewettbewerb angezeigt (s. § 3 Nr. 3 Abs. 2 VOB/A beschränkte Ausschreibung nach öffentlichem Teilnahmewettbewerb).
Bei Vergaben über dem Schwellenwert ist das nichtoffene Verfahren grundsätzlich nicht zulässig, hier muss zwingend ein öffentlicher Teilnahmewettbewerb vorausgehen. Soll ein nichtoffenes Verfahren angewandt werden, so sind die Gründe objektiv darzulegen und zu dokumentieren (s. § 3 Nr. 4 VOB/A).

Hinweis: eine selbstverschuldete Dringlichkeit der Beschaffung ist kein gültiges Kriterium!

Verhandlungsverfahren / freihändige Vergabe
Die freihändige Vergabe ist kein förmliches Verfahren und nur in engen Grenzen zulässig. Die Anwendungsgrenzen ergeben sich aus dem § 3 Nr. 4 lit. a-f VOB/A.
Das Verhandlungsverfahren ist ebenfalls ein nichtförmliches Verfahren bei Vergaben über dem Schwellenwert. Charakteristisch ist aber eine engere Bindung als bei der freihändigen Vergabe. Die Anwendung erfolgt ohne öffentliche Vergabebekanntmachung, wenn die Voraussetzungen des § 3a Nr. 5 lit. a-g) vorliegen. Die Auslegung dieser Voraussetzungen sollte im Interesse eines guten Wettbewerbes sehr streng erfolgen (s. entsprechende Urteile des EuGH). Sollten die Voraussetzungen nicht vorliegen, so ist zwingend eine öffentliche Vergabebekanntmachung dem Verhandlungsverfahren vorzuschalten.

12.3 Leistungsverzeichnis bzw. Leistungsbeschreibung

Um den Grundsatz der Chancengleichheit zu wahren, ist es erforderlich die gewünschte Leistung so zu beschreiben, dass jeder Bieter die Möglichkeit hat, ein annehmbares Angebot mit hinreichend genauer Kalkulation zu erarbeiten (vgl. §9 Nr. 1 VOB/A). Die VOB/A unterscheidet 2 Arten der Leistungsbeschreibung:

- ▷ Leistungsbeschreibung mit Leistungsverzeichnis
- ▷ Leistungsbeschreibung mit Leistungsprogramm (Funktionalausschreibung)

Der Unterschied zwischen den beiden Arten besteht darin, dass die Leistungsbeschreibung mit Leistungsverzeichnis sehr detailliert erfolgt, wohin gegen die Funktionalausschreibung nur wesentliche Funktionselemente und Qualitätsanforderungen enthält, um dem Bieter die Möglichkeit zu schaffen, eigene Erfahrungen in die konkrete Ausgestaltung der Leistung einfließen zu lassen und auf diesem Wege wirtschaftlichere Lösungen zu erhalten.
Wie jedoch mittlerweile Erfahrungen gezeigt haben, ergeben sich aus der Funktionalausschreibung nicht zwangsläufig Kostenvorteile gegenüber einer Leistungsbeschreibung mit Leistungsverzeichnis. Als Ursachen können die Verlagerung von finanziellen Risiken, sowie die Übertragung von Planungsleistungen auf den Bieter angesehen werden.
Die Ausschreibung mittels Leistungsbeschreibung mit Leistungsverzeichnis stellt somit die Regel dar.
Die Anforderungen an eine Leistungsbeschreibung lassen sich wie folgt zusammen fassen:

- ▷ *Chancengleichheit*
  Gemäß § 9 Nr. 1 VOB/A ist die Leistungsbeschreibung der Art zu verfassen, dass alle Bieter sie im gleichen Sinne verstehen müssen und ihre Preise sicher und ohne umfangreiche Vorarbeiten kalkulieren können. Änderungen an der Leistungsbeschreibung sind grundsätzlich allen Bietern zur Kenntnis zu geben.

- ▷ *Produktneutralität*
  Gemäß § 9 Nr. 5 VOB/A müssen Leistungsbeschreibungen produktneutral erfolgen, d.h. die Nennung von Markennamen u.ä. hat in der Regel zu unterbleiben. Ausnahmen sind ebenfalls im § 9 Nr. 5 VOB/A definiert. Ist es erforderlich einen Bezug zu einem bestimmten Produkt herzustellen, z.B. bei Ausschreibungen im Bereich der Anlagentechnik, wo eine umfassende Beschreibung zwar oftmals möglich wäre, aber zu einer unüberschaubaren, aufgeblähten Leistungsbeschreibung führen würde, so ist grundsätzlich der Hinweis »oder gleichwertig« anzufügen.

12.4 Typische Fehler bei der Auftragsvergabe von Bauleistungen nach der Verdingungsordnung für Bauleistungen / Teil A (VOB/A)

Zur weitergehenden Verdeutlichung eines korrekten Vergabeverfahrens werden nachfolgend typische Fehler bei der Auftragsvergabe von Bauleistungen aufgezeigt und Hinweise für ihre Vermeidung gegeben.

▷ *Fehlerhafte bzw. nicht ausreichende Dokumentation des Vergabeverfahrens*
→ Anfertigung eines Vergabevermerkes der die einzelnen Stufen des Verfahrens, die maßgebenden Feststellungen sowie die Begründung der einzelnen Entscheidungen enthält.

▷ *Prüfung des Kreises der Verfahrensbeteiligten,* d.h. Sicherstellung, dass die Verfahrensbeteiligten ihre Stellung innerhalb des Verfahrens nicht zur persönlichen Bereicherung, Vorteilsnahme bzw. –gewährung, etc. ausnutzen.
→ Beachtung des Mitwirkungsverbotes der Gemeindeordnung, Verpflichtung Dritter, z.B. Planer, Gutachter, Projektsteuerer, gemäß Verpflichtungsgesetz zur Erfüllung ihrer Obliegenheiten und Hinweis auf die strafrechtlichen Konsequenzen (§331 StGB Vorteilsnahme, § 332 StGB Bestechlichkeit, § 333 StGB Vorteilsnahme, §334 StGB Bestechung, §353b StGB Verletzung des Dienstgeheimnisses), keine Zulassung von Projektanten am Angebotsverfahren.

▷ *Nicht ausreichende formelle und materielle Ausschreibungsreife des Vorhabens,* d.h. z.B. fehlende Genehmigungen, nicht ausreichende Haushaltsmittel etc.
→ da durch die Ausschreibung ein vertragsähnliches Vertrauensverhältnis zwischen dem Auftraggeber und den beteiligten Bietern begründet wird, für das der Auftraggeber auf das sogenannte negative Interesse haftet, ist sicherzustellen, dass folgende Unterlagen gesichert vorliegen:
→ Leistungsverzeichnis (Prüfung auf Vollständigkeit und Eindeutigkeit)
→ Zeichnungen und Pläne
→ Gutachten, z.B. geotechnische Untersuchungen etc.
→ Allgemeine, besondere und zusätzliche Vertragsbedingungen
→ Projektfinanzierung unter Berücksichtigung von Preissteigerungen
→ Genehmigungen.

▷ *Verstoß gegen den Wettbewerbsgrundsatz (s. VOB/A §2 Nr. 1 Satz 2) durch wettbewerbsbeschränkende Verhaltensweisen,* wie z.B. Beschränkung des Bieterkreises auf bestimmte Regionen oder Orte, Betriebsgrößen etc. Wahrung des Wettbewerbsgrundsatzes in erster Linie durch:
→ die Wahl der richtigen Vergabeart
→ die Wahl der richtigen Veröffentlichungsart
→ angemessene Abforderungs- und Bearbeitungsfristen
→ Systemoffenheit für Verfahren und Produkte
→ Verwendung gemeinschaftsrechtlicher Spezifikationen
→ Gewährleistung eines mittelstandsfreundlichen Vergabeverfahrens

▷ *Fehler bei der Wertung von Angeboten, insbesondere in formeller Hinsicht,* wie z.B. Nichtbeachtung zwingender Ausschlussgründe, unzulässige Angebotsaufklärung, Feststellung der Bietereignung etc.
→ strukturierte, nachvollziehbare Vorgehensweise bei der Angebotswertung: 1. Stufe »formelle Prüfung«, 2. Stufe »Prüfung der Bietereignung«, 3. Stufe »technische und wirtschaftliche Prüfung«. Insbesondere die formelle Prüfung erfordert ein Höchstmaß an Kenntnissen der aktuellen Rechtssprechung und bedingt, dass sich die Personen, die sich mit einer Angebotsauswertung beschäftigen, kontinuierlich vergaberechtlich weiterbilden (z.B. durch juristische Publikationen, wie dem Vergaberechts-Report).
▷ *Fehlende Benachrichtigung der Bieter bei der Beendigung des Vergabeverfahrens (Beauftragung oder Aufhebung)*
▷ *Regelungen in den Besonderen Vertragsbedingungen die VOB/B-widrig sind und zu einem Totalverlust der VOB als Vertragsgrundlage führen,* wie z.B. Verlängerung der Gewährleistung, Außerkraftsetzung des § 12 Nr. 5 (2) VOB/B »Abnahme durch Inbetriebnahme«

12.5 Vorgehensweise bei der Erstellung einer Ausschreibung von Oberflächensystemen in Trinkwasserbehältern

Die Anforderungen bzw. Vorgehensweisen bei der Erstellung einer Ausschreibung von Oberflächensystemen in Trinkwasserbehältern unterscheiden sich beim Neubau nicht grundsätzlich von denen bei einer Instandsetzung. Auf eine Untergliederung der Vorgehensweise bei der Erstellung einer Ausschreibung wird daher verzichtet und stattdessen nur punktuell inhaltsbezogen auf Unterschiede hingewiesen.

12.5.1 Grundlagen einer Ausschreibung

Bevor mit der Erstellung einer Ausschreibung begonnen wird, sollten zuerst auf *Auftraggeberseite,* evtl. mit Unterstützung durch sachkundige Fachingenieure, eine Reihe von Grundsatzüberlegungen angestellt werden:
▷ Entsprechen Standort, Höhenlage zum Versorgungsgebiet, Nutzinhalt, bauliche Ausstattung (Anzahl der Wasserkammern, Bedienungshaus, etc.) und die Einbindung in das Rohrnetz der aktuellen Wasserversorgungskonzeption.

Kommen diese Überlegungen zu dem Ergebnis, dass der Behälter weiterhin in der vorliegenden Form benötigt wird, bzw. für die Versorgung unverzichtbar ist, schließen sich weitergehende Untersuchungsschritte an: (spätestens an dieser Stelle sollte seitens des Auftraggebers über die Hinzuziehung eines sachkundigen Planers nachgedacht werden, da die Untersuchungen ein Höchstmaß an Spezialkenntnisse und Erfahrung erfordern, s.a. DafStB-Instandsetzungsrichtlinie)

a) Erarbeitung einer Zustandsanalyse des vorhandenen Trinkwasserbehälters mit dem Ziel die Art und Ursache von Mängeln und Schäden festzustellen und zu dokumentieren
b) Festlegung des Instandsetzungsumfanges und Erstellung eines Instandsetzungsplans bzw. -konzeptes einschl. der Ermittlung der entsprechenden Kosten
c) Erstellung eines Kostenvergleiches nach Möglichkeit nach der LAWA-Richtlinie für die Erstellung von Kostenvergleichsrechnungen zwischen einer Instandsetzung und dem Neubau des Speichervolumens

In Abhängigkeit des Ergebnisses der Kostenvergleichsberechnung und der daraus resultierenden Entscheidung ob ein Neubau oder die Instandsetzung wirtschaftlicher ist, werden weitere Untersuchungen bzw. Entscheidungen erforderlich, die nachfolgend dargestellt sind (Tabelle 12.5.1.01).
Danach ist die Ausschreibung zu erarbeiten. Eine Ausschreibung setzt sich grundsätzlich aus den beiden Komponenten
▷ Vorbemerkung und
▷ Leistungsverzeichnis
zusammen.

Tabelle 12.5.1.01: *Unterschiede und Gemeinsamkeiten bei Neubau und Instandsetzung [Cohrs 2004].*

Neubau	**Instandsetzung**
Erstellung eines **geotechnischen Gutachtens,** unter den Aspekten Gründung und Altlasten, für den neuen Standort	Untersuchungen des Abbruchmaterials hinsichtlich seiner Bewertung nach dem Parameterkatalog der LAGA (Stichwort: Entsorgungswege und -kosten)
Herbeiführung von erforderlichen **Genehmigungen** (Baugenehmigung, landschaftsschutz- und verkehrsrechtliche Genehmigung, Trassen- und Aufbruchgenehmigung etc.	Erarbeitung eines **Konzeptes zur Außerbetriebnahme** von Teilen bzw. des gesamten Trinkwasserbehälters. In diesem Zusammenhang sind folgende Fragen zu klären: ▷ Wie lässt sich der Versorgungsbetrieb aufrecht erhalten? Sind Provisorien erforderlich? Ist das verbleibende Speichervolumen ausreichend? ▷ Ist der Brandschutz bei einer Teilaußerbetriebnahme noch gewährleistet bzw. wie kann der Brandschutz während der Außerbetriebnahme sichergestellt werden?
	Erarbeitung eines **Baustelleneinrichtungsplanes** unter Berücksichtigung der betrieblichen Belange
Erarbeitung eines **Bauzeitenplanes** unter Annahme realistischer Zeitansätze, d.h. z.B. das bei der Instandsetzung realistische Zeitansätze für die Untergrundvorbereitung angesetzt werden, oder dass z.B. beim Neubau die Witterung Berücksichtigung findet	
Erstellung eines **SiGe-Planes** gemäß Baustellenverordnung und RAB's	
Auswahl des **Oberflächensystems** unter Berücksichtigung der Aspekte Bauwerkskonstruktion, Hygiene, betriebliche Erfordernisse, Optik, wasserchemische Anforderungen, Kosten	

12.5.2 Vorbemerkungen einer Ausschreibung

Die Vorbemerkungen stellen vom Grundsatz her die AGB's für die angefragte Leistung dar. In ihnen werden sämtliche die Preisbildung, sprich Kalkulation, beeinflussende Randbedingungen festgelegt.
In der Regel wird die VOB/B als Vertragsgrundlage herangezogen, da ihre Regelungen nicht der inhaltlichen Kontrolle durch das Gesetz über Allgemeine Geschäftsbedingungen (AGBG) unterliegen, und somit beide Vertragspartner über eine weitgehende Rechtssicherheit hinsichtlich der Gültigkeit von vertraglichen Regelungen verfügen. Der Gesetzgeber geht davon aus, dass, da die VOB/B durch einen Verdingungsausschuss entwickelt wurde, keine der beiden Vertragsparteien über Gebühr bevor- bzw. benachteiligt wird.
Damit die VOB/B Rechtskraft erlangt, muss sie bei Vertragsabschluss im Wortlaut vorliegen und explizit als Vertragsgrundlage vereinbart werden.
Im Einzelnen werden in der VOB/B folgende Sachverhalte geregelt:
- ▷ Vergütungsfragen
- ▷ Regelungen im Zusammenhang mit Vertragsänderungen (Änderungen der Ausführung...)
- ▷ Bauverzug durch den AN (Terminüberschreitungen...)
- ▷ Verzug durch den AG (Zahlung, Mitwirkungspflichten...)
- ▷ Mängelgewährleistung vor der Abnahme
- ▷ Kündigung durch AN und AG
- ▷ Leistungsabnahme
- ▷ Mängelgewährleistung nach der Abnahme
- ▷ Sicherung der Werklohnforderung

Häufig ist es üblich von der VOB/B abweichende Regelungen in die Vertragsbedingungen aufzunehmen, eine typische Regelung ist z.B. die Verlängerung der Gewährleistung von nach VOB/B 4 Jahren für Bauwerke auf 5 Jahre nach BGB.
Zu beachten ist hierbei, dass nach der aktuellen Rechtsprechung bei einer Änderung einer VOB/B Regelung automatisch die gesamte VOB/B als Vertragsgrundlage erlischt und stattdessen »nur« noch die Regelungen des BGB gelten! Diese Aussage trifft auf die meisten Regelungen der VOB/B zu, lediglich beim §12 Nr. 5 (2) »fiktive Abnahme« besteht zur Zeit keine eindeutige Rechtsposition, d.h. es existieren unterschiedliche Gerichtsurteile.
Neben den AGB's sollten die Vorbemerkungen verschiedene Angaben enthalten, um evtl. spätere Differenzen mit dem AN zu vermeiden:
- ▷ Art der Vergabe (öffentlich, beschränkt, freihändig)
- ▷ Ausführungsfristen (s. Bauzeitenplan)
- ▷ Baubeschreibung
- ▷ Angaben zu geforderten Bürgschaften (Vertragserfüllung, Gewährleistung)

- ▷ Angaben zu beiliegenden Unterlagen, die Vertragsbestandteil werden (Bauzeitenplan, wasserchemische Analysen, Geo-Gutachten,...)
- ▷ Angaben über mit dem Angebot einzureichende Unterlagen (Unterlagen nach §8 VOB/A, Urkalkulation, 2. Original unterschriebenes Angebot)
- ▷ Planunterlagen mit Angaben zu Zufahrtswegen, Lagerplätzen, Baustrom und -wasser, Entwässerungsmöglichkeiten, sanitäre Einrichtungen etc.
- ▷ Hinweise auf eine evtl. abschnittsweise Sanierung
- ▷ Hinweise auf vorh. Trinkwasserschutzgebiete und den damit verbundenen verschärften Umweltschutzauflagen

Um eine weitgehende Rechtssicherheit zu haben, sollten die Vorbemerkungen, sprich AGB's, aus dem Einheitlichen Vergabehandbuch der Bundesrepublik Deutschland verwand werden (EVM-Blätter).

12.5.3 Leistungsverzeichnis

Die Beschreibung der Leistung kann nach der VOB/A, wie eingangs schon erläutert, auf 2 verschiedene Arten erfolgen:
- ▷ Leistungsbeschreibung mit Leistungsverzeichnis
- ▷ Leistungsbeschreibung mit Leistungsprogramm (Funktionalausschreibung)

Vor Jahren wurde die Funktionalausschreibung als Mittel zur Kostensenkung verstärkt propagiert. Wie jedoch die Erfahrungen der letzten Jahre gezeigt haben, kann diese Aussage nicht unbedingt bestätigt werden. Im Gegenteil, häufig kommt es sogar zu einer Kostensteigerung. Die Ursache hierfür liegt in der Verlagerung von Ausführungsrisiken und von Planungsleistungen auf den Bieter.
Da insbesondere bei Instandsetzungsarbeiten der genaue Leistungsumfang und die Leistungsart, trotz erstellter Zustandsanalyse und Instandsetzungsplan, mit absoluter Sicherheit meistens nicht exakt bestimmbar ist, sollte die Funktionalausschreibung demnach nicht zur Anwendung kommen.
Sowohl für den Auftraggeber als auch den Auftragnehmer ist die Beschreibung der Leistung über ein Einheitspreis-LV auf der Basis des Instandsetzungsplanes vom Grundsatz her am fairsten und schlussendlich auch am kostengünstigsten.
Zum Thema *Beschreibung der Leistung* ist darüber hinaus anzumerken, dass auf das häufig praktizierte Vorgehen seitens der Ausschreibenden (Auftraggeber oder Planer) die Verwendung von Hersteller-Leistungsverzeichnissen verzichtet werden sollte. Hintergrund dieser Empfehlung ist zum einen die Unzulässigkeit gemäß Vergaberecht, wodurch eine Vergabeentscheidung juristisch angreifbar wird, und zum anderen die Tatsache, dass eine Abhängigkeit zu einem Hersteller herbeigeführt wird, die u.U. nicht unbedingt zur technisch besten und ökonomischsten Lösung führt.
Bei lizenzierten Verfahren [Cohrs 2004] besteht u.U. sogar die Gefahr des Verstoßes gegen kartellrechtliche Bestimmungen (Preisabsprachen). Die Beweggründe

für die Verwendung von Hersteller-Leistungsverzeichnissen liegen häufig darin begründet, dass der Ausschreibende nicht über die notwendige Sachkenntnis verfügt bzw. unter Termindruck steht und aus Überlegungen zur Kosteneinsparung auf die Einschaltung eines sachkundigen Fachplaners verzichtet wird. In der Regel wird in solchen Fällen auch auf die Ausarbeitung einer Zustandsanalyse und eines Instandsetzungskonzeptes verzichtet. Dieses Vorgehen stellt eine eindeutige Abweichung von den a.a.R.d.T. dar mit der Gefahr, dass

- ▷ das Instandsetzungsergebnis nicht sachgerecht ist,
- ▷ der ursprüngliche Kostenrahmen aufgrund von unvorhergesehenen Arbeiten nicht eingehalten werden kann.

Bei der Erarbeitung der einzelnen Leistungspositionen ist besonders darauf zu achten, dass

- ▷ geforderte Leistung umfassend und eindeutig beschrieben wird,
- ▷ die Leistung in Gewerke, d.h. artgleiche Leistungen, untergliedert ist,
- ▷ die Massensicherheit maximal 10% beträgt*
- ▷ die Regelungen der VOB/C zu Nebenleistungen und Besonderen Leistungen zur Anwendung kommen, d.h. dass z.B. Schutzgerüste, Schutzmaßnahmen etc. in gesonderten Positionen ausgeschrieben werden und nicht in den Vorbemerkungen »versteckt« werden,
- ▷ sich die Vorgaben des SiGe-Plans zum Sicherheits- und Gesundheitsschutz als separate Leistungspositionen im LV wiederfinden,
- ▷ die geforderten Qualitätsstandards eindeutig beschrieben bzw. benannt sind und wenn erforderlich als separate Leistungsposition ins LV aufgenommen werden
- ▷ das die Erstreinigung und -desinfektion zwingend durch den Auftragnehmer erfolgt.

Insbesondere die Frage der Qualitätssicherung im Rahmen der Ausschreibung soll an dieser Stelle näher betrachtet werden.
Da die verschiedenen Maßnahmen letztlich abhängig sind vom gewählten Oberflächensystem, soll sich an dieser Stelle zur Begrenzung des Umfanges auf *zementöse Oberflächen* konzentriert werden.
Die verschiedenen Maßnahmen lassen sich grundsätzlich in Abhängigkeit ihrer zeitlichen Anordnung in 3 Gruppen unterteilen:

- ▷ vor der Ausführung,
- ▷ während der Ausführung und nach der Ausführung.

Qualitätssichernde Maßnahmen vor der Ausführung:

- ▷ Auswahl von Fachunternehmen, z.B. DVGW-Zertifikat n. W 316-1
- ▷ Einsatz von zugelassenen, geprüften Materialien (KTW, W 270, W 347)

* die Massenermittlung sollte nachvollziehbar dokumentiert sein

▷ Festlegung von Qualitätsanforderungen gemäß W 300 A10
▷ Festlegung der Oberflächenbeschaffenheit, insbesondere der Glattheit (in Ermangelung eines nachprüfbaren Kriteriums für die Glattheit, sollten im Vorfeld an Hand von Referenzobjekten Nachbehandlungsschritte festgelegt werden, die zu einer bestimmten Glattheit führen und diese bindend ins LV aufgenommen werden. Alternativ kann auch im LV festgeschrieben werden, dass der Bieter vor Auftragserteilung eine Referenzfläche anlegt und diese Grundlage der Abnahme wird)

Qualitätssichernde Maßnahmen während der Ausführung:
▷ Rückstellproben sämtlicher eingebauter Materialien
▷ Durchführung der Eigenüberwachung gemäß DAfStB-Instandsetzungsrichtlinie und ZTV SIB 90, Anhang 9
▷ Fremdüberwachung durch eine anerkannte unabhängige Einrichtung (geb, Ländergütegemeinschaften, SITW)
→ die Überwachung sollte jedoch nicht wie häufig üblich nur nach Aktenlage erfolgen, es ist vielmehr erforderlich, dass der jeweilige Prüfer die Baustelle zumindestens 1x, nach Möglichkeit nach der Untergrundvorbehandlung, in Augenschein nimmt

Qualitätssichernde Maßnahmen nach der Ausführung:
▷ Funktionsprüfungen von Einbauteilen
▷ Dichtigkeitsprüfung
▷ Bakteriologische Untersuchung
▷ Entnahme von Bohrkernen und Kontrolle der gemäß W 300 verlangten Eigenschaften durch zugelassene Einrichtungen (z.B. MPA Wiesbaden, FH Koblenz, FH Karlsruhe, VDZ Düsseldorf)

Wichtig an dieser Stelle ist die Betrachtung der Auswirkungen der qualitätssichernden Maßnahmen insbesondere der Entnahme der Bohrkerne auf die Abnahme. Üblicherweise erfolgt die Entnahme der Bohrkerne vor dem Beginn der Nachbehandlungsphase. Nach dem Ablauf der Nachbehandlung (ca. 8-10 Tage) erfolgt die Reinigung und Desinfektion und anschließend bei negativem Bak-Befund die Inbetriebnahme, d.h. ca. 14 Tage nach der Bohrkernentnahme müsste gemäß VOB die Abnahme formell erfolgen. Unterbleibt dies im Hinblick darauf, dass die Ergebnisse der Bohrkernuntersuchung noch nicht vorliegen und somit nicht eindeutig sichergestellt ist, dass die Leistung vertragsgemäß ausgeführt wurde, erfolgt gemäß VOB/B §12 (2) nach 6 WT die fiktive Abnahme. Sollte diese vertragliche Regelung in den Vorbemerkungen für unwirksam erklärt werden, so verliert die gesamte VOB ihre Gültigkeit.
Zur Zeit besteht keine rechtlich gesicherte Möglichkeit die Anforderungen der Qualitätssicherung bzw. -kontrolle mit den vergaberechtlichen Vorschriften in Ein-

Tafel 12.5.3.01: *Verfahrensablauf bei der Erstellung einer Ausschreibung [Cohrs 2004].*

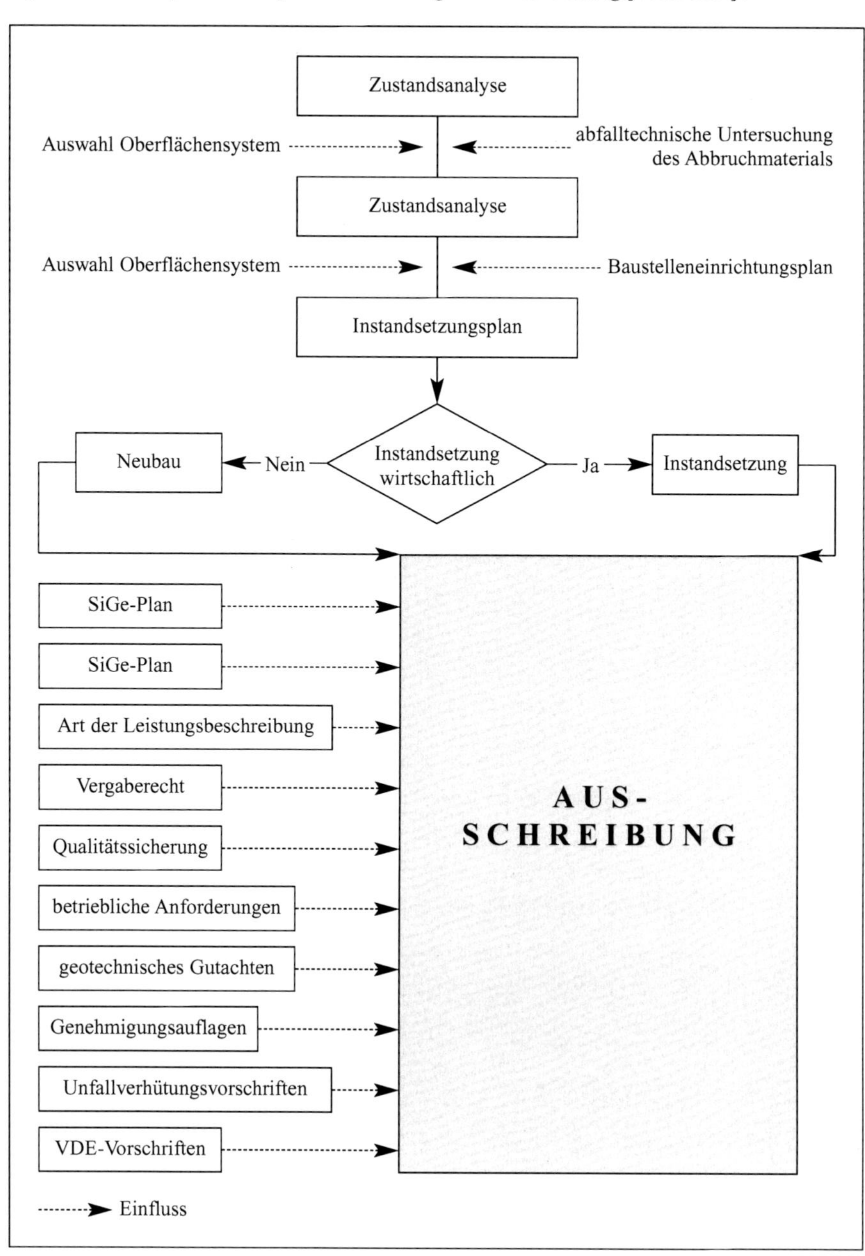

klang zu bringen [Cohrs 2004]. Lediglich die Auftraggeber, die nicht zur Anwendung der VOB verpflichtet sind, haben die Möglichkeit über eigene AGB's entsprechende rechtlich einwandfreie Regelungen zu vereinbaren.
Die Ausschreibung stellt als Teil der Projektrealisierung das wesentliche Bindeglied zwischen der Planung und der Ausführung dar. Sie muss sämtliche Aspekte der Planung, der betrieblichen Randbedingungen, des Vergaberechtes, sowie gesetzliche bzw. sonstige Vorschriften berücksichtigen.
In Tafel 12.5.3.01 ist der Verfahrensablauf bei der Erstellung einer Ausschreibung dargestellt.

13 Nutzen-Kosten-Untersuchungen und Kostenplan

13.1 Nutzen-Kosten-Untersuchungen

Nutzen-Kosten-Untersuchungen gehören grundsätzlich zu allen Planungen in der Wasserwirtschaft. Sie sind nach den Richtlinien der *Länderarbeitsgemeinschaft Wasser* (LAWA) zu bearbeiten. Die Schrift gibt auch einen ausgezeichneten Überblick über alle wichtigen Bearbeitungsschritte bei der Projektierung wasserwirtschaftlicher Maßnahmen (HAUG 1987, LOPP 2004).

Wesentliches *Merkmal einer Nutzen-Kosten-Analyse* im Unterschied zur gewöhnlichen Wirtschaftlichkeits-Rechnung ist der Einbezug werkfremder *Nutznießer*. Erster Nutznießer ist die Allgemeinheit. Sie zieht Nutzen aus allen Maßnahmen des Umweltschutzes, aus der Schaffung von Beschäftigungsmöglichkeiten durch einwandfreie Versorgung des Gewerbes, aus der Verbesserung der Konkurrenzfähigkeit durch niedrige Wasserpreise und aus dem guten Ruf der Region bezüglich Versorgungssicherheit.

Zweiter Kreis der Nutznießer sind die dem Wasserversorgungsunternehmen angeschlossenen Verbraucher. Ihnen dienen alle Maßnahmen zur Hebung der Wasserqualität und Betriebssicherheit. Ununterbrochene Wasserabgabe, chemisch neutrales Verhalten, geschmackfreies Wasser auch im erwärmten Zustand, dauernd kühle Temperatur, geringe Schwankungen des Netzdruckes und viele andere im vorliegenden Buch beschriebene Merkmale einer geordneten Wasserversorgung sind als Nutzen für die Wasserbenutzer zu werten.

Den dritten Kreis der Nutznießer bilden die Mitarbeiter des Wasserversorgungsunternehmens. Verbesserungen der Arbeitsbedingungen, Verkürzung der Arbeitszeit durch Erhöhung der Produktivität, Aufhebung von Schicht- und Sonntagsarbeit sind als Nutzen für die Mitarbeiter zu werten.

Erst zuletzt erscheint auf dieser Liste das Versorgungsunternehmen selbst. Kosteneinsparungen bei Betrieb und Wartung, Abfangen der Arbeitszeitverkürzung ohne zusätzliches Personal aber auch dessen Ansehen und der gute Ruf des erzeugten Trinkwassers bilden den Nutzen von Maßnahmen für das Versorgungsunternehmen. Anerkannt gute Qualität des Trink- und Brauchwassers einer Gegend hat schon oft den Ausschlag gegeben für die Standortwahl wertvoller Unternehmen.

Nutzenminderungen ergeben sich aus der Absperrung von Schutzzonen, die als Erholungsräume verloren gehen, Unterbrechungen der Versorgung, hohe Wasserpreise ohne entsprechende Gewinne des Unternehmens, also hohe Gestehungskosten und generell alle Tatsachen, die den guten Ruf des Wasserversorgungsunternehmens schädigen.
Dem Nutzen stehen natürlich auch große Kosten gegenüber, die im folgenden Kapitel behandelt und auf Tabellen zusammengestellt sind.

13.2 Kostenplan

Allgemein müssen alle Planungen kostenbewußt durchgeführt werden. Große Kostendifferenzen entstehen jedoch weniger bei der Detailprojektierung, als vielmehr bei den *Grundsatzentscheidungen* über die Art der zu erstellenden Wasserversorgungsanlage, die letztendlich auch auf die Wasserspeicherung Einfluss nehmen. Fragen der Wahl des Gewinnungsortes, die Schätzung der Kosten für die Transportleitungen, die Wahl der zweckmäßigen Aufbereitung, Standortfragen für Aufbereitung und Behälter, ggfs. ihre jeweilige Zusammenführung, müssen möglichst objektiv und vorurteilslos behandelt werden. Dazu ist in jedem Fall auch eine ganz generelle erste Kostenschätzung für die zu prüfenden Maßnahmen nötig, um von Anfang an nur solche Anlagen zu projektieren, die innerhalb des gegebenen Kostenrahmens liegen und Maßnahmen, die im Kostenvergleich mit Sicherheit viel höher als andere liegen, frühzeitig auszuscheiden. Gelegentlich kann es zweckmäßig sein, zahlreiche *Varianten* technisch und kostenmäßig generell durchzuplanen, damit die wirtschaftlichste und technisch vorteilhafteste Lösung gewählt werden kann.

13.2.1 Generelle Investitionsschätzungen

Die in nachfolgender Tabelle angegebenen spezifischen Kostenrichtwerte dürfen nur für generelle Vergleiche von Projekten und nicht für Kostenanschläge verwendet werden. Insbesondere dürfen die damit ausgearbeiteten Kostenschätzungen nicht für Finanzierungsbeschlüsse und Jahreshaushaltspläne (Budgets) verwendet werden. Dagegen sind sie für die *Verwendung in langfristigen Finanzplänen* geeignet. Sie dienen einerseits als *Leitfaden für die Aufstellung eines Kostenplanes* und erlauben andererseits eine generelle Schätzung der zu erwartenden Kosten. Sie gewährleisten Vollständigkeit der Kostenschätzung und enthalten auch Hinweise auf oft vergessene Erschließungs- und Nebenkosten. Die Größe der Anlage (Förderleistung) ist zu berücksichtigen, da große Anlagen spezifisch günstiger zu erstellen sind als kleine Wasserwerke. Im weiteren ist der Ausbaukomfort durch eine Bandbreite erfasst. Am oberen Ende der Bandbreite liegen wartungsfreundliche, großzügig bemessene, gut erweiterungsfähige Anlagen. Am unteren Ende des Kos-

tenbereichs ist eher mit gedrängter, bescheidener Bauweise mit wenig Reserven für spätere Aufgaben zu rechnen.
Die zugehörigen Bauarbeiten, Handwerkerarbeiten, Montagen und kleinen elektrischen Einrichtungen sind in die angegebenen Kosten eingerechnet. Dagegen sind Voruntersuchungen, Erschließung, Landerwerb, Automatisierung und Planung separat zu berechnen. Ggfs. sind auch Bauzinsen und staatliche Abgaben (Umsatz- oder Mehrwertsteuer, Handels-Zoll im Ausland (?!), Gebühr für Wasserentnahme) zu addieren.
Bei der Verwendung der Tabellen und Diagramme für Kostenschätzungen muss auf die verwendeten Einheiten genau geachtet werden. Es ist nämlich nicht möglich durchwegs gleiche Einheiten zu verwenden, da die Kosten von verschiedenen Faktoren abhängen. Als *Grundeinheit* wurde der *Kubikmeter Tagesleistung* gewählt, d. h. die nötigen Investitionen für Anlagen, die in der Lage sind, einen Kubikmeter im Tag abzugeben. Entsprechende Leistungseinheiten sind

$1\ m^3\ d^{-1} = 0{,}04\ m^3\ h^{-1} = 0{,}7\ l\ min^{-1} = 0{,}012\ l\ s^{-1}$ (s.Tab.: 13.2.1.01)

Durch Multiplikation mit der installierten Leistung einschließlich Reserveaggregate ergeben sich die einzusetzenden Gesamtkosten. Die spezifischen Kosten für den Kubikmeter Tagesleistung gehen mit steigender Werkgröße zurück. Daher sind jeweils drei Werte, nämlich je einer für mittlere Werke von 10.000 m^3 d-1 (etwa 20 bis 30.000 Einwohner), große Werke von 50.000 m^3 d-1 (etwa 100 bis 200.000 Einwohner) und großstädtische oder regionale Werke von 250.000 m^3 d-1 (bis ca. 1 Million Einwohner) angegeben.
Die Tabelle 13.2.1.01 enthält die globalen Kosten für die Wasserspeicherung. Einheit ist hier € pro Nutzinhalt, bei der Zufahrtsstraße € pro Länge. Die Kosten für

Tabelle 13.2.1.01: *Spezifische Kostenrichtwerte für Anlagen zur Wasserspeicherung*

	Anlage-Teile	**Einheiten**	**Größe · 10^3 m^3/d**		
			10	50	250
1	*Netzbehälter*				
1.1	Brauchreserve und Löschreserve	€/Nutz-m^3	125-260	190-320	125-260
1.2	Notreserve (im Störungsfall)	€/Nutz-m^3	100-190	125-250	125-250
1.3	Turmbehälter	€/Nutz-m^3	1000-2000	1500	1500
2	*Überlaufleitungen der Behälter*	€/Tages-m^3 · km	16	10	6
3	*Stromversorgung*				
3.1	Zuleitungen für 1000 m, sonst Diagramm [GROMBACH et al.]	€/Tages-m^3	1	0,6	0,2
3.2	Steuerung, Überwachung, Fernmeldung	€/Tages-m^3	1	0,4	0,2
4	*Nebenanlagen*				
4.1	Zufahrtsstraße	€/m	350-400	350-450	450-500
4.2	Büro, Labor, WC, etc.	€/Tages-m^3	0,3-0,5	0,1-0,6	0,1
5.	*Nebenkosten* (Landerwerb)	€/Nutz-m^3	0,3	0,3	0,3

die Überlaufleitung und die Stromversorgung wurden jedoch nicht auf den Nutzinhalt, sondern auf den Tagesdurchsatz bezogen. Dieser beträgt 0,5 bis 5 mal den Nutzinhalt.
In der Tabelle sind für die Zufahrtsstraße und für die Wegerechte der Leitungen und Kabel längenbezogene Kosten €/m angegeben. Zur Bestimmung der Kosten des Landerwerbs ist nur die erforderliche Grundstückgröße pro m^3 d^{-1} angegeben. Der Wert muss mit der Tagesleistung multipliziert werden.
Spezifische Einzelkosten, z.B. für Wasserbehälter-Deckenaufbau, angewandte Oberflächensysteme in Wasserkammern, einbruchshemmende Türen, Drucktüren usw. sind bei den einzelnen Abschnitten ausgewiesen

13.2.2 Gesamtkostenplan

Für einen vollwertigen Kostenvergleich müssen neben dem Investment auch die Betriebskosten für Bedienung, Betriebsmaterial und Betriebsenergie erfasst werden. Der Anteil für die Wasserspeicherung ist hier im Kontext mit der gesamten Wasserversorgungsanlage zu sehen, weshalb hier verschiedene Kostenarten angesprochen werden.
Die Kosten für Personalaufwand der Bedienung müssen sowohl bezüglich der Anzahl als auch der Qualifikation und Ausbildung der Aufseher und bezüglich Schichtbetrieb geklärt werden. Sie sind weitgehend von der geförderten Wassermenge unabhängig und während der ganzen Lebensdauer des Werkes mehr oder weniger konstant. Die Gesamtkosten für einen Bediensteten liegen etwa zwei bis dreimal so hoch als der vereinbarte Lohn.
Die Kosten für Betriebsenergie und Betriebsmaterial (Chemikalien etc.) steigen dagegen proportional zur geförderten Wassermenge. Sie dürfen also nicht einfach für Vollastbetrieb des Werkes errechnet und dann mit 365 Tagen pro Jahr multipliziert werden. Zu Beginn der Lebensdauer eines reichlich bemessenen Werkes wird der jährliche Durchsatz nur etwa 10 bis 20 % der installierten Leistung ausmachen und auch bei Ausnützung aller Reserven am Höchstverbrauchstag wird über das Jahr gemittelt kaum mehr als eine 50 %ige Auslastung erreicht. Entsprechend sind die jährlichen Betriebskosten zu berechnen.
Nicht zu vergessen sind die Instandhaltungskosten einer Wasserversorgungsanlage. Diese werden gerade in Entwicklungsländern häufig vernachlässigt. Die Unterhaltung von Gebäuden erfordert etwa 1 % des derzeitigen Erstellungswertes, diejenige von mechanischen und elektrischen Einrichtungen etwa 2 % des derzeitigen Beschaffungswertes und die Pflege der elektronischen Regel- und Datenverarbeitungsanlagen erfordert sogar mindestens 10 % der Einrichtungskosten im Jahr. Das bedeutet, dass beispielsweise die Erstellung einer Wasserversorgungsanlage im Wert von 10 Mio. € ganz abgesehen von der Erstfinanzierung nur sinnvoll ist, wenn anschließend an die Inbetriebsetzung Jahr für Jahr etwa 150.000 € für Unterhalt zur Verfügung stehen.

Schließlich müssen die Anlagen der Wasserversorgung natürlich auch amortisiert und eine fallweise Bauschuld getilgt werden. Die dafür erforderlichen Tilgungsquoten ergeben sich aus der Abschreibungsdauer. Dazu kommt ggfs. noch die Verzinsung der Bauschuld während der Lebensdauer der Anlage oder bis zur vollständigen Tilgung. Auch diese Kosten sind den Jahreskosten zuzuschlagen, wobei aber hier im Gegensatz zur Berechnung der Unterhaltungskosten nur die effektiven Baukosten und nicht der Wiederbeschaffungswert einzusetzen ist.
Im weiteren wird die Rechnung der Wasserversorgung durch staatliche Gebühren belastet, sei es als Umsatz- bzw. Mehrwertsteuer bei der Erstellung der Anlagen, seien es laufende Gebühren für die Wasserentnahme aus öffentlichen Gewässern. Solche Kosten hängen von der jeweiligen Gesetzgebung und von der rechtlichen Stellung des Wasserversorgungsunternehmens ab und sind entsprechend zu berücksichtigen.
In der Tabelle 13.2.2.01 sind die Kostenarten in einem Gesamtkostenplan der Wasserversorgung, die natürlich die Wasserspeicherung tangieren, zusammenfassend dargestellt.

Tabelle 13.2.2.01:
Gesamtkostenplan der Wasserversorgung

01.	Wassergewinnung
02.	Rohwasserförderung
03.	Wasseraufbereitung
04.	Wasserspeicherung
05.	Wasserförderung und Verteilung
06.	Elektrische Anlagen
07.	Mess-, Regel- und Fernsteuerungseinrichtungen
08.	Fernwirksysteme
09.	Sonderbauwerke
10.	Planung und Projektierung
11.	Bauzinsen
12.	Betriebskosten
12.1	Personalkosten
12.2	Betriebsmaterial und Energie
13.	Unterhaltung und Wartung
14.	Amortisation und Tilgung
15.	Verzinsung der Investitionssumme
16.	Staatliche Gebühren und Abgaben, Mehrwertsteuer

Der Kostenplan soll aber nicht den Eindruck erwecken, als sei Wasser ein Handelsprodukt wie jedes andere auch. Wasser ist das wichtigste Lebensmittel. Es kann nicht ersetzt werden. Und damit ist es letztlich auch unbezahlbar.

14 Ausführungsbeispiele Wasserbehälter (nach DVGW W 300)

Bild 14.01 *Rechteckbehälter 2 x 1.000 m³ Nutzinhalt erdüberdeckt. Ausführungsbeispiel*

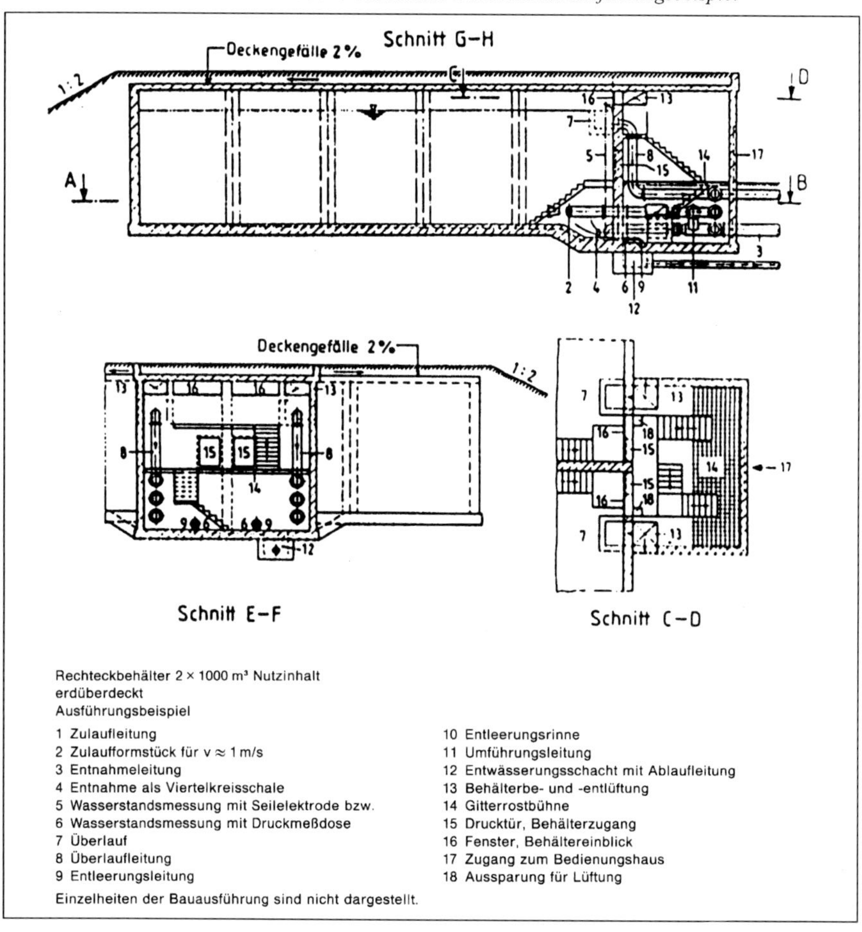

***Bild 14.02** Rechteckbehälter 2 x 1.000 m³ Nutzinhalt erdüberdeckt. Ausführungsbeispiel*

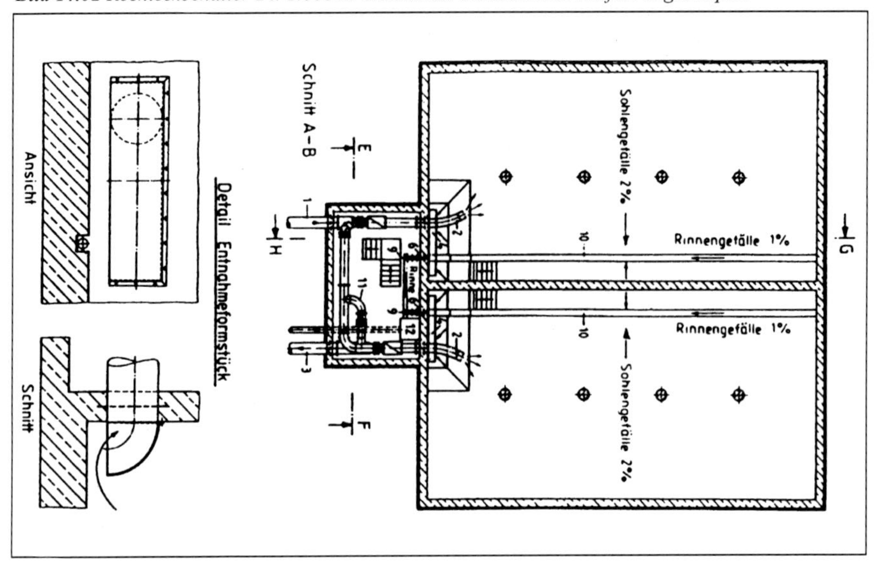

***Bild 14.03** Rundbehälter 2 x 5.000 m³ Nutzinhalt angeschüttet. Ausführungsbeispiel*

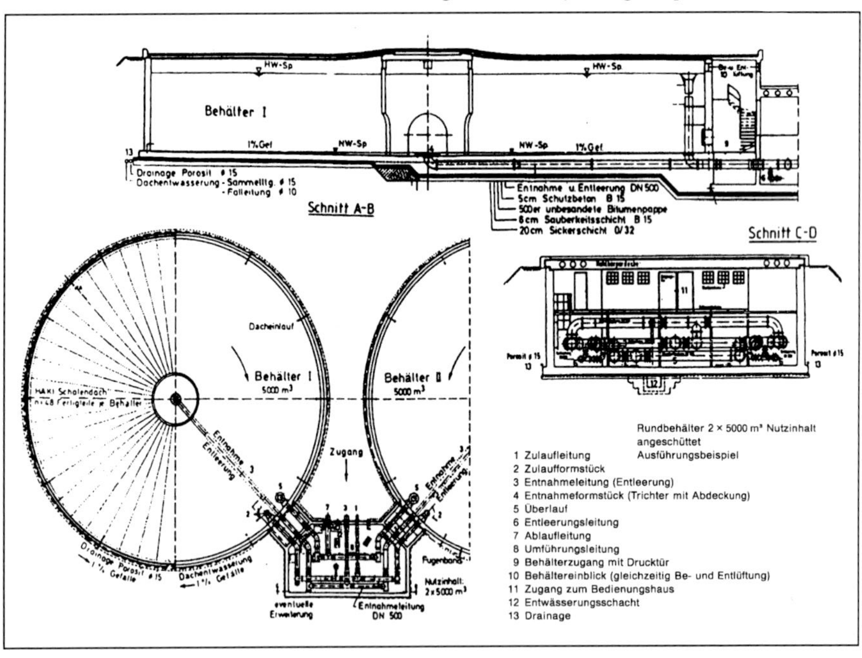

15 Offene Speicherbecken

Talsperren ergeben die größten Wasserspeicher. Sie werden vorwiegend für Jahresausgleich und Spitzendeckung verwendet. Voraussetzung ist eine geeignete Topographie in tragbarer Entfernung vom Verbrauch. Häufig wird der Zweck der Wasserspeicherung für die Trinkwasser-Gewinnung mit dem Hochwasserschutz oder der Bewässerung in Mehrzweckanlagen vereint.
Bei großen Talsperren sind die Kosten für den Nutzkubikmeter mit ca. 8 € pro m^3 ungewöhnlich günstig. Sie werden für die Trinkwasserversorgung noch günstiger, wenn an einem Mehrzweckspeicher mehrere Nutznießer beteiligt sind. Übliche Größen liegen zwischen 1 Mio. m^3 (großer Weiher) und 10 Mrd. m^3 (Assuandamm).
Nachteilig bei Talsperren sind der Landverlust, der häufig größere Umsiedlungen oder Waldrodungen erfordert und der Wasserqualitätsverlust durch Algenwachstum, Lösung von Huminsäuren u. dgl. sowie der Verdunstungsverlust.
Daher ist die Speicherung von Trinkwasser in Talsperren nur ausnahmsweise, z.B. im unbesiedelten unvergletscherten Gebirge möglich.

Lagunen sind künstlich ausgehobene Wasserbecken und werden wie Talsperren für Jahresausgleich und Spitzenabdeckung verwendet. Die Beckensohle muss meist künstlich abgedichtet werden, wofür Folien, Bitumenbeläge oder auch Lehm verwendet werden.
Die Kosten hängen von der Bodenklasse ab, liegen aber meist unter 15 € für den Nutzkubikmeter. Da die Erstellung von der Topographie unabhängig ist, kann man meist wenig wertvolles Land benutzen. Übliche Größen liegen bei 10.000 m^3 bis 1 Million m^3. Gelegentlich werden Lagunen auch zur Qualitätsverbesserung des Rohwassers verwendet.

Teiche werden ähnlich wie Lagunen mindestens teilweise künstlich ausgehoben und durch Uferdämme vergrößert. Dagegen wird die Sohle meist natürlich belassen. Sie muss somit von Natur aus dicht sein, wenn der Teich nicht gleichzeitig zur Grundwasseranreicherung dienen soll. Oft können alte Anlagen (Löschteiche) erweitert und teilweise verwendet werden. Der Landverlust ist damit geringer. An-

dererseits sind Wasserverluste durch die Sohle nicht zu vermeiden. Die Kosten liegen bei 10 € pro m³ günstig, sofern keine hohen Kosten für den Landerwerb anfallen.
Teiche dienen vor allem der Überbrückung von Schmutzwellen an Flüssen und der Oxydation von Inhaltstoffen. Gelegentlich können sie auch dem Wochenausgleich und der Überbrückung von Betriebsstörungen dienen. Übliche Größen liegen bei 10.000 bis 100.000 m³.
Bezüglich der Speicherung von Rohwasser in Talsperren, Lagunen bzw. offene Becken sowie Kavernen und Untertagespeicherung wird auch auf (GROMBACH et al. 2000) Kapitel 3 dieser 3. Auflage bzw. auf Kapitel 2.4.2 der 1. Auflage dieses Handbuches verwiesen.

16 Literatur

A

Alexander, I.: Das Verhalten von Trinkwasser im Behälter Forstenrieder Park in seuchenhygienischer Hinsicht. Schriftenreihe Verein Wasser-, Boden-, Lufthygiene, Berlin-Dahlem, H. 31, Stuttgart 1970.

B

Baur, A.: Historische Entwicklung der Wasserspeicherung. In: Merkl, G., Baur, A., Gockel, B., Mevius, W.: Historische Wassertürme. ISBN 3-48626301-3, R. Oldenbourg Verlag, München 1985
- Wassertürme. Aufgaben, Gestaltung und Ausrüstung. ndz – Neue DELIWA-Zeitschrift 37 (1986), Nr.11, S. 472-485; Nr.12, S. 524-528.
- Antike Wasserversorgung in Tunesien. Wasserwirtschaft 76 (1986) Nr. 6, S. 267-270.
- Die Wasserspeicherung – ein wichtiger Teil der Wassergewinnungs– und Wasserverteilungsanlagen. In: Handbuch Wasserversorgungs– und Abwassertechnik, 3. Ausgabe, S. 83-112, Vulkan-Verlag, Essen 1991.
- Die Yerebatan Sarayi-Zisterne in Istanbul – der »versunkene Palast«. Schriftenreihe der Frontinus-Gesellschaft, Heft 15, S.7-12, wvgw, Bonn 1991.
- Die Wasserversorgung von Candia/Kreta in der venezianischen Zeit. Wasserwirtschaft 85 (1995) Nr. 11, S. 548-550.
- Die Wasserversorgung der minoischen Villen von Tylissos/Kreta. Wasserwirtschaft 86 (1996), Nr. 3, S.150.
- Römische und byzantinische Wasserbehälter-Bauweise – Vorbild für die ersten Behälter der Neuzeit. Wasserwirtschaft 91 (2001) Nr. 7-8, S.346-351.

Baur, A., Eisenbart, K.: Einfluss d. Standzeit in Wasserbehältern a. d. Wasserqualität. GWF-Wasser/Abwasser 129 (1988) Nr.2, S.109-115

Böss, P.: Luftumsatz in Erdbehältern. Wasser und Boden 11 (1959), Nr. 5, S. 1-10.

Bomhard, H.: Wasserbehälter aus Beton – Möglichkeiten und Wirklichkeiten, Entwurfs-, Planungs- und Bemessungskriterien. Enth. In DVGW-Schriftenreihe Wasser Nr. 33, S.11-46, ZfGW-Verlag, Frankfurt/Eschborn 1983

Boos, P.: Herstellung dauerhafter zementgebundener Oberflächen im Trinkwasserbereich – Korrosionsanalyse und technische Grundanforderungen. Schriftenreihe der Zementindustrie VDZ, Heft 64/2003, Verlag Bau+Technik, Düsseldorf 2002.

Breitbach, M.: Riecken, B.: Erarbeitung geeigneter Prüfverfahren zur Kennwertbestimmung und Anforderungen an Polyurethane für das abdichtende, dehnfähige Füllen von Rissen in Betonbauteilen. Aachen: Institut für Bauforschung der RWTH Aachen, 1991. – Forschungsbericht Nr. F 296

Breitbach, M.: Füllgüter für die Injektion von Rissen in Betonbauteilen – Qualitätssicherung und Ausführungsprinzipien. Neustadt/Weinstraße: Forum Bauwerkserhaltung e.V., FBE, 1992. In: Internationaler Kongress zur Bauwerkserhaltung, S. 148-149

Breitbach, M.; Sasse, H. R.: Materialauswahl für die Injektion von Rissen – Stoffe und Eignung. Esslingen: Expert Verlag 1993. In: Werkstoffwissenschaften und Bausanierung. Tagungsbericht des dritten internationalen Kolloquiums (Wittmann, F. H.; Bartz, W. J. Ed.), Teil 1, S. 211-227

Broch, E./0degaard, L.: Rock Cavern storage can be economic, World Water 1, 1983

D

Deutscher Ausschuss für Stahlbeton (DAfStb): Richtlinie für Schutz und Instandsetzung von Betonbauteilen (RiLiSIB), Teil 1 Allgemeine Regelungen und Planungsgrundsätze; Teil 2 Bauprodukte und Anwendung; Teil 3 Anforderung an die Betriebe und Überwachung der Ausführung; Teil 4 Prüfverfahren.

DIN Deutsches Institut für Normung e.V.: DIN 1045 Tragwerke aus Beton, Stahlbeton und Spannbeton; Teil 1 Bemessung + Konstruktion; Teil 2 Beton – Festlegung, Eigenschaften, Herstellung und Konformität – Anwendungsregeln zu DIN EN 206-1; Teil 3 Bauausführung.
- DIN 18349 VOB Verdingungsordnung für Bauleistungen – Teil C Allgemeine Vertragsbedingungen für Bauleistungen (ATV): Betonerhaltungsarbeiten. Beuth Verlag Berlin.

Dosch, Fr.: Untersuchungen zur hygienischen Prüfung eines gedeckten Trinkwasserbehälters. Oldenbourg-Verlag, München, Wien 1966.

Drescher, G.: Stahlbetonbehälter – Qualitätssicherung nach Norm und technischem Regelwerk. GWF-Wasser/Abwasser 143 (2002) Nr. 13, S. 52-62.

DVGW Deutsche Vereinigung des Gas- und Wasserfaches e.V. (Deutscher Verein des Gas- und Wasserfaches e.V):
- DVGW-Arbeitsblatt W 270 (1999), Vermehrung von Mikroorganismen auf Materialien für den Trinkwasserbereich; Prüfung und Bewertung
- DVGW-Arbeitsblatt W 291 (2000), Desinfektion von Wasserversorgungsanlagen
- DVGW-Arbeitsblatt W 347 (1999), Vermehrung von Mikroorganismen auf Werkstoffen für den Trinkwasserbereich – Prüfung und Bewertung.

- DVGW-Arbeitsblatt W 300 (2004), Planung, Bau, Betrieb und Instandhaltung von Wasserbehältern in der Trinkwasserversorgung
- DVGW-Arbeitsblatt W 311 (1988), Planung und Bau von Wasserbehältern, Grundlagen und Ausführungsbeispiele (zurückgezogen, ersetzt durch W 300)
- DVGW-Arbeitsblatt W 316-1 (2003), Instandsetzung von Trinkwasserbehältern – Qualifikationskriterien für Fachfirmen
- DVGW-Arbeitsblatt W 316-2 (2003), Fachaufsicht und Fachpersonal Instandsetzung von Trinkwasserbehältern – Lehr- und Prüfungsplan
- DVGW-Merkblatt W 315 (1983), Bau von Wassertürmen; Grundlagen und Ausführungsbeispiele (ersetzt durch W 300)
- DVGW-Merkblatt W 318 (1983), Wasserbehälter – Kontrolle und Reinigung
- DVGW-Merkblatt W 403 (1988), Planungsregeln für Wasserleitungen und Wasserrohrnetze
- DVGW-Wasser-Information Nr. 36, 11/93 Einsatz von Betonfertigteilen beim Bau von Wasserbehältern.
- Durchströmung (Wasseraustausch) in Wasserbehältern. DVGW-Schriftenreihe Wasser Nr. 27, ZfGW-Verlag, Frankfurt (1981)
- Wasserbehälter aus AZ-Großrohren, Stellungnahme des DVGW-Fachausschusses Wasserbehälter, GWF-Wasser/Abwasser 127 (1986), Nr. 2, S.100-102
- Ausgewählte Kapitel zu Planung und Bau von Wasserbehältern, DVGW-Schriftenreihe Wasser, Band 33, ZfGW-Verlag, Frankfurt 1983:
  - Bomhard H., Wasserbehälter aus Beton – Möglichkeiten und Wirklichkeiten, Entwurfs-, Planungs- und Bemessungskriterien
  - Merkl, G., Ausbildung von Wasserbehälterdecken
  - Ebel, O.-G., Baustoffe: Auswahl – Verarbeitung – Prüfung
  - Schubert, J., Wasseraustausch – Auswirkungen und Grundrissformen sowie Gestaltung und Lage von Zu- und Ablauf
  - Kaus, H.: Konstruktion und Ausstattung von Zu- und Ableitungen
  - Damm, G.. Zugänge und Öffnungen des Bauwerks
  - Müller, W., Gestaltung von Außenanlagen
  - Thofern, E., Das mikrobiologische Verhalten und die Beurteilung von Werkstoffen
  - Preininger, E., Oberflächen in Wasserkammern – technische Gesichtspunkte
  - Schulze. D., Kontrolle und Reinigung von Wasserbehältern – Vorstellung eines neuen DVGW-Merkblattes 318.
- Handbuch für Wassermeister. 4. Auflage, R.Oldenbourg Verlag München Wien 1998.

E

Ebel, O.-G.: DIN/DVGW-Regelwerkskompendium »Wasserspeicherung«. GWF-Wasser/Abwasser 143 (2002) Nr. 13, S. 39-43.

Ebel, O.-G., Dürre, F.: Hochbehälter Gelsenkirchen – Bau und Betrieb eines außergewöhnlichen Wasserbehälters. GWF-Wasser/Abwasser 128 (1987), Nr. 1, S. 32-37.

Engelfried, R., Wittek, P.: Instandsetzung des Sichtbetons am Wasserturm Leverkusen. GWF-Wasser/Abwasser 140 (1999) Nr. 2, S.121-126.

F

Feddern, H.: Planung und Ausführung von Reinwasserbehältern. Fachliche Berichte HHW – Hansestadt Hamburg Wasserwerke 14 (1995) Nr. 2, S. 32-49.

Flemming, H.-C., Herb, S., Merkl, G.: Mikrobiologische Beanspruchung mineralischer Innenbeschichtungen von Trinkwasserbehältern– Ursachen, Anforderungen, Ausführungshinweise und Instandhaltung. Teil I: Dokumentation und Zusammenfassung des derzeitigen Wissensstandes über den Schädigungsmechanismus; In: 20. Wassertechnisches Seminar »Praxisbezogene Forschung für die Wasserversorgung«. Berichte aus Wassergüte- und Abfallwirtschaft, Technische Universität München, Nr. 124, S. 171-196; München 1995

Frontinus-Gesellschaft e.V.: Schriftenreihe der Frontinus-Gesellschaft. Frontinus-Heft 1-24ff. DVGW Bonn.

G

Gärtner, W.: Über Bakterienwachstum in Wasserreservoiren mit Innenschutzanstrichen. Journal Gasbeleuchtung und Wasserversorgung 55 (1912) S. 907-908.

Garbrecht, G.: Mensch und Wasser im Altertum. In »Die Wasserversorgung antiker Städte« (Hrsg. Frontinus-Gesellschaft e.V.), Verlag Philipp von Zabern, Mainz 1988.

Gerdes A.: Hydrolyse einer zementgebundenen Beschichtung in ständigen Kontakt mit Wasser. 5. Internat. Kolloquium Werkstoffwissenschaften und Bauinstandsetzen – MSR-99. S. 695-706. Aedificatio Verlag Freiburg 1999.

Gerdes A., Wittman F.H.: Dauerhafte zementgebundene Beschichtungen in Trinkwasserbehältern – Anforderungen für die Praxis. 5. Internat. Kolloquium Werkstoffwissenschaften und Bauinstandsetzen – MSR-99. S. 707-718. Aedificatio Verlag Freiburg 1999.

Gerdes A., Wittman F.H.: Langzeitverhalten von zementgebundenen Beschichtungen in Trinkwasserbehälter. Proc. 6th Internat. Conf. on Materials Science and Restoration, MSR-VI, University Karlsruhe 2003, ISBN 3-931681-76-9, Aedificatio Verlag Freiburg 2003.

Gesellschaft zur Förderung des Lehrstuhls für Wassergütewirtschaft und Gesundheitsingenieurwesen, Technische Universität München e.V., Berichte aus Wassergütewirtschaft und Gesundheitsingenieurwesen bzw. Wassergüte- und Abfallwirtschaft (Hrsg. Bischofsberger bzw. Wilderer, Merkl):
- 2. Wassertechnisches Seminar »Wasserspeicherung«, Berichte aus Wassergütewirtschaft und Gesundheitsingenieurwesen, Technische Universität München, Nr. 20. München 1978:
  - Müller, W., Über die historische Entwicklung von Wasserbehältern
  - Simm, F., Stegmayer, U., Architektonische Gestaltung von Wassertürmen und ihre Entbindung in die Landschaft
  - Baur, A., Bauweisen und technische Ausrüstung von Wassertürmen
  - Bomhard, H., Entwurf, Konstruktion und Bauverfahren von Wassertürmen
  - Schubert, J., Erhaltung der Wassergüte in Erdhochbehältern
  - Ebel, O.-G., Konstruktive und statische Bearbeitung von Erdhochbehältern
  - Klotz, K., Sonderbauweisen von Erdhochbehältern
  - Poggenburg, W., Innenbeschichtung von Trinkwasserbehältern in Massivbauweise
  - Vogt, M., Schäden an Trinkwasserbehältern in Massivbauweise Ursachen und Behebung
- 10. Wassertechnisches Seminar »Projektierung von Wasserwerken«.

– Näf, A., Sicherheitsfragen bei der Projektierung von Wasserwerken. Enth. in: Berichte aus Wassergütewirtschaft und Gesundheitsingenieurwesen, Technische Universität München, Nr.65, München 1985:
– 11. Wassertechnisches Seminar »Trinkwasserbereitstellung – Speicherung und Förderung«, Berichte aus Wassergütewirtschaft und Gesundheitsingenieurwesen, Technische Universität München, Nr.73, München 1987:
– Bomhard, H., Flüssigkeitsdichte Behälter aus Beton – Anforderungs-, Erfüllungs- und Prüfkriterien
– Haug, M., Hochbehälter, Wasserturm oder Druckerhöhungsanlage – Entscheidungskriterien und Lösungsbeispiele
– Merkl, G., Lüftungs– und wärmetechnische Maßnahmen bei Wasserbehältern
– Eisenbart, K. Einfluss der Standzeit in Wasserbehältern auf die Wasserqualität
– Hirner, W., Kriterien für die Bemessung des Speichervolumens in der Wasserversorgung – Grundwasserspeicher und Hochbehälter
– 17. Wassertechnisches Seminar »Wasserbehälter Instandhaltung- Fertigteilbauweise«. Berichte aus Wassergüte- und Abfallwirtschaft. Technische Universität München, Nr.112, München 1992:
– Ebel. O.-G.: Grundsätzliche Aspekte zur Instandhaltung von Wasserbehältern.
– Schatz. O.: Planungsbedingte Mängel und Schäden bei Wasserbehältern.
– Damm, G.: Bauliche Maßnahmen bei der Instandhaltung von Trinkwasserbehältern.
– Grübl, P.: Schließen von wasserführenden Rissen in Betonkonstruktionen.
– Labitzky, W., Gierig, M.: Mineralische Beschichtungen in Trinkwasserbehältern – Probleme und Lösungsansätze.
– Haas, R.: Instandhaltung von Wassertürmen.
– Cörper, H.-J.: Sanierung zweier Wassertürme unter Berücksichtigung bauphysikalischer Fragestellungen.
– Merkl, G.: Erhaltung von Wasserturm-Bauwerken durch Nutzungsänderung.
– Merkl, G.: Fertigteil-Trinkwasserbehälter– Systementwicklungen in Westdeutschland.
– Oestreich, G.: Fertigteilbauweisen von Wasserbehältern in der DDR.
– 22. Wassertechnisches Seminar »Planung und Bau von Trinkwasserbehältern im Hinblick auf die europäische Normung«. Berichte aus Wassergüte- und Abfallwirtschaft. Technische Universität München, Nr.144, München 1998:
– Schulze, D.: Anforderungen an Systeme und Bestandteile der Wasserspeicherung aus europäischer Sicht
– Beros, M.: Ausführung von Trinkwasserbehältern in Frankreich
– Kop, H.:Entwurf und Bau von Trinkwasserbehältern in den Niederlanden.
– Merkl, G.: Praxis der Innenwandausführung von Wasserkammern
– Herb, S.: Mikrobiologische Besiedlung von mineralischen Oberflächen – Vermeidung und Kontrolle
– Roth, K.: Erhebung zu Schäden an Trinkwasserbehältern – Auswertung und Vergleich der Umfragen des DVGW und des LfW
– Vogt, V.: Betontechnische Ausführung von Trinkwasserbehältern im Hinblick auf Qualitäts- und Kostenaspekte
– Schössner, H.: Hygienische Anforderungen an Werkstoffe in Trinkwasserbehältern – KTW-Empfehlungen, Entwurf ZTW-Empfehlungen (DVGW-Arbeitsblatt W 347) und DVGW-Arbeitsblatt W 270.
– 25. Wassertechnisches Seminar »Wasserversorgung in der Zukunft unter besonderer Berücksichtigung der Wasserspeicherung«. Berichte aus Wassergüte- und Abfallwirtschaft. Technische Universität München, Nr.163, München 2001:
– Merkel, W.: Festvortrag »Wasser ist mehr als eine Handelsware
– Hames, H.: Bedeutung von Technik und Wissenschaft für eine Wasserversorgung zwischen Daseinsvorsorge und Wettbewerb
– Ebel, O.-G. : Trinkwasserspeicherung aus europäischer und nationaler Sicht
– Vogt, V.: Zertifizierung von Sachverständigen für Wasserspeicherung sowie Fachfirmen für Instandsetzung von Trinkwasserbehältern
– Grube, H., Boos, P.: Dauerhafte Oberflächen aus Beton oder aus zementgebundenen Beschichtungen in Trinkwasserbehältern – Beurteilungskriterien, Ausführungshinweise und Qualitätssicherungsmaßnahmen
– Leiber, E.: Vergleichende Beurteilung von Oberflächensystemen in Wasserkammern in technischer, hygienischer und wirtschaftlicher Hinsicht aus der Sicht des Planers
– Beros, M.: Neubau und Instandsetzung von Wassertürmen in wirtschaftlicher Hinsicht
– Merkl, G.: Metallische und andere Trinkwasserbehälter-Konstruktionen – eine Alternative zu Stahlbeton?
– Drescher, G.: Trinkwasserbehälter aus Stahlbeton
– 28. Wassertechnisches Seminar »Trinkwasserbehälter – Instandsetzung und Neubau«. Berichte aus Wassergüte– und Abfallwirtschaft. Technische Universität München, Nr. 183, München 2004:
– Baur, A.: Sanierung oder Neubau? Fallbeispiel Behälter Burgberg Erlangen
– Breitbach,M.: Instandhaltung von Trinkwasserbehältern nach Entwurf DVGW Arbeitsblatt W 312 (2004) unter besonderer Berücksichtigung der Anforderungen an die Materialien und Ausführungsschritte
– Merkl, G. Angewandte Oberflächensysteme in Wasserkammern – technische, hygienische und wirtschaftliche Bewertung
– Rautenberg, J.: Edelstahlauskleidung – praktische Erfahrungen aus der Sicht eines Wasserversorgungsunternehmens
– Meggeneder, M.: Kunststoffauskleidung PE-HD Profilplatten – praktische Erfahrungen aus der Sicht eines Wasserversorgungsunternehmens
– Pfahler, W., Stahl, A.: DVGW-Zertifizierung von Fachunternehmen für Instandsetzung von Trinkwasserbehältern – aus der Sicht eines Wasserversorgungsunternehmen / eines zertifizierten Fachunternehmens
– Cohrs, H.: Ausschreibung von Trinkwasserbehältern unter besonderer Berücksichtigung der Anforderungen an Oberflächensysteme
– Merkl, G.: Wasserspeicherung – zu allen Zeiten eine echte (Bauingenieur-) Herausforderung

Gammeter, S., Bosshart, U.: Invertebraten in Trinkwasserreservoiren. GWF-Wasser/Abwasser 142 (2001) Nr. 1. S. 34-40.

Gernedel, H.: Hochbehälter Kapuzinerberg. gww 47 (1993) Nr. 2, S. 4345.

Grombach, P.; Haberer, Kl.; Merkl, G. und Trüeb, E.: Handbuch der Wasserversorgungstechnik (3. Auflage) München: R. Oldenbourg Verlag 2000.

Gronwald, E., Hatert, M., Küsel, K.: Sanierung eines Trinkwasserbehälters durch Edelstahlauskleidung. GWF-Wasser/Abwasser 128 (1987), Nr. 9, S. 497-502.

Grube, H., Boos, P.: Anforderungen an Beton und Auskleidungsmörtel für Trinkwasserbehälter. GWF-Wasser/Abwasser 143 (2002) Nr. 13, S. 44-51.

Gruber, J., Preszler, L., Lajos, T.: Modellversuche für einen Trinkwasserbehälter. GWF-Wasser/Abwasser 115 (1974), Nr. 1, S. 8-15..

H

Hammer, D., Marotz, G.: Verhütung von thermischen Einschichtungen in Trinkwasserbehältern. Wasserwirtschaft 78 (1988), Nr. 4.

Hampe, E.: Flüssigkeitsbehälter. Band I + II, Ernst&Sohn, Berlin, München 1980 + 1982.

Herb, S.: Biofilme auf mineralischen Oberflächen in Trinkwasserbehältern. Berichte aus Wassergüte– und Abfallwirtschaft, Technische Universität München, Nr.149, München 1999.

Herb, S., Schoenen, D., Flemming, H.-C.: Zur Verwendung biologisch abbaubarer Trennmittel im Trinkwasserbehälterbau. GWF-Wasser/Abwasser 140 (1999) Nr. 2, S.112-116.

Herb, S., Merkl, G., Flemming, H.-C.: Schäden an mineralischen Innenbeschichtungen von Trinkwasserbehältern. GWF-Wasser/Abwasser138 (1997) Nr.3, S.137– 143.

Herb, S., Gierig, M., Flemming, H.-C.: Mikrobiologische Beanspruchung mineralischer Innenbeschichtungen von Trinkwasserbehältern – Ursachen, Anforderungen, Ausführungshinweise und Instandhaltung. Teil II: Untersuchungen zur mikrobiellen Korrosion zementgebundener Beschichtungsmaterialien. In: 20. Wassertechnisches Seminar »Praxisbezogene Forschung für die Wasserversorgung«. Berichte aus Wassergüte- und Abfallwirtschaft, Technische Universität München, Nr. 124, S. 197-224; München 1995.

I

Ivaniy, G., Buschmeyer, W.: Flüssigkeitsbehälter. Betonkalender 2000, Teil II, S. 457-533 (Anmerkung: mit Vielzahl von Literaturhinweisen).

IWA Planning and Construction Specialist Group, SIG Services industriels de Geneve/Geneva Water (Hrsg): Storage 2004. First International Conference on Service Reservoirs (Ausgewählte Tagungsbeiträge):

- Cubillo, F., Ibanez, J.C.: Service Reservoirs and strategic Operational Planning the Madrid Supply System.
- Parry, O.T., Wild, D., Blackbourn, A., Bayes, C.R.: Quality Storage for a Quality Product.
- Paglia, C.S., Wenk, F., Müller, R.O.: Corrosion of Water Service Reservoirs and preventive Measures.
- Kris, J., Olejko, S., Tothova, L., Onderikova, V., Munka, K.: Impacts of water Tanks on Quality of water in Long-Distance Water Supply System Nova Bystrica-Cadca-Zilna.
- Coppeaux, J.-L., Ducamp, C. : Tanks made from Ductile Iron Pipes : An innovative Solution for Underground Storage.
- Jacoud, J.-P., Keller, M. : Constructional Measures to Control Water Tightness of Concrete Reservoirs.
- Lavanchy, D.: Concrete Reservoirs: The Importance of the Conservation Details for Water Tightness (Developments between 1973 and 2003).
- Wilson, D.J.: Optimization of Concrete Surfaces in Survice Reservoirs by Use of a Controlled Permeability Formwork (CPF) Liner.
- Cunat, P.-J., Moulinier, F. : Stainless Steel in Drinking Water Storage Systems.
- Maquennehan, F., Sicsous, J.-J., Didier, J.-S., Nguyen, B.: Extending Lifetime of Paris Service Reservoirs for a more efficient Service.
- Hladej, M.: Vienna's Reservoir Rehabilitation Programm.
- Vogt, V.: High Performance Inorganic Shotcrete for the Rehabilitation of Service Reservoirs.
- Weydert, R.: Renevation of service Reservoirs with Cement Based Mortars.
- Hammerschlag, J.-G., Schmidt, B.: Advantages and disadvantages of interior Surface Treatments of Drinking Water Tanks.

K

Kirchhoff, K., Gajowski, H.: Qualitätssicherung beim Bau von Trinkwasserhochbehältern. GWF-Wasser/Abwasser 141 (2000) Nr. 10, S. 682-687.

Klingebiel, G.: Kunststoff-Folien als Dichtungselement in Trinkwasserbehältern des Wasserverbandes Siegerland. Wasser und Boden 1975, Nr. 10, S.253-256.

Kollmann, H., Wolf, H.-D.: Trinkwasserbehäler – Fleckige Farbveränderungen an Innenbeschichtungen. GWF-Wasser/Abwasser 143 (2002) Nr. 3, S. 176-183.

L

Langer, W.: Erhaltung der Wassergüte in Wasserbehältern. DVGW-Broschüre»Wassergewinnung – Wassergüte« (1970), S. 84-92.

Locher , F.W., Wichers, G.: Aufbau + Eigenschaften des Zementsteins. In: Zement-Taschenbuch 47 (1979/80), Bauverlag, Wiesbaden 1979

Lopp, H., Kasprzyk, U.: Trinkwasserbehälter – Sanierung oder Neubau? wwt 4-5/2004. S. 18-21.

Lamprecht, H.-O.: Wasserbautechnik in der römischen Kaiserzeit. Sonderdruck aus Alma Mater Aquensis – Berichte aus dem Leben der Rheinisch-Westfälischen Hochschule Aachen; Band XVII (1979/80).

Lamprecht, H.-O.: Opus Caementitium, Bautechnik der Römer. 3. überarb. Auflage, Beton-Verlag Düsseldorf 1987.

M

Mäckle, H., Mevius, W., Pätsch, B., Sacre, C., Schoenen, D., Werner, P.: Koloniezahlerhöhung sowie Geruchs– und Geschmachsbeeinträchtigungen des Trinkwassers durch lösemittelhaltige Auskleidungsmaterialien. GWF-Wasser/Abwasser 129 (1988) Nr. 1, S. 22-27.

Merkl, G.: Über die Entwicklung von Wasser-Hochbehältern, Eternit AG, Berlin (1979)

- Bauphysikalische Aspekte bei Trinkwasserbehältern. Gas/Wasser/Wärme 37 (1983), Nr.11, S.343-351
- Fugenloser, schlaffbewehrter 8.000 m³-Trinkwasserbehälter der Stadtwerke Augsburg. GWF-Wasser/Abwasser 127 (1986), Nr.10, S. 493 – 502.
- Wärmeschutz und Lüftung bei Wasserbehältern im Hinblick auf die Verminderung der Tauwasserbildung. GWF-Wasser/Abwasser 128 (1987), Nr.2, S.96-103.
- Rechteckförmige Trinkwasserbehälter in schlaff bewehrter, fugenloser Bauweise – statische Bearbeitung im Hinblick auf die Neufassung des DVGW-Arbeitsblattes W 311. Festschrift zum 70. Geburtstag von Ernst P. Nemecek. Veröffentlichungen Institut für Siedlungs- und Industriewasserwirtschaft, Grundwasserhydraulik. Schutz- und Landwirtschaftlichen Wasserbau, Techn. Universität Graz, Band 14 (ISBN 3-85444-014-6), Seite 313-334, Graz 1988
- Wasserbehälter in Fertigteilbauweise. Beton- und Fertigteiljahrbuch 1989, 37. Ausgabe, Bauverlag, Wiesbaden und Berlin 1989

– Rechteckförmige Trinkwasserbehälter in fugenloser Ausführung unter Berücksichtigung der Fertigteilbauweise. Betonwerk + BFT Fertigteil-Technik 55 (1989), Nr. 1. S.80-88.
– Mikrobiologische Beanspruchung mineralischer Innenbeschichtungen von Trinkwasserbehältern – Ursachen, Anforderungen, Ausführungshinweise und Instandhaltung. Teil III: Bedeutung und Konsequenzen der Arbeiten. In: 20. Wassertechnisches Seminar »Praxisbezogene Forschung für die Wasserversorgung«. Berichte aus Wassergüte- und Abfallwirtschaft. Technische Universität München. Nr. 1 24. S. 225 bis 248; München 1995.
– Praxis der Innenwandausführung von Wasserkammern. In: 22. Wassertechnisches Seminar »Planung und Bau von Trinkwasserbehältern im Hinblick auf die europäische Normung«, Berichte aus Wassergüte- und Abfallwirtschaft. Technische Universität München, Nr.144, S. 95-134; München 1998.
– Be- und Entlüftung von Trinkwasserbehältern. In: Instandhaltung von Trinkwasserbehältern. DVGW-Informationsveranstaltung 10./11. November 1998, Berlin, Abschnitt 9, S.1-16, Anhang 15 Blatt (16 Abb.), DVGW-Deutscher Verein des Gas und Wasserfaches e.V., Bonn 1998.
– Praxis der Innenwandausführung von Wasserkammern im Hinblick auf die europäische Normung (Teil 1 und Teil 2). GWF-Wasser/Abwasser 140 (1999) Nr. 8 (Teil 1) S. 553-561, Nr. 9 (Teil 2), S. 613-621.
– Sicherung der Wasserqualität in Trinkwasserbehältern im Hinblick auf die europäische und nationale Regelsetzung. 5. Bregenzer Rohrleitungstage 25./26. September 2001, Sektion 3: Instandsetzung von Trinkwasserbehältern, S.1-18, rbv, Köln 2001.
– Metallische und andere Trinkwasserbehälterkonstruktionen – eine Alternative zu Stahlbeton? In: 25. Wassertechnisches Seminar »Wasserversorgung in der Zukunft unter besonderer Berücksichtigung der Wasserspeicherung«, Berichte aus Wassergüte- und Abfallwirtschaft, Technische Universität München, Nr. 163, S. 155-192; München 2001.
– Metallische und Kunststoff-Trinkwasserbehälterkonstruktionen – eine Alternative zu Stahlbeton? DVGW Energie Wasser Praxis 53 (2002), Nr. 4, S. 24–29.
– Sicherung der Wasserqualität in Trinkwasserbehältern im Hinblick auf die europäische und nationale Regelsetzung. gwa 82 (2002), Nr. 5, S.309-317.
– Angewandte Oberflächensysteme in Wasserkammern – technische, hygienische und wirtschaftliche Bewertung. brbv Köln 2003

Merkl, G., Baur, A., Gockel, B., Mevius, W.: Historische Wassertürme. ISBN 3-48626301-3, R. Oldenbourg Verlag, München 1985

Merkl, G., Huyeng, P.: Tauwasserbildung in Trinkwasserbehältern – Lüftungs- und wärmetechnische Maßnahmen. Berichte aus Wassergütewirtschaft und Gesundheitsingenieurwesen, TU München, Nr.68, München 1986

Mutschmann, J., Stimmelmayr, F.: Taschenbuch der Wasserversorgung. (13. Auflage) Vieweg Verlag Wiesbaden 2002.

P

Petri. H.: Die Herstellung des Wasserturms Leverkusen. Beton- und Stahlbetonbau 1981, Nr. 8, S. 201-202.

Petzold, H.-J.: Erdüberdeckter Behälter für Madrid. Beton- und Stahlbetonbau 1973, Nr.9, S.215-221.

Peuker, E.: Sanierung von Trinkwasserbehältern. wwt 4-5/2004, S. 22-26.

Poggenburg, W., Schubert, J., Uhlenberg, J., 60.000 m³ – Trinkwasserbehälter der Stadtwerke Düsseldorf AG – Planung und Ausführung. GWF-Wasser/Abwasser 122 (1981), Nr.10, S.451-459; Erfahrungen beim Bau und Betrieb. GWF-Wasser/Abwasser 129 (1988) Nr. 7, S. 465-473

Poss, C., et al.: Tagesausgleichsvolumen in der Trinkwasserversorgung. gwf-Wasser, Abwasser 126 (1985), H.4, S.187-191.

Poss, C.: Spitzenbereitstellung in der Trinkwasserversorgung mit Hilfe von Grundwasserspeichern. Wasserwirtschaft 73 (1983), H.6, S. 169-175

Preininger, E.: Oberflächen in Wasserkammern – technische Gesichtspunkte. Enth. In DVGW-Schriftenreihe Wasser Nr. 33, S.187-201, ZfGW-Verlag, Frankfurt/Eschborn 1983.

R

Reitinger, J.: Strömungsvorgänge in Trinkwasserbehältern. gww 23 (1969) Nr. 2, S. 33-39.

Rüsch, H.: Die Ableitung der charakteristischen Werte für die Betonzugfestigkeit. Beton 25 (1975) Nr. 2, S. 55-58.

Ruffert, G.: Mineralisch oder Kunstharz – Kraftschlüssige Injektion von Betonbauteilen mit hydraulischen Bindemitteln. bs 11-12 (1995), S. 53-54.

S

Seeger, W.R.: Operating Experience With Steel Tanks. Journal Water Works Association 54 (1962), S. 1221-1231.

Schoenen, D., Thofern, E., Dott, W.: Anstrich- und Auskleidungsmaterialien im Trinkwasserbereich. Gesundheits-Ingenieur 99 (1978), Nr. 5, S.1-7.

Schoenen, D., Schöler, H. F.: Trinkwasser und Werkstoffe; Praxisbeobachtungen und Untersuchungsverfahren. Deutscher Verein des Gas- und Wasserfaches e.V., DVGW-Schriftenreihe Wasser, Nr.37, ZfGW-Verlag, Frankfurt 1983

Schubert, J., Maier, D.: Untersuchungen über den Wasseraustausch in Trinkwasserbehältern. GWF-Wasser/Abwasser 117 (1976), Nr. 7, S. 290-299.

Schulze, D.: Die Wasserspeicherung – Planung, Bau und Betrieb von Erdbehältern. Vulkan-Verlag, Essen 1998.

Stark et al.: Baustoffkenngrößen. Schriftenreihe der Bauhaus Universität Weimar Heft 102, 2002.

Steinwender, A.: Der Leitungsspeicher an der I. Wiener Hochquellenleitung. gww 9 (1955), Nr. 1u. 2, S.3-19.

SVGW, Schweizerischer Verein des Gas– und Wasserfaches: Richtlinie für Projektierung, Bau und Betrieb von Wasserbehältern. SVGW/SSIGE-Regelwerk, Regelwerk W 6d/f, Zürich 2004.

T

Till, E.: Behälterbautechnik im Wandel der Zeit. gww 47 (1993) S. 310-313.

Thofern, E., Botzenhart, K.: Untersuchung zur Verkeimung von Trinkwasser. 1. Mitteilung: Die Bedeutung der Wasseroberfläche. GWF-Wasser/Abwasser 115 (1974), Nr. 12, S. 459-460.

Thofern, E., Schoenen, D.: Das mikrobiologische Verhalten und die Beurteilung von Werkstoffen. Enth. in: DVGW-Schriftenreihe Wasser Nr. 33, S.171-185, ZfGW-Verlag, Frankfurt/Eschborn 1983

U

Uhl, W.: Wiederverkeimung von Trinkwasser, Teil 2. bbr 52 (2001) Nr. 1 S. 38-42.

V

Vogler, O.: GFK-Behälter für die Trinkwasserversorgung. In: Tagungsband »112. Haupttagung der Österreichischen Vereinigung des Gas- und Wasserfaches« vom 16./18.05.2001, Villach 2001 und GF-UP Trinkwasserbehälter – praktische Anwendungen. In: Tagungsband »114. Haupttagung der Österreichischen Vereinigung des Gas- und Wasserfaches« vom 26./27.05.2004, Graz 2004.

W

Wenzel, K.: Wasserbehälter ohne Bewegungsfugen mit Vorspannung ohne Verbund – Vergleich mit nahezu gleich großem schlaffbewehrtem Behälter. Beton- und Stahlbetonbau 1985 Nr. 11 S. 305-306.

Werner, P.: Eine Methode zur Bestimmung der Verkeimungsneigung von Trinkwasser. Vom Wasser (1985), Band 65, S.257-270.

Werth, J.: Ursachen und technische Voraussetzungen für die Entwicklung der Wasserhochbehälter. Diss. TH Aachen 1971.

Wittmann, F. H., Gerdes, A.: Zementgebundene Beschichtungen in Trinkwasserbehältern. Aedificatio Verlag Freiburg und Fraunhofer IRB Verlag Stuttgart 1996.

Wulff, I.: Der Armierungsstahl im Beton als korrodierender und als korrosionsverursachender Partner. Gas/Wasser/Wärme 42 (1988) Nr.12, S.368-371.